W0263002

Kommutatorkaskaden und Phasenschieber

Die Theorie der
Kaskadenschaltungen von Drehstromasynchronmaschinen
mit Drehstromkommutatormaschinen zur Regelung
des Leistungsfaktors, der Drehzahl und
der Leistungscharakteristik

Von

Dr.-Ing. Ludwig Dreyfus

Vorstand des Versuchsfeldes der
Allmänna Svenska Elektriska Aktiebolaget (ASEA)
in Västerås, Schweden

Mit 115 Textabbildungen

Berlin
Verlag von Julius Springer
1931

ISBN-13: 978-3-642-89624-8   e-ISBN-13: 978-3-642-91481-2
DOI: 10.1007/978-3-642-91481-2

Softcover reprint of the hardcover 1st edition 1931

Vorwort.

Die vorliegende Arbeit behandelt die wichtigsten Kaskadenschaltungen der gewöhnlichen Drehstromasynchronmaschine mit Drehstromkommutatormaschinen einschließlich des großen Gebietes der Drehstromkommutatorphasenschieber. Eine einheitliche, exakte und doch knappe Darstellung wird durch ein graphisch-analytisches Verfahren gewonnen, mit dem der Leser bereits im ersten Teil vertraut gemacht wird. Im zweiten Teil hätte ich die verschiedenen Bauarten der Kommutator-Hintermaschinen gern ausführlicher beschrieben. Doch erzwang die Rücksicht auf den Umfang des Buches starke Kürzungen des ursprünglichen Entwurfes. In dieser Hinsicht bildet der von Professor Seiz verfaßte Abschnitt des Taschenbuches „Starkstromtechnik" (Berlin, Verlag Ernst & Sohn, 1930) eine willkommene Ergänzung.

Die drei folgenden Hauptabschnitte behandeln die Kaskadenschaltungen zur Regelung des Leistungsfaktors, der Drehzahl und der übertragenen Leistung. Konsequent werden stets die geforderten Betriebseigenschaften an die Spitze gestellt und die Mittel erforscht, die zur Erzielung dieser Eigenschaften dienen. Aus der Kombination verschiedener Mittel folgen dann oft zwangläufig die fertigen Schaltungen. Zuweilen entstehen rechnerische Schwierigkeiten, insbesondere dann, wenn man die theoretische „Normalform" nicht verwirklichen kann, oder wenn man sie verläßt, um die Schaltung zu vereinfachen. Solchen Schwierigkeiten bin ich absichtlich nicht aus dem Wege gegangen. Denn wer in der Praxis eine Kaskade zu berechnen hat, will nicht gerade dort im Stiche gelassen werden, wo die Schwierigkeiten anfangen. Auf der anderen Seite ist das Gebiet so groß und die Entwicklung teilweise noch so stürmisch, daß eine Beschränkung bei der Auswahl des Stoffes unvermeidlich war. Ich habe mich bemüht, überall die besten Lösungen ausfindig zu machen, d. h. Lösungen, welche die geforderten Betriebseigenschaften mit den denkbar einfachsten Mitteln erreichen. In seinem ursprünglichen, wesentlich größeren Umfange war das Manuskript im März 1930 fertiggestellt.

Västerås, im Dezember 1930.

Ludwig Dreyfus.

Inhaltsverzeichnis.

Inhaltsverzeichnis. V

Seite

Fünfter Teil. Die Kommutatorkaskaden für Leistungsregelung.

Verzeichnis häufig verwendeter Abkürzungen.

(a) AB asynchrone Belastungsmaschine,
AV asynchrone Vordermaschine,
(b) B Belastungsmaschine,
(d) DE Drehstromerregermaschine,
DT Doppeldrehtransformator,
DU Danielsson-Umformer,
(g) GE Gleichstromerregermaschine,
(h) H Hintermaschine,
h Hauptstrom-Erregerwicklung,
(l) LH läufererregte Hintermaschine,

LK läufererregte kompensierte Maschine,
(m) m Nebenschluß-Erregerwicklung,
(p) Ph Phasenschieber,
PU Periodenumformer,
(s) SH ständererregte Hintermaschine,
SK ständererregte kompensierte Maschine,
SM Synchronmotor,
SU Schrage-Umformer,
(t) T Transformator.

Bedeutung häufig verwendeter Formelzeichen[1].

(a) AS, as Strombelag pro cm Ankerumfang,
AW_g, aw_g resultierende („gemeinsame") Amperewindungen mehrerer Wicklungen,
AW_n, aw_n Amperewindungen der Wicklung „n",
(b) B magnetische Induktion,
(c) $-jJc$ Kompensationsspannung,
$-jJ_2c_2$ Spannung der konstanten Hauptstromphasenkompensierung (46), (103),
(d) D Drehmoment,
$\pm J_n d_n, \pm i_n d_n$ Rotationsspannung im Felde der Wicklung „n",
d_u Wert von d bei derjenigen Drehzahl, bei der die unabhängige Selbsterregung beginnt,
(e) E_1 Phasenspannung der Primärwicklung der Vordermaschine (Netzspannung),
E_{20} Phasenspannung des geöffneten Sekundärkreises der Vordermaschine bei Stillstand (2),
E_2 Rotationsspannung der Hintermaschine (7), (44), (95), (163),
E_3 Erregerspannung (meist eine Schleifringspannung der Netzfrequenz),
E_{2c} Spannung der „konstanten Hauptstromphasenkompensierung" (46), (103),
E_d EMK der Drehung,
E_{2d} „Tourenregelungsspannung" (48), (96), (98), (101),
E_{2e} Spannung der „Läufererregung" (50), (106), (107),
E_g Spannung eines für mehrere Wicklungen „gemeinsamen" Feldes,
E_h Hauptstromspannung (104), (163),
E_{2k} Kompoundierungsspannung (102), zuweilen auch Klemmspannung,
E_m Erregerspannung der Feldwicklung „m" (Schlupffrequenz),
E_n Nebenschlußspannung (108), (109), (163),
E_p Pulsationsspannung,
E_{1r}, E_{2r} Spannungsabfälle des Ohmschen Widerstandes,
E_{sch} Schleifringspannung,
E_{2v} Spannung der „variablen" Hauptstromphasenkompensierung (100), (101),
E_x Spannungsabfall der Selbstinduktion,
$E_{1\sigma}, E_{2\sigma}$ Streuspannungen,
(i) i Feldstrom einer Erregermaschine,
J_1, J_2 Hauptstrom,
J_{10}, J_{20}, J''_{20} Leerlaufstrom ($p = 0$) (10), (110c),
$J_{1\infty}, J_{2\infty}$ Hauptstrom für $p = \infty$,
J_a Ankerstrom der Hintermaschine,
J_b Bürstenstrom,
J_h Strom einer (geshunteten) Hauptstromerregerwicklung,
J_m Erregerstrom (der Hintermaschine),

---

[1] Die eingeklammerten Ziffern sind Hinweise auf entsprechend numerierte Gleichungen.

Bedeutung häufig verwendeter Formelzeichen.

	J_{1m}, J_{2m}	Erregerstrom der Vordermaschine (1), (8a),
	J_s	Stabstrom, Shuntstrom,
(k)	k_p	Maßstabsfaktor der Parameterlinie eines Kreisdiagramms (29),
(l)	L	Selbstinduktivität (Henry),
(m)	$m = \overline{M_{00}M}$	Mittelpunktsverschiebung im Kreisdiagramm eines Stromes (16),
(n)	n	Drehzahl pro min,
	n_s	synchrone Drehzahl,
	n_u	Drehzahl, bei welcher die unabhängige Selbsterregung beginnt,
	n	Windungszahl einer (Erreger-)Wicklung,
	n_1, n_2, n_m	Windungszahl der Erregerwicklung $1, 2, m$,
	n_h	Windungszahl des Hauptstromfeldes einer Erregermaschine,
	N_1, N_2	Windungszahl einer Phase der Vordermaschine,
	N_k, N_{st}	Windungszahl einer Kommutatorwicklung bzw. Ständerwicklung,
(p)	p	Parameter, meist proportional dem Tourenabfall der Vordermaschine (97),
	P_{12}	auf den Sekundärkreis der Vordermaschine übertragene Phasenleistung („Luftspaltleistung") (19),
	P_2	Phasenleistung der Hintermaschine,
(r)	r	Widerstand des Nebenschlußfeldes einer Erregermaschine,
	r_1, r_2	Phasenwiderstand der Vordermaschine,
	r_2'	willkürlicher Anteil des sekundären Widerstandes r_2 (5), meist Sekundärwiderstand, der Vordermaschine exkl. r_a.
	r_{10}, r_{20}	scheinbarer Wirkwiderstand für $p = 0$ (Leerlauf) (10),
	$r_{1\infty}, r_{2\infty}$	scheinbarer Wirkwiderstand für $p = \infty$,
	r_{12}	Primärwiderstand r_1, bezogen auf den Sekundärkreis (4a),
	r_{21}'	Sekundärwiderstand r_2', bezogen auf den Primärkreis (5b),
	r_a	Widerstand des Arbeitsstromkreises der Hintermaschine,
	r_h	Widerstand einer Hauptstromerregerwicklung,
	r_m	Widerstand einer Nebenschlußerregerwicklung(meist der Hintermaschine),
	r_s	Shuntwiderstand,
	r_u	Feldwiderstand, bei dem die unabhängige Selbsterregung beginnt,
	$R = \dfrac{E}{2r_0}$	Radius des „Leerlaufkreises" (22b),
(s)	s	Schlüpfung (der Vordermaschine),
	s_0	Schlüpfung für $p = 0$ (Leerlaufschlüpfung),
	s_k	Konstante in $1 - \dfrac{s}{s_k}$ (meist entweder $= 1$ oder $= \infty$),
	s_u	$\nu_1 s_u$ Periodenzahl der unabhängigen Selbsterregung,
	s_μ	Schlüpfung, bei der die Sättigung der Hintermaschine am kleinsten ausfällt (178),
(u, v)	$u + jv$	Glied der Kreisgleichung (11), (12),
(v)	v	Fremderregungsspannung (meist einer Erregermaschine),
	V_s	„Selbsterregungsspannung" (164),
	V_r	„Regelspannung" (165),
(x)	x	Reaktanz, in der Regel berechnet für die Netzperiodenzahl, ohne Index meist Reaktanz einer Drosselspule oder der Feldwicklung einer Erregermaschine,
	x_1, x_2	totale Selbstreaktanz einer Phase der Vordermaschine inkl. Streureaktanz,
	x_{11}, x_{22}	totale Selbstreaktanz einer Phase der Vordermaschine exkl. Streureaktanz,
	$x_{1\sigma}, x_{2\sigma}$	Streureaktanz einer Phase der Vordermaschine ($x_{2\sigma}$ inkl. x_a),
	x_{10}, x_{20}	scheinbare Reaktanz für $p = 0$ (Leerlaufreaktanz, bei voreilendem Blindstrom negativ!),
	$x_{1\infty}, x_{2\infty}$	scheinbare Reaktanz für $p = \infty$,
	$x_{12} = x_{21}$	Gegenreaktanz zwischen Primär- und Sekundärkreis der Vordermaschine,
	$x_{12\sigma}$	totale Streureaktanz der Vordermaschine, bezogen auf den Sekundärkreis inkl. x_a (4a),

	$x'_{12\,\sigma}$	wie oben, jedoch exkl. x_a,
	$x'_{21\,\sigma}$	totale Streureaktanz der Vordermaschine, bezogen auf den Primärkreis (5b),
	x_a	meist Reaktanz des Arbeitsstromkreises der Hintermaschine,
	x_c	kapazitiver (negativer) Blindwiderstand (Kondensator),
	x_d	Drosselreaktanz,
	x_h	Reaktanz einer Hauptstromerregerwicklung,
	x_m	totale Reaktanz eines Nebenschlußerregerkreises (meist der Hintermaschine),
	x_{m0}	wie oben, jedoch exkl. Streureaktanz,
	$x_{m\,\sigma}$	Streureaktanz eines Nebenschlußerregerkreises (evtl. inkl. Drosselspule),
	x_T	Selbstreaktanz einer Wicklung eines Stromtransformators,
	X_T	Selbstreaktanz einer Wicklung eines Spannungstransformators,
(y)	y	Gegenreaktanz, oftmals zwischen Primär- und Sekundärwicklung eines Stromtransformators oder zwischen Hauptstrom- und Nebenschluß-Erregerwicklung einer Maschine,
(z)	$\dot z = r - jx$	Impedanz,
	z_0	Impedanz für $p = 0$ (Leerlaufimpedanz),
	z_∞	Impedanz für $p = \infty$,
	$\dot z_{12} = r_{12} - j x_{12\,\sigma}$	der dem Schlupfe proportionale Teil der scheinbaren Rotorimpedanz, bezogen auf die Netzperiodenzahl (4a),
(α)	α	Übersetzungsverhältnis eines Transformators,
	$\alpha + j\beta$	Glied der Kreisgleichung (11), (12),
(β)	β	Bürstenwinkel, Glied der Kreisgleichung (11), (12),
		$= \dfrac{n_h}{n}$, Verhältnis der Windungszahlen einer Hauptstrom- und Nebenschlußerregerwicklung,
(γ)	γ	$= \operatorname{arc\,tg} \dfrac{r_1}{x_1}$, Gleichung (8),
(δ)	δ	Proportionalitätsfehler gewisser Erregermaschinen (176),
(η)	η	Wirkkomponente des Stromvektors $J = \eta + j\xi$,
	η_D	Ordinatendifferenz zwischen Drehmomentengerade und Kreisdiagramm,
	η_m	Mittelpunktsordinate eines Kreisdiagrammes (14),
($\varkappa$)	$\varkappa$	Übersetzungsverhältnis eines Transformators,
		Verhältnis der Regelspannung E_2 oder der Nebenschlußkomponenten E_{2n} der Regelspannung zur Stillstandspannung E_{20},
(μ)	μ	Verhältnis der für die Netzfrequenz berechneten Erregerblindleistung zur Ankerscheinleistung,
(ν)	ν	Periodenzahl,
(ξ)	ξ	Blindkomponente des Stromvektors $J = \eta + j\xi$,
	ξ_m	Mittelpunktsabszisse eines Kreisdiagrammes (14),
	ξ_{m00}	$= \dfrac{E_{20}}{2\,x_{12\,\sigma}}$ Mittelpunktsabszisse im Kreisdiagramm der sekundär kurzgeschlossenen Asynchronmaschine,
(ϱ)	ϱ_m	Radius eines Kreisdiagrammes (14),
(σ)	σ	$= 1 - \dfrac{x_{12}\,x_{21}}{x_1\,x_2}$ Blondelscher Koeffizient der Gesamtstreuung zwischen Primär- und Sekundärkreis,
	σ_m	Streukoeffizient einer Nebenschlußerregerwicklung, evtl. inkl. Drosselspule,
(φ)	φ	Nacheilwinkel des Stromes gegen die Spannung, Phasenfehler gewisser Erregermaschinen,

	$\varphi(s)$	(96) bis (100), (102) bis (104), (106), (107),	Funktionen der Schlüpfung, die die Abhängigkeit gewisser Komponenten der Sekundärspannung E_2 vom Tourenabfall der Vordermaschine kennzeichnen.
(χ)	$\chi(s)$	(112),	Wenn diese Abhängigkeit nicht besteht, ist $\varphi = 0$,
(ψ)	$\psi(s)$	(98), (100)	$\chi = 0$, $\psi = 1$,
(ω)	$\omega(\omega_1)$	Kreisfrequenz (des Netzes),	
	ω_m	mechanische Winkelgeschwindigkeit in Polteilungsgraden.	

Erster Teil

Einführung in die analytisch-graphische Behandlungsweise.

I. Analytische Theorie und Kreisdiagramm des Drehstromasynchronmotors.

Das Studium der Kaskadenschaltungen verlangt eine analytisch-graphische Methode. Will man Wiederholungen vermeiden und zu einer kurzen und doch genauen Darstellung gelangen, so muß man dieses Verfahren vollständiger durchbilden, als es in Lehrbüchern über das Rechnen mit Strom- und Spannungsvektoren zu geschehen pflegt. Die angewandte Methode wird im folgenden am Beispiel des gewöhnlichen Drehstromasynchronmotors entwickelt. Der erfahrene Fachmann wird zahlreiche Neuerungen feststellen können, die für das Studium der Kommutatorkaskaden von großer Bedeutung sind.

1. Die drei Formen der ersten Hauptgleichung des Drehstromasynchronmotors.

Die Primärwicklung eines gewöhnlichen Drehstromasynchronmotors habe den Widerstand r_1 (pro Phase) und die Selbstreaktanz x_1 bei einer Kreisfrequenz $\omega_1 = 2\pi\nu_1$ des Netzes. Wird die Primärwicklung bei offenem Sekundärkreis an die sinusförmig pulsierende Netzspannung vom Effektivwert E_1 angeschlossen, so nimmt sie einen Erregerstrom auf, dessen Grundwelle den Effektivwert J_{1m} besitzen möge. Wie das Vektordiagramm der Abb. 1 zeigt, wird die Netzspannung durch die Spannungsabfälle des Ohmschen Widerstandes

$$E_{1r} = -\dot{J}_{1m}\, r_1$$

und der Selbstinduktion

$$\dot{E}_{1x} = j\,\dot{J}_{1m}\,x_1\,{}^*$$

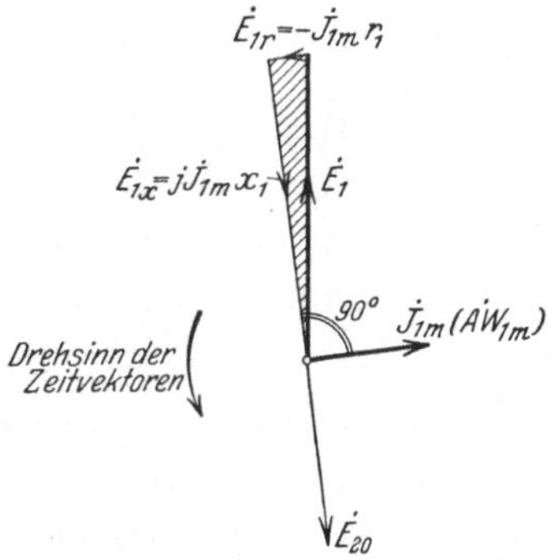

Abb. 1. Strom- und Spannungsdiagramm für Stillstand mit offenem Sekundärkreis.

kompensiert. Die Übersetzung des Vektordiagramms in die Formelsprache lautet:

$$\dot{E}_1' + \dot{E}_{1r} + \dot{E}_{1x} = 0$$

oder

$$\dot{E}_1 = \dot{J}_{1m}\,(r_1 - j\,x_1)\,. \tag{1}$$

---

* $j\dot{J}$ bedeutet einen Vektor von gleicher Größe wie $\dot{J}$, der gegen $\dot{J}$ um eine Viertelperiode nacheilt.

Dabei haben wir, wie dies im folgenden stets geschehen wird, die Eisenverluste vernachlässigt.

Der Erregerstrom J_{1m} erzeugt drehende Amperewindungen, deren räumliche Verteilung in Grundwelle und Oberwellen aufgelöst werden kann. Die Grundwelle rotiert gegen die Primärwicklung mit der synchronen Winkelgeschwindigkeit

$$\overset{\circ}{\omega} = \omega_1 \text{ (in Polteilungsgraden)}$$

und hat die Amplitude

$$A W_{1m} = 1{,}5\, J_{1m}\, \sqrt{2} \cdot N_1 .$$

N_1 wird als die „effektive Windungszahl" einer Phase der Primärwicklung bezeichnet. Auf analoge Weise ist die effektive Windungszahl N_2 einer Phase der Sekundärwicklung zu definieren. Es ist üblich, den **Raumvektor** $A\overset{\circ}{W}_{1m}$ der Drehamperewindungen in das **Zeitdiagramm** der Strom- und Spannungsvektoren (**Zeitvektoren!**) aufzunehmen, und ihm die Phase des Primärstromes zu geben:

$$A \dot{W}_{1m} = 1{,}5\, \dot{J}_{1m}\, \sqrt{2}\, N_1 .$$

Diese Amperewindungen erregen ein Drehfeld, dessen **Grundwelle** der offenen Sekundärwicklung im Stillstand die Phasenspannung

$$\dot{E}_{20} = j\, \dot{J}_{1m} \cdot x_{12}$$

induziert. $x_{12} = x_{21}$ bezeichnet man als die „Gegenreaktanz" oder „Wechselreaktanz" zwischen Stator und Rotor und berechnet sie wie alle Reaktanzen für die Kreisfrequenz ω_1 des Netzes. Mit Rücksicht auf Gleichung (1) ist

$$\boxed{\dot{E}_{20} = \frac{\dot{E}_1}{r_1 - j\, x_1} \cdot j\, x_{12}} \tag{2}$$

Gleichzeitig induziert die Grundwelle des Drehfeldes der Primärwicklung die Phasenspannung:

$$\dot{E}_{10} = j\, \dot{J}_{1m}\, x_{12} \cdot \frac{N_1}{N_2} = j\, \dot{J}_{1m}\, x_{11} ,$$

welche den Hauptteil des induktiven Spannungsabfalles E_{1x} bildet. Die Restspannung

$$\dot{E}_{1\sigma} = \dot{E}_{1x} - \dot{E}_{10} = j\, \dot{J}_{1m}\, x_{1\sigma}$$

wird als „primäre Streuspannung" und

$$x_{1\sigma} = x_1 - x_{11}$$

als „primäre Streureaktanz" bezeichnet. Diese umfaßt außer der Nuten- und Stirnstreuung auch die „doppeltverketteten Streufelder", die durch die Oberwellen der primären Amperwindungsverteilung erregt werden.

Analog den Reaktanzen des Primärkreises sind die sekundären Reaktanzen zu definieren, also:

$$\text{die Streureaktanz} \quad x_{2\sigma}$$
$$\text{die totale Selbstreaktanz} \quad x_2$$

$$\left.\begin{array}{l}\text{und die aus dem Luftspaltfelde} \\ \text{abgeleitete Selbstreaktanz}\end{array}\right\} \quad \begin{aligned} x_{22} &= x_2 - x_{2\sigma} \\ &= x_{12} \cdot \frac{N_2}{N_1} . \end{aligned}$$

Bei geschlossenem Sekundärkreis wird das Stator und Rotor verkettende

Drehfeld von der Summe der primären und sekundären Amperewindungen (Grundwellen!) erregt; also:

$$\dot{J}_{1m} N_1 = \dot{J}_1 N_1 + \dot{J}_2 N_2.$$

Die Amperewindungsvektoren sind **Raumvektoren** und ihre Phasendifferenz im Vektordiagramm bedeutet eine ebenso große Phasendifferenz (in Polteilungsgraden) zwischen der räumlichen Lage der Amperewindungswellen. Trägt man diese Vektoren in das Zeitdiagramm (Abb. 2) der Strom- und Spannungsvektoren ein, so gibt man dabei dem **Zeitvektor** $\dot{J}_1$ und dem **Raumvektor** $\dot{J}_1 N_1$ gleiche Phase. Man braucht dann bei der Aufstellung der Spannungsgleichungen zwischen Zeit- und Raumvektoren keinen Unterschied zu machen.

Wie früher wird die Netzspannung E_1 durch die Spannungsabfälle des Widerstandes, der Streuung und die Spannung des gemeinsamen Drehfeldes kompensiert. Graphisch wird dieser Zusammenhang durch das Vektordiagramm der Abb. 2 dargestellt. Der äquivalente analytische Ausdruck lautet:

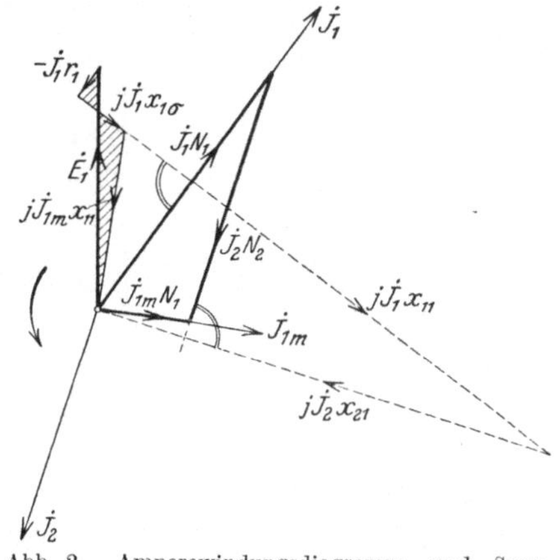

Abb. 2.   Amperewindungsdiagramm und Spannungsdiagramm des Primärkreises bei geschlossenem Sekundärkreis.

$$\dot{E}_1 = \dot{J}_1 \left(r_1 - j\,x_{1\sigma}\right) - j\,\dot{J}_{1m} x_{11}.$$

Hierin entwickeln wir

$$-j\,\dot{J}_{1m} x_{11} = -j\left(\dot{J}_1 + \dot{J}_2 \frac{N_2}{N_1}\right) x_{11}$$
$$= -j\,\dot{J}_1 x_{11} - j\,\dot{J}_2 x_{21}$$

und erhalten:

$$\boxed{\dot{E}_1 = \dot{J}_1 \left(r_1 - j\,x_1\right) - j\,\dot{J}_2 x_{21}} \qquad (3)$$

Diese bekannte Gleichung bezeichne ich als „**erste Form der ersten Hauptgleichung**" des Drehstromasynchronmotors.

Während die obige Gleichung für die Theorie des gewöhnlichen Drehstrommotors genügt, sind für die Theorie der Kaskadenschaltungen folgende Entwicklungen von großem Nutzen:

Indem man Gleichung (3) mit $j\,\dfrac{x_{12}}{r_1 - j\,x_1}$ multipliziert und Gleichung (2) beachtet, ergibt sich zunächst:

$$\dot{E}_{20} = j\,\dot{J}_1 x_{12} + \dot{J}_2 \frac{x_{12}\,x_{21}}{r_1 - j\,x_1}$$
$$= j\,\dot{J}_1 x_{12} + \dot{J}_2 \frac{x_{12}\,x_{21}}{r_1^2 + x_1^2}\left(r_1 + j\,x_1\right).$$

Nun charakterisiert man nach **Blondel** die Gesamtstreuung zwischen Primär- und Sekundärkreis durch den „Koeffizienten der Totalstreuung":

$$\sigma = 1 - \frac{x_{12}\,x_{21}}{x_1\,x_2}.$$

Führt man diesen Wert in die letzte Gleichung ein, so erhält man:

$$\dot{E}_{20} = j\,\dot{J}_1\,x_{12} + j\,\dot{J}_2\,x_2\,\frac{1-\sigma}{1+\dfrac{r_1^2}{x_1^2}} + \dot{J}_2\,r_1\,\frac{x_2}{x_1}\,\frac{1-\sigma}{1+\dfrac{r_1^2}{x_1^2}}$$

oder endgültig:

$$\boxed{\dot{E}_{20} = [\,j\,\dot{J}_1\,x_{12} + j\,\dot{J}_2\,x_2\,] + \dot{J}_2\,\dot{z}_{12}} \qquad (4)$$

mit

$$\boxed{\begin{aligned}
r_{12} &= r_1\,\frac{x_2}{x_1}\cdot\frac{1-\sigma}{1+\dfrac{r_1^2}{x_1^2}}\\[3mm]
x_{12\,\sigma} &= x_2\,\frac{\sigma+\dfrac{r_1^2}{x_1^2}}{1+\dfrac{r_1^2}{x_1^2}}\\[3mm]
\dot{z}_{12} &= r_{12} - j\,x_{12\,\sigma}
\end{aligned}} \qquad (4\,\mathrm{a})$$

Diese Gleichung, deren Bedeutung aus den folgenden Rechnungen hervorgeht, soll als „die zweite Form der ersten Hauptgleichung" bezeichnet werden.

Ebenso fruchtbar ist folgende Entwicklung, bei der wir von beiden Seiten der Gleichung (3) den Ausdruck

$$\dot{J}_1\,\frac{x_{21}\,x_{12}}{r_2' - j\,x_2} = j\,\dot{J}_1\,\frac{x_{21}\,x_{12}}{x_2 + j\,r_2'}$$

subtrahieren. Dabei ist der Widerstand r_2' vollkommen willkürlich. Je nach Belieben kann er den Läuferwiderstand oder einen anderen Widerstand bedeuten oder auch ganz wegfallen. Zunächst folgt dann:

$$\dot{E}_1 - \dot{J}_1\left[r_1 - jx_1 + \frac{x_{21}\,x_{12}}{r_2' - j\,x_2}\right] = -\,j\,\dot{J}_1\,\frac{x_{21}\,x_{12}}{x_2 + j\,r_2'} - j\,\dot{J}_2\,x_{21} \qquad (5\,\mathrm{a})$$

oder in etwas anderer Schreibweise:

$$\dot{E}_1 - \dot{J}_1\left[r_1 + r_2'\,\frac{x_1}{x_2}\,\frac{1-\sigma}{1+\left(\dfrac{r_2'}{x_2}\right)^2} - jx_1\,\frac{\sigma+\left(\dfrac{r_2'}{x_2}\right)^2}{1+\left(\dfrac{r_2'}{x_2}\right)^2}\right] = \frac{x_{21}}{x_2 + j\,r_2'}\left[-j\,\dot{J}_1\,x_{12} - j\,\dot{J}_2\,x_2 + \dot{J}_2\,r_2'\right]$$

Setzt man hierin

$$\boxed{\begin{aligned}
r_{21}' &= r_2'\,\frac{x_1}{x_2}\,\frac{1-\sigma}{1+\left(\dfrac{r_2'}{x_2}\right)^2}\\[3mm]
x_{21\,\sigma}' &= x_1\,\frac{\sigma+\left(\dfrac{r_2'}{x_2}\right)^2}{1+\left(\dfrac{r_2'}{x_2}\right)^2}
\end{aligned}} \qquad (5\,\mathrm{b})$$

und berücksichtigt Gleichung (4), so wird endgültig

$$\boxed{\dot{E}_{20} - \dot{J}_2\,(r_2' + r_{12} - j\,x_{12\,\sigma}) = -\,\frac{x_2 + j\,r_2'}{x_{21}}\,[\dot{E}_1 - \dot{J}_1\,(r_1 + r_{21}' - j\,x_{21\,\sigma}')]} \qquad (5)$$

Ich bezeichne diese, für die Erregung von Kommutatorkaskaden außerordentlich wichtige Beziehung als die dritte Form der ersten Hauptgleichung. Für $r'_2 = 0$ wird auch $r'_{21} = 0$ und man erhält die gekürzte Formel:

$$\dot{E}_{20} - \dot{J}_2\,(r_{12} - j\,x_{12\sigma}) = -\frac{x_2}{x_{21}}\,[\dot{E}_1 - \dot{J}_1\,(r_1 - j\,x_1\,\sigma)] \qquad (5\,\mathrm{c})$$

Schließlich kann aus Gleichung (5a) und (5b) die sehr allgemeine Beziehung

$$\dot{J}_2 = -\dot{J}_1\,\frac{x_{12}}{x_2 + j\,r'_2} + j\,\frac{\dot{E}_1 - \dot{J}_1\,(r_1 + r'_{21} - j\,x'_{21\sigma})}{x_{21}} \qquad (5\,\mathrm{d})$$

abgelesen werden, die den Sekundärstrom auf den Primärstrom und eine bereits in Gleichung (5) vertretene Spannung zurückführt. Auch diese Gleichung kann beim Entwurf von Erregerschaltungen für Regelsätze oft mit Vorteil angewandt werden.

2. Die beiden Formen der zweiten Hauptgleichung des Drehstromasynchronmotors mit aufgedrückter Sekundärspannung.

Wenn der Läufer in Richtung des synchronen Drehfeldes mit der mechanischen Winkelgeschwindigkeit ω_m (in Polteilungsgraden gerechnet) rotiert, entstehen im Sekundärkreis Spannungen und Ströme der „Schlüpfungsfrequenz" $\nu_1\,s$. Das Verhältnis

$$s = \frac{\omega_1 - \omega_m}{\omega_1}$$

wird als „Schlüpfung" bezeichnet. Das gemeinsame Drehfeld induziert im Sekundärkreis die Spannung (Abb. 3)

$$\dot{E}_{21} = j\,\dot{J}_{1m}\,x_{12}\,s$$
$$= (j\,\dot{J}_1\,x_{12} + j\,\dot{J}_2\,x_{22})\,s\,.$$

Den sekundären Streufeldern entspricht die Streuspannung

$$\dot{E}_{2\sigma} = j\,\dot{J}_2\,x_{2\sigma}\,s$$
$$= (j\,\dot{J}_2\,x_2 - j\,\dot{J}_2\,x_{22})\,s\,.$$

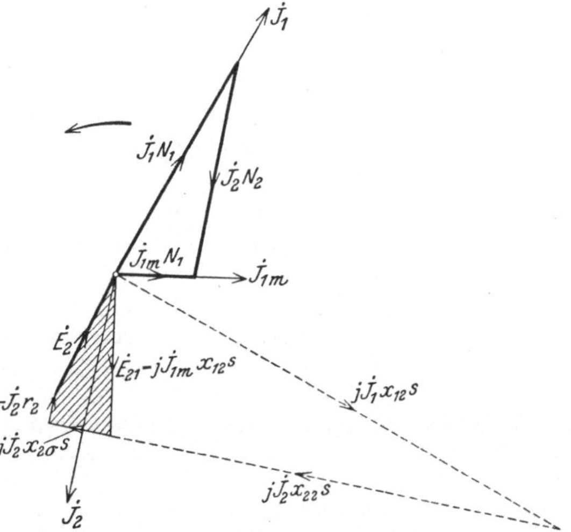

Abb. 3. Amperewindungsdiagramm und Spannungsdiagramm des Sekundärkreises mit aufgedrückter Spannung E_2.

Wie immer sind dabei alle Reaktanzen x für die Primärfrequenz ν_1 berechnet. Zu den Feldspannungen kommt der Ohmsche Spannungsabfall

$$\dot{E}_{2r} = -\dot{J}_2\,r_2\,.$$

Die Summe dieser Spannungen ist bei kurzgeschlossenem Sekundärkreis gleich Null. Bei Kaskadenschaltungen balanciert sie die durch die Kommutatorhintermaschine erzeugte Spannung $\dot{E}_2$. Diesen Zusammenhang drücken wir durch das

Vektordiagramm der Abb. 3 aus und übersetzen ihn wie folgt in die Formelsprache:

$$\dot{E}_2 + \dot{E}_{2r} + \dot{E}_{21} + \dot{E}_{2\sigma} = 0$$

oder

$$\boxed{\dot{E}_2 = \dot{J}_2\,(r_2 - j\,x_2\,s) - j\,\dot{J}_1 x_{12}\,s} \tag{6}$$

Addiert man hierzu die beiderseits mit s multiplizierte Gleichung (4), so ergibt sich

$$\boxed{\dot{E}_2 + \dot{E}_{20}\,s = \dot{J}_2\,[r_2 + (r_{12} - j\,x_{12\,\sigma})\,s] \equiv \dot{J}_2\,[r_2 + \dot{z}_{12}\,s]} \tag{7}$$

Gleichung (6) und (7) bezeichne ich als „erste und zweite Form der zweiten Hauptgleichung" des Drehstromasynchronmotors. Auf Gleichung (7) baut sich die ganze Theorie der Kommutatorkaskaden auf. Sie ist deshalb von so großer Bedeutung, weil sie den Primärstrom nicht mehr enthält. Sie gestattet gewissermaßen, den Primärkreis zu überspringen und die Vordermaschine so betrachten, als wirke auf ihren Sekundärkreis direkt die äußere Spannung $\dot{E}_{20}s$. Dabei ist $\dot{E}_{20}$ konstant, falls dies auch für den Vektor $\dot{E}_1$ der Primärspannung zutrifft. Im Verein mit der aufgedrückten Spannung $\dot{E}_2$ muß $\dot{E}_{20}s$ durch die Ohmschen Spannungsabfälle

$$- \dot{J}_2\,(r_2 + r_{12}\,s)$$

und einen induktiven Spannungsabfall

$$j\,\dot{J}_2\,x_{12\,\sigma}\,s$$

aufgehoben werden, gerade so als handele es sich um einen transformatorisch nicht verketteten Kreis. Der Vergleich des Spannungsdiagrammes der Abb. 4a mit den sonst gebräuchlichen Diagrammen nach Abb. 4b oder c zeigt, wie dadurch die ganze Betrachtungsweise von unübertrefflicher Einfachheit wird.

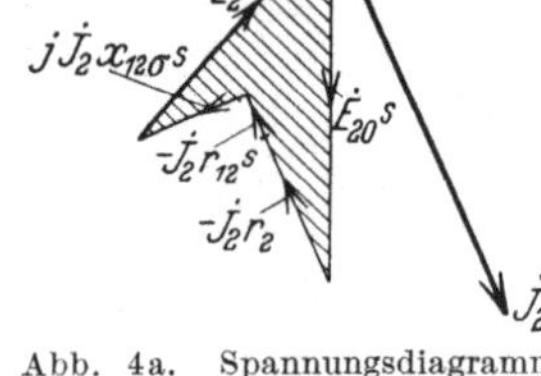

Abb. 4a. Spannungsdiagramm des Sekundärkreises gemäß der 2. Hauptgleichung (7).

Anmerkung.

Bei Übersynchronismus wird s negativ. Die Streuspannung $j\,\dot{J}_2 x_{2\sigma}s$ scheint also dem Strome um 90^0 vorzueilen (Abb. 4c). In Wirklichkeit ist natürlich die Streuspannung auch bei Übersynchronismus induktiv. Die Ursache für den Vorzeichenwechsel liegt darin, daß man sowohl bei Über- wie bei Untersynchronismus den Stromvektoren $\dot{J}_1$ und $\dot{J}_2$ diejenige Lage gibt, die ihnen das Raumdiagramm der Amperewindungen anweist, und daß man dieses immer vom Stator aus gesehen aufzeichnet (L1)[1].

So zeigen beispielsweise Abb. 4b und c das bekannte Amperewindungsdiagramm einer Asynchronmaschine mit kurzgeschlossenem Sekundärkreis für Unter- und Übersynchronismus. Diese Diagramme behaupten keineswegs, daß der Sekundärstrom dem Primärstrom um den Winkel ψ nacheilt. Bei Strömen verschiedener Frequenz kann die Phase ja gar nicht verglichen werden. Statt dessen drücken beide Diagramme aus, daß die mit der synchronen Geschwindigkeit rotierenden Sekundäramperewindungen um einen Winkel ψ gegen die gleichschnell rotierenden Primäramperewindungen verspätet erscheinen, falls man die

---

[1] Die Hinweise (L 1), (L 2) usw. beziehen sich auf das Literaturverzeichnis am Ende des Buches.

Amperewindungsverteilung vom Primärkreis (Ständer) aus betrachtet. Nimmt man statt dessen die relative Lage der Amperewindungen vom Sekundärkreis (Rotor) aus auf, so stellt man fest, daß sich die Drehrichtung der Amperewindungen beim Durchgang von Unter- auf Übersynchronismus umkehrt. Bei Übersynchronismus kommen daher — vom Rotor aus gesehen — die Rotoramperewindungen um den Winkel ψ vor den Statoramperewin-

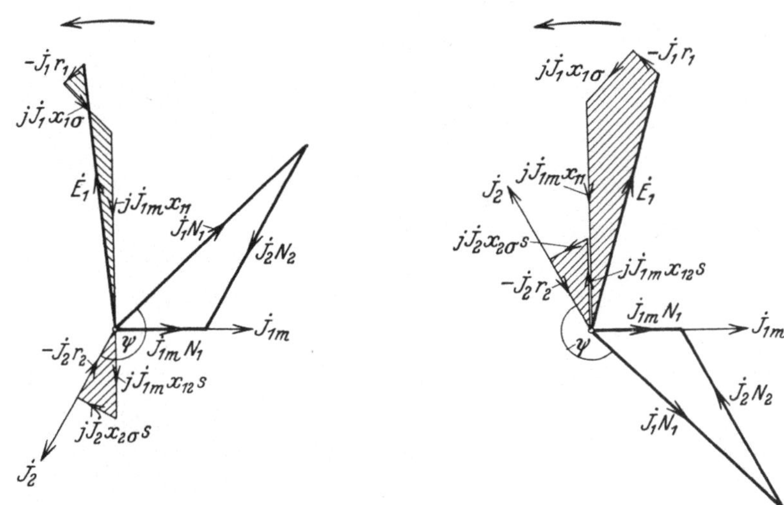

Abb. 4b. Untersynchronismus. s positiv.   Abb. 4c. Übersynchronismus. s negativ.

Abb. 4b und c. Vollständiges Diagramm der Spannungen und Amperewindungen für die Drehstrom-Asynchronmaschine mit kurzgeschlossenem Sekundärkreis.

dungen. Will man trotzdem für das Diagramm der Rotorspannungen das Amperewindungsdiagramm in derselben Lage benutzen, wie es dem Beobachter im Stator erscheint, so muß man bei Übersynchronismus den Drehsinn der Zeitvektoren im sekundären Spannungsdiagramm umkehren. Dies ist es denn auch, was man immer — freilich oft unbewußt — tut, wenn man die Richtung der induktiven Spannungskomponenten (durch Multiplikation mit der negativen Schlüpfung s) umkehrt.

3. Koordinatentransformation beim Übergang vom sekundären zum primären Koordinatensystem.

Die zweite Form der zweiten Hauptgleichung (7) bezieht den Sekundärstrom $\dot{J}_2$ auf die sekundäre Stillstandspannung $\dot{E}_{20}$ bei geöffnetem Stromkreis. Das Endziel der Theorie ist jedoch die Bestimmung des Primärstromes $\dot{J}_1$ bezogen auf den Netzspannungsvektor $\dot{E}_1$. Es läßt sich nun zeigen, daß der Übergang vom sekundären zum primären System durch eine einfache Koordinatentransformation bewerkstelligt wird.

Zu diesem Zwecke entwickeln wir Gleichung (3) wie folgt:

$$\frac{\dot{J}_1}{\dot{E}_1} = \frac{\dot{J}_2}{\dot{E}_1} \cdot \frac{j\,x_{21}}{r_1 - j\,x_1} + \frac{1}{r_1 - j\,x_1}$$

$$= \frac{\dot{J}_2}{\dot{E}_{20}} \cdot \frac{-\,x_{12}\,x_{21}}{(r_1 - j\,x_1)^2} + \frac{1}{r_1 - j\,x_1}$$

$$= \frac{\dot{J}_2 + j\,\dfrac{\dot{E}_{20}}{x_2} \cdot \dfrac{x_1 + j\,r_1}{x_1(1-\sigma)}}{\dot{E}_{20}} \cdot \frac{x_1\,x_2\,(1-\sigma)}{(x_1 + j\,r_1)^2}\,.$$

Hierin setzen wir

$$J_{2m} = j \frac{\dot{E}_{20}}{x_2} \cdot \frac{x_1 + j\,r_1}{x_1\,(1-\sigma)} \tag{8a}$$

$$\operatorname{tg} \gamma_1 = \frac{r_1}{x_1}$$

und dementsprechend

$$\frac{x_1\,x_2\,(1-\sigma)}{(x_1 + j\,r_1)^2} = \frac{x_2}{x_1}\,\frac{1-\sigma}{1+\dfrac{r_1^2}{x_1^2}}\,(\cos 2\gamma_1 - j\sin 2\gamma_1)$$

$$= \frac{x_2 - x_{12\sigma}}{x_1}\,(\cos 2\gamma_1 - j\sin 2\gamma_1)\,.$$

Auf diese Weise ergibt sich endgültig:

$$\frac{J_1}{\dot{E}_1} = \frac{J_2 + J_{2m}}{\dot{E}_{20}} \cdot \frac{x_2 - x_{12\sigma}}{x_1} \cdot (\cos 2\gamma_1 - j\sin 2\gamma_1) \tag{8}$$

Hiernach geschieht der Übergang vom $\dfrac{J_2}{\dot{E}_{20}}$-System zum $\dfrac{J_1}{\dot{E}_1}$-System

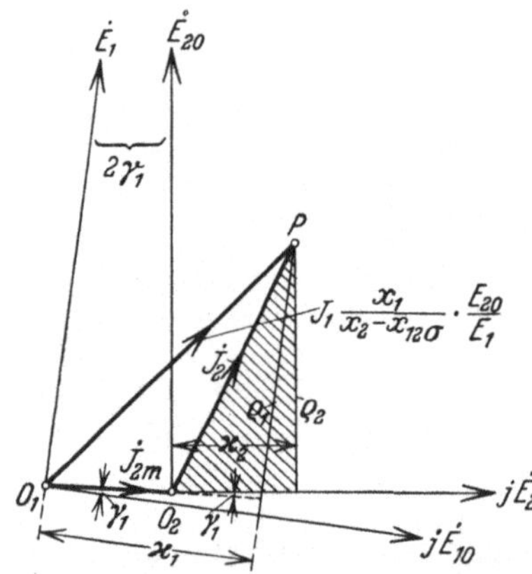

Abb. 5. Koordinatentransformation beim Übergang von $\dot{J}_2/\dot{E}_{20}$-System zum $\dot{J}_1/\dot{E}_1$-System.

auf folgende Weise (Abb. 5): Indem man zum Stromvektor J_2 den „sekundären Erregerstrom" J_{2m} addiert, erhält man den Koordinatenursprung O_1 des primären Systems. Die $\dot{E}_1$-Achse eilt gegen die $\dot{E}_{20}$-Achse um den doppelten Widerstandswinkel $2\gamma_1$ nach. Der Summenstrom

$$\overline{O_1 P} = J_{2m} + J_2$$

hat, bezogen auf den $\dot{E}_1$-Vektor, die Phase des Primärstromes und ist ihm proportional. Die Größe des Primärstromes folgt aus

$$J_1 = \overline{O_1 P} \cdot \frac{E_1}{E_{20}} \cdot \frac{x_2 - x_{12\sigma}}{x_1} \tag{8b}$$

und dieser Umrechnungsfaktor gilt für beliebig gelegene Abschnitte im $\dfrac{J_2}{\dot{E}_{20}}$-System.

Wenn man also bereits die Veränderlichkeit des Sekundärstromes im sekundären Koordinatensystem kennt, so ist es unnötig, ein besonderes Diagramm für den Primärstrom zu entwerfen. Will man dies trotzdem tun, um einen bequemen Strommaßstab zu erhalten, so kann die Koordinatentransformation statt, wie oben gezeigt, graphisch auch rein analytisch durchgeführt werden. Einem beliebigen Vektor

$$\overline{O_2 P_2} = \dot{E}_{20}\,(\varrho_2 + j\,\varkappa_2)$$

im sekundären Koordinatensystem entspricht dann ein Vektor

$$\overline{O_1 P_1} = \dot{E}_1\,(\varrho_1 + j\,\varkappa_1)$$

im primären System, wobei die Transformationsgleichungen folgende Fassung
erhalten:

$$\left.\begin{aligned}
\varkappa_1 &= \frac{1}{x_1\left(1+\frac{r_1^2}{x_1^2}\right)}\left[1+\left(\varkappa_2\left(1-\frac{r_1^2}{x_1^2}\right)-\varrho_2\,2\,\frac{r_1}{x_1}\right)(x_2-x_{12\,\sigma})\right], \\
\varrho_1 &= \frac{1}{x_1\left(1+\frac{r_1^2}{x_1^2}\right)}\left[\frac{r_1}{x_1}+\left(\varrho_2\left(1-\frac{r_1^2}{x_1^2}\right)+\varkappa_2\,2\,\frac{r_1}{x_1}\right)(x_2-x_{12\,\sigma})\right].
\end{aligned}\right\} \tag{9}$$

Diese Gleichungen können insbesondere für die Transformation der Mittelpunktskoordinaten von Kreisdiagrammen oder der Koordinaten anderer ausgezeichneter
Punkte mit Vorteil angewandt werden.

4. Kreisdiagramme und ihre Berechnung aus dem Nullpunkt und dem Unendlichkeitspunkt.

Bei vielen Kaskadenschaltungen beschreibt der Vektor des Arbeitsstromes
bei konstanter Netzspannung ein Kreisdiagramm. Die Theorie der Kreisdiagramme bildet daher eine unentbehrliche Grundlage für das Studium der Kommutatorkaskaden. Diese Theorie ist zudem so einfach und spielt auf allen Gebieten der Wechselstromtechnik eine so hervorragende Rolle, daß es sich wohl
verlohnt, sich mit ihr vertraut zu machen.

Die allgemeinste Kreisgleichung eines Stromes hat folgende Form

$$\boxed{\frac{\dot{J}}{\dot{E}}=\frac{\dot{a}+\dot{b}\,p}{\dot{c}+\dot{d}\,p}} \tag{10}$$

Dabei ist $\dot{E}$ ein konstanter Bezugsvektor; $\dot{a},\dot{b},\dot{c},\dot{d}$ bedeuten komplexe Größen
und p ist ein Parameter, der zwischen $-\infty$ und $+\infty$ variiert. Das Vektorverhältnis

$$\frac{\dot{E}}{\dot{J}}=\dot{z}=r-j\,x$$

bezeichnet man als Impedanz, das reziproke Verhältnis

$$\frac{\dot{J}}{\dot{E}}=\dot{\zeta}=\frac{r}{r^2+x^2}+j\frac{x}{r^2+x^2}$$
$$=\varrho+j\,\varkappa$$

bezeichnet man als Admittanz. Impedanz und Admittanz sind komplexe Größen
von der Dimension Ohm bzw. 1/Ohm, die gemäß Abb. 6a und b in rechtwinkeligen Koordinatensystemen aufgetragen werden können. Für das Rechnen mit
Impedanzen und Admittanzen gelten dieselben Regeln wie für das Rechnen
mit komplexen Größen. Das Symbol j ist dabei der imaginären Einheit $i=\sqrt{-1}$
gleichwertig.

Bei der Asynchronmaschine sind Impedanz und Admittanz Funktionen der
Schlüpfung oder eines Parameters, der die Schlüpfung enthält. Die Endpunkte
der Impedanz- und Admittanzvektoren beschreiben daher bei veränderlichem
Parameter gewisse „Ortskurven", die uns über einen großen Teil der Betriebseigenschaften orientieren. Soweit nicht ausdrücklich anders bemerkt,

werden wir den Parameter p stets so wählen, daß für $p = 0$ das Drehmoment der Hauptasynchronmaschine verschwindet. Gewöhnlich (aber nicht immer) wird bei unendlich hoher Drehzahl auch der Parameter $p = \infty$.

Gemäß Gleichung (10) ist für den Nullpunkt (Leerlaufpunkt):

$$p = 0: \qquad \frac{\dot{J}_0}{\dot{E}} = \frac{\dot{a}}{\dot{c}} = \frac{1}{\dot{z}_0} = \frac{1}{r_0 - j x_0} \tag{10a}$$

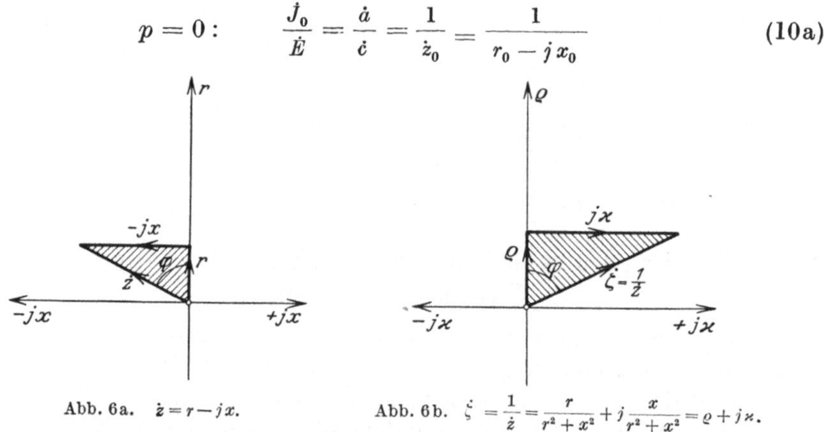

Abb. 6a. $\dot{z} = r - jx$.   Abb. 6b. $\dot{\zeta} = \dfrac{1}{\dot{z}} = \dfrac{r}{r^2 + x^2} + j\dfrac{x}{r^2 + x^2} = \varrho + j\varkappa$.

Abb. 6. Darstellung der Impedanz $\dot{z}$ und Admittanz $\dot{\zeta}$.

und für den Unendlichkeitspunkt

$$p = \infty: \qquad \frac{\dot{J}_\infty}{\dot{E}} = \frac{\dot{b}}{\dot{d}} = \frac{1}{\dot{z}_\infty} = \frac{1}{r_\infty - j x_\infty}. \tag{10b}$$

Wenn das Drehmoment verschwinden soll, so muß die Richtung der Raumvektoren $\dot{J}_1 N_1$ und $\dot{J}_2 N_2$ und daher auch die Phase der Zeitvektoren $\dot{J}_1$ und $\dot{J}_2$ im Spannungsdiagramm (Abb. 3) gleich oder entgegengesetzt sein. Unter dieser Voraussetzung verlangt Gleichung (3) für den Leerlaufstrom des Stators

$$r_{10} = r_1 \tag{10c}$$

und Gleichung (4) für den Leerlaufstrom des Rotors:

$$r_{20} = r_{12}. \tag{10d}$$

Dieselben Werte gelten auch für r_∞, falls für $p = \infty$ die Drehzahl unendlich ist und außerdem die dem Sekundärkreis aufgedrückte Spannung E_2 bei $p = \infty$ endlich bleibt. Denn bei endlicher Leistungszufuhr, aber unendlich hoher Drehzahl kann kein Moment auftreten. In diesem Falle ist also

$$r_\infty = r_0. \tag{10e}$$

Kennt man die Impedanzen $\dot{z}_0$ und $\dot{z}_\infty$, und setzt man

$$\boxed{\begin{aligned} \frac{\dot{a}}{\dot{b}} &= \alpha + j\beta \\ \frac{\dot{c}}{\dot{b}} &= u + jv = (\alpha + j\beta)\,\dot{z}_0 \end{aligned}} \tag{11}$$

so kann man Gleichung (10) auch folgende Schreibweise geben:

$$\dot{J} = \dot{E}\,\frac{(\alpha + j\,\beta) + p}{(\alpha + j\,\beta)\,\dot{z}_0 + \dot{z}_\infty\,p} \tag{12a}$$

$$= \dot{E}\,\frac{(\alpha + j\,\beta) + p}{u + j\,v + \dot{z}_\infty\,p} \tag{12b}$$

Eine andere Form derselben Gleichung benützt an Stelle der Impedanzen z_0 und z_∞ die Ströme J_0 und J_∞. Auf diese Weise ergibt sich

$$\dot{J} = \dot{J}_\infty + \frac{\dot{J}_0 - \dot{J}_\infty}{1 + \frac{\dot{d}}{\dot{c}}\,p} \tag{13}$$

Es läßt sich leicht zeigen, daß die Gleichungen (10), (12) und (13), die alle einander gleichwertig sind, wirklich ein Kreisdiagramm bedeuten, d. h. daß der Endpunkt des Vektors $\dot{J}$ bei konstanter Spannung $\dot{E}$ auf dem Umfang eines Kreises wandert. Zu diesem Zwecke geben wir Gleichung (13) folgende Form:

$$\frac{\dfrac{\dot{E}}{\dot{J} - \dot{J}_\infty}}{\dfrac{\dot{E}}{\dot{J}_0 - \dot{J}_\infty}} = 1 + \frac{\dot{d}}{\dot{c}}\,p\,.$$

Auf der linken Seite steht das Verhältnis zweier Impedanzen, also eine komplexe Zahl; auf der rechten Seite die Summe aus der reellen Zahl 1 und der komplexen Zahl $\frac{\dot{d}}{\dot{c}}\,p$. Letztere wird durch einen Vektor dargestellt, dessen Richtung konstant und dessen Größe proportional p ist. Somit beschreibt die letzte Gleichung für variablen Parameter p eine Gerade $p - p$ nach Abb. 7a. Bekanntlich geht aber eine Gerade durch „Inversion" in einen Kreis über. Daher beschreibt das reziproke Verhältnis

$$\frac{\dfrac{\dot{J} - \dot{J}_\infty}{\dot{E}}}{\dfrac{\dot{J}_0 - \dot{J}_\infty}{\dot{E}}} = \frac{1}{1 + \dfrac{\dot{d}}{\dot{c}}\,p}$$

ein Kreisdiagramm nach Abb. 7b.

Wir können nun beide Seiten dieser Gleichung mit der konstanten Admittanz $\frac{\dot{J}_0 - \dot{J}_\infty}{\dot{E}} = \zeta\,e^{-j\psi}$ multiplizieren. Der reelle Faktor ζ ändert Maßstab und Dimension des ursprünglichen Diagrammes; der Operator $e^{-j\psi} = \cos\psi - j\sin\psi$ bewirkt eine Verdrehung des ganzen Diagrammes um den Winkel ψ im Sinne einer Voreilung. Die Hauptsache ist, daß auch das Resultat dieser Multiplikation

$$\frac{\dot{J} - \dot{J}_\infty}{\dot{E}} = \frac{\dot{J}_0 - \dot{J}_\infty}{\dot{E}} \cdot \frac{1}{1 + \dfrac{\dot{d}}{\dot{c}}\,p}$$

12   Einführung in die analytisch-graphische Behandlungsweise.

wieder ein Kreisdiagramm (Abb. 7c) bedeutet. Addiert man schließlich beiderseits den Vektor $\dfrac{J_\infty}{\dot E}$, so verschiebt man dieses Kreisdiagramm parallel um eben
diesen Vektor, ohne seine Größe zu ändern (Abb. 7d). Diese letzte Transforma-

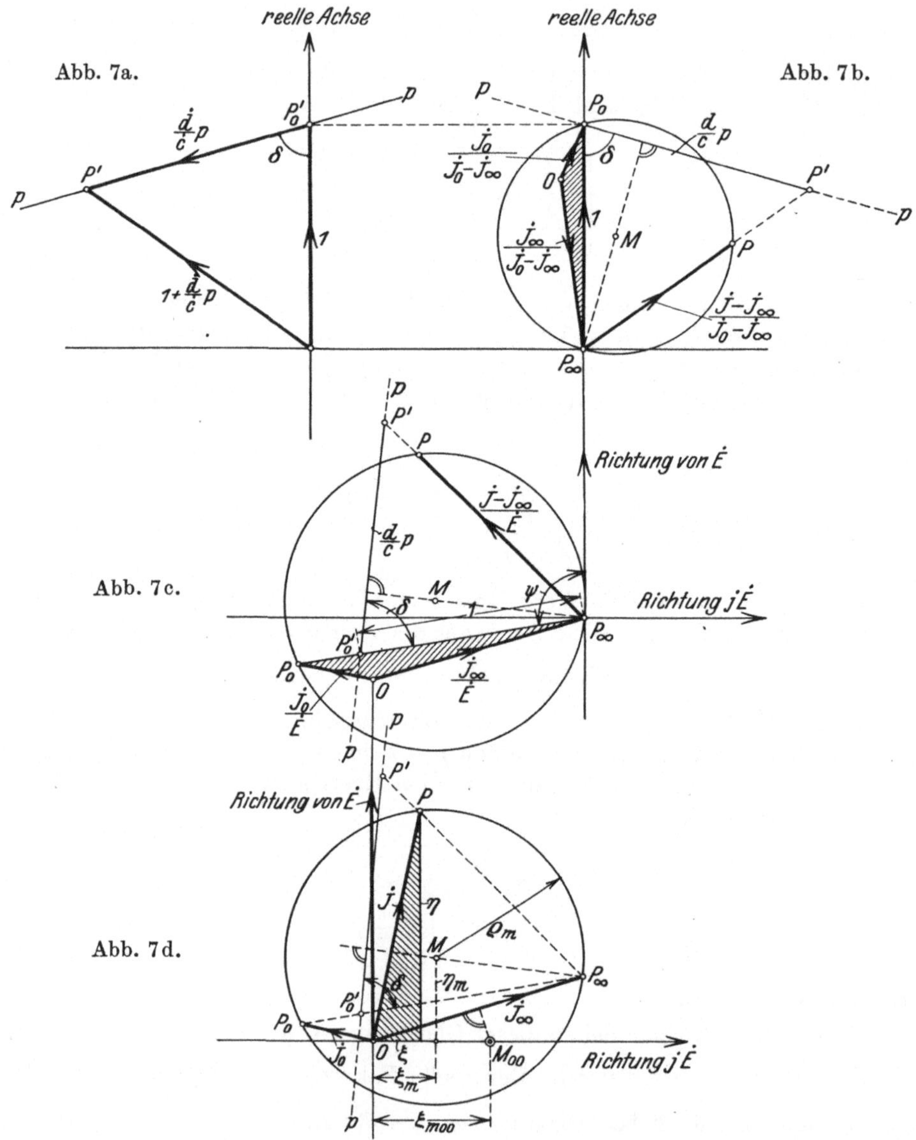

Abb. 7. Von der Parametergeraden $1 + \dfrac{\dot d}{\dot c}\,p$ zum Kreisdiagramm.

tion liefert aber die Ausgangsgleichung (13). Damit ist der Beweis erbracht,
daß Gleichung (13) und die äquivalenten Ansätze (10) und (12) wirklich ein
Kreisdiagramm beschreiben.

Ein Kreisdiagramm wird durch drei Bestimmungsstücke eindeutig festgelegt, z. B. durch Nullpunkt $(\dot{J}_0)$, Unendlichkeitspunkt $(\dot{J}_\infty)$ und durch das Verhältnis $\frac{\alpha}{\beta}$ oder $\frac{u}{v}$ [Gleichung (11)]. Um hieraus Mittelpunktskoordinaten und Radius abzuleiten, setzen wir in Gleichung (12a)

$$\dot{J} = \eta + j\xi,$$

wobei η die Wirkkomponente und ξ die Blindkomponente des Stromes bezogen auf den Spannungsvektor $\dot{E}$ bedeutet. Zunächst wird dann:

$$(\eta + j\xi) \cdot [(\alpha + j\beta)(r_0 - jx_0) + (r_\infty - jx_\infty)p] = \dot{E}[(\alpha + j\beta) + p]$$

oder ausgerechnet:

$$0 = [(E - \eta r_0 - \xi x_0)\alpha + (\xi r_0 - \eta x_0)\beta + (E - \eta r_\infty - \xi x_\infty)p]$$
$$+ j[(E - \eta r_0 - \xi x_0)\beta - (\xi r_0 - \eta x_0)\alpha - (\xi r_\infty - \eta x_\infty)p].$$

In diesem Ausdruck muß sowohl die Summe der reellen wie auch der imaginären Glieder für sich verschwinden. Man erhält so zwei Gleichungen, aus denen der Parameter p eliminiert werden kann. Das Ergebnis ist eine Gleichung zweiten Grades in ξ und η und dies ist eben die gesuchte Kreisgleichung in rechtwinkeligen Koordinaten. Sie liefert für die Mittelpunktskoordinaten ξ_m, η_m und den Radius ϱ_m folgende Werte:

$$\boxed{\begin{aligned}
\xi_m &= \frac{E}{2} \cdot \frac{\alpha(r_0 - r_\infty) + \beta(x_0 + x_\infty)}{\alpha(r_0 x_\infty - r_\infty x_0) + \beta(r_0 r_\infty + x_0 x_\infty)} \\[1mm]
\eta_m &= \frac{E}{2} \cdot \frac{\beta(r_0 + r_\infty) - \alpha(x_0 - x_\infty)}{\alpha(r_0 x_\infty - r_\infty x_0) + \beta(r_0 r_\infty + x_0 x_\infty)} \\[1mm]
\varrho_m &= \sqrt{\xi_m^2 + \eta_m^2 - \frac{E^2 \beta}{\alpha(r_0 x_\infty - r_\infty x_0) + \beta(r_0 r_\infty + x_0 x_\infty)}}
\end{aligned}} \qquad (14)$$

Wenn das Produkt

$$u + jv = (\alpha + j\beta)(r_0 - jx_0) \qquad (11)$$

einen einfachen Ausdruck liefert, so ist es von Vorteil, die Werte

$$\begin{aligned}
u &= \alpha r_0 + \beta x_0 \\
v &= \beta r_0 - \alpha x_0
\end{aligned} \qquad (11\,\text{a})$$

in die Gleichung der Mittelpunktskoordinaten einzuführen. Auf diese Weise ergibt sich

$$\boxed{\begin{aligned}
\xi_m &= \frac{E}{2} \cdot \frac{u + \beta x_\infty - \alpha r_\infty}{u x_\infty + v r_\infty} \\[1mm]
\eta_m &= \frac{E}{2} \cdot \frac{v + \beta r_\infty + \alpha x_\infty}{u x_\infty + v r_\infty}
\end{aligned}} \qquad (15)$$

Setzt man noch gemäß Abb. 7d und 8

$$O M_{00} = \xi_{m00} = \frac{E}{2 x_\infty},$$

so wird:

$$\boxed{\overline{M_{00}\dot{M}} = j(\xi_m - \xi_{m00}) + \eta_m = \frac{\dot{E}}{2} \cdot \frac{x_\infty - j r_\infty}{u x_\infty + v r_\infty}\left(\frac{v}{x_\infty} + \alpha + j\beta\right)} \qquad (16)$$

Die letzte Formel läßt sich auf verschiedene Weise graphisch interpretieren. Doch soll hierauf erst später bei der Behandlung gewisser Kaskadenschaltungen eingegangen werden.

Beispiel.

Fürs erste möge es genügen, die gewonnenen, allgemeingültigen Resultate auf die gewöhnliche Asynchronmaschine mit kurzgeschlossenem Läufer anzuwenden. Wie immer geht man dabei von Gleichung (7) aus, die für $\dot{E}_2 = 0$ das folgende Gesetz des Rotorstromes liefert:

$$\dot{J}_2 = \dot{E}_{20}\frac{s}{r_2 + (r_{12} - j\,x_{12\,\sigma})\,s}\,. \tag{17}$$

Dieser Ausdruck hat bereits die Normalform (12b) der Kreisgleichung, wobei

$$p = s\,,$$
$$\alpha + j\,\beta = 0\,,$$
$$u = r_2\,,$$
$$v = 0\,,$$
$$\dot{z}_\infty = r_{12} - j\,x_{12\,\sigma}\,.$$

Somit beschreibt der Vektor des Sekundärstromes $\dot{J}_2$ im sekundären Koordinatensystem $(\dot{E}_{20})$ ein Kreisdiagramm mit den Bestimmungsstücken [Gleichung (15)]:

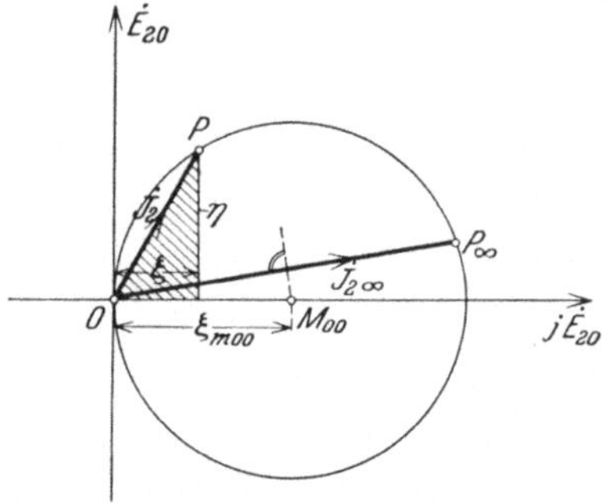

$$\left.\begin{aligned}\xi_m &= \xi_{m\,0\,0} = \frac{E_{20}}{2\,x_{12\,\sigma}}\\[2mm]\eta_m &= 0\\[2mm]\varrho_m &= \xi_m\end{aligned}\right\} \quad \text{(Abb. 8).} \tag{18}$$

Abb. 8. Kreisdiagramm für den Sekundärstrom eines gewöhnlichen Drehstrommotors.

Durch die Transformationsgleichungen (9) kann dieses Diagramm auf das primäre System $(\dot{J}_1/\dot{E}_1)$ übergeführt werden. Auf diese Weise erhält man auch das Kreisdiagramm des Primärstromes bezogen auf den konstanten Vektor $\dot{E}_1$ der Netzspannung. Seine Mittelpunktskoordinaten sind:

$$\xi'_m = \frac{E_1}{x_1}\cdot\frac{1 + \dfrac{x_2 - x_{12\,\sigma}}{2\,x_{12\,\sigma}}\left(1 - \dfrac{r_1^2}{x_1^2}\right)}{1 + \dfrac{r_1^2}{x_1^2}} = \frac{E_1}{x_1}\frac{\dfrac{1+\sigma}{2}}{\sigma + \dfrac{r_1^2}{x_1^2}}\,,$$

$$\eta'_m = \frac{E_1}{x_1}\cdot\frac{\dfrac{r_1}{x_1} + \dfrac{x_2 - x_{12\,\sigma}}{2\,x_{12\,\sigma}}\cdot 2\,\dfrac{r_1}{x_1}}{1 + \dfrac{r_1^2}{x_1^2}} = \frac{E_1}{x_1}\frac{\dfrac{r_1}{x_1}}{\sigma + \dfrac{r_1^2}{x_1^2}}\,.$$

Für den Radius ergibt sich aus Gleichung (8b) und (18)

$$\varrho'_m = \xi_{m\,0\,0}\cdot\frac{E_1}{E_{20}}\cdot\frac{x_2 - x_{12\,\sigma}}{x_1} = \frac{E_1}{x_1}\cdot\frac{\dfrac{1-\sigma}{2}}{\sigma + \dfrac{r_1^2}{x_1^2}}\,.$$

Man sieht aus diesem einfachen Beispiel, wie sehr die Kenntnis der allgemeinen Gesetzmäßigkeiten die Berechnung von Kreisdiagrammen abkürzen kann.

5. Das skalare Produkt zweier Zeitvektoren und die Drehmomentengerade im Kreisdiagramm.

Die vom Primärkreis aufgenommene Leistung P_1 (pro Phase) ist gleich dem skalaren Produkte der Zeitvektoren $\dot{E}_1$ und $\dot{J}_1$, für das wir folgende Schreibweise einführen:

$$P_1 = E_1 J_1 \cos \varphi_1 = \dot{E}_1 \times \dot{J}_1 .$$

Gemäß Gleichung (3) ist

$$\dot{E}_1 \times \dot{J}_1 = \dot{J}_1 (r_1 - j x_1) \times \dot{J}_1 - j \dot{J}_2 x_{21} \times \dot{J}_1 .$$

Nun ist

$$\dot{J}_1 \times \dot{J}_1 = J_1^2 ,$$
$$\pm j \dot{J}_1 \times \dot{J}_1 = 0 ,$$

und gemäß Abb. 9:

$$- j \dot{J}_2 \times \dot{J}_1 = \dot{J}_2 \times j \dot{J}_1 .$$

Daraus folgt für die auf den Rotor übertragene „Luftspaltleistung" pro Phase:

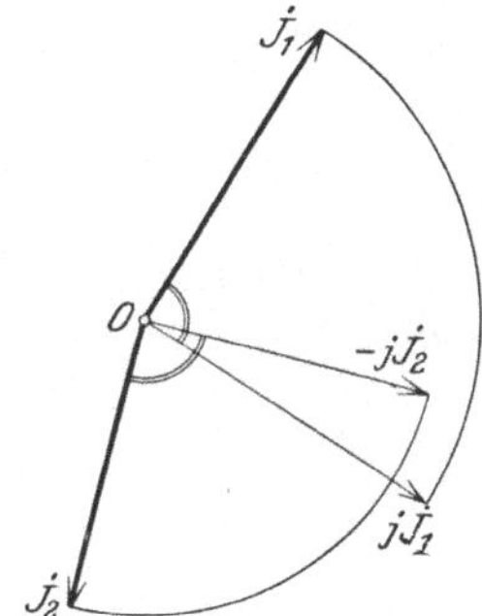

Abb. 9. Zur Erklärung der Rechenregel
$$- j \dot{J}_2 \times \dot{J}_1 = j \dot{J}_1 \times \dot{J}_2 .$$

$$\boxed{P_{12} = \dot{E}_1 \times \dot{J}_1 - J_1^2 r_1 = \dot{J}_2 \times j \dot{J}_1 x_{21}} \tag{19a}$$

Eine ganz ähnliche Entwicklung kann man mit Gleichung (4) als Ausgangspunkt vornehmen. Indem man beide Seiten mit $\dot{J}_2$ multipliziert, ergibt sich zunächst:

$$\dot{E}_{20} \times \dot{J}_2 = \dot{J}_2 \times j \dot{J}_1 x_{12} + \dot{J}_2 \times j \dot{J}_2 x_2 + \dot{J}_2 (r_{12} - j x_{12\sigma}) \times \dot{J}_2$$

und hieraus

$$\boxed{P_{12} = \dot{J}_2 \times j \dot{J}_1 x_{12} = \dot{E}_{20} \times \dot{J}_2 - J_2^2 r_{12}} \tag{19b}$$

Damit sind zwei gleichwertige Ausdrücke für die Luftspaltleistung gefunden, aus der sich das Moment einer $2p$-poligen m-Phasenmaschine nach der Gleichung

$$D^{\text{mkg}} = \frac{m \cdot p \cdot P_{12}^{\text{Watt}}}{9,81 \, \omega_1} \tag{20}$$

berechnen läßt. Allgemein schreiben wir mit Rücksicht auf Gleichung (10c) und (10d):

$$P_{12} = \dot{E} \times \dot{J} - J^2 r_0 \tag{19}$$
$$= E \eta - (\eta^2 + \xi^2) r_0 ,$$

wobei angenommen ist, daß der Stromvektor $\dot{J}$ bezogen auf den Spannungsvektor $\dot{E}$ die Wirkkomponente η und die Blindkomponente $j\xi$ besitzt.

Die letzte Gleichung erlaubt eine besonders einfache graphische Interpretation für den Fall, daß der Stromvektor für konstante Spannung ein Kreisdiagramm beschreibt. Bekanntlich lautet die Gleichung eines Kreises mit den Mittelpunktskoordinaten ξ_m, η_m und dem Radius ϱ_m:

$$(\eta - \eta_m)^2 + (\xi - \xi_m^2) = \varrho_m^2 .$$

Berechnet man hieraus $\eta^2 + \xi^2$ und führt diesen Wert in Gleichung (19) ein, so erhält man zunächst

$$P_{12} = E\,\eta - (2\,\eta\,\eta_m + 2\,\xi\,\xi_m + \varrho_m^2 - \eta_m^2 - \xi_m^2)\,r_0$$

oder endgültig

$$\boxed{P_{12} = (E - 2\,\eta_m\,r_0) \cdot [\eta - \eta_D]} \qquad (21)$$

wobei

$$\eta_D = \frac{2\,\xi_m\,r_0}{E - 2\,\eta_m\,r_0}\,\xi - \frac{\eta_m^2 + \xi_m^2 - \varrho_m^2}{E - 2\,\eta_m\,r_0}\,r_0 .$$

Nun ist aber $\eta_D = c_1\xi + c_2$ die Gleichung einer Geraden. Nach Gleichung (21) und (20) sind somit Luftspaltleistung und Drehmoment proportional der Ordinatendifferenz $\eta - \eta_D$ zwischen dem Umfang des Kreisdiagrammes und jener Geraden, die deshalb allgemein als „Drehmomentengerade" bezeichnet wird. Durch diese überaus elegante Abbildung des Momentes, die Abb. 10 illustriert, hat zuerst Ossanna das Kreisdiagramm der Asynchronmaschine bereichert.

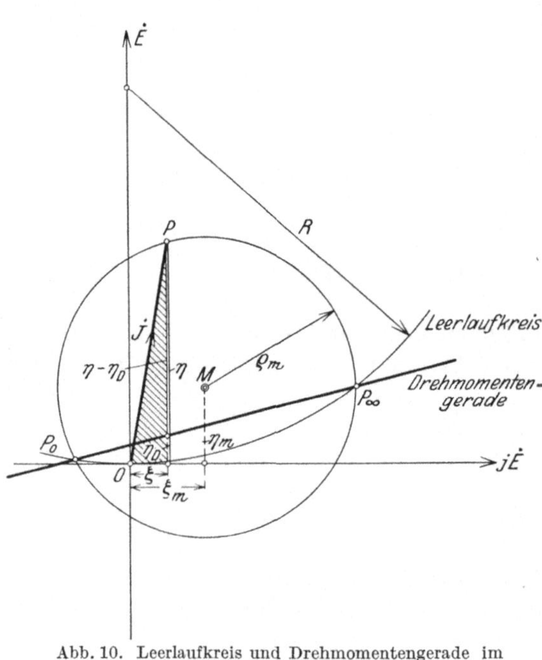

Abb. 10. Leerlaufkreis und Drehmomentengerade im Kreisdiagramm.

Die Lage der Drehmomentengeraden ergibt sich am einfachsten auf Grund der Überlegung, daß für die Schnittpunkte der Geraden und des Kreises das Moment verschwinden muß. Wir haben außerdem gefunden, daß für $D = 0$ (wegen der Phasengleichheit oder Phasenopposition der primären und sekundären Amperewindungen) $\dot{J}_1$ und $\dot{J}_2$ je eine Gleichung von der Form

$$(\dot{J})_{D=0} = \frac{\dot{E}}{r_0 - j\,x} \qquad (22\,\mathrm{a})$$

erfüllen müssen, in welcher r_0 konstant ist, während x beliebige Werte annehmen kann. Das ist aber die Gleichung eines Kreises durch den Koordinatenanfangspunkt vom Radius

$$\boxed{R = \frac{E}{2\,r_0}} \qquad (22\,\mathrm{b})$$

dessen Mittelpunkt auf der Ordinatenachse gelegen ist. Dieser sogenannte „Leerlaufkreis" (Abb. 10) schneidet das Kreisdiagramm in denselben Punkten wie die Drehmomentengerade. Der eine dieser Punkte ist der Leerlaufpunkt P_0, der andere sehr häufig der Unendlichkeitspunkt P_∞, nämlich stets dann, wenn $r_\infty = r_0$ erhalten wird [siehe Gleichung (10e)].

Rechenregeln für die Bildung skalarer Produkte.

Nachdem für die Berechnung des Drehmomentes wie auch später für die Bestimmung des Tourenabfalles das Rechnen mit skalaren Produkten eine gewisse Rolle spielt, will ich gleich hier die notwendigen Aufschlüsse geben. Es ist klar, daß für skalare Produkte die gewöhnlichen Regeln der Algebra für komplexe Größen nicht mehr gelten. Ist z. B.

$$\dot{J}_1 = \frac{\dot{E}}{z_1} \left(\cos \varphi_1 + j \sin \varphi_1 \right)$$

$$\dot{J}_2 = \frac{\dot{E}}{z_2} \left(\cos \varphi_2 + j \sin \varphi_2 \right),$$

so ist gemäß der Definition des skalaren Produktes

$$\dot{J}_1 \times \dot{J}_2 = \frac{E^2}{z_1\,z_2} \cdot \cos \left(\varphi_1 - \varphi_2 \right)$$

$$= \frac{E^2}{z_1\,z_2} \left(\cos \varphi_1 \cos \varphi_2 + \sin \varphi_1 \sin \varphi_2 \right).$$

Daraus folgt, daß bei der skalaren Multiplikation

$$j \times j = 1$$

zu setzen und in dem Resultate nur die Glieder ohne den Faktor j, d. h. der „reelle Teil" zu berücksichtigen ist.

Die übrigen Rechenregeln sind so einleuchtend, daß sie ohne erläuternden Text mitgeteilt werden können:

$$(\dot{J}_1 + \dot{J}_2) \times \dot{J}_3 = \dot{J}_1 \times \dot{J}_3 + \dot{J}_2 \times \dot{J}_3 \tag{23}$$

$$\dot{J}_1 \times \dot{J}_2\,e^{j\varphi} = \dot{J}_1\,e^{-j\varphi} \times \dot{J}_2, \tag{24}$$

also z. B.

$$\dot{J}_1 \times j\,\dot{J}_2 = -\,j\,\dot{J}_1 \times \dot{J}_2. \tag{24a}$$

Setzt man

$$\dot{J}_1 = \dot{E}\,(\varrho_1 + j\,\varkappa_1) \qquad \dot{J}_2 = \dot{E}\,(\varrho_2 + j\,\varkappa_2),$$

so folgt:

$$\dot{J}_1 \times \dot{J}_2 = E^2\,(\varrho_1\,\varrho_2 + \varkappa_1\,\varkappa_2). \tag{25}$$

Ist ferner:

$$\dot{J}_1 = \dot{E}\,\frac{\varrho_1 + j\,\varkappa_1}{a_1 + j\,b_1} \qquad \dot{J}_2 = \dot{E}\,\frac{\varrho_2 + j\,\varkappa_2}{a_2 + j\,b_2},$$

so ergibt sich:

$$\dot{J}_1 \times \dot{J}_2 = E^2\,\frac{(\varrho_1\,\varrho_2 + \varkappa_1\,\varkappa_2)(a_1\,a_2 + b_1\,b_2) + (\varrho_1\,\varkappa_2 - \varrho_2\,\varkappa_1)(a_1\,b_2 - a_2\,b_1)}{(a_1^2 + b_1^2)(a_2^2 + b_2^2)}. \tag{26}$$

Schließlich sei für die Differentiation eines skalaren Produktes die Regel

$$\frac{d\,(\dot{J}_1 \times \dot{J}_2)}{dp} = \dot{J}_1 \times \frac{d\dot{J}_2}{dp} + \dot{J}_2 \times \frac{d\dot{J}_1}{dp} \tag{27}$$

angeführt.

6. Die Parametergerade des Kreisdiagrammes und der prozentuale Tourenabfall bei Belastung.

In Abschnitt 4 wurde bewiesen, daß die Gleichung

$$\dot{J} = \dot{E}\,\frac{\dot{a} + \dot{b}\,p}{\dot{c} + \dot{d}\,p} \tag{10}$$

ein Kreisdiagramm darstellt, weil sie gemäß der äquivalenten Gleichung

$$\dot{J} - \dot{J}_\infty = \frac{\dot{J}_0 - \dot{J}_\infty}{1 + \dfrac{\dot{d}}{\dot{c}}\, p} \tag{13}$$

aus der Geraden $1 + \dfrac{\dot{d}}{\dot{c}}\, p$ durch „Inversion" abgeleitet werden kann. Demzufolge muß jedes Kreisdiagramm eine **Parametergerade** $p-p$ besitzen, auf welcher der Wert von p in einer bestimmten Skala abzulesen ist (Abb. 11).

Wir wählen den Unendlichkeitspunkt (P_∞ für $p = \infty$) als Pol der Parametergeraden und ziehen diese durch den Leerlaufpunkt (P_0 für $p = 0$). Nach Gleichung (13) muß dann der Vektor $\overline{P_\infty P} = \dot{J} - \dot{J}_\infty$ auf der Parameterlinie $p-p$ eine Strecke

$$\overline{P_0 P'} = \frac{p}{k_p}$$

abschneiden, die dem Parameter p proportional ist. Für $p = \infty$ muß diese Strecke unendlich werden. Daraus folgt, daß $p-p$ parallel zur Tangente in P_∞ gezeichnet werden muß. Damit ist die Konstruktion der Parametergeraden festgelegt.

Um auch den Maßstabsfaktor k_p zu ermitteln, berechnen wir den Parameter dp für einen Punkt Q, der vom Leerlaufpunkt P_0 um das Differential $d\dot{J}$ entfernt ist. Aus der Geometrie der Abb. 11 folgt dann:

$$P_0 Q = P_0 Q'$$

oder

$$|d\dot{J}| = \frac{dp}{k_p}$$

bzw.

$$\boxed{k_p = \left| \frac{dp}{d\dot{J}} \right|_{p=0}} \tag{28}$$

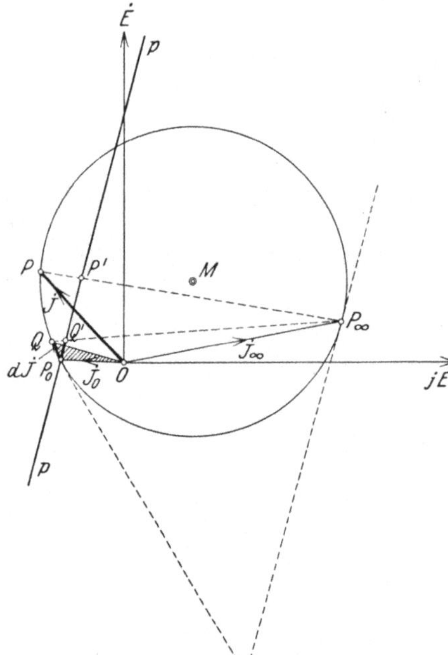
Abb. 11. Konstruktion der Parametergeraden $p-p$ im Kreisdiagramm.

Dabei bedeutet das Symbol $|\ |$, daß nur der Absolutwert des Differentialquotienten ohne Rücksicht auf seine Richtung gemeint ist. Die Ausrechnung, deren Ausgangspunkt wieder Gleichung (13) bildet, liefert für konstante Werte der Impedanzen:

$$\left(\frac{d\dot{J}}{dp} \right)_{p=0} = (\dot{J}_\infty - \dot{J}_0) \cdot \frac{\dot{d}}{\dot{b}} \cdot \frac{\dot{b}}{\dot{c}}$$

$$= \dot{E}\, \frac{\dot{J}_\infty - \dot{J}_0}{\dot{J}_\infty} \cdot \frac{1}{u + jv} \quad \text{[siehe Gl. (11)]}$$

$$= \dot{E}\, \frac{(r_0 - r_\infty) - j(x_0 - x_\infty)}{r_0 - j x_0} \cdot \frac{1}{u + jv}. \tag{29a}$$

Daraus folgt:

$$k_p = \left|\frac{dp}{dJ}\right|_{p=0} = \frac{1}{E}\sqrt{\frac{(u^2+v^2)(r_0^2+x_0^2)}{(r_0-r_\infty)^2+(x_0-x_\infty)^2}}$$

$$= \frac{\sqrt{\alpha^2+\beta^2}}{E}\cdot\frac{r_0^2+x_0^2}{\sqrt{(r_0-r_\infty)^2+(x_0-x_\infty)^2}} \tag{29}$$

Verschwindet das Drehmoment für $p=\infty$, so ist $r_\infty = r_0$ und

$$k_p = \frac{\sqrt{\alpha^2+\beta^2}}{E}\cdot\frac{r_0^2+x_0^2}{|x_0-x_\infty|} \tag{29b}$$

Ist endlich $J_0 = 0$ bzw. $x_0 = \infty$, so gilt

$$(k_p)_{J_0=0} = \frac{\sqrt{u^2+v^2}}{E}. \tag{29c}$$

Mit der Berechnung der Parameterlinie nahe verwandt ist die Berechnung des prozentualen Tourenabfalles. Einstweilen müssen wir freilich an Stelle des Tourenabfalles die Änderung des Parameters p einführen, da über den Zusammenhang zwischen Tourenzahl und Parameter noch nicht eindeutig verfügt wurde. Indessen haben wir bereits bestimmt, daß für die Leerlaufdrehzahl $p=0$ sein soll, falls nicht ausdrücklich eine andere Voraussetzung mitgeteilt wird.

An Stelle des prozentualen Tourenabfalles bei Leerlauf berechnen wir daher das Verhältnis

$$\left(\frac{dp}{dP_{12}}\right)_{p=0},$$

wobei gemäß Gleichung (19)

$$P_{12} = \dot{E}\times\dot{J} - J^2 r_0$$

die auf den Sekundärkreis übertragene „Luftspaltleistung" pro Phase bedeutet. Die Ausführung der Differentiation liefert zunächst:

$$\left(\frac{dP_{12}}{dp}\right)_{p=0} = \frac{d}{dp}[(\dot{E}-\dot{J}r_0)\times\dot{J}] \tag{30}$$

$$= (\dot{E}-2\dot{J}_0 r_0)\times\left(\frac{d\dot{J}}{dp}\right)_{p=0}$$

oder gemäß Gleichung (29a)

$$\left(\frac{dP_{12}}{dp}\right)_{p=0} = \dot{E}\,\frac{-r_0-jx_0}{r_0-jx_0}\times\dot{E}\,\frac{(r_0-r_\infty)-j(x_0-x_\infty)}{r_0-jx_0}\cdot\frac{1}{u+jv}$$

$$= \frac{E^2}{(r_0^2+x_0^2)(u^2+v^2)}\cdot[-(u+jv)(r_0+jx_0)\times((r_0-r_\infty)-j(x_0-x_\infty))]$$

$$= \frac{E^2}{(r_0^2+x_0^2)(u^2+v^2)}[(x_0-x_\infty)(ux_0+vr_0)-(r_0-r_\infty)(ur_0-vx_0)]$$

$$= \frac{E^2}{u^2+v^2}[\beta(x_0-x_\infty)-\alpha(r_0-r_\infty)].$$

Daraus folgt endgültig:

$$\left(\frac{dp}{dP_{12}}\right)_{p=0} = \frac{1}{E^2} \cdot \frac{\dfrac{r_0^2 + x_0^2}{x_0 - x_\infty} \cdot \dfrac{u^2 + v^2}{u x_0 + v r_0}}{1 - \dfrac{r_0 - r_\infty}{x_0 - x_\infty} \cdot \dfrac{u r_0 - v x_0}{u x_0 + v r_0}}$$

$$= \frac{1}{E^2} \cdot \frac{\dfrac{r_0^2 + x_0^2}{x_0 - x_\infty} \cdot \dfrac{\alpha^2 + \beta^2}{\beta}}{1 - \dfrac{r_0 - r_\infty}{x_0 - x_\infty} \cdot \dfrac{\alpha}{\beta}} \tag{31a}$$

Entwickelt die Asynchronmaschine für $p = \infty$ kein Moment, so ist $r_\infty = r_0$ und:

$$\left(\frac{dp}{dP_{12}}\right)_{p=0} = \frac{1}{E^2} \frac{(r_0^2 + x_0^2)(u^2 + v^2)}{(x_0 - x_\infty)(u x_0 + v r_0)} = \frac{1}{E^2} \frac{\alpha^2 + \beta^2}{\beta} \frac{r_0^2 + x_0^2}{x_0 - x_\infty} \tag{31b}$$

Verschwindet der Leerlaufstrom ($J_0 = 0$, $x_0 = \infty$) so wird noch einfacher:

$$\left(\frac{dp}{dP_{12}}\right)_{p=0,\, J_0=0} = \frac{1}{E^2} \frac{u^2 + v^2}{u}. \tag{31c}$$

Für den gewöhnlichen Drehstrommotor mit kurzgeschlossener Rotorwicklung ist gemäß Gleichung (17): $J_{20} = 0$, $u = r_2$, $v = 0$, $p = s$. Somit ergibt sich für den Tourenabfall bei Belastung

$$\left(\frac{ds}{dP_{12}}\right)_{s=0} = \frac{1}{E_{20}^2} r_2. \tag{32}$$

II. Einige allgemeine Eigenschaften verketteter Mehrphasensysteme.

7. Die Gegeninduktivität zweier symmetrischer Mehrphasensysteme.

Wir betrachten zwei symmetrische Mehrphasensysteme, deren Wicklungsachsen gegeneinander festliegen, z. B. eine Kommutatorwicklung mit 3-Bürstenschaltung (Index a) und eine 3-phasige Erregerwicklung im Ständer (Index m). Von beiden Systemen greifen wir je eine Phase heraus und bezeichnen ihren Strom mit $\dot{J}_a$ bzw. $\dot{J}_m$.

Das Feld der drei Erregerphasen erzeugt in der einen Ankerphase eine Pulsationsspannung

$$\dot{E}_{ma} = j \dot{J}_m x_{ma} e^{j\varphi} \tag{33a}$$

und in der einen Erregerphase die Selbstinduktionsspannung

$$\dot{E}_m = j \dot{J}_m x_m.$$

Ist das Luftspaltfeld ausnahmsweise ein reines Drehfeld, so stimmt der Phasenwinkel φ mit dem Raumwinkel zwischen den Wicklungsachsen von Läufer und Ständer überein.

Wird nun statt des Ständers der Anker erregt, so entsteht in der Erregerwicklung eine Pulsationsspannung

$$\dot{E}_{am} = j \dot{J}_a x_{am} e^{j\psi} \tag{33b}$$

und in der Ankerwicklung die Selbstinduktionsspannung

$$\dot{E}_a = j\,\dot{J}_a\,x_a\,.$$

Um den Zusammenhang zwischen den beiderseitigen Wechselreaktanzen x_{ma} und x_{am} sowie den zugehörigen Phasenverschiebungen φ und ψ zu bestimmen, kann man davon ausgehen, daß die Winkel φ und ψ jedenfalls unabhängig von der Phase der Ströme sein müssen. Man kann deshalb ebensogut $\dot{J}_m$ und $\dot{J}_a$ phasengleich annehmen, ohne die Allgemeinheit der Betrachtungen einzuschränken. Ebensowenig können die Windungszahlen beider Wicklungen auf das Resultat von Einfluß sein. Wir können daher durch Änderung der Windungszahlen erreichen, daß bei demselben Feld wie früher $\dot{J}_m = \dot{J}_a = \dot{J}$ wird. Schließlich wollen wir noch annehmen, daß sich Erreger- und Ankerfeld ohne Änderung ihrer Größe und Phase superponieren, wenn wir beide Systeme gleichzeitig erregen. Dann haben wir den einfachen Fall, daß zwei in Reihe geschaltete Mehrphasenwicklungen von dem gemeinsamen Strome $\dot{J}$ durchflossen werden. Nach dem Vorigen beträgt hierfür die resultierende Pulsationsspannung:

$$\dot{E}_m + \dot{E}_{ma} + \dot{E}_{am} + \dot{E}_a = j\,\dot{J}\,[x_m + x_{ma}\,e^{j\varphi} + x_{am}\,e^{j\psi} + x_a]$$
$$= j\,\dot{J}\,[x_m + x_{ma}(\cos\varphi + j\sin\varphi) + x_{am}(\cos\psi + j\sin\psi) + x_a]\,.$$

In Wirklichkeit muß aber die resultierende Pulsationsspannung rein induktiv sein, da sie ja nur die Selbstinduktionsspannung eines einzigen Mehrphasensystemes darstellt. Daraus folgt:

$$x_{ma}\cos\varphi + x_{am}\cos\psi = 2\,y$$
$$x_{ma}\sin\varphi + x_{am}\sin\psi = 0$$

oder:

$$\boxed{\begin{aligned} x_{ma} = x_{am} &= \frac{y}{\cos\varphi} \\ \varphi &= -\psi \end{aligned}} \qquad (33)$$

Die Absolutwerte der Gegeninduktivitäten sind also gleich, die zugehörigen Phasenwinkel aber entgegengesetzt gleich.

Die obigen Ableitungen sind an keine andere Voraussetzung gebunden, als daß das resultierende Feld zweier Mehrphasenwicklungen nach den magnetischen Achsen dieser Wicklungen in zwei (fiktive) Teilfelder zerlegt werden kann. Dies ist aber zugleich die Voraussetzung dafür, daß man überhaupt mit Gegeninduktivitäten operiert. Sie ist daher immer eo ipso erfüllt.

8. Maschinen mit mehreren magnetisch verketteten Nebenschlußwicklungen.

Bei komplizierten Regelschaltungen ist es zuweilen nötig, ein und dieselbe Kommutatormaschine mit mehreren im Nebenschluß erregten Feldwicklungen zu versehen. Gewöhnlich sind diese Wicklungen gleichachsig[1] in dieselben Nuten bzw. um dieselben Polkerne gewickelt. Sie besitzen aber verschiedene Windungszahlen n_1, n_2, ..., Widerstände r_1, r_2, ..., und Streureaktanzen $x_{1\sigma}$, $x_{2\sigma}$, ...

---

[1] Es macht keine Schwierigkeit, die folgenden Überlegungen auch auf nicht gleichachsige Wicklungen auszudehnen.

Die aus dem Hauptfeld (exkl. Streufeld) abgeleiteten Reaktanzen x_{11}, x_{22}, ... verhalten sich wie die Quadrate der Windungszahlen n_1^2, n_2^2, ... Alle Reaktanzen x mögen für die Betriebsfrequenz berechnet sein.

Wir denken uns diese Wicklungen an die Spannungen $\dot{E}_1$, $\dot{E}_2$, ... usw. gelegt, und fragen nach dem resultierenden Feld in der Maschine bzw. nach den resultierenden Amperewindungen:

$$A\dot{W}_g = \dot{J}_1 n_1 + \dot{J}_2 n_2 + \cdots,$$

welche dieses Feld erregen. Diese Amperewindungen sind mit den Spannungen E_{1g}, E_{2g}, ... usw., die das gemeinsame Hauptfeld in den einzelnen Wicklungen induziert, durch folgende Gleichungen verbunden:

$$\dot{E}_{1g} = j\,\frac{A\dot{W}_g}{n_1}\,x_{11},$$

$$\dot{E}_{2g} = j\,\frac{A\dot{W}_g}{n_2}\,x_{22}$$

usw. Die Spannungsgleichungen der Feldwicklungen haben daher die Form:

$$\dot{E}_1 = \dot{J}_1\,(r_1 - j\,x_{1\sigma}) - \dot{E}_{1g} = \dot{J}_1\,(r_1 - j\,x_{1\sigma}) - j\,\frac{A\dot{W}_g}{n_1}\,x_{11},$$

$$\dot{E}_2 = \dot{J}_2\,(r_2 - j\,x_{2\sigma}) - \dot{E}_{2g} = \dot{J}_2\,(r_2 - j\,x_{2\sigma}) - j\,\frac{A\dot{W}_g}{n_2}\,x_{22}$$

usw. Diese Gleichungen fassen wir wie folgt zusammen:

$$\frac{\dot{E}_1 n_1}{r_1} + \frac{\dot{E}_2 n_2}{r_2} + \cdots$$

$$= A\dot{W}_g\left[1 - j\left(\frac{x_{11}}{r_1} + \frac{x_{22}}{r_2} + \cdots\right)\right] - j\left[\dot{J}_1 n_1\frac{x_{1\sigma}}{r_1} + \dot{J}_2 n_2\frac{x_{2\sigma}}{r_2} + \cdots\right]. \qquad (34a)$$

Nun ist bei gleichachsigen Feldwicklungen die Streuung innerhalb der Maschine gering. Außerhalb der Maschine können zwar weitere Reaktanzen im Feldkreis liegen, welche als Streureaktanzen zu rechnen sind. In vielen Fällen werden aber trotzdem die Verhältnisse $\frac{x_{1\sigma}}{r_1}$, $\frac{x_{2\sigma}}{r_2}$ ... gegen die Verhältnisse $\frac{x_{11}}{r_1}$, $\frac{x_{22}}{r_2}$ ... klein bleiben, oder es werden wenigstens die Abweichungen der Verhältnisse $\frac{x_{1\sigma}}{r_1}$, $\frac{x_{2\sigma}}{r_2}$ usw. von einem Mittelwert $\frac{x_\sigma}{r}$ im Verhältnis zu $\frac{x_{11}}{r_1}$, $\frac{x_{22}}{r_2}$ ... klein ausfallen. Wenn eine dieser Voraussetzungen zutrifft, kann

$$\frac{x_{1\sigma}}{r_1} \approx \frac{x_{2\sigma}}{r_2} \approx \cdots = \frac{x_\sigma}{r}$$

gesetzt werden. Dann liefert die letzte Gleichung als gute Näherungslösung:

$$\boxed{A\dot{W}_g = \dot{J}_1 n_1 + \dot{J}_2 n_2 + \cdots = \frac{\dfrac{\dot{E}_1 n_1}{r_1} + \dfrac{\dot{E}_2 n_2}{r_2} + \cdots}{1 - j\left[\dfrac{x_\sigma}{r} + \dfrac{x_{11}}{r_1} + \dfrac{x_{22}}{r_2} + \cdots\right]}} \qquad (34)$$

Vergleichen wir nun diese Lösung mit dem Ausdruck

$$A\dot{W}_0 = \frac{\dfrac{\dot{E}_0\, n_0}{r_0}}{1 - j\,\dfrac{x_{0\sigma} + x_{00}}{r_0}}, \qquad (35a)$$

den man erhält, wenn nur eine einzige Wicklung (Index 0) an Spannung gelegt wird: Wir sehen dann, daß man auch mit einer einzigen Wicklung bei passend gewählten Wicklungskonstanten und richtiger Erregerspannung dieselben resultierenden Amperewindungen erzielen kann. Es brauchen dazu nur folgende Nebenbedingungen beobachtet zu werden:

$$\left. \begin{aligned} &\dot{E}_0 = \dot{E}_1\,\frac{n_1}{n_0}\frac{r_0}{r_1} + \dot{E}_2\,\frac{n_2}{n_0}\cdot\frac{r_0}{r_2} + \cdots \\[2mm] &\frac{x_{0\sigma}}{r_0} = \frac{x_\sigma}{r} \\[2mm] &\frac{x_{00}}{r_0} = \frac{x_{11}}{r_1} + \frac{x_{22}}{r_2} + \cdots \end{aligned} \right\} \qquad (35)$$

Wir erhalten somit das bemerkenswerte Resultat, daß unter den gemachten Voraussetzungen mehrere Nebenschlußwicklungen stets — in Gedanken oder in Wirklichkeit — durch eine einzige Wicklung ersetzt werden können. Diese Ersatzwicklung hat dasselbe Verhältnis $\frac{x_\sigma}{r}$ von Streureaktanz zu Widerstand wie die ursprünglichen Wicklungen, dagegen muß das Verhältnis $\frac{x_{00}}{r_0} = \frac{\omega L_{00}}{r_0}$ für die Ersatzwicklung gleich der Summe der entsprechenden Verhältnisse der ursprünglichen Wicklungen gemacht werden. Man kann auch sagen, daß die Zeitkonstante $\frac{L_{00}}{r_0}$ der Ersatzwicklung gleich der Summe der Zeitkonstanten der ursprünglichen Wicklungen sein müsse. Werden diese Bedingungen eingehalten und wird die Ersatzwicklung mit der richtigen Spannung $\dot{E}_0$ erregt, so erzeugt sie dasselbe Feld wie das Zusammenwirken der ursprünglichen Wicklungen.

Ebenso allgemein gilt die Umkehrung dieses Satzes: Sollen die resultierenden Amperewindungen der Nebenschlußerregung einer Kommutatormaschine mehrere Komponenten enthalten, die verschiedenen Spannungen E_1, E_2 usw. proportional sind, so kann man mehrere Erregerwicklungen 1, 2 usw. anwenden und diese an verschiedene Spannungen legen. Man soll dabei aber für alle Erregerkreise ungefähr gleiche (oder sehr kleine) Verhältnisse $\frac{x_\sigma}{r}$ anstreben. Dann hat das resultierende Feld eine solche Größe und Phase, als erzeugte die Erregerspannung E_1 die Amperewindungen

$$\dot{J}_1\, n_1 = A\dot{W}_1 = \frac{\dfrac{\dot{E}_1\, n_1}{r_1}}{1 - j\left[\dfrac{x_\sigma}{r} + \dfrac{x_{11}}{r_1} + \dfrac{x_{22}}{r_2} + \cdots\right]}, \qquad (36a)$$

die Erregerspannung E_2 die Amperewindungen

$$J_2\, n_2 = A\dot{W}_2 = \frac{\dfrac{\dot{E}_2\, n_2}{r_2}}{1 - j\left[\dfrac{x_\sigma}{r} + \dfrac{x_{11}}{r_1} + \dfrac{x_{22}}{r_2} + \cdots\right]} \tag{36b}$$

usw. In Wirklichkeit erzeugen allerdings die Wicklungen 1, 2 usw. ganz andere Amperewindungen. Denn die wirklichen Amperewindungen jeder Wicklung enthalten je eine Komponente für jede der angewandten Erregerspannungen $E_1, E_2, \ldots$ Dies darf bei der Berechnung der Stromwärmeverluste nicht vergessen werden. Dagegen braucht man darauf keine Rücksicht zu nehmen, soweit nur das resultierende Feld und dessen Induktionswirkungen in Frage kommen.

Will man irgendeine Amperewindungskomponente $J_u\, n_u$ für sich allein regeln, so kann dies entweder durch Regelung der zugeordneten Spannung E_u oder des zugeordneten Widerstandes r_u geschehen. Im letzten Falle beeinflußt diese Änderung auch die übrigen Amperewindungskomponenten in dem Grade, in welchem das Verhältnis $\dfrac{x_{uu}}{r_u}$ den Nenner in Gleichung (36) ändert. In Stromkreisen niedriger Frequenz ist dieser Einfluß oft unbedeutend, weil dann das imaginäre Nennerglied $\sum'\dfrac{x}{r}$ gewöhnlich viel kleiner als 1 ist.

9. Das Vektordiagramm der Amperewindungsverteilung „Görgesdiagramm“.

Die übersichtlichste Darstellung der Amperewindungsverteilung von Mehrphasenmaschinen gibt das sog. Görgesdiagramm (L 2). Es ist dies eine Abbildung der Amperewindungsverteilung in Vektorform, aus der man an jeder Stelle des Ankerumfanges die Amplitude und Phase der Amperewindungen entnehmen kann. Man kann derartige Diagramme für jede Stator- und Rotorwicklung getrennt aufzeichnen oder auch die resultierende Amperewindungsverteilung mehrerer oder aller Maschinenwicklungen durch ein einziges Diagramm abbilden.

Die Konstruktion des Görgesdiagrammes fußt auf folgender Definition der Amperewindungsverteilung (Abb. 12): **Die Differenz zwischen den Amperewindungen an 2 Stellen B und A des Ankerumfanges ist gleich der Durchflutung zwischen denselben Grenzen.**

Bezeichnet z. B. i_s den Stabstrom und n_s die Leiterzahl pro Nutlage (Ober- oder Unterlage), so ergibt sich für die Amperewindungsverteilung des Ankers:

$$a\,w_B - a\,w_A = \sum_A^B i_s\, n_s.$$

Analog ist für feinverteilte Wicklungen mit einem Strombelag as pro cm Ankerumfang:

$$a\,w_B - a\,w_A = \int_A^B a\,s\,dx.$$

Wenn die Durchflutung oder der Strombelag sinusförmig pulsieren, so gelten die obigen Definitionsgleichungen auch für die Beziehungen zwischen den entsprechenden Zeitvektoren.

In Abb. 12 besitzt der Läufer Durchmesserwicklung mit 3-Bürstenschaltung. Die Erregerwicklung im Ständer ist zur Ankerwicklung in Reihe geschaltet, wird also von den Bürstenströmen durchflossen. Die Phase der inneren Ankerströme J_s und der Bürstenströme J_b ist aus Abb. 13 zu entnehmen. In jeder Nut (außerhalb der Kommutierungszonen) führen Ober- und Unterlage Ströme zweier Phasen, die um 60 elektrische Grade differieren und sich nach folgendem Schema zusammensetzen:

Abschnitt	$1\,III$	$III\,2$	$2\,I$	$I\,3$	$3\,II$	$II\,1$
Stabstrom der Oberlage	$J_{s\,III}$	$J_{s\,III}$	$J_{s\,I}$	$J_{s\,I}$	$J_{s\,II}$	$J_{s\,II}$
„ „ Unterlage	$-J_{s\,I}$	$-J_{s\,II}$	$-J_{s\,II}$	$-J_{s\,III}$	$-J_{s\,III}$	$-J_{s\,I}$
Vektorsumme	$-J_b''$	J_b'	$-J_b'''$	J_b''	$-J_b'$	J_b'''

Die so bestimmte Phase der Durchflutung ist in Abb. 12 über den einzelnen Abschnitten der Anker- und Erregerwicklung durch Pfeile angegeben. Zur Zeit, wo der Bürstenstrom J_b' sein Maximum hat, ist $1\,I$ die Achse des Ankerfeldes. Diese weist also stets nach derjenigen Bürste, deren Strom gerade seinen größten Wert erreicht. Dieselbe Regel gilt für 6-Bürstenschaltung und

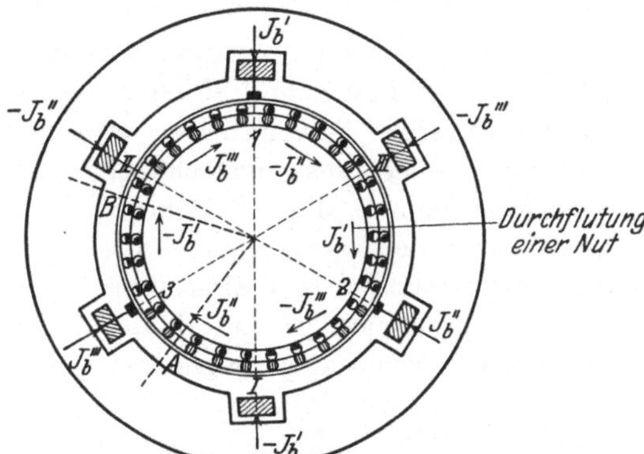

Abb. 12. Zur Definition der Amperewindungsverteilung.

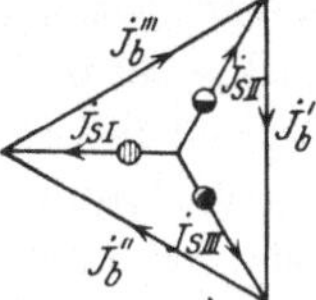

Abb. 13. Stabstrom J_s und Bürstenstrom J_b einer Maschine nach Abb. 12 mit Dreibürstenschaltung. Die Durchflutung einer Nut ist gleich $n_s J_b$.

Durchmesserwicklung. Aus dem Gesagten folgt ohne weiteres, daß in Abb. 12 die magnetischen Achsen des Ständers und Läufers aufeinander senkrecht stehen.

Für die Konstruktion des Görgesdiagrammes der Abb. 14 gilt folgende Vorschrift: Summiere die Zeitvektoren der Durchflutungen aller Nuten und Pollücken in derselben Reihenfolge, in der sie längs des Ankerumfanges aufeinander folgen. Wenn dann — wie dies für Drehstromkommutatormaschinen stets zutrifft — die Summe der Durchflutungen für je

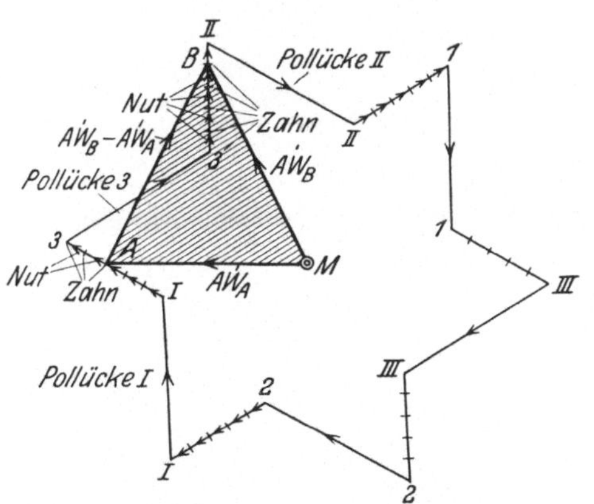

Abb. 14. Görgesdiagramm der Amperewindungsverteilung einer Maschine nach Abb. 12.

360° Polteilungsgrade verschwindet, so schließt sich das Vektordiagramm der Amperewindungen nach 360°. In dieser Darstellung entsprechen den

Nuten oder Pollücken gewisse Seitenabschnitte oder Seiten des Amperewindungspolygones, den Zähnen oder Polschuhen gewisse Punkte oder Ecken. Gehen wir beispielsweise von einem beliebig gewählten Punkte A zu einem beliebigen Punkte B, so sind folgende Durchflutungen zu addieren:

$$\text{Durchflutung } \dot{\overline{A3}} \text{ zweier Nuten zwischen } A \text{ und } 3,$$

$$\text{,,} \qquad \dot{\overline{33}} \text{ der Pollücke } 3,$$

$$\text{,,} \qquad \dot{\overline{3B}} \text{ von vier Nuten zwischen } 3 \text{ und } B.$$

Die Verbindungslinie $\dot{\overline{AB}}$ ist gleich dem Zeitvektor $A\dot{W}_B - A\dot{W}_A$ der Amperewindungsdifferenz zwischen den entsprechenden Zahnkronen oder Polschuhen.

Bei den meisten Bauarten — wie auch bei Abb. 12 — folgt aus den Symmetrieeigenschaften der Wicklungen, daß die Amperewindungen für je zwei um 180 Polteilungsgrade entfernte Punkte mit gleicher Amplitude und entgegengesetzter Phase pulsieren müssen. In diesem Falle ist der Schwerpunkt M des Polygones zugleich der Koordinatenursprung des Amperewindungsdiagrammes; d. h. die Pulsation der Amperewindungen an irgend einer Stelle A des Ankerumfanges wird durch den Vektor $\dot{\overline{MA}}$ im Görgespolygon nach Größe und Phase richtig beschrieben (Abb. 14). Derartige Polygone drei- oder sechsphasiger Wicklungen bezeichnen wir als sechsphasige Diagramme, weil sich nach 60° dieselbe Amperewindungsverteilung, aber 60° phasenverschoben, wiederholt.

Hingegen liefert gerade die wichtigste Bauart, d. i. die Scherbius-Maschine, ein Görgespolygon, das wir als dreiphasig bezeichnen, weil es die Symmetrieeigenschaften eines Dreieckes, nicht eines Sechseckes, besitzt. Bei dreiphasigen Amperewindungsdiagrammen ist der Schwerpunkt M nur dann zugleich Anfangspunkt der Amperewindungsvektoren, wenn der magnetische Kreis ungesättigt ist.

Zweiter Teil

Die Hintermaschinen der Kommutatorkaskaden.

III. Die wichtigsten Bauarten der Drehstromkommutator-Hintermaschinen.

10. Grundsätzliches Schaltbild einer Drehstromkommutatorkaskade.

Die Hauptmaschinen einer Kommutatorkaskade sind die „Vordermaschine" und die „Hintermaschine". Die „Vordermaschine" ist eine normale Asynchronmaschine (AV) mit Schleifringläufer. Als „Hintermaschine" (H) bezeichnen wir diejenige Drehstromkommutatormaschine, deren Hauptstromkreis in Reihe zum Sekundärkreis der Vordermaschine geschaltet ist. Ihr obliegt es, die Sekundärspannung E_2 zu erzeugen, welche die Betriebseigenschaften der Vordermaschine bestimmt. Ist die Hintermaschine nicht mit der Vordermaschine gekuppelt (Abb. 15)[1], so erfordert sie in der Regel eine besondere Antriebsmaschine bzw. Belastungsmaschine (B). Außerdem besitzen viele Kommutatorkaskaden Erregermaschinen, welche das Feld der Hintermaschine speisen.

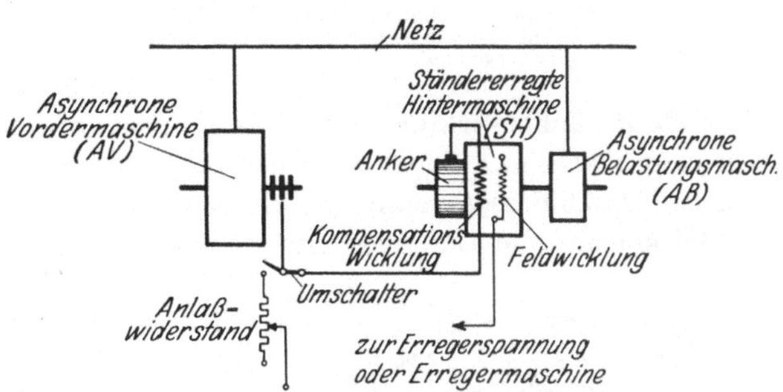

Abb. 15. Grundsätzliches Schaltbild einer Drehstromkommutatorkaskade.

Bei der Inbetriebsetzung der Kaskade wird die Vordermaschine gewöhnlich über Widerstände im Sekundärkreis angelassen und nach Kurzschließen der Anlaßwiderstände auf die mit entsprechender Drehzahl angetriebene Kommutatormaschine übergeschaltet. Außerdem werden häufig während der Anlaßperiode gewisse Umschaltungen im Sekundärkreis der Vordermaschine vorgenommen zu dem Zwecke, in der Anlaßschaltung die Schleifringspannung, in der Betriebsschaltung den Schleifringstrom zu vermindern.

11. Die unkompensierte Maschine ohne Ständererregung (Leblanc, Scherbius).

Die konstruktiv einfachste aller Drehstromkommutatormaschinen ist der Phasenschieber von Leblanc. Er besteht aus einem übersynchron rotierenden

---

[1] Um bei kompensierten Kommutatormaschinen die Kompensationswicklung und die Feldwicklungen im Schaltungsschema zu unterscheiden, beginnen alle Feldwicklungen an der einen Wicklungsklemme mit einem (meist) rechten Winkel.

Kommutatoranker — gewöhnlich mit normalem Windungsschritt, welcher über einen dreiphasigen Bürstensatz durch den Sekundärstrom J_2 der Vordermaschine erregt wird (Abb. 16). Die unbewickelten Blechpakete, durch welche sich das Ankerfeld schließt, können bei kleinen Typen mitrotieren. In diesem Falle kann der Luftspalt zwischen beiden Blechpaketen sehr klein sein oder sogar ganz fehlen (L 8). Größere Typen werden gewöhnlich mit Ständer und vergrößertem Luftspalt in der Kommutierungszone ausgeführt (Abb. 17). Nur bei besonders großen Typen wird der Einbau von Wendepolen nötig. Um die Zahl der Pollücken bzw. Wendepole zu verringern, wird im Anker zuweilen eine Sehnenwicklung mit einer Spulenweite gleich 120 Polteilungsgraden verwendet.

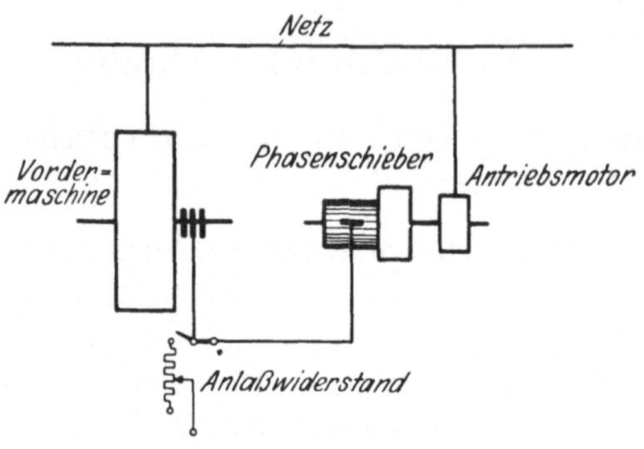

Abb. 16. Grundsätzliches Schaltbild einer Drehstromkommutatorkaskade mit einer unkompensierten Maschine ohne Ständererregung als Hintermaschine.

Wenn Wendewicklungen fehlen, wird das Luftspaltfeld allein durch die verteilte Ankerwicklung erregt, deren Amperewindungen mit der Schlüpfungsgeschwindigkeit $\omega_1 s$ der Vordermaschine rotieren. Als Görgesdiagramm ergibt sich bei Durchmesserwicklungen ein reguläres Sechseck.

Bei konstantem Luftspalt und unbewickeltem Ständer vermag die Maschine kein Drehmoment zu erzeugen[1]. Bei Anwendung von Pollücken oder Wendepolen sollen die Bürsten so eingestellt werden, daß ebenfalls kein Drehmoment auftritt (L 11). In jedem Falle sollen also alle Spannungen reine Blindspannungen sein.

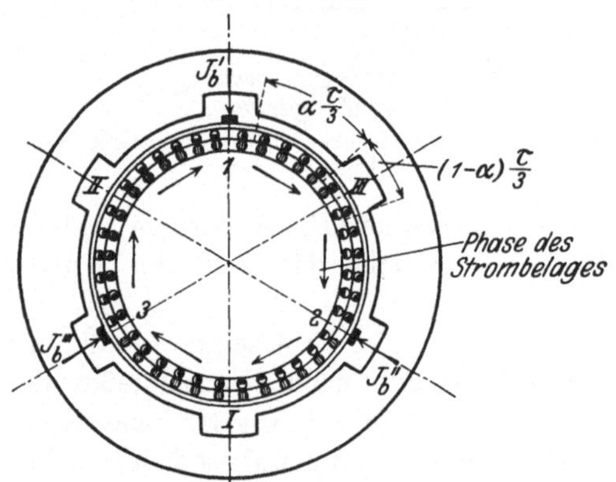

Abb. 17. Phasenschieber nach Leblanc mit Kommutierungsnuten.

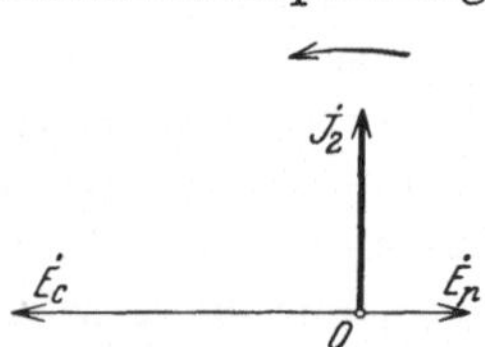

Abb. 18. Pulsations- und Rotationsspannung des Phasenschiebers nach Leblanc.

Bei Stillstand ergibt sich ein induktiver Spannungsabfall

$$\dot{E}_p = j\dot{J}_2 x_a s, \tag{37a}$$

wobei x_a die totale Reaktanz einer Ankerphase bei der primären Kreisfrequenz ω_1 bedeutet. Wird der Anker mit der Geschwindigkeit ω_m in Richtung seiner Drehamperewindungen angetrieben, so entsteht eine der Pulsationsspannung entgegengesetzte Rotationsspannung (Abb. 18):

$$\dot{E}_c = - j\dot{J}_2 c_2. \tag{37b}$$

---

[1] Wir vernachlässigen hier, wie immer, die Eisenverluste.

Bei Drehfeldcharakter des Luftspaltfeldes ist in erster Annäherung

$$c_2 \approx x_a \frac{\omega_m}{\omega_1}. \tag{37c}$$

Die Summenspannung $\dot{E}_p + \dot{E}_c$ eilt also bei Übersynchronismus ($\omega_m > \omega_1 s$) dem Strom um 90° vor wie der Spannungsabfall eines Kondensators. Hierauf beruht die Anwendung des übersynchron angetriebenen Drehstromkommutatorankers als Phasenschieber.

12. Die kompensierte Maschine mit normalem Windungsschritt und Ständererregung (Winter-Eichberg).

Der Phasenschieber nach Leblanc ist eine reine Blindleistungsmaschine. Sobald dem Sekundärkreis der Vordermaschine Wirkleistung entzogen oder zugeführt werden soll, verwendet man heute fast ausschließlich Hintermaschinen mit gleichmäßig verteilter Kompensationswicklung im Ständer, welche die Amperewindungen der Kommutatorwicklung möglichst vollständig aufheben soll. Anker- und Kompensationswicklung in Reihenschaltung bilden dann den eigentlichen Arbeitsstromkreis, dem ein besonderer Erregerkreis beigesellt wird (Abb. 15). Unkompensierte Maschinen mit Ständererregung nach Abb. 12 und L 47 werden heute nur noch selten gebaut.

a) Der Arbeitsstromkreis.

Die in Abb. 19 dargestellte Bauart wurde zuerst von Winter und Eichberg für selbständig arbeitende Nebenschlußmotore angegeben. Später hat dieselbe Type auch als Hintermaschine in Kommu-

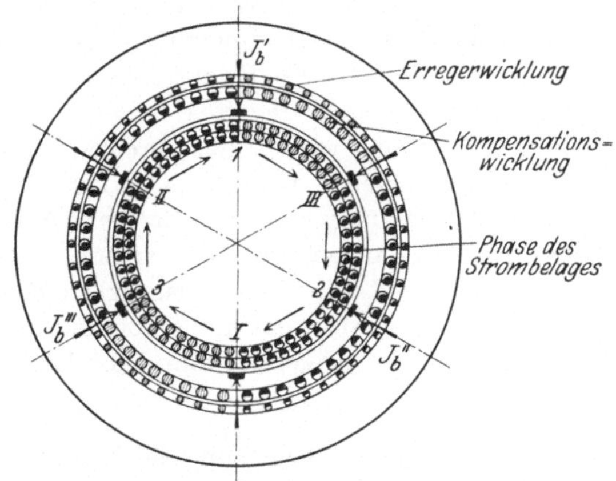

Abb. 19. Drehstromkommutatormaschine nach Winter u. Eichberg mit verteilter Kompensations- u. Erregerwicklung.

tatorkaskaden Anwendung gefunden. Die Ankerwicklung wird mit unverkürztem oder ganz wenig verkürztem Windungsschritt ausgeführt und oftmals in Sechsbürstenschaltung betrieben. Sind Anker und Kompensationswicklung magnetisch gleich stark, so bilden sie lediglich Streufelder aus, deren Pulsationsspannung (Periodenzahl $\nu_1 s$)

$$\dot{E}_{p\sigma} = j \dot{J}_2 x_a s \tag{38a}$$

in gewohnter Weise berechnet wird. Bei größeren Leistungen werden in die Kommutierungszonen Wendezähne mit Wendewicklungen eingebaut. Die Reaktanzspannung der Stromwendung wird dann in gleicher Weise wie bei Einphasenbahnmotoren aufgehoben (L 3). Der Einfluß des Erregerfeldes auf die Stromwendung wird im Zusammenhang mit der Erregung des magnetischen Kreises besprochen.

b) Erregung und Kommutierungsverhältnisse.

α) **Nebenschlußerregung.** Für die Erregung bestehen 2 Ausführungsformen. Bei der gewöhnlichen Bauart (Abb. 19) ist die Erregerwicklung ebenso fein verteilt wie die Kompensationswicklung und erzeugt ein beinahe reines Drehfeld. Bei Nebenschlußerregung kann die räumliche Phase des Hauptfeldes durch die zeitliche Phase der Erregerspannung beliebig eingestellt werden. Eine Vorwärtsverdrehung des Vektors $\dot{E}_m$ der Erregerspannung hat dieselbe Wirkung wie eine ebenso große Verdrehung der Erregerachse im Sinne des Drehfeldes. Man ist daher nicht an eine bestimmte Wicklungsachse gebunden. Da also die Nebenschlußerregung gleiche Verteilung und Wicklungsachse besitzen kann wie die Kompensationswicklung, so kann man auch einfach die Kompensationswicklung (oder, was nach Abb. 20 auf dasselbe herauskommt, die Ankerwicklung) an Spannung legen und die Nebenschlußwicklung ganz fortlassen.

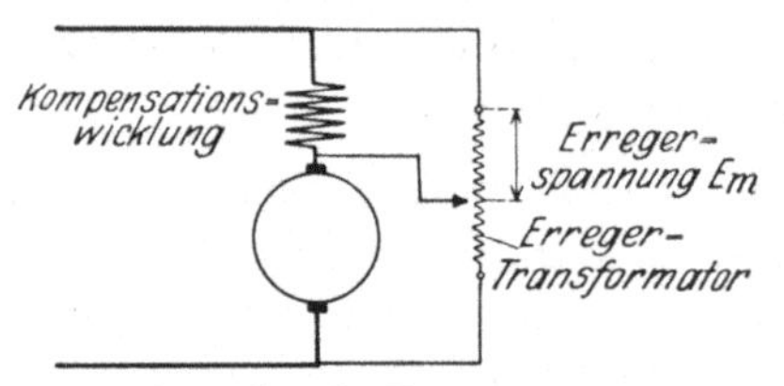

Abb. 20. Anwendung der Kompensationswicklung als Erregerwicklung.

Bei vollkommener Kompensation der Ankerrückwirkung heben sich die Pulsationsspannungen des Hauptfeldes in Anker- und Kompensationswicklung gerade auf und das Erregerfeld erzeugt im Arbeitsstromkreis lediglich eine Rotationsspannung, welche der Drehzahl proportional ist. Die Phase dieser Spannung gegen den Arbeitsstrom J_2 beruht auf der Phase des Erregerstromes J_m und der Wicklungsachse der Erregerwicklung. Um zu einer eindeutigen Formulierung zu gelangen, können wir annehmen, daß zeitliche Phasengleichheit zwischen $\dot{J}_m$ und $\dot{J}_2$ räumliche Phasengleichheit zwischen den Amperewindungen der Erreger- und Kompensationswicklung ausdrücken solle.

Wenn dann der Anker im Sinne des Drehfeldes umläuft, so ist

$$\dot{E}_d = j \dot{J}_m \, d \, m \qquad (38\,\mathrm{b})$$

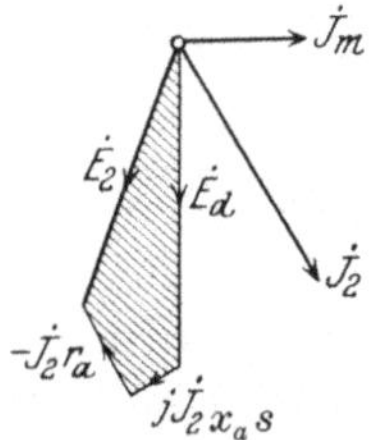

Abb. 21. Spannungsdiagramm des Arbeitsstromkreises einer kompensierten Hintermaschine mit Ständererregung.

die Gleichung der Rotationsspannung. Sie hat die entgegengesetzte Richtung wie die Pulsationsspannung $\dot{E}_p$, die das Hauptfeld der Ankerwicklung induziert. Bei Synchronismus zwischen Anker und Drehfeld wird

$$\dot{E}_d + \dot{E}_p = 0,$$

so daß am Kommutator nur eine sehr kleine Spannung herrscht. Addiert man zur Rotationsspannung die Spannungsabfälle

$$- \dot{J}_2 r_a + j \dot{J}_2 x_a s \qquad (38\,\mathrm{c})$$

des Widerstandes und der Streuung im Arbeitsstromkreis, so ergibt sich die Klemmspannung $\dot{E}_2$ (Abb. 21). Diese Spannung drückt die Kommutatormaschine den Schleifringen der Vordermaschine auf.

Die Spannung, die das Erregerfeld den unter den Bürsten kurzgeschlossenen Ankerwindungen induziert, ist proportional der Differenzgeschwindigkeit zwischen Anker und Drehfeld. Verwendet man daher die Winter-Eichberg-Type als Hintermaschine in Tourenregelungsschaltungen, so wird man nach Möglichkeit Drehzahl und Polzahl so wählen, daß der Synchronismus zwischen Anker und Drehfeld innerhalb des Regelbereiches liegt. Doch kann man auf diese Weise die Kommutierungsverhältnisse nur bei einseitiger (unter- oder übersynchroner) Regelung verbessern, da das Drehfeld der Hintermaschine beim Durchgang der Vordermaschine durch den Synchronismus seine Richtung ändert.

Bessere Kommutierungsverhältnisse bei verhältnismäßig hohen Schlüpfungsfrequenzen gewährt eine zweite Bauart (Abb. 22), die ausgeprägte Haupt- und Hilfspole mit konzentrierten Erregerspulen um jeden einzelnen Pol besitzt. Hierdurch erreicht man, daß das Erregerfeld nicht in die Wendezonen eindringt, und also in den kommutierenden Windungen nur eine Pulsationsspannung, aber keine Rotationsspannung erzeugt. Gemäß Abb. 22 stehen für gleichbezeichnete Phasen die Achsen der

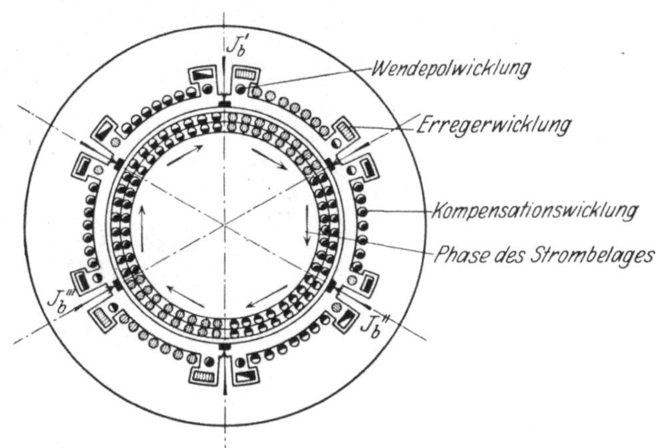

Abb. 22. Kompensierte Hintermaschine mit Durchmesserwicklung und ausgeprägten Polen.

Anker- und Erregerwicklung aufeinander senkrecht, was auf die Gleichung

$$\dot{E}_d = \pm J_m \, dm \qquad (38\,\mathrm{d})$$

der Rotationsspannung in der Ankerwicklung führt.

Vor der in Abschnitt 13 behandelten Scherbius-Bauart mit Sehnenwicklung im Anker hat die vorliegende Konstruktion den Vorteil höherer Wicklungsfaktoren in Ständer und Läufer, einer einfacheren Konstruktion der Kompensationswicklung und günstigster Kommutierungsverhältnisse. Bezahlt werden diese Vorteile mit einer größeren Zahl von Wendepolen und Bürstenlagen, wodurch die Ausnützung der Maschine und des Kommutators verschlechtert wird.

β) Hauptstromerregung. Soll die kompensierte Maschine mit Hauptstromerregung arbeiten, so müssen die Wicklungsachsen der Erreger- und Kompensationswicklung aufeinander senkrecht stehen. Das läßt sich zwar erreichen, doch ist es meist einfacher, Kompensations- und Erregerwicklung zu einer einzigen Wicklung zu vereinigen. Man

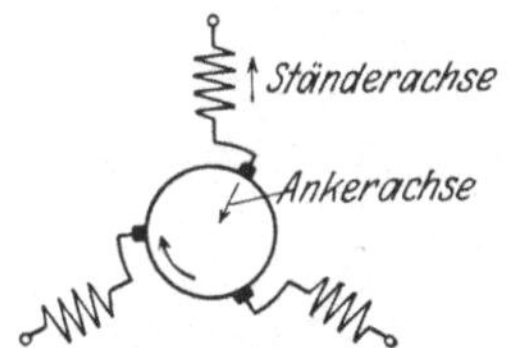

Abb. 23. Kompensierte Hintermaschine mit reiner Serienerregung, aber ohne besondere Erregerwicklung (Drehstromkommutator-Serienmotor).

kommt so zu einer Bauweise, die ungefähr der eines Drehstromserienmotors mit kleiner Bürstenverschiebung aus der Kurzschlußstellung entspricht (Abb. 23).

Eine andere interessante Spielart dieser Lösung ist von Heyland für Phasenschieber mit Hauptstromselbsterregung angegeben worden (L 13). Heyland verwendet eine Statorwicklung mit „halbem Polschritt" (Spulenweite gleich 90 elektrische Grade), sowie eine Bürstenverschiebung $\beta \approx 30^0$ aus der Kurz-

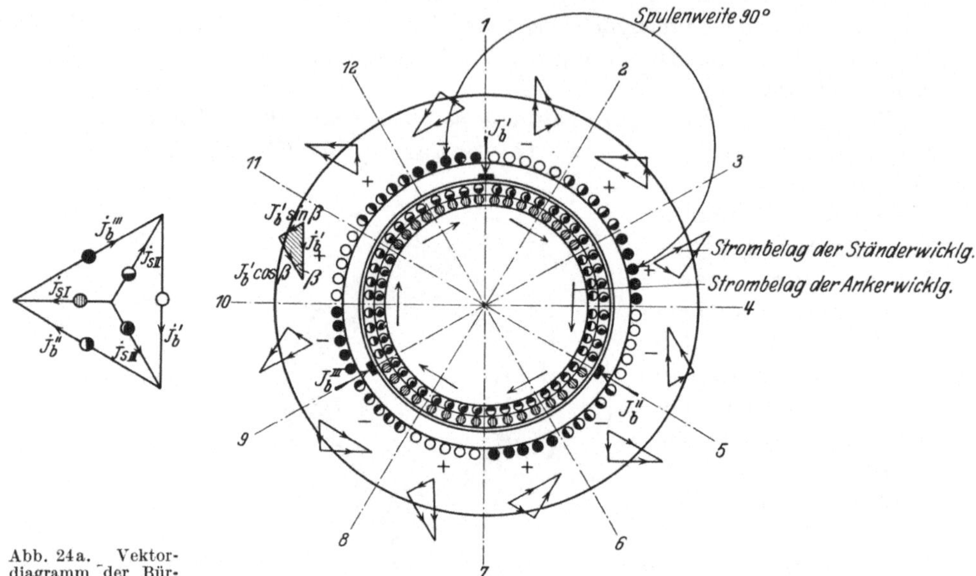

Abb. 24a. Vektordiagramm der Bürsten- u. Stabströme der Ankerwicklung.

Abb. 24b. Zerlegung des Statorstromes J_b in eine kompensierende ($J_b \cos \beta$) und eine erregende Komponente ($J_b \sin \beta$).

Abb. 24. Kompensierte Hintermaschine mit Serienerregung nach Heyland.

schlußstellung. Die Verteilung der Wicklungen zeigt Abb. 24. Anfang und Ende einer Phase sind durch $+$ und $-$ gekennzeichnet.

Man übersieht die Wirkungsweise am besten, wenn man sich den Hauptstrom $J_2 = J_b$ der Ständerwicklung gemäß Abb. 24b in zwei Komponenten

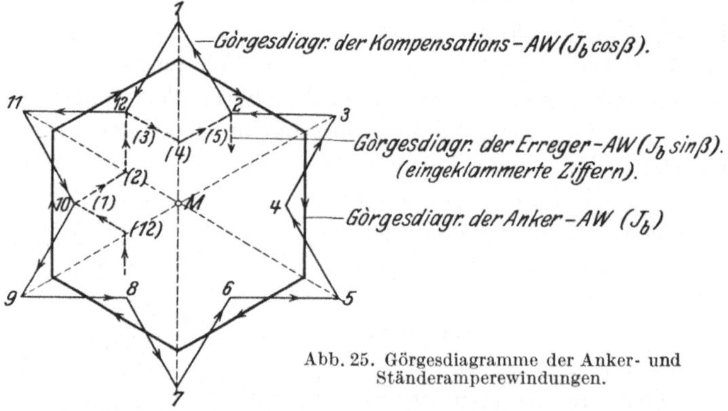

Abb. 25. Görgesdiagramme der Anker- und Ständeramperewindungen.

$J_b \cos \beta$ und $J_b \sin \beta$ zerlegt denkt. Dann können die Amperewindungen der voreilenden cos-Komponente als Kompensationsamperewindungen, die der nacheilenden sin-Komponente als Erregeramperewindungen gedeutet werden. Zeichnet man nun das Görgesdiagramm der Kompensations- und Ankeramperewindungen und legt beide Diagramme aufeinander, so ergibt sich Abb. 25. Diese zeigt deutlich, daß die Ständerwicklung wie die Kombination einer Kompensations- und Wendewicklung arbeitet; denn in allen Kommutierungszonen *1, 3, 5* usw. sind ihre Amperewindungen größer und entgegengesetzt gerichtet wie die Amperewindungen der Ankerwicklung.

γ) **Gemischte Erregung.** Soll die Hintermaschine mit Kompounderregung, d. h. mit kombinierter Nebenschluß- und Hauptstromerregung betrieben werden, so ist es gewöhnlich am einfachsten, die Hintermaschine nur mit einer Erregerwicklung zu versehen und statt dessen die Erregerspannung E_m zu kompoundieren. Dies geschieht mit Hilfe eines Stromtransformators (mit Luftspalt), welcher zur Nebenschlußspannung $\dot{E}_{m0}$ eine Hauptstromspannung $j\dot{J}y$ oder $j\dot{J}\cdot ye^{j\varphi}$ addiert (L 14).

Bei der Behandlung der Kommutatorkaskaden für Tourenreglung werden wir eine große Zahl derartiger Schaltungen kennenlernen (z. B. Abb. 76 mit Transformator T_1). Man kann zwar auch in der Maschine selbst Hauptstrom-

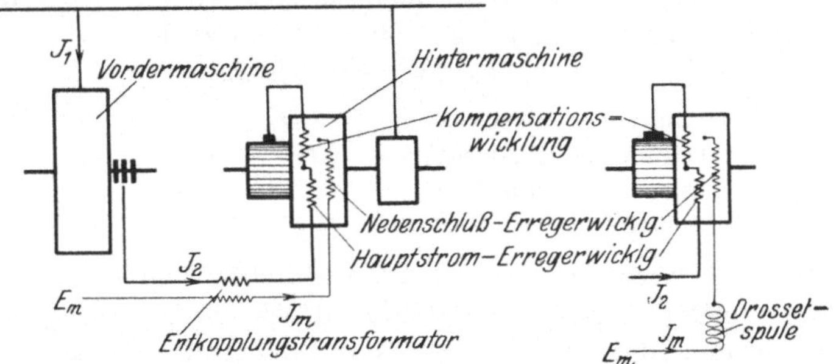

Abb. 26. Kompoundierung der Erregung der Hintermaschine unter Anwendung von Entkopplungstransformator oder Vorschaltedrosselspule.

und Nebenschlußwicklung in dieselben Nuten bzw. um dieselben Pole wickeln. Dann induziert aber die Hauptstromwicklung dem Nebenschlußkreis Gegenamperewindungen, die das Feld des Hauptstromes schwächen. Hiergegen müssen Schutzmaßnahmen getroffen werden.

Eine bestechende Lösung ist die Anwendung eines „Entkopplungstransformators" mit Luftspalt, dessen Primär- und Sekundärwicklung von den Strömen des Haupt- und Nebenschlußkreises durchflossen werden (Abb. 26). Die Windungszahlen sind so zu bemessen und die Wicklungen so zu schalten, daß die Gegeninduktivität im Transformator entgegengesetzt gleich der Gegeninduktivität zwischen beiden Stromkreisen innerhalb der Maschine wird. In diesem Falle beeinflussen sich Haupt- und Nebenschlußerregung überhaupt nicht mehr; aber Primär- und Sekundärwicklung des Entkopplungstransformators wirken für beide Kreise wie Vorschaltedrosselspulen und erhöhen dadurch die Erregerleistung.

Dieselben Nachteile hat die Einschaltung einer Drosselspule (Abb. 26) vor die Nebenschlußwicklung. Da hierdurch die Gegenamperewindungen der Nebenschlußwicklung nur geschwächt, aber nicht beseitigt werden, so muß die Hauptstromwicklung stärker ausgeführt werden als bei der vorigen Lösung. Gleichzeitig steigt mit der Erhöhung der Erregerspannung E_m auch die Nebenschlußerregerleistung.

13. Die kompensierte Maschine mit Sehnenwicklung im Anker und Ständererregung auf ausgeprägten Polen (Scherbius).

Der wichtigste Repräsentant aller kompensierter Drehstromkommutatormaschinen ist die sogenannte Scherbiusmaschine von Lydall-Siemens Brothers und Scherbius (L 17). Diese Maschine ist gewissermaßen eine Übersetzung der kompensierten Gleichstrommaschine mit ausgeprägten Polen ins Dreiphasige. Ihr Kennzeichen sind drei ausgeprägte Hauptpole pro 360 Polteilungsgrade und eine Ankerwicklung, deren Spulenweite 120 Polteilungsgrade umfaßt (Abb. 27). Die unter dem dreiphasigen Bürstensatz kurzgeschlossenen Windungen kommutieren in den Zwischenräumen zwischen den Hauptpolen, eventuell unter dort eingebauten Wendepolen. Die dreiphasigen Amperewindungen der Ankerwicklung werden durch eine Kompensationswicklung möglichst vollständig aufgehoben.

a) Ankerwicklung.

Infolge der Verkürzung des Windungsschrittes um 60 elektrische Grade bilden sich längs des Ankerumfanges nicht 6, sondern nur 3 Stromzonen aus, in welchen Ober- und Unterlage um 60^0 phasenverschobene Ströme führen (Abb. 27). Diese addieren sich nach folgendem Schema:

Abschnitt der Ankerwicklung	$1\,II$	$2\,III$	$3\,I$
Stabstrom der Oberlage	$J_{s\,II}$	$J_{s\,III}$	$J_{s\,I}$
Stabstrom der Unterlage	$-J_{s\,I}$	$-J_{s\,II}$	$-J_{s\,III}$
Vektorsumme	J_b'''	J_b'	J_b''

Die so bestimmte Phase der resultierenden Durchflutung ist in Abb. 27 über den drei Abschnitten der Ankerwicklung durch Pfeile angegeben. Ebenso stimmen die auf den Bürsten eingezeichneten Pfeile mit der Phase der Bürstenströme im Vektordiagramm 27a überein. Wenn man also das Görgesdiagramm der Ankerwicklung ohne Rücksicht auf die kommutierenden Windungen aufzeichnet, so ergibt sich ein gleichseitiges Dreieck $A\,B\,C$ nach Abb. 28, in dem eine Seite der gesamten Durchflutung der Ankerwicklung zwischen zwei benachbarten Bürsten entspricht.

b) Kompensationswicklung.

Die Amperewindungen des Ankers sollen durch eine fein verteilte Kompensationswicklung aufgehoben werden, so daß die Serienschaltung beider Wicklungen eine möglichst kleine Streuspannung

$$\dot{E}_{p\,\sigma} = j\,\dot{J}_2\,x_a\,s \qquad\qquad (38\,\mathrm{a})$$

liefert. Außerdem soll die Kompensationswicklung als Trommelwicklung mit $2\,n_{sk}$ (gewöhnlich 2) Leitern pro Nut ausgeführt werden. Da man aber die Kompensationswicklung im allgemeinen nicht in Dreieck schalten kann, so sind ihre Stabströme $\dot{J}_k$ in Phase mit den Bürstenströmen $\dot{J}_b$, und nicht mit den Stabströmen $\dot{J}_s$ der Ankerwicklung. Trotzdem soll die Kompensation tunlichst das gleiche Görgesdiagramm wie die Ankerwicklung, nur mit umgekehrter Stromrichtung, liefern.

Abb. 27 zeigt eine mögliche Lösung, die zugleich, wenn man auf gute Ausnützung des Wicklungsraumes Wert legt, eine der glücklichsten Lösungen darstellt. Die Kompensationswicklung besitzt $6\,q_k = 30$ äquidistante (wirkliche oder gedachte) Nuten pro 360 Polteilungsgrade (Nutteilung $= \tau_{sk}$). Von diesen fallen je zwei bewickelte und zwei unbewickelte „Nuten" in jede Pollücke. Die Lage der „unbewickelten Nuten" ist in Abb. 27 strichliert angegeben. Jede Nut hat 2 Leiter. Die Bürstenströme übereinander liegender Leiter addieren sich gemäß Abb. 27b mit einer Phasenverschiebung von 60^0. Außerdem sind die

Durchflutungen von je zwei aufeinander folgenden Nuten um 60^0 phasenverschoben, so daß ihre geometrische Summe $3J_k$ beträgt. Die Phasen sind so gemischt,

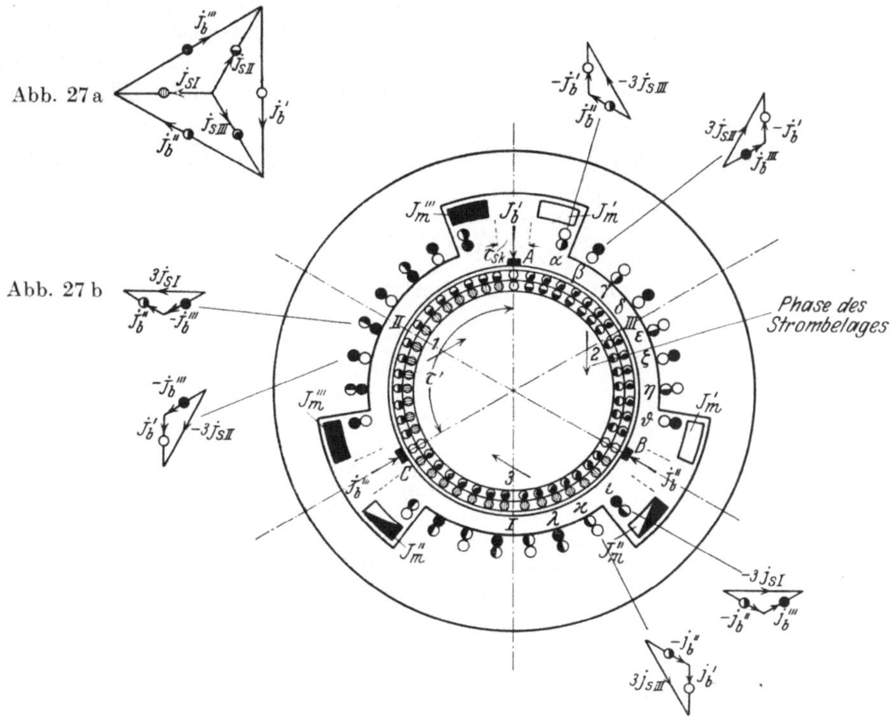

Abb. 27a. Phase der Stabströme u. Bürstenströme.   Abb. 27b. Durchflutung der Kompensationsnuten.

Abb. 27. Hintermaschine mit ausgeprägten Polen und Ständererregung (Scherbiusmaschine).

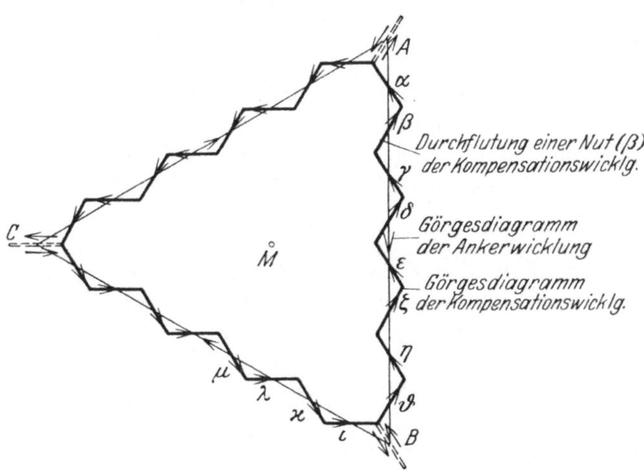

Abb. 28. Görgesdiagramm der Anker- und Kompensationsamperewindungen der Scherbiusmaschine nach Abb. 27.

daß zu jedem Hauptpol $2(q_k - 1)$ Leiter derselben Phase und je halb so viele Leiter der beiden anderen Phasen gehören. In den Nuten sind die Leiter so angeordnet, daß ihre Endverbindungen nach Art einer gewöhnlichen Schleifenwicklung ausgeführt werden können.

Das zugehörige Görgesdiagramm ist in Abb. 28 gezeichnet. Es ist ausgesprochen „dreiphasig" und hat $6\,q_k - 6$ Seiten. Denkt man sich auch die in Abb. 27 strichlierten Nutenlagen in den Pollücken bewickelt, deren Durchflutungen sich gemäß den strichlierten Linien in den Ecken der Abb. 28 aufheben würden, so ergeben sich $6\,q_k$ Seiten. Bezeichnet τ' den Bogen zwischen zwei Bürstenlagen, so beträgt die spezifische Strombelastung der Kompensationswicklung:

$$AS_k = \frac{3\,J_k}{2\,\tau_{s\,k}} = J_k \cdot \frac{3\,q_k}{\tau'}\,.$$

Dagegen beträgt die spezifische Strombelastung des Ankers mit Q Nuten à $2\,n_s$ Leitern

$$AS_a = J_b \cdot \frac{Q\,n_s}{3\,\tau'}\,.$$

Daher fordert die „vollkommene Kompensation"

$$\frac{J_b}{J_k} = \frac{9\,q_k}{n_s\,Q} \tag{39}$$

(z. B. in Abb. 27 für $J_b = J_k$: $q_k = 5$, $Q \cdot n_s = 45$). In diesem Falle werden das Amperewindungsdreieck der Ankerwicklung und das in Abb. 28 eingetragene mittlere Dreieck $A\,B\,C$ der Kompensationswicklung gleichphasig und kongruent.

c) Erregung.

Anker- und Kompensationswicklung in Reihenschaltung bilden den Arbeitsstromkreis der Scherbiusmaschine. Bei vollständiger Kompensation der Ankerrückwirkung erzeugt das Hauptfeld in diesem Stromkreis nur eine Rotationsspannung, keine Pulsationsspannung. Die Phasenverschiebung dieser Rotationsspannung gegen den Stabstrom der Ankerwicklung kann durch folgende Betrachtung festgelegt werden.

Eine beliebige Ankerphase, z. B. die Phase $I\,1$ in Abb. 27 liegt mit ihrer Oberlage I unter dem einen Pol mit dem Erregerstrom J''_m, mit ihrer Unterlage 1 unter dem nächsten Pol mit dem Erregerstrom J'''_m. Die Rotationsspannung dieser Phase ist proportional der Differenz der beiden Polflüsse:

$$\dot{E}_{dI} = \pm\, d_m (\dot{J}''_m - \dot{J}'''_m)\,. \tag{40a}$$

Setzen wir nun den Fall, der Erregerstrom jeden Poles sei in Phase mit der Durchflutung des gegenüberliegenden Ankerabschnittes, d. h.:

$$J''_m = c\,(\dot{J}_{s\,I} - \dot{J}_{s\,III}) = c\,\dot{J}''_b,$$
$$J'''_m = c\,(\dot{J}_{s\,II} - \dot{J}_{s\,I}) = c\,\dot{J}'''_b\,.$$

Dann wird:

$$\dot{E}_{dI} = \pm\, d_m c\,(2\,\dot{J}_{s\,I} - \dot{J}_{s\,II} - \dot{J}_{s\,III})$$
$$= \pm\, 3\,d_m c \cdot \dot{J}_{s\,I}\,. \tag{40}$$

Die Rotationsspannung und der Stabstrom derselben Phase hätten also gleiche oder entgegengesetzte Richtung. Daraus folgt die allgemeine Regel: Rotationsspannung und Stabstrom haben dieselbe Phasenverschiebung wie

die Amperewindungen eines Poles und die Durchflutung des gegenüberliegenden Abschnittes der Ankerwicklung, die ihrerseits wieder die Phase eines Bürstenstromes besitzt. Je nachdem man daher
für die Rotationsspannung der Ankerwicklung die Gleichung $\dot{J}_m d_m$ oder $j\dot{J}_m d_m$
vorschreibt, ist die Erregerwicklung in Stern oder in Dreieck zu schalten. Für
die Art der Erregung (Nebenschluß-, Reihenschluß- oder Kompounderregung)
gelten dieselben Überlegungen wie für die kompensierte Maschine nach Winter
und Eichberg.

d) Kommutierungsverhältnisse.

Da bei der Scherbiusmaschine das Hauptfeld nicht in die Wendezone eindringt,
erzeugt es in den kommutierenden Windungen keine Rotationsspannung, sondern nur eine Pulsationsspannung, die, wenn nötig, durch passende Erregung
der Hilfspole aufgehoben werden kann. Dies macht die Scherbiusmaschine im
Gegensatz zur kompensierten Maschine mit verteilter Ständererregung besonders geeignet für großen unter- und übersynchronen Regelbereich der Vordermaschine, wobei die Hintermaschine sowohl mit als gegen ihr Drehfeld laufen
muß. Eine Eigentümlichkeit der Scherbiusmaschine ist ferner, daß die Leiter
in Ober- und Unterlage derselben Wendezone Ströme verschiedener Phasen
kommutieren. Trotz der dabei auftretenden gegenseitigen Induktion kann die
Reaktanzspannung des Nutenstreufeldes durch eine Rotationsspannung im
Wendefelde kompensiert werden (L 3). Diese Möglichkeit besteht aber nicht für
den Beitrag des Luftspaltfeldes der kurzgeschlossenen Windungen, den man
bei den gebräuchlichen Wendepolluftspalten nicht vernachlässigen kann, sondern
in derselben Weise wie bei Gleichstrommaschinen berechnen muß (L 18). In dieser
Beziehung ist daher die Scherbiusmaschine im Nachteil gegen die Ausführung
nach Abb. 22.

In neuester Zeit hat man bei besonders hohen Leistungen die Scherbiusmaschine durch zwei Einphasen-Kommutatormaschinen ersetzt, die in je eine
Phase des zweiphasig ausgeführten Sekundärkreises der Vordermaschine eingeschaltet werden. Ihre Bauart entspricht der für Einphasenbahnmotoren
gebräuchlichen, und man sichert sich auf diese Weise neben der einfachen
Konstruktion die günstigen Kommutierungsverhältnisse dieser Maschinen.

14. Der gewöhnliche Periodenumformer.

Der Läufer des Periodenumformers trägt eine gewöhnliche Kommutatorwicklung mit 3 oder 6 Schleifringanschlüssen und 3 oder 6 Bürstenlagen pro
Polpaar. Der Ständer kann wie bei der unkompensierten Maschine nach Abschnitt 11 ganz fehlen, falls nicht bei größeren Leistungen Wendenuten oder
Wendepole zur Verbesserung der Stromwendung nötig werden. Bei diesen Ausführungen vermag der Periodenumformer kein Drehmoment zu entwickeln,
sondern muß angetrieben werden. Man kann jedoch von den Kommutatorbürsten eine mehrphasige Erregerwicklung im Ständer speisen und so in gewissen Schaltungen den Antriebsmotor entbehrlich machen (Abb. 29).

Wird den Schleifringen eine Spannung E_3 von der Kreisfrequenz ω_3 aufgedrückt, so bildet sich ein Drehfeld aus, dessen Grundwelle relativ zum Läufer mit der synchronen Winkelgeschwindigkeit $-\omega_3$ rotiert (Abb. 30). Ihre Absolutgeschwindigkeit dagegen ist $\omega_4 = \omega_m - \omega_3$, falls der Läufer in entgegengesetzter Richtung mit der mechanischen Winkelgeschwindigkeit ω_m (in Polteilungsgraden) angetrieben wird. ω_4 ist daher auch die Kreisfrequenz der Kommutatorspannung E_4 und der Bürstenströme J_4. Außerdem ist bei gleicher Phasenzahl von Schleifring- und Kommutatorseite sehr angenähert

$$E_4 = E_3.$$

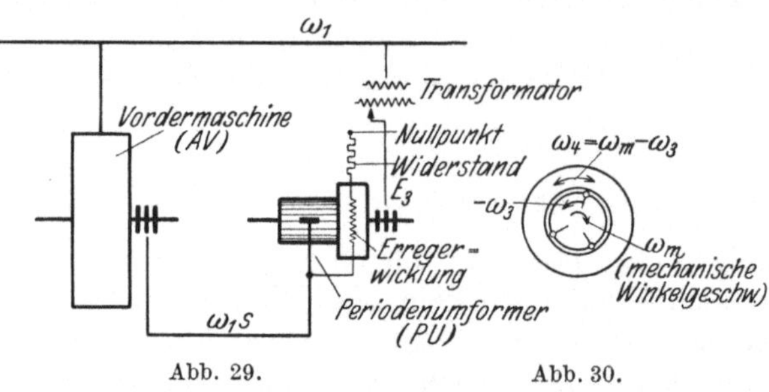

Abb. 29. Kaskade mit freilaufendem Periodenumformer.
Abb. 30. Zusammenhang der Frequenzen der Schleifring- und Kommutatorseite.

Die aufgedrückte Schleifringspannung E_3 bestimmt die resultierenden Erregeramperewindungen, die sich wie bei der Asynchronmaschine aus den primären Amperewindungen (des Schleifringstromes) und den sekundären Amperewindungen (des Bürstenstromes) zusammensetzen. Die Oberwellen der Ankerrückwirkung des Schleifringstromes werden durch die Ankerrückwirkung der Kommutatorseite nicht kompensiert. Sie stören daher die Stromwendung noch stärker (wegen des kleineren Luftspaltes) als beim gewöhnlichen Drehstrom-Gleichstrom-Konverter und auch die Gegenmaßnahmen sind dieselben (Wendenuten, Dämpferwicklung in Ständer oder Läufer, Verkürzung des Windungsschrittes). Eine weitere Erschwerung der Kommutierungsverhältnisse liegt darin, daß das Erregerfeld unabhängig von der Schlüpfung der Vordermaschine mit der vollen Synchrongeschwindigkeit gegen die kommutierenden Windungen läuft und ihnen entsprechend hohe Spannungen induziert. Bei Anwendung von Wendepolen werden diese deshalb sowohl mit dem Hauptstrom als auch im Nebenschluß zur Kommutatorspannung erregt (L 22). Diesen Nachteilen stehen als Vorteile die Einfachheit der Bauart und der hohe Wirkungsgrad infolge der sehr niedrigen Stromwärmeverluste (L 20) gegenüber.

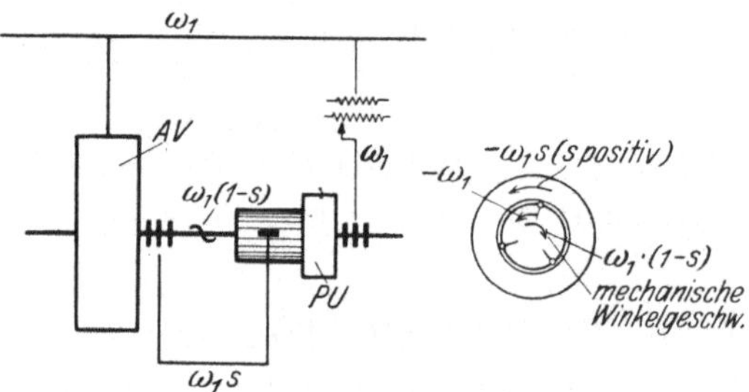

Abb. 31. Kaskade mit mechanischer Kupplung von Vordermaschine und Periodenumformer.

Bei Anwendung des Periodenumformers als Hintermaschine in Kaskadenschaltungen muß ω_4 mit der sekundären Kreisfrequenz $\omega_1 s$ des Vordermotors übereinstimmen. Daraus folgt die Frequenzbedingung:

$$\omega_m = \omega_3 + \omega_4 = \omega_3 \pm \omega_1 s. \tag{41}$$

Von den sich hieraus ergebenden Antriebsmöglichkeiten sind die folgenden zwei am einfachsten zu verwirklichen:

1. Der Frequenzumformer wird mit dem Hauptmotor für rela-

tiven Synchronismus[1] starr gekuppelt ($\omega_m = \omega_1(1 - s)$), und mit der Netzfrequenz ($\omega_3 = \omega_1$) erregt (Abb. 31). Dadurch erhält das Drehfeld die Winkelgeschwindigkeit $\omega_4 = -\omega_1 s$. Der Anker läuft also bei Untersynchronismus der Vordermaschine (s positiv) gegen sein Drehfeld.

2. Der Frequenzumformer wird durch einen netzgespeisten Synchronmotor mit konstanter Winkelgeschwindigkeit ($\omega_m = \omega_1$) angetrieben und durch einen mit dem Vordermotor gekuppelten Synchrongenerator mit der Kreisfrequenz $\omega_3 = \omega_1(1 - s)$ erregt (Abb. 32). Hierbei wird die Drehfeldgeschwindigkeit $\omega_4 = \omega_1 s$. Der Anker läuft also bei Untersynchronismus der Vordermaschine in derselben Richtung wie sein Drehfeld.

Setzt man für den ersten Fall

$$s_k = 1$$

und für den zweiten Fall

$$s_k = \infty$$

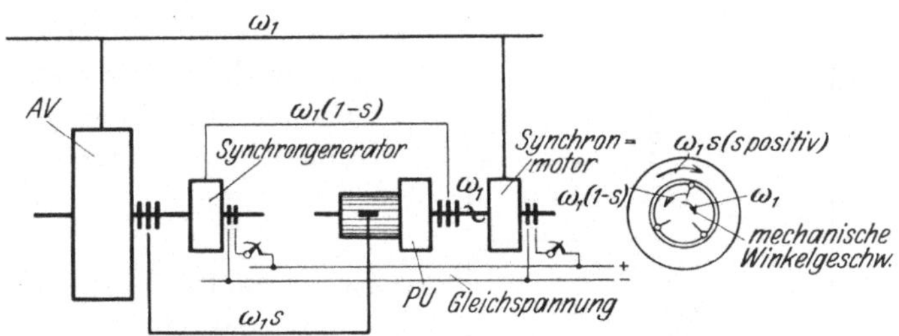

Abb. 32. Kaskade mit nur elektrischer Kupplung von Vordermaschine und Periodenumformer.

so lassen sich beide Antriebsmöglichkeiten durch folgende Frequenzgleichung ausdrücken:

$$
\begin{aligned}
\omega_m &= \omega_1 \left(1 - \frac{s}{s_k}\right) \\
\omega_3 &= \omega_1 \left(1 - s + \frac{s}{s_k}\right) \\
\omega_4 &= \omega_m - \omega_3 \\
&= \omega_1 \left(s - \frac{2s}{s_k}\right)
\end{aligned}
\tag{42}
$$

15. Die kompensierte Maschine mit Läufererregung („kompensierter Periodenumformer", Kozisek).

Angeblich ist die Erfindung der kompensierten Maschine mit Läufererregung ziemlich frühen Datums, doch ist sie erst in den letzten Jahren durch die S.S.W. und Kozisek auf den Markt gebracht worden (L 23). Diese Maschine kann als Kreuzung zwischen dem gewöhnlichen Frequenzumformer und der Kompensierten Maschine nach Winter und Eichberg aufgefaßt werden. Aus der

---

[1] Hierunter versteht man eine unelastische Kupplung solcherart, daß sich die Vordermaschine und der Frequenzumformer in gleichen Zeiten um gleiche Winkel in elektrischen Graden drehen. Ihre Drehzahlen verhalten sich also umgekehrt wie ihre Polzahlen.

Winter-Eichberg-Maschine nach Abb. 20 wird sie dadurch gewonnen, daß die Erregerspannung E_3 nicht der Kompensationswicklung oder den Kommutatorbürsten, sondern den Schleifringen aufgedrückt wird, an welche die Kommutatorwicklung in bekannter Weise angeschlossen ist (Abb. 33). Zuweilen wird auch eine besondere Erregerwicklung mit Schleifringanschlüssen in den Anker eingebaut. — Aus dem Periodenumformer geht dieselbe Maschine dadurch hervor, daß die Amperewindungen der Kommutatorseite durch eine Kompensationswicklung im Ständer aufgehoben werden. Mit dem Periodenumformer hat sie auch das Frequenzgesetz (42) und die daraus folgenden Antriebsschaltungen nach Abb. 34a und 34b gemeinsam.

Bei vollkommener Kompensation der Ankerrückwirkung des Arbeitsstromes J_4 ist der Erregerstrom J_m identisch mit dem Schleifringstrom J_3 (Abb. 33). Die Grundwelle der Erregeramperewindungen erzeugt das Hauptfeld, die Oberwellen (doppelt verkettete) Streufelder. Vom Läufer aus gesehen rotiert das Hauptfeld mit der Winkelgeschwindigkeit ω_3 und induziert der Läuferwicklung die (bei gleicher Phasenzahl) für Kommutator- und Schleifringwicklung gemeinsame Hauptfeldspannung

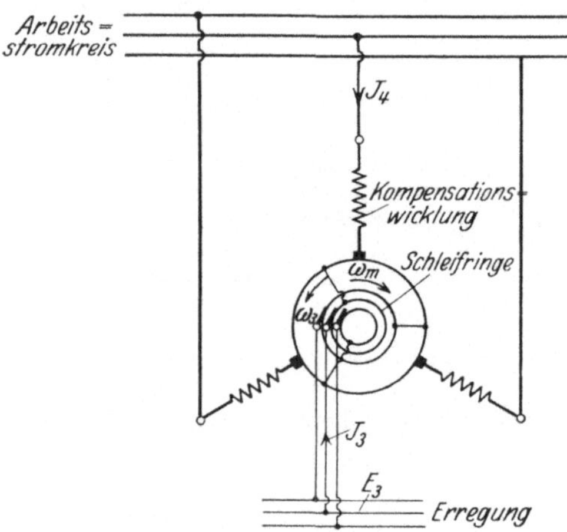

Abb. 33. Schaltungsschema der kompensierten Drehstromkommutatormaschine mit Läufererregung.

$$\dot{E}_{3g} = j\dot{J}_3 x_0 \frac{\omega_3}{\omega_1}, \qquad (43a)$$

welche die Erregerspannung $\dot{E}_3$ sehr nahezu aufhebt:

$$\dot{E}_{3g} \approx - \dot{E}_3. \qquad (43b)$$

Wird der Anker gegen die Umlaufrichtung des Drehfeldes mit der Winkelgeschwindigkeit ω_m angetrieben, so entsteht gleichzeitig in der Kompensationswicklung die Hauptfeldspannung

$$\dot{E}_{kg} = - j\dot{J}_3 x_0 \frac{\omega_3 - \omega_m}{\omega_1}. \qquad (43c)$$

Das Vorzeichen erklärt sich daraus, daß einerseits für $\omega_3 > \omega_m$ das Drehfeld gegen Stator und Rotor in gleicher Richtung umläuft, daß andererseits aber Anker- und Kompensationswicklung gegeneinander geschaltet sind. Die resultierende Hauptfeldspannung des Arbeitsstromkreises beträgt somit

$$\left.\begin{aligned}
\dot{E}_{1g} &= \dot{E}_{3g} + \dot{E}_{kg} = j\dot{J}_3 x_0 \frac{\omega_m}{\omega_1} \\
&\approx - \dot{E}_3 \frac{\omega_m}{\omega_3}
\end{aligned}\right\} \qquad (43d)$$

also für mechanische Kupplung von Vorder- und Hintermaschine $\left(\omega_3 = \omega_1,\ \omega_m = \omega_1 (1 - s)\right)$ gemäß Abb. 34a

$$\dot{E}_{4g} = - \dot{E}_3 (1 - s); \qquad (43e)$$

dagegen für ausschließlich elektrische Kupplung von Vorder- und Hintermaschine ($\omega_3 = \omega_1 (1 - s)$, $\omega_m = \omega_1$) gemäß Abb. 34 b

$$\dot{E}_{4g} = - \frac{\dot{E}_3}{1 - s} = j \dot{J}_3 x_0 . \tag{43f}$$

Als Hintermaschine in Kaskadenschaltungen besitzt die Kozisek-Maschine schwerwiegende Vorteile gegenüber dem gewöhnlichen Frequenzumformer: Daß die Schleifringseite nur die Erregerleistung zu decken hat, ist von großer Bedeutung, besonders wenn die Schleifringspannung geregelt werden muß. In der Schaltung nach Abb. 34 a fallen dann die Regelapparate viel kleiner aus als beim Frequenzumformer in der Schaltung nach Abb. 31. Weniger gewinnt man in der Schaltung nach Abb. 34 b. Zwar braucht der mit der Vordermaschine gekuppelte Synchrongenerator nur noch für die Erregerleistung der Hintermaschine dimensioniert zu werden. Da aber diese nunmehr ein Moment entwickelt,

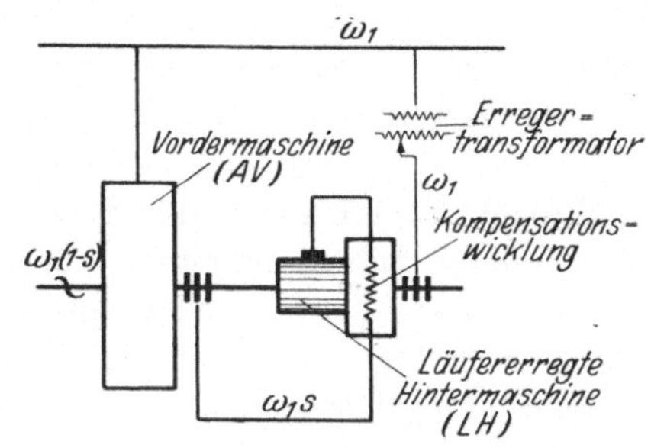

Abb. 34 a. Mechanische Kupplung von Vorder- und Hintermaschine.

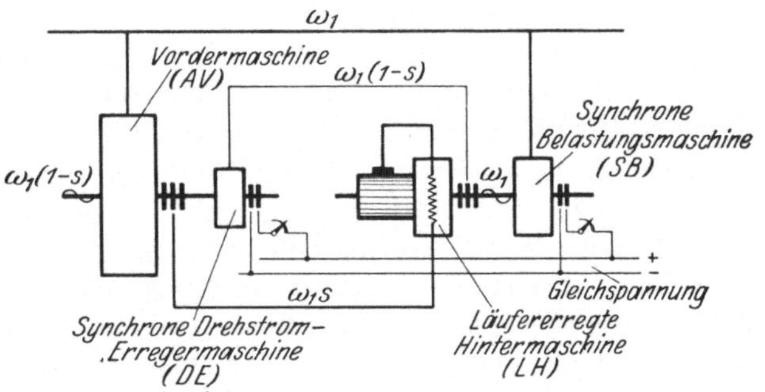

Abb. 34 b. Ausschließlich elektrische Kupplung von Vorder- und Hintermaschine.

Abb. 34. Kaskadenschaltungen mit läufererregter, kompensierter Hintermaschine.

muß sie selbst mit einer gleich starken Synchronmaschine gekuppelt werden, während beim Frequenzumformer nach Abb. 32 der Antriebsmotor nur die Reibungsverluste und einen Teil der Eisenverluste zu decken hatte. Immerhin behält man den Vorteil des kleineren Schleifringstromes und der leichteren Schleifringkonstruktion.

Ein zweiter, wichtiger Vorteil ist die Verbesserung der Kommutierungsverhältnisse. Die Oberwellen in der Amperewindungsverteilung des Schleifringstromes stören bei größeren Frequenzumformern die Kommutierung empfindlich. Diese Störung wird nun im gleichen Verhältnis vermindert wie der Schleifringstrom.

Den Vorteilen steht als Nachteil der im Verhältnis zum Periodenumformer höhere Preis und die viel höheren Stromwärmeverluste in Anker und Kompensationswicklung gegenüber.

Trotzdem scheint es, als würde die kompensierte Maschine mit Läufererregung den gewöhnlichen Periodenumformer als Hintermaschine in Kaskadenschaltungen ganz verdrängen. Ihr Hauptanwendungsgebiet sind asynchrone Generatoren und Blindleistungsmaschinen, bei denen sie als Erregermaschine in den Sekundärkreis eingeschaltet wird.

Als Hintermaschine in Kaskadenschaltungen für Touren- und Leistungsregelung arbeitet die läufererregte kompensierte Maschine nicht so günstig wie die ständererregten Maschinen mit ausgeprägten Polen. Zugunsten der Läufererregung kann man hier geltend machen, daß die Kreisfrequenz des Erregerstromes entweder konstant ($\omega_3 = \omega_1$) oder doch nicht sehr veränderlich ist ($\omega_3 = \omega_1(1 - s)$). Infolgedessen ist der Erregerkreis im ganzen unter- und übersynchronen Regelbereich der Vordermaschine ausgesprochen induktiv, und es macht keine Schwierigkeiten, die richtige Phase des Erregerstromes einzustellen. Bei kompensierten Maschinen mit Ständererregung sind diese Schwierigkeiten zweifellos vorhanden, weil die Periodenzahl des Erregerstromes gleich der Schlüpfungsfrequenz der Vordermaschine, also in weiten Grenzen veränderlich ist. Soweit aber diese Schwierigkeiten nur dem Berechner und nicht dem Kunden zur Last fallen, ist aus diesem Unterschied keine Überlegenheit der läufererregten Maschine herzuleiten.

Auf der anderen Seite besitzt die läufererregte Maschine zwei unbestreitbare Nachteile: Zunächst ist ihre Erregerblindleistung größer als bei der kompensierten Maschine mit Ständererregung, und zwar im gleichen Verhältnis, wie die Schleifringfrequenz ω_3 größer ist als die Schlüpfungsfrequenz $\omega_1 s$. Die Regelung der Erregerleistung macht also bei der Kozisekmaschine entweder größere Schaltapparate oder Hilfserregermaschinen für größere Blindleistung nötig.

Sodann liegen die Kommutierungsbedingungen bei der läufererregten Maschine ungünstiger. Dies gilt sowohl für kleinen wie für großen Regelbereich der Vordermaschine. Denn bei Ständererregung auf ausgeprägten Polen sind die kommutierenden Windungen nur der Pulsationsspannung des Erregerfeldes ausgesetzt, bei läufererregten Maschinen dagegen außerdem noch einer Rotationsspannung.

Dritter Teil

Die Kommutatorkaskaden mit Phasenschiebern.

Die in diesem Abschnitt behandelten Phasenschieber sind Hilfsmaschinen, die in den Sekundärkreis gewöhnlicher Asynchronmaschinen eingeschaltet werden und deren Scheinleistung meist nur wenige (1 bis 4) Prozent von der Leistung der Hauptmaschine beträgt. Sie sollen die (induktive) Blindleistung dieser Maschine vermindern bzw. aufheben, oder sogar die Vordermaschine zur Abgabe von Blindleistung an das Netz befähigen. Die Phasenschieber dienen also in erster Linie als Erregermaschinen. Sie werden aber auch gleichzeitig dazu benützt, die Überlastbarkeit der Asynchronmaschine zu vergrößern. Endlich kann es bei Motorbetrieben erwünscht sein, den Tourenabfall bei Belastung auf einen bestimmten Wert einzustellen, und auch diese Aufgabe läßt sich mit verschiedenen Phasenschiebern lösen.

Während der letzten Jahre hat die Anwendung der Phasenschieber ständig zugenommen. In Kraftbetrieben haben sie die Ausnutzbarkeit älterer Anlagen erhöht und die Stromkosten verringert. Für Zentralen haben sie einen neuen Maschinentyp geschaffen, die asynchronen Generatoren und die asynchronen Blindleistungsmaschinen mit Erregung durch Drehstromkommutatormaschinen. Vermutlich sind die letztgenannten Maschinen dazu berufen, in der Elektrizitätswirtschaft der Zukunft eine wichtige Rolle zu spielen. Vor synchronen Phasenschiebern haben sie mehrere wichtige Vorteile voraus (L 67). Hier sind zu nennen: die bequeme Anlaßmethode, die vollkommen der Inbetriebsetzung eines gewöhnlichen Asynchronmotors entspricht; der pendelfreie Lauf infolge des Fehlens eines synchronisierenden Momentes; der gegenüber Synchrongeneratoren viel geringere Stoß-Kurzschlußstrom und sein schnelles Abklingen und endlich die geringeren Anschaffungskosten. Selbst hinsichtlich des Wirkungsgrades werden schon bei mittleren Leistungen günstigere Werte als für synchrone Phasenschieber angegeben.

IV. Die theoretischen Grundlagen der Phasenkompensierung und Kompoundierung von Drehstromasynchronmaschinen.

Der Ankerstromkreis des Phasenschiebers besitze den Widerstand r_a und die Reaktanz $x_a s$ für die Schlüpfungsfrequenz $\nu_1 s$. Wenn nur dieser Stromkreis zur Sekundärwicklung der Vordermaschine in Reihe geschaltet wird, können r_a und $x_a s$ in die entsprechenden Konstanten r_2 und $x_2 s$ bzw. $x_{12\sigma} s$ der Vordermaschine einbegriffen werden.

Die wirksame Spannung E_2 des Phasenschiebers ist dann gewöhnlich eine reine Rotationsspannung. Nur beim Frequenzumformer wird E_2 der Ankerwicklung von außen aufgedrückt. Die Wirkung von E_2 ist nach der zweiten Hauptgleichung

$$\dot{E}_2 + \dot{E}_{20}\,s = \dot{J}_2\,[r_2 + (r_{12} - j\,x_{12\,\sigma})\,s] \equiv \dot{J}_2\,[r_2 + \dot{z}_{12}\,s] \qquad (44)\ (7)$$

zu beurteilen. Ohne auf Konstruktion und Schaltung von Phasenschiebern einzugehen, kann man von vornherein feststellen, welchen Einfluß Größe, Phase und Stromabhängigkeit von E_2 auf die Eigenschaften der Vordermaschine ausüben.

16. Die Beeinflussung der Drehzahlcharakteristik: „Kompoundierung".

Gemäß Gleichung (32) ist der Tourenabfall des gewöhnlichen Drehstrommotors dem sekundären Widerstand proportional. Man kann daher den Tourenabfall vergrößern oder verkleinern, je nachdem man im Phasenschieber eine Spannung

$$\dot{E}_2 = -\dot{J}_2\,d_2 \qquad (45\,\mathrm{a})$$

erzeugt, die sich phasengleich zum Ohmschen Spannungsabfall $-J_2 r_2$ addiert, oder eine Spannung

$$\dot{E}_2 = \dot{J}_2\,d'_2, \qquad (45\,\mathrm{b})$$

die sich vom Ohmschen Spannungsabfall subtrahiert. Im ersten Falle entzieht der Phasenschieber der Vordermaschine Leistung, im zweiten Falle führt er ihr Leistung zu. Macht man dabei

$$d'_2 \gtreqless r_2, \qquad (45\,\mathrm{c})$$

so muß sich der Phasenschieber selbsttätig als Generator erregen, ein Verhalten, auf das im Abschnitt 22 näher eingegangen wird.

17. Die Verminderung der Blindleistung durch Kompensierung der Streuspannung bei einer Drehzahl: „Konstante Hauptstrom-Phasenkompensierung".

Das älteste und einfachste Mittel zur Verminderung der Blindleistung einer gewöhnlichen Asynchronmaschine ist die Erzeugung einer Blindspannung

$$\dot{E}_2 = -j\,\dot{J}_2\,c_2 \qquad (46)$$

die dem Sekundärstrom um 90⁰ voreilt. Zum Unterschied von anderen Kompensierungsspannungen, die von der Schlüpfung abhängen, bezeichne ich $-j_2\,\dot{J}_2\,c_2$ als die Spannung der konstanten Hauptstromphasenkompensierung. Ihre Wirkung erhellt aus dem Vektordiagramm der Abb. 35 und dem äquivalenten analytischen Ausdruck hierfür:

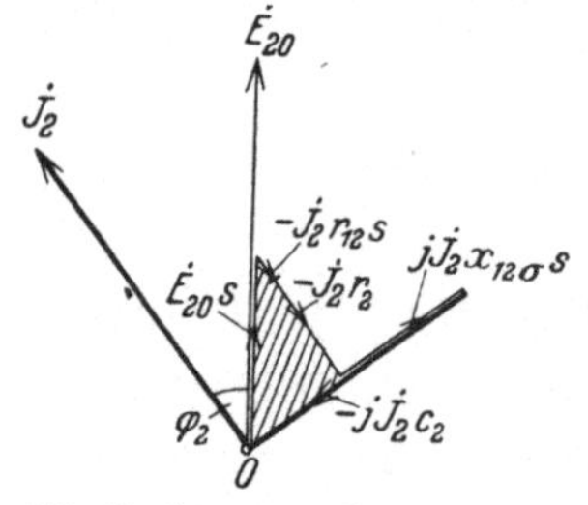

Abb. 35. Spannungsdiagramm des Sekundärkreises der Vordermaschine bei Anwendung eines Phasenschiebers für „konstante Hauptstrom-Phasenkompensierung": $\dot{E}_2 = -j\dot{J}_2 c_2$.

$$\dot{J}_2 = \dot{E}_{2c}\,\frac{s}{(r_2 + j\,c_2) + (r_{12} - j\,x_{12\,\sigma})\,s} \qquad (47)$$

Die letzte Gleichung folgt ohne weiteres durch Kombination des angenommenen Gesetzes (46) mit der allgemeinen Hauptgleichung (44).

Bei der Schlüpfung

$$\bar{s} = \frac{c_2}{x_{12\,\sigma}} \qquad (47\,\mathrm{a})$$

kompensiert die Spannung $-\,j\dot{J}_2 c_2$ des Phasenschiebers die resultierende Streuspannung $j\dot{J}_2 x_{12\,\sigma} s$ der Vordermaschine. Damit verschwindet die Phasenverschiebung φ_2 zwischen Sekundärstrom und Sekundärspannung und man erhält:

$$(\dot{J}_2)_{\varphi_2=0} = \dot{E}_{20}\,\frac{\bar{s}}{r_2 + r_{12}\,\bar{s}} = \dot{E}_{20}\cdot\frac{\dfrac{c_2}{r_2}}{x_{12\,\sigma}\;1 + \dfrac{r_{12}}{x_{12\,\sigma}}\cdot\dfrac{c_2}{r_2}} \qquad (47\,\mathrm{b})$$

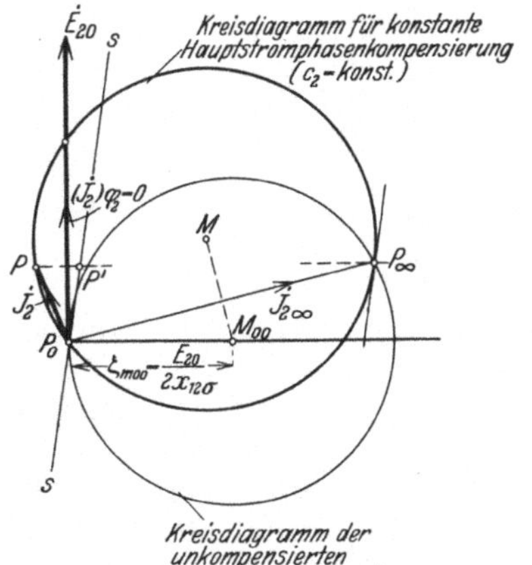

Abb. 36. Kreisdiagramm des Sekundärstromes mit und ohne konstante Hauptstrom-Phasenkompensierung.

Soll dieser Fall bei Übersynchronismus, also bei Generatorbetrieb, eintreten, so muß durch Reversieren des Phasenschiebers oder durch Vertauschen zweier Zuleitungen zu den Bürsten die Richtung der Kompensationsspannung umgekehrt werden (c_2 negativ).

Bei Konstanz der Koeffizienten r_2, c_2 usw. beschreibt Gleichung (47) ein Kreisdiagramm; denn der Parameter s kommt im Zähler und Nenner nur in der ersten Potenz vor. Außerdem sieht man, daß durch die Phasenkompensierungsspannung weder der Leerlaufstrom $J_{20} = 0$, noch der Strom bei unendlicher Tourenzahl

$$J_{2\,\infty} = \frac{\dot{E}_{20}}{r_{12} - j\,x_{12\,\sigma}}$$

beeinflußt werden. Der Kreismittelpunkt muß deshalb auf einer Geraden liegen, welche den Mittelpunkt $M_{00}\left(\xi_{m\,00} = \dfrac{E_{20}}{2\,x_{12\,\sigma}},\ \eta_{m\,00} = 0\right)$ des Kreisdiagrammes des unkompensierten Motors enthält und auf dem Stromvektor $\dot{J}_{2\,\infty}$ senkrecht steht. Hieraus und aus Gleichung (47 b) folgt für den Abstand $\overline{M_{00}M}$ des Mittelpunktes (Abb. 36)

$$m = \overline{M_{00}\,M} = \frac{E_{20}}{2\,x_{12\,\sigma}}\cdot\frac{c_2}{r_2}\cdot\frac{\sqrt{1 + \dfrac{r_{12}^2}{x_{12\,\sigma}^2}}}{1 + \dfrac{r_{12}}{x_{12\,\sigma}}\cdot\dfrac{c_2}{r_2}}\,. \qquad (47\,\mathrm{c})$$

Dasselbe Resultat erhält man aus der Mittelpunktsgleichung (16), wenn die Kreisgleichung (12 b) und Gleichung (47) durch die Annahmen

$$\left.\begin{aligned}
\alpha + j\,\beta &= 0 & p &= s\\
u &= r_2 & v &= c_2\\
\dot{z}_\infty &= r_{12} - j\,x_{12\,\sigma}
\end{aligned}\right\} \qquad (47\,\mathrm{d})$$

zur Übereinstimmung gebracht werden.

18. Die Verminderung der Blindleistung durch Erhöhung der Leerlaufdrehzahl.

Ein zweiter Weg zur Verminderung der Blindleistung der Vordermaschine besteht in einer Erhöhung ihrer Leerlauftourenzahl (s_0 negativ). Man erreicht dies, indem man dem Sekundärkreis die Spannung

$$\dot{E}_2 = -\dot{E}_{20}\, s_0 \qquad (48)$$

aufdrückt. Hierfür wird nämlich gemäß Abb. 37 und Gleichung (44)

$$\dot{J}_2 = \dot{E}_{20}\, \frac{s - s_0}{r_2 + (r_{12} - j\,x_{12\sigma})\,s} \qquad (49)$$

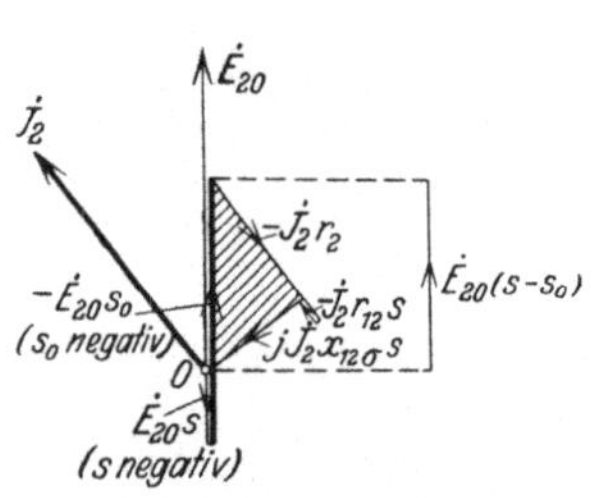

Abb. 37. Spannungsdiagramm des Sekundärkreises der Vordermaschine bei Erhöhung der Leerlaufdrehzahl durch die Spannung $\dot{E}_2 = -\dot{E}_{20}s_0$.

Daß wirklich der Leerlauf nunmehr bei der Schlüpfung s_0 auftritt, folgt daraus, daß für $s = s_0$ der Sekundärstrom J_2 verschwindet. Führt man für die Schlüpfung gegen die neue Leerlauf-Drehzahl den Parameter

$$p = s - s_0 \qquad (49a)$$

ein, so ergibt sich aus Gleichung (49)

$$J_2 = \dot{E}_{20}\, \frac{p}{[r_2 + (r_{12} - j\,x_{12\sigma})\,s_0] + [r_{12} - j\,x_{12\sigma}]\,p}\,. \qquad (49b)$$

Es ist bemerkenswert, daß diese Gleichung denselben Aufbau hat wie Gleichung (47). Nur ist an die Stelle der Schlüpfung s gegen den Synchronismus die Schlüpfung p gegen die Leerlaufdrehzahl getreten, an Stelle des Sekundärwiderstandes r_2 der etwas kleinere Wert $r_2 + r_{12}s_0$; an Stelle des Symbols $+ j c_2$ der Hauptstrom-Kompensierungsspannung steht der Ausdruck $j\,x_{12\sigma}\cdot(-s_0)$. Berücksichtigt man dies, so erhält man für den Sekundärstrom abermals ein Kreisdiagramm nach Abb. 36; nur beträgt der Mittelpunktabstand jetzt

$$m = \overline{M_{00}\,M} = \frac{E_{20}}{2\,r_2}\,(-s_0)\cdot\sqrt{1 + \frac{r_{12}^2}{x_{12\sigma}^2}}\,. \qquad (49c)$$

Bei großen Asynchronmaschinen mit entsprechend kleinem Rotorwiderstand r_2 genügt schon eine geringe Erhöhung der Leerlaufdrehzahl zur Erzielung einer starken Phasenkompensierung. Nur wird die eigentliche Kompensierungsspannung

$$- j\,J_2\,x_{12\sigma}\cdot(-s_0)$$

gar nicht im Phasenschieber, sondern in der Vordermaschine selbst erzeugt.

19. Die Verminderung der Blindleistung durch Kompensierung des primären Erregerstromes: „Nebenschluß-Phasenkompensierung" = „Läufererregung".

Die bisher besprochenen Methoden der Phasenkompensierung erfassen nur die eine Ursache der Blindleistung, nämlich den induktiven Spannungsabfall in der Vordermaschine. Dagegen blieb die zweite Ursache, die Entnahme des Erregerstromes aus dem Netze, bestehen. Eine vollkommene Kompensation der

Blindleistung erfordert also, daß die Vordermaschine vom Rotor aus erregt wird. Entsprechend der geringen Sekundärfrequenz ist hierfür keine oder nur eine sehr geringe Scheinleistung erforderlich.

Nach Gleichung (10a) und (10d) muß der Leerlaufstrom des Sekundärkreises formell dem Ansatz

$$\dot{J}_{20} = \frac{\dot{E}_{20}}{r_{12} - j\,x_{20}} = \frac{\dot{E}_{20}}{\dot{z}_0} \qquad (50\text{a})$$

gehorchen. **Dabei muß x_{20} negativ sein, wenn die Leerlaufamperewindungen des Sekundärkreises zur Erregung beitragen sollen. Um diesen Strom bei Synchronismus durch den Sekundärkreis der Vordermaschine zu treiben, muß diesem eine äußere Spannung aufgedrückt werden,** welche die von der Schlüpfung unabhängigen Spannungsabfälle gerade kompensiert. Diese Spannungsabfälle sind: der Ohmsche Spannungsverlust $-\dot{J}_{20}\,r_2$, die Kompoundierungsspannung $-\dot{J}_{20}d_2$ und eventuell eine Komponente für konstante Hauptstromphasenkompen-

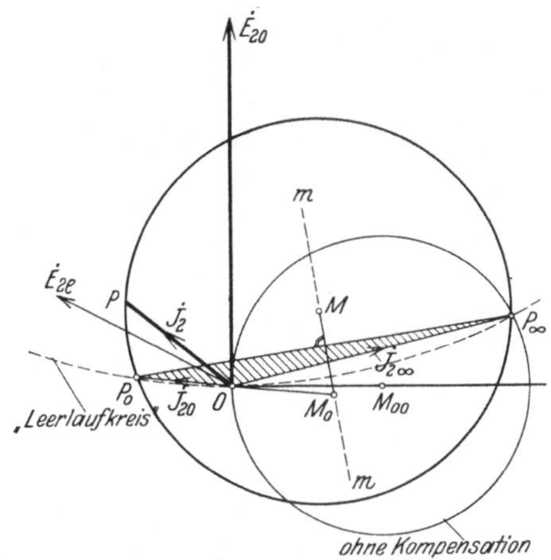

Abb. 38. Kreisdiagramm des Sekundärstromes für konstante Hauptstromphasenkompensierung $(-j\dot{J}_2c_2)$ und Läufererregung $(\dot{E}_{2e} = \dot{J}_{20}(r_2 + d_2 + jc_2))$. Leerlaufkreis nach Abschnitt 5 u. Abb. 10.

sierung $-j\dot{J}_{20}c_2$. Das Gesetz der Sekundärspannung lautet also:

$$\dot{E}_{2e} = \dot{J}_{20}\,[r_2 + d_2 + j\,c_2] = \dot{E}_{20}\,\frac{r_2 + d_2 + j\,c_2}{r_{12} - j\,x_{20}} \qquad (50)$$

Zum Unterschied von anderen Kompensierungsspannungen, die dem Hauptstrom proportional sind, bezeichne ich die eben formulierte Komponente als **Spannung der „Nebenschlußphasenkompensierung"** oder auch als **„Erregerspannung des Läufers".** Da x_{20} negativ sein soll, eilt sie der Sekundärspannung E_{20} vor (Abb. 38), und zwar für $c_2 = 0$ ungefähr um 90^0.

Durch Einführung des Ansatzes (50) in die zweite Hauptgleichung (44) ergibt sich die Stromgleichung

$$\dot{J}_2 = \dot{E}_{20}\,\frac{\dfrac{r_2 + d_2 + j\,c_2}{r_{12} - j\,x_{20}} + s}{(r_2 + d_2 + j\,c_2) + (r_{12} - j\,x_{12\sigma})\,s} \qquad (51)$$

Setzt man hierin $s = 0$, so erhält man wieder Gleichung (50a), ein Zeichen dafür, daß der Leerlauf bei Synchronismus eintritt und daß der Leerlaufstrom die geforderte Größe hat. Prüft man ferner die Aussage der Stromgleichung für $s = \infty$, so wird: $r_\infty = r_{12} = r_0$, $x_\infty = x_{12\sigma}$. Der Strom bei unendlicher Drehzahl wird also durch die Kompensierungsspannung nicht geändert.

Formell stimmt Gleichung (51) mit der Normalform (12b) der Kreisgleichung überein, wenn

$$u = r_2 + d_2 \qquad v = c_2$$
$$\alpha + j\,\beta = \frac{r_2 + d_2 + j\,c_2}{r_{12} - j\,x_{20}} = \frac{u + j\,v}{r_{12} - j\,x_{20}}$$

gesetzt wird. Bei Konstanz der Netzspannung und der Impedanzen beschreibt daher der Sekundärstrom abermals ein Kreisdiagramm. Zur Berechnung der Mittelpunktkoordinaten dient folgende Entwicklung, die auf den Gleichungen (15) fußt:

$$\overline{OM} = \eta_m + j\,\xi_m = \frac{\dot{E}}{2}\,\frac{(v+j\,u)+(\alpha+j\,\beta)\,(x_\infty - j\,r_\infty)}{u\,x_\infty + v\,r_\infty}$$

$$= \frac{\dot{E}_{20}}{2\,(r_{12}-j\,x_{20})}\cdot\frac{(v+j\,u)\,(r_{12}-j\,x_{20})+(u+j\,v)\,(x_{12\sigma}-j\,r_{12})}{u\,x_{12\sigma}+v\,r_{12}}$$

$$= \frac{\dot{J}_{20}}{2}\cdot\left[\frac{x_{12\sigma}+x_{20}}{x_{12\sigma}}+\frac{x_{12\sigma}-x_{20}}{x_{12\sigma}}\cdot\frac{v\,(r_{12}+j\,x_{12\sigma})}{u\,x_{12\sigma}+v\,r_{12}}\right], \tag{51a}$$

Oder in anderer Schreibweise:

$$\overline{OM} = \overline{OM_0} + \overline{M_0M}$$

$$= -\frac{\dot{J}_{20}}{2}\cdot\left[\frac{-x_{12\sigma}-x_{20}}{x_{12\sigma}}\right]-j\,\frac{\dot{J}_{2\infty}-\dot{J}_{20}}{2}\cdot\frac{c_2}{r_2+d_2}\cdot\frac{1+\dfrac{r_{12}^2}{x_{12\sigma}^2}}{1+\dfrac{c_2}{r_2+d_2}\cdot\dfrac{r_{12}}{x_{12\sigma}}}. \tag{51b}$$

Hiernach besitzt der Vektor $\overline{OM}$ nach dem Kreismittelpunkt zwei Komponenten (Abb. 38). Die zweite Komponente $\overline{M_0M}$ liegt auf der Mittelsenkrechten mm zur Verbindungslinie $\dot{J}_{2\infty}-\dot{J}_{20}$ der Punkte des Leerlaufes P_0 und der unendlichen Tourenzahl P_∞. Dieses Mittellot schneidet die Rückwärtsverlängerung des Leerlaufstromes im Punkte M_0, und wenn ohne Hauptstromphasenkompensierung ($c_2 = 0$) gearbeitet wird, so ist M_0 bereits der gesuchte Mittelpunkt. Andernfalls hebt die Hauptstromphasenkompensierung den Mittelpunkt um die Strecke

$$\overline{M_0M} = \frac{J_{20}}{2}\cdot\frac{x_{12\sigma}-x_{20}}{x_{12\sigma}}\cdot\frac{c_2}{r_2+d_2}\cdot\frac{\sqrt{1+\dfrac{r_{12}^2}{x_{12\sigma}^2}}}{1+\dfrac{c_2}{r_2+d_2}\cdot\dfrac{r_{12}}{x_{12\sigma}}}. \tag{51c}$$

Es ist also durch Kombination von Hauptstrom- und Nebenschluß-phasenkompensierung möglich, jede beliebige Lage des Kreisdiagrammes durch den vorgegebenen Unendlichkeitspunkt P_∞ zu verwirklichen.

Nach Unterabschnitt 18 kann die Hauptstromphasenkompensierung auch durch eine Erhöhung der Leerlaufdrehzahl bewirkt oder unterstützt werden. Wenn die Gleichungen (51) auch für diesen allgemeinsten Fall gelten sollen, ist s durch $s-s_0$, d_2 durch $d_2 + r_{12}s_0$, c_2 durch $c_2 - x_{12\sigma}s_0$ zu ersetzen.

20. Die Nachregulierung der wirksamen Sekundärspannung nach dem „Spannungsregelungsprinzip".

Bei gegebener Hintermaschine kann die Sekundärspannung E_2 auf sehr verschiedene Weise geregelt werden. Es gibt indessen eine Methode, die sich durch ihre Eleganz und allgemeine Anwendbarkeit besonders auszeichnet. Sie besteht darin, die Hintermaschine im Ständer mit einer zusätzlichen Erregerwicklung zu versehen, die über einen, im Verhältnis zu ihrer Reaktanz großen Vorschaltwiderstand an die Schleifringe der Vordermaschine angeschlossen wird (Nebenschlußerregung m' in Abb. 54).

Die Schleifringspannung beträgt nach der zweiten Hauptgleichung (44) (bei Vernachlässigung der Spannungsabfälle im Phasenschieber)

$$\dot{E}_{Sch} \approx -\dot{E}_2 = \dot{E}_{20}\,s - \dot{J}_2[r_2 + \dot{z}_{12}\,s]\,.$$

Bei genügend großem Vorschaltwiderstand ist der Strom der zusätzlichen Erregerwicklung der Schleifringspannung proportional. Würde also die Hintermaschine ohne Zusatzwicklung die Spannung $\dot{E}_2$ erzeugen, so liefert bei konstanter Drehzahl die Hilfswicklung eine Zusatzspannung

$$\boxed{\Delta \dot{E}_2 = \dot{k}\cdot\dot{E}_{Sch}} \tag{52a}$$

und die Gesamtspannung beträgt

$$-\dot{E}_{Sch} \approx \dot{E}_2 + \Delta \dot{E}_2 = \dot{E}_2 + \dot{k}\cdot\dot{E}_{Sch}\,.$$

Daraus folgt:

$$\boxed{\dot{E}_{Sch} \approx -\frac{\dot{E}_2}{1 + \dot{k}}} \tag{52b}$$

Durch die Zusatzerregung ist also die ursprüngliche Spannung $\dot{E}_2$ der Hintermaschine auf $\dfrac{\dot{E}_2}{1 + \dot{k}}$ umgestellt worden. Dabei ist es ganz einerlei, ob $\dot{E}_2$ der Hauptstrom- oder Nebenschluß-Phasenkompensierung, der Tourenregelung oder Kompoundierung dient. Nur muß dafür gesorgt sein, daß das Feld der Hilfserregung nicht durch Gegenamperewindungen anderer Feldwicklungen ausgelöscht wird.

Je nach der Achse der Hilfserregung kann der Proportionalitätsfaktor $\dot{k}$ eine beliebige reelle, imaginäre oder komplexe Verhältniszahl sein. Ist k reell, so entspricht positiven Werten von k eine Schwächung, negativen Werten von k eine Verstärkung der ursprünglichen Sekundärspannung $\dot{E}_2$. Ist $\dot{k}$ imaginär, so korrigiert die Zusatzspannung hauptsächlich die Phase der ursprünglichen Spannung. Daraus ist zu ersehen, daß die beschriebene Methode ein allgemeines Regulierprinzip von großer Vielseitigkeit darstellt, dazu ein Prinzip, das nicht nur für Feinregelung, sondern auch für größeren Regelbereich in Betracht kommt. Man kann es kurz und treffend als „Spannungsregelungsprinzip“ bezeichnen. —

21. Die Umformung des Stromdiagrammes nach dem „Stromregelungsprinzip“.

Mit der Verringerung der Blindleistung der Vordermaschine durch die Anwendung von Phasenschiebern geht in den allermeisten Fällen eine Erhöhung der Überlastbarkeit Hand in Hand. Doch ist das nicht so zu verstehen, als ob der Vordermotor dadurch überhaupt die Charakteristiken einer sehr viel größeren Maschine bekäme. Sein Kreisdiagramm liegt zwar günstiger (vgl. Abb. 38); aber mit dem Punkte der unendlichen Drehzahl wird doch im großen und ganzen der Maßstab festgehalten. Es gibt indessen ein Regulierprinzip, nach dem man wirklich den Maßstab des Stromdiagrammes beliebig ändern und eventuell auch seine Phase beliebig verdrehen kann. Ich will die hierfür in Betracht kommenden Methoden unter dem gemeinsamen Begriffe des „Stromregelungsprinzipes" zusammenfassen.

Das Stromregelungsprinzip tritt unter zwei Hauptformen auf, die sich auch miteinander mischen können. Beiden gemeinsam ist die Erzeugung von Sekundärspannungen, die sich proportional der Schlüpfung der Vordermaschine ändern.

a) Die erste Hauptform des Stromregelungsprinzips.

Die erste Hauptform des Stromregelungsprinzipes ist dadurch gekennzeichnet, daß durch eine Kommutatorkaskade unter anderem dem Läufer der Vordermaschine die Spannungskomponente

$$\boxed{\varDelta \dot{E}_2' = \dot{k}' \dot{E}_{20}\, s} \tag{53a}$$

aufgedrückt wird, also eine Spannung, die der Hauptfeldläuferspannung $\dot{E}_{20}\,s$ proportional ist. Außer der Spannung $\varDelta \dot{E}_2'$ kann die Hintermaschine auch noch andere Spannungskomponenten erzeugen, die unter der Bezeichnung $\dot{E}_2'$ zusammengefaßt werden sollen. Aus $\dot{E}_2'$ wird die Spannung

$$\dot{E}_2 = \frac{\dot{E}_2'}{1 + \dot{k}'} \tag{53b}$$

abgeleitet, deren Einführung lediglich eine Abkürzung unserer Formeln bezweckt.

Gemäß der zweiten Hauptgleichung (44) [bzw. (7)] der Vordermaschine ist nun:

$$\dot{E}_2' + \varDelta \dot{E}_2' + \dot{E}_{20}\, s = \dot{J}_2[r_2 + \dot{z}_{12}\, s]\,,$$

und daraus folgt nach den früheren Festsetzungen:

$$\boxed{\dot{J}_2 = (1 + \dot{k}')\,\frac{\dot{E}_2 + \dot{E}_{20}\, s}{r_2 + \dot{z}_{12}\, s}} \tag{53c}$$

Die Asynchronmaschine mit der Sekundärspannung $\dot{E}_2' + \varDelta \dot{E}_2'$ liefert somit ein im Verhältnis $1 + \dot{k}'$ größeres Stromdiagramm wie dieselbe Maschine bei einer Sekundärspannung $\dot{E}_2$.

Je nach der Phase der Zusatzspannung $\varDelta \dot{E}_2'$ ist $\dot{k}'$ eine reelle, imaginäre oder komplexe Verhältniszahl. Ist k' reell und positiv, so addiert sich die Zusatzspannung der Hintermaschine phasengleich zur Hauptfeld-Läuferspannung $\dot{E}_{20}\,s$ der Vordermaschine. Das kommt auf dasselbe heraus wie eine Erhöhung der Hauptfeld-Läuferspannung im Verhältnis $1 + k'$. Man bedarf keiner Rechnung, um einzusehen, daß dabei auch der Strom J_2 und die Überlastbarkeit im gleichen Verhältnis zunehmen müssen, falls man auch die übrigen Komponenten der Sekundärspannung von $\dot{E}_2$ auf $\dot{E}_2' = \dot{E}_2\,(1 + k')$ erhöht.

Beschränkt man sich nicht allein auf reelle Werte von $\dot{k}'$, so erhält das Stromregelungsprinzip eine außerordentlich umfassende Bedeutung. Man kann z. B.

$$\dot{k}' = (\cos\alpha - 1) - j\sin\alpha = -1 + e^{-j\alpha}$$

ausführen, und erreicht dadurch:

$$J_2 = e^{-ja}\frac{\dot{E}_2 + \dot{E}_{20}\,s}{r_2 + \dot{z}_{12}\,s}.$$

Das bedeutet, daß man durch die Zusatzspannungen $\varDelta \dot{E}_2'$ und $\dot{E}_2\dot{k}'$ das ursprüngliche Stromdiagramm ohne Änderung seiner Größe um den Winkel α im Sinne einer Voreilung verdreht hat. Wenngleich man von dieser Möglichkeit noch keinen Gebrauch gemacht hat, tut man doch gut, sie für die Zwecke der Phasenkompensierung im Auge zu behalten.

Bedeutet endlich $\dot{k}$ eine beliebige komplexe Zahl, so wird gleichzeitig der Maßstab und die Phase des Stromdiagrammes umgewandelt.

b) Die zweite Hauptform des Stromregelungsprinzipes.

Noch größere Möglichkeiten als die erste Hauptform gewährt die zweite Hauptform des Stromregelungsprinzipes. Sie arbeitet unter anderem mit der Zusatzspannung

$$\boxed{\varDelta \dot{E}_2'' = \dot{k}'' \cdot J_2 \dot{z}_{12}\,s} \qquad (54\,\mathrm{a})$$

die dem Hauptstrome proportional ist und die sich mit der Schlüpfung ebenso ändert wie die sekundäre Streuspannung. Die übrigen durch die Hintermaschine erzeugten Spannungskomponenten mögen die Summenspannung $\dot{E}_2''$ liefern. Um die weiteren Formeln zu vereinfachen, wird die Substitution

$$\dot{E}_2 = \dot{E}_2'' - \dot{k}'' J_2 r_2 \qquad (54\,\mathrm{b})$$

eingeführt. Setzt man nun abermals entsprechend der zweiten Hauptgleichung (44) der Vordermaschine

$$\dot{E}_2'' + \varDelta \dot{E}_2'' + \dot{E}_{20}\,s = J_2\,[r_2 + \dot{z}_{12}\,s],$$

so ergibt sich

$$\boxed{J_2 = \frac{1}{1 - \dot{k}''} \cdot \frac{\dot{E}_2 + \dot{E}_{20}\,s}{r_2 + \dot{z}_{12}\,s}} \qquad (54\,\mathrm{c})$$

Die Gleichwertigkeit dieser Formel mit Gleichung (53c) liegt auf der Hand, so daß ich sie nicht im Detail zu erklären brauche. Es ist zudem auch ohne Rechnung einzusehen, daß reelle Werte von k'' den Strommaßstab und die Überlastbarkeit erhöhen müssen. In diesem Falle kompensiert ja die Hintermaschine bei allen Drehzahlen den gleichen Anteil der Streuspannung, so daß nun die Hauptfeld-Läuferspannung $E_{20}\,s$ auf eine entsprechend kleinere wirksame Impedanz arbeitet.

Einen interessanten Spezialfall erhält man bei vollkommener Kompensierung der Streuspannung ($k'' = 1$), also mit

$$\varDelta \dot{E}_2'' = J_2 \dot{z}_{12}\,s$$

und einer weiteren Komponente der Sekundärspannung:

$$\dot{E}_2'' = J_{20} \dot{k} r_2 + J_2 (1 - \dot{k})\,r_2.$$

Hierfür ergibt sich nämlich mit $\dot{k} = k\,e^{j\alpha}$:

$$J_2 = J_{20} + \frac{\dot{E}_{20}\,s}{k\,r_2} \cdot e^{-j\alpha}.$$

Dies ist die Gleichung einer Geraden durch den Endpunkt des Leerlaufstrom-
vektors J_{20}, die dem Spannungsvektor E_{20} um den Winkel α voreilt. Die Vordermaschine besitzt also eine unendlich hohe Überlastbarkeit so-
wohl als Wirkleistungsmaschine ($\alpha = 0$) wie auch als Blindleistungsmaschine
$\left(\alpha = \dfrac{\pi}{2}\right)$. Die Leerlauftourenzahl ist die synchrone, die Drehzahlcharakteristik
($\omega_m = f(P_{12})$) eine gerade Linie. Der Tourenabfall wird durch die Verhältniszahl k bestimmt.

Aus alledem sieht man, daß das Stromregelungsprinzip gerade
für Kaskadenschaltungen mit Phasenschiebern ein weites Feld er-
öffnet, das vielleicht in den nächsten Jahren allmählich abgebaut
wird.

22. Die Selbsterregung asynchroner Phasenschieber. „Unabhängige" und „abhängige" Selbsterregung.

Als asynchroner Phasenschieber ist eine Erregermaschine zu bezeichnen,
deren Drehzahl unabhängig von der Vordermaschine gewählt werden kann.
Viele dieser Phasenschieber sind imstande, die Vordermaschine schon bei Leerlauf voll zu erregen und den Erregerstrom auch nach Abschalten des Netzes
aufrecht zu halten. Man sagt dann: „der Phasenschieber arbeitet mit Selbsterregung".

Da bei abgeschaltetem Netz alle Stromwärmeverluste vom Phasenschieber
zu decken sind, muß dieser als Generator eine Rotationsspannung erzeugen, die
eine Komponente E_d zur Überwindung der Widerstandsspannung E_r besitzt.
Sowohl E_d wie E_r wachsen mit dem selbsterregten Strome, E_r häufig nach einer
Geraden — der sog. Widerstandslinie —, E_d nach Maßgabe der magnetischen
Charakteristik des Phasenschiebers. Bei einer gewissen Erregung schneidet die
Widerstandslinie die magnetische Charakteristik (Abb. 39).
Hat der Schnittpunkt die Eigenschaft, daß bei Zunahme
der Selbsterregung die Rotationsspannung weniger steigt als
die Widerstandsspannung, so wird die Selbsterregung in diesem
Punkte stabil. Es ist dies dieselbe Gleichgewichtsbedingung,
die auch die Selbsterregung der Gleichstrommaschine beherrscht.

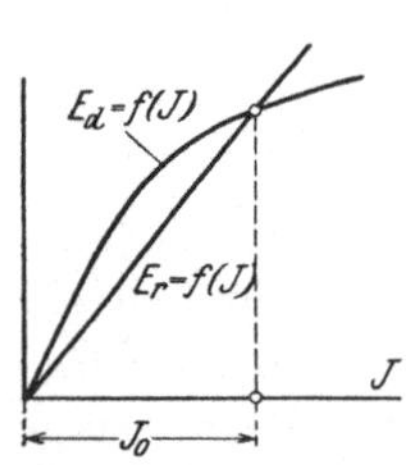

Abb. 39. Magnetische
Charakteristik und Wider-
standslinie eines Phasen-
schiebers.

Indessen kann die Selbsterregung der Phasenschieber zwei Formen annehmen, die man wohl aus-
einanderhalten muß, und die ich deshalb durch die
Bezeichnungen „unabhängige" und „abhängige"
Selbsterregung unterscheiden will.

Solange die Vordermaschine mit Phasenschieber noch nicht aufs Netz geschaltet ist, oder solange dem Netz, an dem die Kaskade hängt, noch keine
fremde Spannung aufgedrückt wird, bestimmt allein der Phasenschieber den
elektromagnetischen Gleichgewichtszustand, also die Frequenz des Läuferstromes
und die Stärke des Feldes in der Vordermaschine. Ändert man z. B. die Drehzahl der Vordermaschine, so behält trotzdem die Läuferfrequenz genau oder fast
genau ihren ursprünglichen Wert. Deshalb bezeichne ich diesen Zustand als
„unabhängige Selbsterregung".

Setzen wir dagegen den Fall, eine Kaskade mit Phasenschieber sei auf ein Netz konstanter Spannung geschaltet und liefere bei Leerlauf einen voreilenden Strom ans Netz. Dann bestimmt dieses Netz in der Vordermaschine die Größe des Hauptfeldes und die Frequenz des Läuferstromes. Von den Eigenschaften des Phasenschiebers hängt lediglich ab, in welchem Verhältnis sich die gesamten Erregeramperewindungen auf Ständer und Läufer verteilen. Ändert man jetzt die Drehzahl der Vordermaschine, so ändert sich auch die Läuferfrequenz, da sie immer der Schlupffrequenz gleichbleiben muß. — Diesen Zustand bezeichne ich als „abhängige Selbsterregung".

Wenn eine Kaskade an einem spannungslosen Netz der unabhängigen Selbsterregung fähig ist, so ist sie nur dann brauchbar, falls diese Selbsterregungsform beim Parallelarbeiten auf ein fremderregtes Netz erlischt bzw. in die Form der abhängigen Selbsterregung übergeht. Daß dieser Fall immer eintreten wird, ist durchaus nicht selbstverständlich. Es gibt Schaltungen, die der unabhängigen, aber nicht der abhängigen Selbsterregung fähig sind. Es ist ferner denkbar, daß sich ein Phasenschieber mit Drehstrom niedriger Frequenz erregt, daß aber die Asynchronmaschine mit dieser selbsterregten Periodenzahl nicht in Tritt kommt, sondern mit einer anderen Schlüpfung weiterarbeitet. Dabei ergeben sich ganz analoge Verhältnisse wie bei einer Synchronmaschine mit selbsterregter Erregermaschine, die asynchron angelassen wurde, die aber trotz voller Gleichstromerregung den Synchronismus nicht erreicht hat. Das Gleichfeld erzeugt dann im Ständer Spannungen und Ströme von anderer Frequenz als der Netzfrequenz, für welche die Ständerwicklung in Reihe mit der kleinen Netzimpedanz einen Kurzschlußkreis bildet. Die Folge sind Strompendelungen und zusätzliche Verluste in allen Kreisen. In solchen Fällen beeinfußt die Netzspannung die unabhängige Selbsterregung nur insofern, als hierdurch im Sekundärkreis Ströme der Schlüpfungsfrequenz erzwungen werden. Diese überlagern sich den selbsterregten Strömen im Phasenschieber und stören eventuell die Erregung durch Veränderung der Sättigungsverhältnisse.

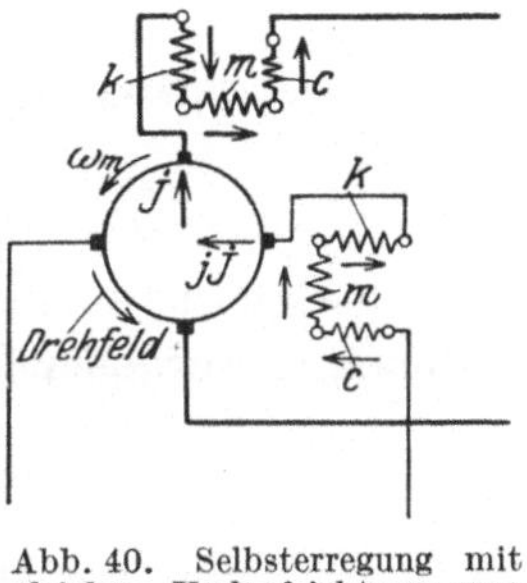

Die meisten selbsterregenden Phasenschieber enthalten offen oder versteckt einen Drehstromserien- oder Nebenschlußgenerator als dasjenige Element, welches die unabhängige Selbsterregung bewirkt. Abb. 40 zeigt die Schaltung der Wicklungen in einem zweiphasigen Seriengenerator, der zur Erklärung der Grundbegriffe besonders gut geeignet ist.

Es ist dabei angenommen, daß die Ankerrückwirkung durch eine Kompensationswicklung „k" vollständig aufgehoben wird, wie das z. B. bei der gebräuchlichsten Bauart, der Scherbiusmaschine, der Fall ist. Das Luftspaltfeld rührt dann nur von der Magnetwicklung „m" und einer weiteren Wicklung „c" her, die im folgenden als (Hauptstrom-) Phasenkompensierungswicklung bezeichnet wird. Letztere erzeugt ein Feld in der Bürstenachse, und zwar nach Abb. 40 in derselben Richtung wie die Ankeramperewindungen. Dagegen sind beide Erregerwicklungen „m" senkrecht zur Bürstenachse der zugehörigen Phase ge-

Abb. 40. Selbsterregung mit gleicher Umlaufrichtung von Anker und Drehfeld.

wickelt. Natürlich könnten auch zwei oder alle drei Ständerwicklungen zu einer gemeinsamen Wicklung vereinigt sein.

Die Ströme der beiden Phasen sind mit J und jJ bezeichnet, und die Strompfeile geben die Richtung der Amperewindungen bei positiven Strömen an. Sie sind so eingetragen, wie es gleichen Drehrichtungen von Anker und Drehfeld entspricht. Ist diese Annahme richtig, so muß für die Kreisfrequenz $\omega_1 s_u$ der selbsterregten Ströme ein positiver Wert erhalten werden.

Der Stromkreis jeder Phase schließt sich über eine nicht gezeichnete äußere Impedanz (z. B. die Läuferwicklung des Vordermotors), die bei stationär gewordener unabhängiger Selbsterregung in der J-Phase einen Spannungsabfall

$$- J (R - j X s_u) *$$

verursachen möge. Hierzu addiert sich der Spannungsabfall

$$- J (r_a - j x_a s_u) *$$

infolge des Widerstandes r_a und der Reaktanz $x_a s_u$ des Seriengenerators. Letztere enthält sowohl die Streureaktanz von Anker- und Kompensationswicklung als auch die totale Selbstreaktanz der Erreger- und Phasenkompensierungswicklung. Gegenseitige Reaktanzen brauchen nicht eingeführt zu werden, denn die beiden Phasen einer symmetrischen Zweiphasenmaschine induzieren sich nicht. Ebensowenig induzieren sich Erreger- und Phasenkompensierungswicklung derselben Phase, da sie aufeinander senkrecht stehen. Endlich werden alle in der Ankerwicklung auftretenden Pulsationsspannungen durch entgegengesetztgleiche Pulsationsspannungen in der Kompensationswicklung aufgehoben. Man erhält somit außer den schon genannten Selbstinduktionsspannungen und Ohmschen Spannungsabfällen nur Rotationsspannungen, die für die J-Phase folgende Werte haben:

Rotationsspannung im Felde der Phasenkompensierungswicklung (Strom jJ):

$$- j J c **.$$

Rotationsspannung im Felde der Erregerwicklung (Strom J):

$$J d ***.$$

Das Gleichgewicht aller in derselben Phase auftretenden Spannungen fordert bei stationär gewordener Selbsterregung:

$$0 = J [(r_a + R) - j (x_a + X) s_u - d + j c].$$

Diese Gleichung zerfällt in zwei Bedingungen, nämlich

$$J d = J (r_a + R)$$

---

* Die Reaktanzen x_a und X beziehen sich auf die Netzfrequenz ν_1 der Vordermaschine.

** Diese EMK muß dem Phasenstrom J voreilen, da gemäß unseren Annahmen Anker und Drehfeld gleiche Umlaufrichtung besitzen sollen.

*** Das Vorzeichen erklärt sich daraus, daß sich der Strom J in der Erregerwicklung und der Strom jJ in der Ankerphase entgegenwirken. Siehe Pfeile in Abb. 40.

und

$$s_u = \frac{c}{x_a + X} \cdot$$

Die erste Gleichung sagt aus, daß sich die Selbsterregung so lange steigert, bis die Rotationsspannung im Erregerfeld die Ohmschen Spannungsabfälle gerade aufhebt. Wir haben diese Gleichgewichtsbedingung bereits durch Abb. 39 graphisch dargestellt und erklärt.

Die zweite Bedingung läßt erkennen, daß die selbsterregte Frequenz $v_1 s_u$ im allgemeinen niedrig sein muß, da in Kaskadenschaltungen die Läuferreaktanz X der Vordermaschine (berechnet für die Netzperiodenzahl) immer groß im Verhältnis zum Rotationskoeffizienten c der Phasenkompensierungswicklung ist. Da für s_u, wie verlangt, ein positiver Wert erhalten wird, so erweist sich unsere Annahme als richtig, gemäß welcher das selbsterregte Feld vom Anker gleichsam mitgenommen werden sollte. Hätte aber die Phasenkompensierungswicklung das Ankerfeld geschwächt (c negativ), so hätte man auch den Strom in einer Ankerphase umkehren müssen (Abb. 41), um abermals s_u positiv zu erhalten. Dabei hätte sich offenbar der Umlaufsinn des Drehfeldes geändert. **Das Drehfeld eines selbsterregenden Mehrphasenseriengenerators rotiert also mit oder gegen den Anker, je** nachdem **die Ständeramperewindungen in der Bürstenachse kleiner oder größer als die** entgegengesetzten **Ankeramperewindungen** derselben Phase gemacht werden.

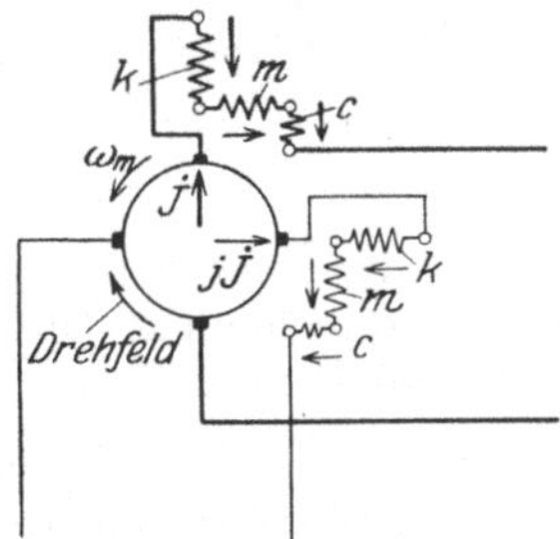

Abb. 41. Selbsterregung mit entgegengesetzter Umlaufrichtung von Anker und Drehfeld.

Für $c = 0$ erfolgt die Selbsterregung mit Gleichstrom. Dieser Fall tritt ein, wenn außer der Kompensationswicklung nur noch die Erregerwicklung vorhanden ist, oder allgemeiner ausgedrückt, wenn Anker- und Ständeramperewindungen in der Bürstenachse einer Phase genau gleich stark sind. Der Grund ist leicht einzusehen: Denkt man sich nämlich die jJ-Phase unterbrochen, so entspricht die J-Phase allein (ohne Phasenkompensierungswicklung) einer gewöhnlichen Gleichstrom-Reihenschlußmaschine mit Kompensationswicklung. Von dieser weiß man, daß sie sich bei einer Drehrichtung mit Gleichstrom erregt. Falls aber die „c"-Wicklung fehlt, so erzeugt dieser Strom keine Rotationsspannung zwischen den Bürsten der anderen, offenen Phase. Man kann also diesen Stromkreis schließen, ohne daß sich etwas an dem Gleichstromcharakter der Selbsterregung ändern könnte.

Kommt aber die Phasenkompensierungswicklung hinzu, so erzeugt diese eine Rotationsspannung in derjenigen Richtung, die in Abb. 40 und 41 durch einen Pfeil über dem Vektor jJ angegeben wird. Daraus erklärt sich ohne weiteres die Umlaufrichtung des Drehfeldes. Da ferner der Strom in der jJ-Phase für ein und dieselbe Rotationsspannung Jc um so langsamer ansteigt, je größer die Selbstreaktanz $x_a + X$ des Stromkreises ist, so ist auch der Aufbau der Frequenzformel leicht verständlich.

V. Asynchrone Phasenschieber mit Hauptstromfremderregung.

23. Phasenschieber für Hauptstromphasenkompensierung (Leblanc, Scherbius).

Die gebräuchlichsten Bauarten dieses einfachsten aller Phasenschieber wurden bereits in Abschnitt 11 (Abb. 16 und 17) besprochen. Die wirksame Rotationsspannung

$$\boxed{\dot{E}_2 = -j\,\dot{J}_2\,c_2} \tag{46}$$

wird dadurch erzeugt, daß ein mehrphasig gespeister Kommutatoranker in Richtung seines eigenen Drehfeldes übersynchron angetrieben wird. Da E_2 eine reine Blindspannung ist, hat der Antriebsmotor nur die Luft- und Lagerreibungsverluste und — bei Maschinen mit Ständer — einen Teil der Eisenverluste zu decken. Die Spannungsabfälle

$$- \dot{J}_2(r_a - j x_a s)$$

infolge des Widerstandes und der Selbstinduktion der Ankerwicklung werden in die entsprechenden Spannungsabfälle $- \dot{J}_2 (r_2 - j x_{12\sigma} s)$ der Vordermaschine einbezogen.

Ist der Phasenschieber ungesättigt ($c_2 =$ konst), so beschreibt der Vektor $\dot{J}_2$ des Sekundärstromes der Vordermaschine das Kreisdiagramm der Abb. 36 mit der Kreisgleichung (47) und den Bestimmungsstücken $\xi_{m\,00}$ und m [Gleichung (47c)]. In dem so gewonnenen Kreisdiagramm orientiert man sich mit Hilfe der Schlüpfungsgeraden s—s. Man zieht diese durch den Leerlaufpunkt P_0 parallel zur Tangente in P_∞ (Abb. 36) und projiziert die Diagrammpunkte P von P_∞ auf die Schlüpfungsgerade (Projektion P'). Dann gilt für die zugeordnete Schlüpfung:

$$s = k_p \cdot \overline{P_0 P'},$$

wobei gemäß Gleichung (29c) und (47d)

$$k_p = \frac{\sqrt{u^2 + v^2}}{E} = \frac{\sqrt{r_2^2 + c_2^2}}{E_{20}} . \tag{55a}$$

Der prozentuale Tourenabfall bei Belastung ist größer als bei der unkompensierten Maschine und beträgt nach Gleichung (31c)

$$\boxed{\left(\frac{ds}{dP_{12}}\right)_{s=0}} = \frac{1}{E^2}\frac{u^2 + v^2}{u} = \boxed{\frac{1}{E_{20}^2}\frac{r_2^2 + c_2^2}{r_2}} \tag{55b}$$

Bei beliebiger Belastung ist gemäß Gleichung (19b) und (44) wie für den Drehstrommotor ohne Phasenschieber

$$\boxed{s = \frac{J_2^2\, r_2}{P_{12}}} \tag{55c}$$

Bei gleicher auf den Läufer übertragener Leistung (P_{12}) wird somit die Schlüpfung durch den Phasenschieber im selben Verhältnis vergrößert (oder verkleinert) wie die sekundären Kupferverluste.

Soll der Phasenschieber die Vordermaschine schon bei möglichst geringer Leistung — z. B. von $^1/_4$ bis $^5/_4$ der Normallast — kompensieren, so gibt man seiner magnetischen Charakteristik durch früh eintretende Eisensättigung[1] eine starke Krümmung (c_2 variabel nach Abb. 42a). Natürlich ist dann das Vektor-diagramm des Sekundärstromes kein Kreis-diagramm mehr. Es kann aber leicht punkt-weise konstruiert werden (Abb. 42): Nach Abb. 42a gehört zu jedem Rotorstrom J_2 ein bestimmter Wert von c_2, nach Glei-chung (47c) zu jedem Werte von c_2 ein Kreis. Zwei Punkte (d, d) dieses Kreises haben den richtigen Rotorstrom und sind daher Punkte des wirklichen Stromdia-grammes. Ferner liegen gemäß Glei-chung (47) Punkte gleicher Schlüpfung s auf

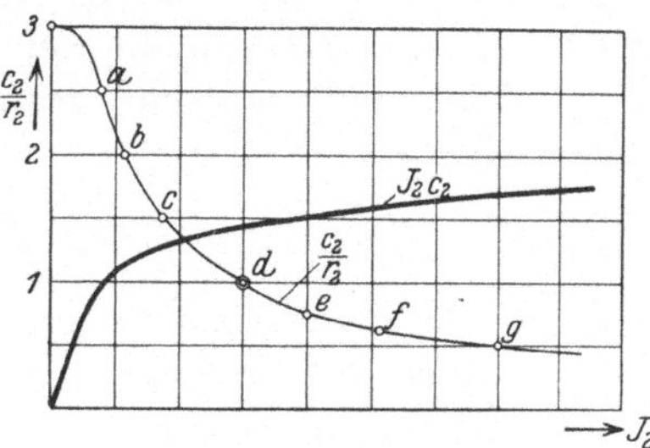

Abb. 42a. Magnetische Charakteristiken des Phasenschiebers nach Leblanc.

einem Kreis durch den Koordinatenanfangspunkt O_2, dessen Mittelpunkt auf der E_{20}-Achse die Ordinate

$$\eta_{ms} = \frac{E_{20}}{2\left[\dfrac{r_2}{s} + r_{12}\right]} \tag{56}$$

besitzt. Es ist also auch leicht, sich in dem wirklichen Stromdiagramm zu orien-tieren. Dabei ergibt sich bei schwacher Belastung ein starker Tourenabfall als

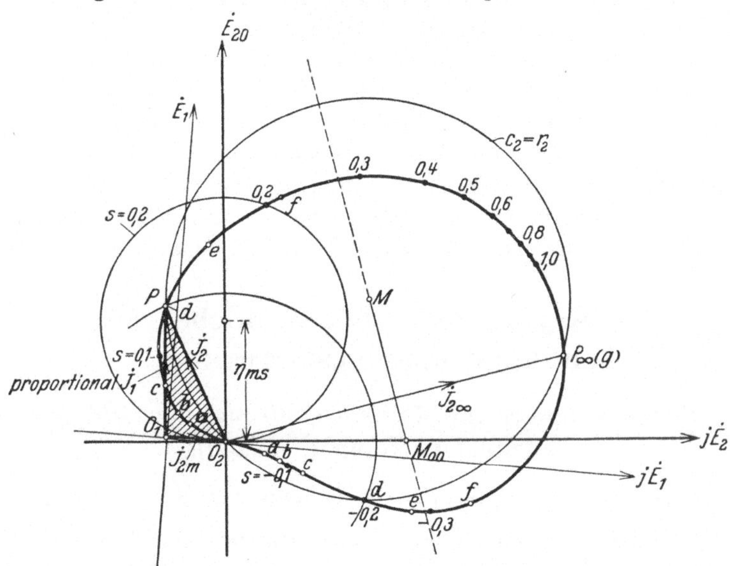

Abb. 42. Vektordiagramm des Sekundär- (und Primär-)Stromes bei gesättigtem Phasenschieber (gemäß Abb. 42a).

Folge der hohen Werte, die c_2 bei schwacher Sättigung besitzt [siehe Gleichung (55b)]. In Abb. 42 ist außerdem gemäß Abb. 5 und Gleichung (8) das primäre

---

[1] Bei Maschinen ohne Luftspalt legt man die Sättigung in die Stege zwischen den Nuten, um das Nutenstreufeld und die Stromwendespannung zu vermindern.

Koordinatensystem $\dot{E}_1$, $j\dot{E}_1$ eingetragen, welches das Diagramm des Läuferstromes auch zur Darstellung des Ständerstromes nutzbar macht.

Will man den Grad der Kompensierung regeln, ohne die Drehzahl des Phasenschiebers zu ändern, so kann man die Ankerwicklung zu 3 Schleifringen führen und an diese eine dreiphasige Drosselspule von der regelbaren Reaktanz $x_{3\sigma}$ (bezogen auf die Netzfrequenz ν_1) anschließen. Vernachlässigt man ihren Widerstand, so erhält man für den gesamten Spannungsverbrauch des Phasenschiebers:

$$\dot{E}_4 = -\dot{J}_2\left[r_a - jx_a\frac{x_{3\sigma}}{x_a+x_{3\sigma}}s\right] - j\dot{J}_2c_2\frac{x_{3\sigma}}{x_a+x_{3\sigma}}.$$

Darin beschreibt der zweite Summand die wirksame Kompensationsspannung, die nun durch die Drosselspule regelbar geworden ist.

Bei Übersynchronismus (Generatorgebiet) vermindert der Phasenschieber Leistungsfaktor und Überlastungsfähigkeit der Vordermaschine, falls man nicht seine Drehrichtung umkehrt oder zwei seiner Zuleitungen vertauscht.

24. Phasenschieber für Hauptstrom-Phasenkompensierung und Kompoundierung.

Der Tourenabfall des Vordermotors wird bereits durch den Phasenschieber von Leblanc wesentlich erhöht. Ist eine noch stärkere Kompoundierung unter Beibehaltung der übrigen Betriebseigenschaften erwünscht, so kann man den Ständer mit einer Hauptstromerregerwicklung versehen, die in der Ankerwicklung die Kompoundierungsspannung $-\dot{J}_2d_2$ (vgl. Abschnitt 16) erzeugt. Im übrigen ist zwischen der Theorie dieser und der vorigen Schaltung kein Unterschied. Nur wird jetzt im Phasenschieber die mechanische Leistung $3J_2^2d_2$ gewonnen, mit der er die mit ihm gekuppelte Haupt- oder Hilfsmaschine antreibt. Der Phasenschieber ist also zum Serienmotor geworden und kann auch wie der gewöhnliche Drehstromkommutatorserienmotor ausgeführt und geregelt werden. Indessen ist diese Lösung den in Abschnitt 27 und 28 behandelten unterlegen.

VI. Asynchrone Phasenschieber mit Hauptstrom-Selbsterregung.

25. Phasenschieber mit Reihenschaltung von Anker- und Ständerwicklung (Nehlsen).

a) Ausgleichvorgang beim Auftreten der Selbsterregung.

Beim hauptstromerregten Phasenschieber für Zusatzschlupf (Abschnitt 24) wird die Ständerwicklung mit dem Anker so in Reihe geschaltet, daß eine Komponente der Rotationsspannung den Ohmschen Spannungsabfall erhöht. Es ist aber auch die umgekehrte Schaltung möglich, bei der eine Komponente der Rotationsspannung dem Ohmschen Spannungsabfall entgegengesetzt gerichtet ist. Übertrifft diese Komponente den Ohmschen Spannungsabfall, so ist die Möglichkeit der Selbsterregung gegeben.

Ein solcher Phasenschieber kann nach Nehlsen ohne Kompensationswicklung im Ständer gebaut werden (vgl. Abb. 12 und L 47). Doch wird er heute meist als kompensierte Maschine, z. B. als Scherbiusmaschine, ausgeführt. Eine besondere Bauart ist von Heyland angegeben (L 49) und in Abschnitt 12 im Anschluß an Abb. 24 beschrieben worden.

Gewöhnlich wird die Vordermaschine zuerst unbelastet angelassen und dann auf den Phasenschieber übergeschaltet. Es ist nun die Frage, was sich ereignet, wenn die Selbsterregung einsetzt. Diese wird nicht mit Gleichstrom, sondern mit Drehstrom niedriger Frequenz erfolgen. Denn die Erzeugung einer Spannung $- j \dot{J}_2 c_2$ der Hauptstromphasenkompensierung widerspricht der Bedingung für Gleichstromselbsterregung (vgl. Abschnitt 22).

Wenn die Selbsterregung des Phasenschiebers mit einer Frequenz $v_1 s_u$ einsetzt, so wird die Hauptmaschine im ersten Augenblick mit dieser Frequenz nicht im Tritt sein, sondern eine gewisse Schlüpfung s besitzen. Die selbsterregten Läuferströme induzieren dann im Ständer eine Frequenz $v_1 (1 - s + s_u)$, falls die Phasenfolge der selbsterregten Läuferströme dieselbe ist wie die der normalen Läuferströme bei untersynchronem Betrieb. Da diese Ständerfrequenz von der Netzfrequenz v_1 abweicht, so ist die Selbsterregung im ersten Augenblick „unabhängig"[1]. Ständer und Netz bilden für das selbsterregte Läuferdrehfeld einen Kurzschlußkreis. Daneben besteht aber das synchrone, netzerregte Drehfeld und erzwingt im Läufer Ströme der Schlüpfungsfrequenz $v_1 s$.

Wie entwickelt sich dieser Ausgleichsvorgang weiter? Die Erfahrung lehrt, daß der Vordermotor „in Tritt fällt", das heißt, daß schließlich nur ein einziges synchrones Drehfeld übrigbleibt und daß der unbelastete Motor mit einer gewissen Schlüpfung s_0 weiterläuft. Ferner läßt sich zeigen, daß die zugehörige Läuferfrequenz $v_1 s_0$ kleiner sein muß als die ursprüngliche selbsterregte Frequenz $v_1 s_u$. Der Phasenschieber wird also gezwungen, mit einer anderen Periodenzahl zu arbeiten, als seiner ersten „unabhängigen" Selbsterregung entspricht. Die Selbsterregung besteht weiter, sonst müßte ja die unbelastete Maschine mit der synchronen Drehzahl rotieren. Aber die Selbsterregung ist „abhängig"[1] geworden.

Dieser Übergang von der unabhängigen zur abhängigen Selbsterregung hat von jeher dem Verständnis große Schwierigkeiten bereitet. Man versteht zwar, daß immer ein Betriebszustand auftreten muß, bei dem wenigstens ein Teil des Luftspaltfeldes synchron rotiert. Man versteht auch, daß der Phasenschieber an der Ausbildung dieses Betriebszustandes seinen Anteil haben muß, da ja der Ständerstrom der Netzperiodenzahl im Läufer und also auch im Phasenschieber einen Strom der Schlüpfungsfrequenz erzwingt. In diesem Sinne ist es gar nicht anders möglich, als daß Vorder- und Hintermaschine „im Tritt" sind. Die Frage ist nur, ob und warum mit der Erreichung eines stabilen Betriebszustandes die unabhängige Selbsterregung des Phasenschiebers von der Frequenz $v_1 s_u$ erlischt?

b) Der stabile Leerlauf als Motor und Generator.

Der Beantwortung der aufgeworfenen Frage muß eine Untersuchung über den Leerlaufzustand der Vordermaschine vorausgehen. Nach unseren Annahmen

---

[1] Siehe Abschnitt 22.

ist die Rotationsspannung des Phasenschiebers

$$\dot{E}_2 = \dot{J}_2 (d_2 - j c_2) \tag{57}$$

wobei d_2 und c_2 nach Maßgabe der magnetischen Charakteristik vom Läuferstrom J_2 abhängen. Die zweite Hauptgleichung (44) (7) der Vordermaschine liefert hierfür (vgl. Abb. 43)

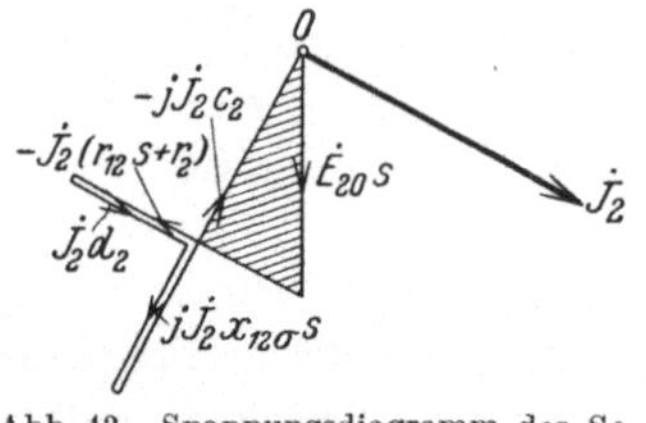

$$\dot{E}_{20}s = \dot{J}_2 \left[(r_2 - d_2 + j c_2) + (r_{12} - j x_{12\,\sigma})s \right]. \tag{57a}$$

Hieraus berechnet man für die auf den Läufer übertragene Leistung

$$P_{12} = \dot{E}_{20} \times \dot{J}_2 - J_2^2 r_{12} = J_2^2 \frac{r_2 - d_2}{s}.$$

Abb. 43. Spannungsdiagramm des Sekundärkreises bei Anwendung eines selbsterregenden Phasenschiebers mit Reihenschaltung von Anker- und Ständerwicklung.

Läuft nun die Vordermaschine ein wenig untersynchron (s positiv), und ist $d_2 > r_2$, so wird P_{12} negativ, d. h. der Läufer bremst sich unter Energieabgabe an das Netz. Läuft dagegen der Rotor ein wenig übersynchron (s negativ), und ist wieder $d_2 > r_2$, so wird P_{12} positiv. Der Läufer wird daher noch weiter beschleunigt, wobei er Energie aus dem Netz aufnimmt. Der Zustand $d_2 > r_2$ ist somit bei sehr kleiner positiver und negativer Schlüpfung labil.

In beiden Fällen wird der labile Zustand dadurch stabilisiert, daß bei Abweichung der Drehzahl vom Synchronismus der Läuferstrom steigt und deshalb d_2 entsprechend der Sättigungskurve des Phasenschiebers abnimmt. Ist d_2 so weit gesunken, daß

$$J_{20} r_2 = J_{20} d_2, \tag{58}$$

so wird gemäß Gleichung (57a)

$$\dot{E}_{20} = \dot{J}_{20} \left[(r_{12} - j x_{12\,\sigma}) + j \frac{c_2}{s_0} \right]. \tag{58a}$$

Gleichzeitig wird die auf den Rotor übertragene Leistung zu Null (Abb. 44).

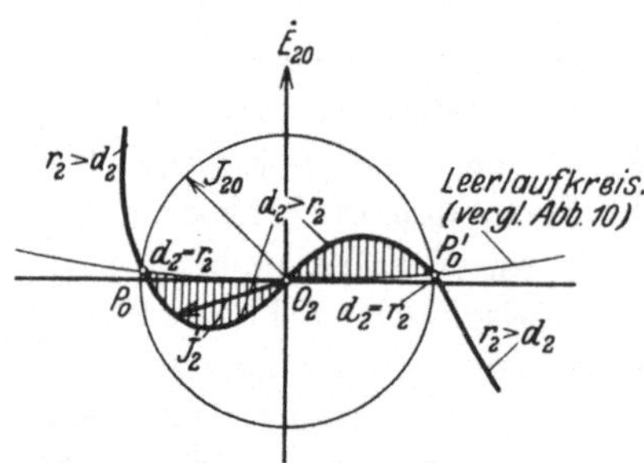

Abb. 44. Das labile Arbeitsgebiet der Vordermaschine bei Anwendung eines selbsterregenden Phasenschiebers mit Reihenschaltung von Anker- und Ständerwicklung.

Die Bedingung (58) bestimmt somit nicht einen, sondern zwei Leerlaufpunkte P_0, P_0', von denen der erste zu einer untersynchronen, der zweite zu einer übersynchronen Drehzahl gehört. Innerhalb der dadurch begrenzten „Leerlaufzone" ist der Betriebszustand wegen $d_2 > r_2$ labil; außerhalb derselben wird er sogleich stabil, da mit zunehmendem Läuferstrome (Abb. 44) $d_2 < r_2$ erhalten wird.

Gemäß Gleichung (58) wird der Leerlaufstrom

$$\dot{J}_{20} = \frac{\dot{E}_{20}}{r_{12} - j x_{20}} \tag{58b}$$

durch den Schnittpunkt der Sättigungskurve ($E_d = J_{20}d_2$) mit der Widerstandslinie ($E_r = J_{20}r_2$) bestimmt (Abb. 39). Damit ist auch der Absolutwert der Leerlaufreaktanz (x_{20}) bekannt. Ihr Vorzeichen folgt aus dem Vergleich von Gleichung (58a) und (58b), wonach

$$x_{20} = x_{12\,\sigma} - \frac{c_2}{s_0}. \tag{58c}$$

Somit ist x_{20} für die übersynchrone Leerlaufdrehzahl positiv, dagegen für die untersynchrone Leerlaufdrehzahl negativ. Dies beweist, daß die Kommutatorkaskade bei Untersynchronismus (Motorbetrieb) wirklich mit abhängiger Selbsterregung arbeitet. Da sowohl x_{20} als c_2 mit der Sättigungskurve des Phasenschiebers bekannt sind, ergibt sich für die über- und untersynchrone Leerlaufschlüpfung dieselbe Gleichung:

$$\boxed{s_0 = \frac{c_2}{x_{12\,\sigma} - x_{20}}} \tag{58d}$$

c) Die Bedingungen für unabhängige Selbsterregung.

Um zu erfahren, ob neben dem eben berechneten Betriebszustand auch eine unabhängige Selbsterregung fortbesteht, muß man die Stabilitätsgrenzen der unabhängigen Selbsterregung berechnen. Wie mehrfach erläutert, verhält sich der Statorkreis gegenüber dieser Selbsterregung gerade so, als wäre er kurzgeschlossen. Wie früher bezeichne:

$v_1 s_u$ die Frequenz der unabhängigen Selbsterregung,
s die Schlüpfung des Hauptmotors gegen sein synchrones Drehfeld,
$v_1 (1 - s + s_u)$ die Frequenz der selbsterregten Ständerströme,
x_1, x_{12}, x_2 die für die Netzfrequenz v_1 berechneten Reaktanzen des Hauptmotors (x_2 inklusive Phasenschieber).
r_1, r_2 die Ohmschen Widerstände des Hauptmotors (r_2 inklusive Phasenschieber).

Dann lautet die Spannungsgleichung des Läuferkreises [siehe Gleichung (6)]:

$$0 = \dot{J}_2\left[(r_2 - d_2 + j\,c_2) - j\,x_2 s_u\right] - j\,\dot{J}_1 x_{12} s_u$$

und die Spannungsgleichung des Ständerkreises [siehe Gleichung (3) für $\dot{E}_1 = 0$]:

$$0 = \dot{J}_1\left[r_1 - j\,x_1(1 - s + s_u)\right] - j\,\dot{J}_2 x_{21}(1 - s + s_u).$$

Beide Gleichungen gelten unter der Voraussetzung, daß die unabhängige Selbsterregung stationär geworden ist, da anderenfalls die induktiven Spannungsabfälle den Strömen nicht um 90° nacheilen würden. Da nun das Stromverhältnis $\dfrac{\dot{J}_2}{\dot{J}_1}$ nach beiden Gleichungen übereinstimmen muß, so ergibt sich für die Stabilitätsgrenze der unabhängigen Selbsterregung folgende Bedingung:

$$r_2 - d_2 + j\,c_2 - j\,x_2 s_u = - \frac{x_1 x_2 (1 - \sigma)\, s_u\,(1 - s + s_u)}{r_1 - j\,x_1(1 - s + s_u)}$$

$$= - x_2(1 - \sigma)\,s_u\,(1 - s + s_u)\,\frac{\dfrac{r_1}{x_1} + j\,(1 - s + s_u)}{\left(\dfrac{r_1}{x_1}\right)^2 + (1 - s + s_u)^2}.$$

Diese Gleichung muß sowohl für die reellen wie für die imaginären Glieder erfüllt werden. Sie zerfällt daher in zwei Teilgleichungen:

$$
\begin{aligned}
d_2 &= r_2 + r_1 \frac{x_2}{x_1} \cdot \frac{(1-\sigma)\cdot s_u\,(1-s+s_u)}{\left(\dfrac{r_1}{x_1}\right)^2 + (1-s+s_u)^2} \approx r_2 + r_{12}\frac{s_u}{1-s+s_u} \\[2ex]
s_u &= \frac{c_2}{x_2} \cdot \frac{\left(\dfrac{r_1}{x_1}\right)^2 + (1-s+s_u)^2}{\left(\dfrac{r_l}{x_1}\right)^2 + \sigma\,(1-s+s_u)^2} \approx \frac{c_2}{x_{12\,\sigma}}
\end{aligned}
\tag{59}
$$

Jetzt läßt sich die eingangs gestellte Frage bezüglich des Fortbestehens der unabhängigen Selbsterregung beantworten. Zunächst lehrt die Gleichung für s_u, daß die Eigenfrequenz $v_1 s_u$ des Phasenschiebers bei positiven Werten von c_2 immer positiv sein muß, also den Vordermotor auf Untersynchronismus einzustellen sucht. Diese Eigenfrequenz ist aber wesentlich größer als die untersynchrone Schlüpfungsfrequenz $v_1 s_0$, mit der der unbelastete Hauptmotor schließlich in Tritt kommt. Ehe dies eintritt, muß die unabhängige Selbsterregung erlöschen. Denn gemäß Gleichung (59) für d_2 kann die unabhängige Selbsterregung nur für $d_2 > r_2$ bestehen. Sie ist also auf das kleine Toureninterrvall zwischen den beiden Leerlaufpunkten beschränkt, in welchem der Betrieb ohnehin labil ist. In Wirklichkeit dürften die Grenzen sogar noch etwas enger sein, da die Überlagerung des erzwungenen und selbsterregten Läuferstromes die Sättigung im Phasenschieber erhöht.

d) Zusammenfassung.

Der Phasenschieber mit Hauptstromselbsterregung verschafft der Vordermaschine je einen stabilen Leerlaufpunkt für Motor- und Generatorbetrieb, dessen Drehzahl durch Gleichung (58d) bestimmt ist. Zwischen diesen beiden Drehzahlen ist der Betrieb labil und durch unabhängige Selbsterregung gefährdet. Dagegen scheint außerhalb der „Leerlaufzone" ein stabiler Betrieb gewährleistet, der zudem für positive Werte von c_2* bei Untersynchronismus durch die abhängige Selbsterregung des Phasenschiebers begünstigt wird. Mittels dieser kann man den Vordermotor schon bei Leerlauf voll erregen. Ob innerhalb der Leerlaufzone die unabhängige Selbsterregung wirklich auftritt, hängt unter anderem vom Übergangswiderstand der Kommutatorbürsten ab, der in diesem Bereiche wegen des geringen Wertes der Läuferströme recht groß ausfallen kann. Jedenfalls eignet sich der Phasenschieber mit Hauptstromselbsterregung nicht für Betriebe, in denen der Asynchronmotor mit Generatorbremsung zu arbeiten hat. Sonst aber steht seiner Anwendung nichts im Wege.

Für das Vektordiagramm des Läuferstromes gelten dieselben Anweisungen wie für den gewöhnlichen Phasenschieber nach Leblanc. Nur muß in allen Gleichungen r_2 durch $r_2 - d_2$ ersetzt werden. Zu jedem Wertetripel J_2, d_2, c_2 gehört ein Kreis durch den Koordinatenanfangspunkt O_2 und den Punkt P_∞,

---

* Für negative Werte von c_2 erhält man mit derselben Schaltung selbsterregende Asynchrongeneratoren, die jedoch keine praktische Bedeutung erlangt haben.

dessen Mittelpunkt auf dem Mittellot zu $\overline{O_2\,P_\infty}$ den Abstand

$$\overline{M_{00}\,M} = m = \frac{E_{20}}{2\,x_{12\,\sigma}} \cdot \frac{c_2}{r_2 - d_2} \cdot \frac{\sqrt{1 + \dfrac{r_{12}^2}{x_{12\,\sigma}^2}}}{1 + \dfrac{r_{12}}{x_{12\,\sigma}} \cdot \dfrac{c_2}{r_2 - d_2}} \tag{60}$$

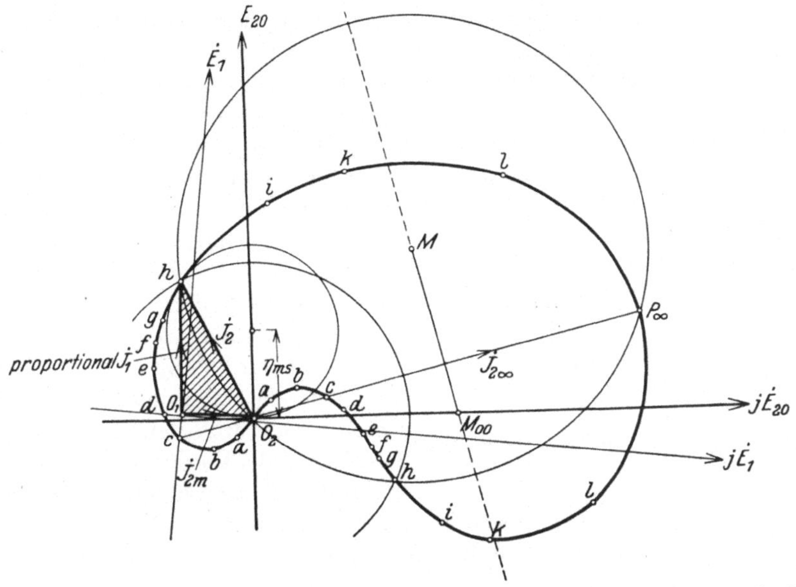

Abb. 45. Vektordiagramm des Sekundär- (und Primär-) Stromes bei Anwendung des selbsterregenden Phasenschiebers nach Abb. 45a.

von der Abszissenachse hat.   Hiervon besitzen aber nur je zwei Punkte mit dem geforderten Werte des Läuferstromes Realität. Auf diese Weise wird das typische Stromdiagramm der Abb. 45 punktweise aus der Sättigungskurve der Abb. 45 a gewonnen. Zur Bestimmung der Schlüpfung eines beliebigen Diagrammpunktes P legt man durch diesen und den Koordinatenursprung einen Kreis, dessen Mittelpunkt auf der $\dot{E}_{20}$-Achse die Ordinate η_{ms} besitzt. Dann folgt aus Gleichung (56) für die zugeordnete Schlüpfung

$$s = \frac{r_2 - d_2}{\dfrac{E_{20}}{2\,\eta_{ms}} - r_{12}}. \tag{61}$$

Man gewinnt so mit wenig Mühe einen vollständigen Überblick über die Betriebseigenschaften der Drehstromkommutatorkaskade.

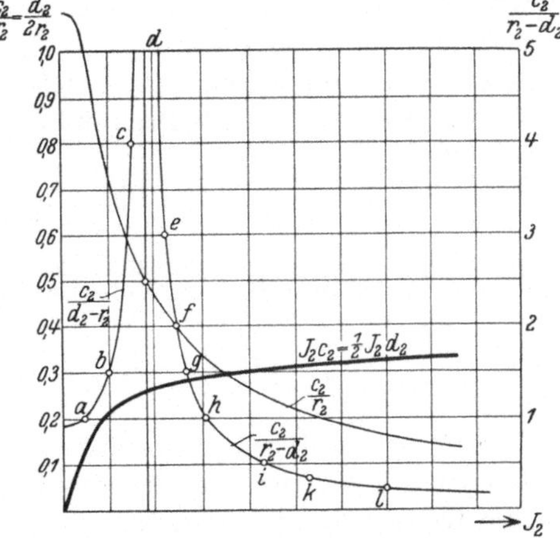

Abb. 45a. Magnetische Charakteristiken des selbsterregenden Phasenschiebers.

Nach H e y l a n d wird der Grad der Selbsterregung, also der Leerlaufstrom des Vordermotors, am einfachsten mittels eines Parallelwiderstandes zum Anker geregelt (L 49).

26. Phasenschieber mit kurzgeschlossener Ständerwicklung (Kozisek).

Die Hauptstromselbsterregung der Phasenschieber beruht darauf, daß eine Komponente der Statoramperewindungen ein Feld senkrecht zur Achse der Rotoramperewindungen erzeugt, und daß die Rotationsspannung in diesem „Erregerfeld" den Ohmschen Spannungsabfall des Läuferstromes kompensiert. Bei den in Abschnitt 25 untersuchten Bauarten waren Ständer- und Läuferwicklung in Reihe geschaltet. Man kann aber auch Ständeramperewindungen von richtiger räumlicher Phase dadurch erhalten, daß man einen mehrphasigen Kurzschlußkreis im Ständer durch das Feld des Läuferstromes induzieren läßt. Diese Möglichkeit wird in einem von Kozisek angegebenen Phasenschieber ausgenützt.

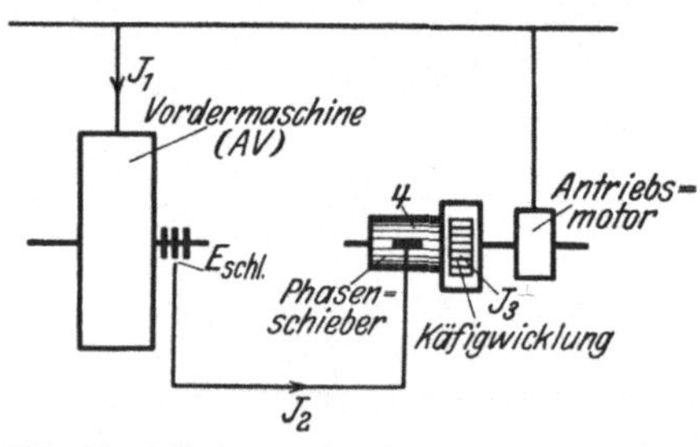

Abb. 46. Selbsterregender Phasenschieber mit Kurzschlußwicklung im Ständer.

Ihrer Bauart nach unterscheidet sich diese Maschine von den gewöhnlichen Phasenschiebern nach Leblanc nur durch eine im Ständer verlegte verteilte Wicklung, die entweder als Käfigwicklung oder als gewöhnliche Mehrphasenwicklung ausgeführt wird (Abb. 46). Der Umlaufsinn der Drehamperewindungen im Phasenschieber ist durch den Anschluß an die Schleifringe der Vordermaschine bestimmt. Wird der Phasenschieber mit gleichem Umlaufsinn angetrieben, so kann er den Erregerstrom der Vordermaschine bei Motorbetrieb schon im Leerlauf kompensieren oder überkompensieren.

a) Das Amperewindungs- und Spannungsdiagramm und seine Gleichungen.

Die Wirkungsweise des Phasenschiebers erläutert das Strom- und Spannungsdiagramm der Abb. 47: Läufer- und Ständerwicklung (Index 4 bzw. 3) induzieren sich wie Primär- und Sekundärwicklung eines kurzgeschlossenen Transformators. Der Läuferstrom $J_4 = J_2$ erzeugt also einen Ständerstrom J_3, dessen Amperewindungen AW_3 sich zu den Ankeramperewindungen AW_4 addieren. Das resultierende Drehfeld ist in Phase mit den resultierenden Amperewindungen

$$A\dot{W}_g = A\dot{W}_4 + A\dot{W}_3 = \dot{J}_2 N_4 + \dot{J}_3 N_3$$

und erzeugt im Ständer die Pulsationsspannung

$$\dot{E}_{3g} = j\left(\dot{J}_2 + \dot{J}_3 \frac{N_3}{N_4}\right) x_{43}\, s = j\,\dot{J}_2 x_{43}\, s + j\,\dot{J}_3 x_{30}\, s\,.$$

Hierin ist die Wechselreaktanz x_{43} zwischen Läufer und Ständer und die Selbstreaktanz x_{30} der Ständerwicklung (exklusive Streureaktanz $x_{3\,\sigma} = x_{30}\sigma_3$) für die Kreisfrequenz ω_1 des Netzes berechnet. Da die Ständerfrequenz $v_1 s$ des Phasenschiebers gering ist, wird E_{3g} zum größten Teil durch den Ohmschen Spannungsabfall $-\dot{J}_3 r_3$ und nur zum kleinen Teil durch die Streuspannung

$$j\,\dot{J}_3 x_{3\,\sigma}\, s = j\,\dot{J}_3 x_{30}\sigma_3\, s$$

der Ständerwicklung kompensiert. $\dot{J}_3$ ist somit gegen $A\dot{W}_g$ um etwas mehr als 90° verspätet.

Gemäß Abb. 47 besitzen die resultierenden Amperewindungen $A\dot{W}_g$ und also auch das resultierende Hauptfeld eine Komponente in Richtung der Läuferamperewindungen $A\dot{W}_4$ und eine zweite Komponente, welche hiergegen um 90° nacheilt. Die erste Komponente erzeugt im Läufer die Rotationsspannung der Hauptstrom-Phasenkompensierung, die zweite Komponente bildet das „Erregerfeld", dessen Rotationsspannung den Ohmschen Spannungsabfall des Läuferstromes bei Leerlauf gerade aufheben soll. Im Spannungsdiagramm der Kommutatorwicklung sind diese beiden Komponenten nicht getrennt, sondern in der Gesamtspannung $\dot{E}_{4g}$ des resultierenden Feldes vereinigt. Außer diesen Rotationsspannungen enthält $\dot{E}_{4g}$ noch die Pulsationsspannung des resultierenden Feldes, die wie im Ständer der Sekundärfrequenz $\nu_1 s$ proportional ist. Insgesamt ist also:

$$\dot{E}_{4g} = -j\left(\dot{J}_2 + \dot{J}_3\frac{N_3}{N_4}\right)c_4 + j\left(\dot{J}_2 + \dot{J}_3\frac{N_3}{N_4}\right)x_{40}\,s$$

$$= -j\dot{J}_2 c_4 - j\dot{J}_3 c_{34} + j\dot{J}_2 x_{40}\,s + j\dot{J}_3 x_{34}\,s\,.$$

Die beiden ersten Komponenten bedeuten die Rotationsspannung, die beiden letzten die Pulsationsspannung des resultierenden Feldes. Je mehr dieses sich einem reinen Drehfeld nähert, um so genauer gilt

$$c_4 = x_{40}\frac{\omega_m}{\omega_1}\,,$$

$$c_{34} = x_{34}\frac{\omega_m}{\omega_1} = c_4\cdot\frac{x_{30}}{x_{34}}\frac{\omega_m}{\omega_1}\,,$$

wobei ω_m die mechanische Winkelgeschwindigkeit des Phasenschiebers in elektrischen Graden bezeichnet. Den Ohmschen Spannungsabfall $-\dot{J}_2 r_4$

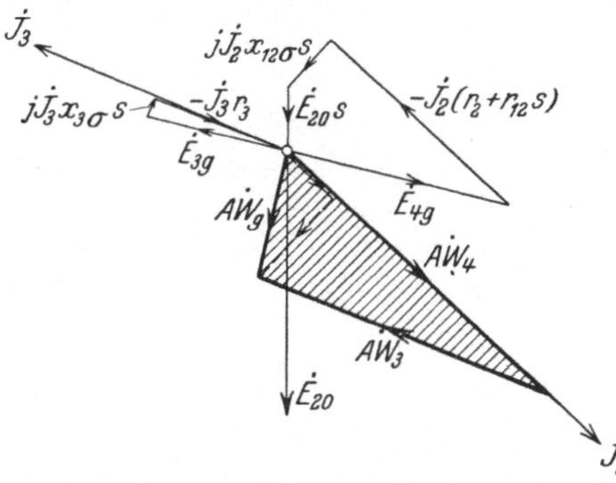

Abb. 47. Strom- und Spannungsdiagramm des selbsterregenden Phasenschiebers mit kurzgeschlossener Ständerwicklung.

der Kommutatorwicklung und die Pulsationsspannung $j\dot{J}_2 x_{4\sigma}s$ ihres Streufeldes denken wir uns in die Spannungsabfälle $-\dot{J}_2(r_2 - jx_{12\sigma}s)$ der Vordermaschine einbezogen. Dann ist $\dot{E}_{4g}$ zugleich die wirksame Spannung $\dot{E}_2$ des Sekundärkreises, also gemäß der zweiten Hauptgleichung (44) (7) und Abb. 47:

$$\dot{E}_{4g} + \dot{E}_{20}\,s = \dot{J}_2\left[r_2 + (r_{12} - jx_{12\sigma})\,s\right]\,.$$

Nach diesen Erläuterungen können die Spannungsgleichungen des Sekundärkreises der Vordermaschine und des Ständers der Hintermaschine unmittelbar niedergeschrieben werden. Für den Läuferkreis ergibt sich

$$\dot{E}_{20}\,s - \dot{J}_2\left[r_2 + (r_{12} - jx_{12\sigma})\,s\right] = j\dot{J}_2(c_4 - x_{40}\,s) + j\dot{J}_3(c_{34} - x_{34}\,s) \qquad (62)$$

und für den Ständer mit $x_3 = x_{30}(1 + \sigma_3)$:

$$0 = \dot{J}_3(r_3 - jx_3\,s) - j\dot{J}_2 x_{43}\,s\,. \qquad (63)$$

Durch Elimination des Ständerstromes folgt daraus

$$\dot{E}_{20}\,s = \dot{J}_2\Big[r_2 + r_{12}\,s + j\,(c_4 - (x_{12\,\sigma} + x_{40})\,s) - \frac{x_{43}\,s\,(c_{34} - x_{34}\,s)}{r_3 - j\,x_3\,s}\Big]$$

$$= \dot{J}_2\Big[r_2 - c_4\,\frac{r_3\,x_{30}\,s}{r_3^2 + x_3^2\,s^2}\Big(1 - \frac{\omega_1}{\omega_m}\,s\Big) + j\,c_4\Big(1 - \frac{x_{30}\,x_3\,s^2}{r_3^2 + x_3^2\,s^2}\Big(1 - \frac{\omega_1}{\omega_m}\,s\Big)\Big)$$

$$+ (r_{12} - j\,(x_{12\,\sigma} + x_{40}))\,s\Big].$$

Hierin setzen wir zur Abkürzung

$$\varrho = \frac{r_3}{x_3\,s} \tag{64a}$$

und entwickeln

$$d_2 \equiv c_4\,\frac{x_{30}}{x_3}\cdot\frac{\varrho}{1 + \varrho^2} = \frac{c_4}{1 + \sigma_3}\cdot\frac{\varrho}{1 + \varrho^2}, \tag{64b}$$

$$c_2 \equiv c_4\Big(1 - \frac{x_{30}}{x_3}\cdot\frac{1}{1 + \varrho^2}\Big) = \frac{c_4}{1 + \sigma_3}\cdot\Big(\frac{\varrho^2}{1 + \varrho^2} + \sigma_3\Big). \tag{64c}$$

Dann ergibt sich als endgültiges Resultat:

$$\boxed{\dot{E}_{20}\,s = \dot{J}_2\Big[(r_2 - d_2) + j\,c_2 + \Big(\Big[r_{12} + d_2\,\frac{\omega_1}{\omega_m}\Big] - j\Big[x_{12\,\sigma} + c_2\,\frac{\omega_1}{\omega_m}\Big]\Big)\,s\Big] = \dot{J}_2\,\dot{z}_2} \tag{64}$$

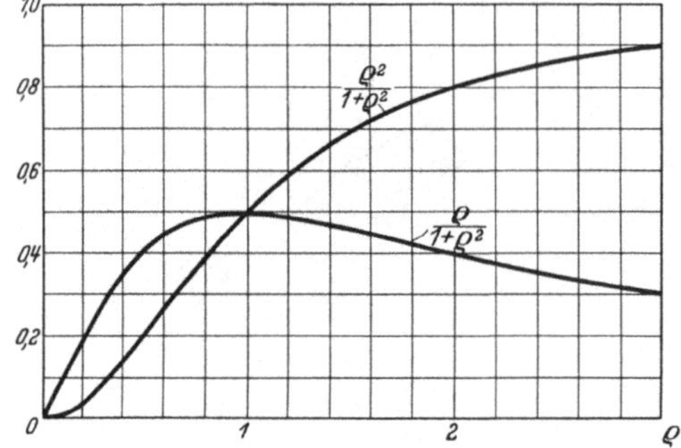

Abb. 48. Die Hilfsfunktionen $\dfrac{\varrho}{1 + \varrho^2}$ und $\dfrac{\varrho^2}{1 + \varrho^2}$.

Diese Schreibweise betont die Verwandtschaft des Phasenschiebers nach Kozisek mit den früher behandelten selbsterregenden Typen [siehe Gleichung (57a)]. Das Auftreten der Rotationsspannung $\dot{J}_2\,d_2$, die den Ohmschen Spannungsabfall $-\dot{J}_2\,r_2$ kompensieren kann, beweist die Möglichkeit der Selbsterregung. Die Kompensierungsspannung $-j\,\dot{J}_2\,c_2$ regelt ihre Frequenz und Phase. Zum Unterschied gegen früher sind aber d_2 und c_2 selbst für ungesättigten Phasenschieber nicht konstant, sondern ändern sich mit dem Verhältnis $\varrho = \dfrac{r_3}{x_3\,s}$, d. h. mit dem Tourenabfall bei Belastung. Dabei ist für d_2 die Funktion $\dfrac{\varrho}{1 + \varrho^2}$, für c_2 die Funktion $\dfrac{\varrho^2}{1 + \varrho^2}$ charakteristisch [siehe Gleichung (64b, c) und Abb. 48].

b) Die Bedingungen für abhängige Selbsterregung und das Stromdiagramm.

Der Läuferstrom beträgt: $\dot{J}_2 = \dfrac{\dot{E}_{20}\,s}{\dot{z}_2}$. Die Impedanz $\dot{z}_2$ des Läuferkreises ist durch Gleichung (64) definiert und wird am schnellsten durch die in Abb. 49 ausgeführte Konstruktion bestimmt: Zuerst addiert man die konstanten Impedanzen: $-j\,x_{12\,\sigma} + r_{12} + r_2$. Hierzu fügt man den Vektor $j\,\dfrac{c_4}{2}\cdot\dfrac{1 + 2\,\sigma_3}{1 + \sigma_3}$ und schlägt um den Endpunkt einen Kreis mit dem Radius $\dfrac{c_4}{2\,(1 + \sigma_3)}$. Bei ungesättigtem Phasenschieber bildet dieser Kreis den geometrischen Ort des Vektors $j c_2 - d_2$, dessen Endpunkt gemäß Abb. 49 durch Antragen des Winkels $\delta = \operatorname{arctg} \dfrac{r_3}{x_3 s} = \operatorname{arc\,tg} \varrho$ bestimmt wird. Zum Schlusse reduziert man einige der bereits aufgetragenen Vektoren im Verhältnis der Schlüpfung, indem man die Strecken $(r_{12} - j x_{12\sigma})\, s$ und $(d_2 - j c_2)\, \dfrac{\omega_1 s}{\omega_m}$ abschneidet. Dann schließt die gesuchte Sekundärimpedanz $\dot z_2$ das Vektordiagramm der Impedanzen.

Der Phasenschieber ist so zu dimensionieren, daß er die Vordermaschine bei Motorbetrieb bereits im Leerlauf mit einem Strom

$$\dot J_{20} = \frac{\dot E_{20}}{r_{12} - j\, x_{20}}$$

erregt. Die (negative) Leerlaufreaktanz x_{20} ist dadurch vorgeschrieben. Dagegen ist die Leerlaufschlüpfung s_0 beliebig. Kombiniert man die Gleichung des

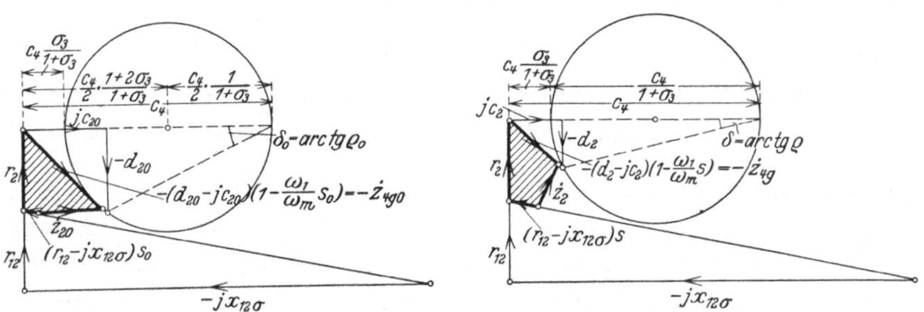

Abb. 49a. Impedanzdiagramm für Leerlauf: $\varrho_0 = 0{,}5$, $s_0 = 0{,}0344$, $\omega_m = \omega_1$, $r_{12} = r_2$, $x_{12\sigma} = 5 r_2$, $c_4 = 3{,}1 r_2$, $\sigma_3 = 0{,}2$, $\dot z_{20} = (1 + j\,24)\, r_2\, s_0$.

Abb. 49b. Impedanzdiagramm für Belastung: $\varrho = 0{,}246$, $s = 0{,}07$, sonst wie oben, $\dot z_2 = (0{,}51 + j\,0{,}27)\, r_2$.

Abb. 49. Impedanzdiagramme des Sekundärkreises mit Phasenschieber nach Abb. 46.

Leerlaufstromes mit der allgemeinen Stromgleichung (64), so ergibt sich als Bedingung der gewünschten abhängigen Selbsterregung:

$$\dot z_{20} = (r_{12} - j\, x_{20})\, s_0$$

oder

$$d_{20}\left(1 - \frac{\omega_1 s_0}{\omega_m}\right) = r_2 \tag{65a}$$

und

$$s_0 = \frac{c_{20}\left(1 - \dfrac{\omega_1 s_0}{\omega_m}\right)}{x_{12\sigma} - x_{20}} \tag{65b}$$

Die zweite Gleichung lehrt, daß (bei positiven Werten von c_{20}) die Leerlaufschlüpfung immer positiv und sehr klein ist; man kann somit in erster Annäherung $1 - \dfrac{\omega_1 s_0}{\omega_m} \approx 1$ setzen. Dann lautet die **Hauptbedingung der abhängigen Selbsterregung**

$$d_{20} \approx r_2 \tag{65c}$$

Vergleicht man diese Bedingung mit dem Impedanzdiagramm (Abb. 49a), so erkennt man, daß sie nur für

$$\boxed{\frac{c_4}{1+\sigma_3} > 2\,r_2} \qquad\qquad (65\,\mathrm{d})$$

erfüllt werden kann. Denn der Radius des Kreisdiagrammes muß mindestens so groß sein wie der sekundäre Widerstand; dies ist also eine erste und unerläßliche Bedingung der Selbsterregung. Außerdem muß $d_2 = \dfrac{c_4}{1+\sigma_3} \cdot \dfrac{\varrho}{1+\varrho^2}$ mit wachsender Schlüpfung abnehmen, damit der Leerlaufpunkt stabil ist. Nun sinkt zwar c_4 mit zunehmender Belastung wegen der steigenden Eisensättigung im Phasenschieber. Es muß aber auch dafür gesorgt werden, daß nicht gleichzeitig der Faktor $\dfrac{\varrho}{1+\varrho^2}$ mit wachsender Schlüpfung zunimmt. Aus diesem Grunde soll

$$\boxed{\varrho_0 \equiv \frac{r_3}{x_3\,s_0} < 1} \qquad\qquad (65\,\mathrm{e})$$

ausgeführt werden.

Durch die Bedingungen (65 d) und (65 e) wird die Freiheit der Dimensionierung sehr beschränkt. Damit nämlich $\dfrac{r_3}{x_3\,s_0} < 1$ trotz der sehr kleinen Leerlaufschlüpfung eingehalten werden kann, muß $\dfrac{r_3}{x_3}$ ein sehr kleiner Wert sein, d. h. die Ständerwicklung des Phasenschiebers muß sehr reichlich dimensioniert werden. Da man aber auch hiermit nicht beliebig weit gehen kann, so ist dafür zu sorgen, daß die Leerlaufschlüpfung nicht allzu klein wird. Dies erreicht man gemäß Gleichung (64 c) und (65 b) durch Vergrößerung der Ständerstreuung σ_3, die auch c_2 wesentlich erhöht. Die Wirkung dieser Maßnahmen zeigt das folgende **Beispiel eines ungesättigten Phasenschiebers.**

Konstante des Vordermotors:

$$r_{12} = r_2\,,$$
$$x_{12\,\sigma} = 5\,r_2\,,$$
$$x_{20} = -\,24\,r_2 = -\,4{,}8\,x_{12\,\sigma}\,.$$

Für den Phasenschieber wird angenommen:

$$\omega_m = \omega_1\,,$$
$$\sigma_3 = 0{,}2\,,$$
$$\varrho_0 = 0{,}5\,.$$

Hierfür berechnet sich

$$\frac{\varrho_0}{1+\varrho_0^2} = 0{,}4\,,$$
$$\frac{\varrho_0^2}{1+\varrho_0^2} = 0{,}2\,,$$
$$c_4 = \frac{r_2\,(1+\sigma_3)}{1-s_0} \cdot \frac{1+\varrho_0^2}{\varrho_0} = 3{,}1\,r_2\,,$$
$$c_{20} = \frac{c_4}{1+\sigma_3} \cdot \left(\sigma_3 + \frac{\varrho_0^2}{1+\varrho_0^2}\right) = 1{,}03\,r_2\,,$$

$$s_0 = \frac{c_{20}}{x_{12\sigma} - x_{20} + c_{20}\dfrac{\omega_1}{\omega_m}} = 0{,}0344 \,,$$

$$d_{20} = \frac{c_4}{1 + \sigma_3} \cdot \frac{\varrho_0}{1 + \varrho_0^2} = 1{,}03\,r_2 \,,$$

$$\frac{r_3}{x_3} = \varrho_0 \cdot s_0 = 0{,}0172 \,.$$

Abb. 49a und b zeigen das Impedanzdiagramm bei Leerlauf und Belastung, Abb. 50 das Diagramm des Sekundärstromes, das mit dem primären Koordinaten-System $\dot{E}_1, j\dot{E}_1$ auch als Diagramm des Primärstromes gelesen werden kann. Daß mit $c_4 = $ konst die Sättigung des Phasenschiebers vernachlässigt

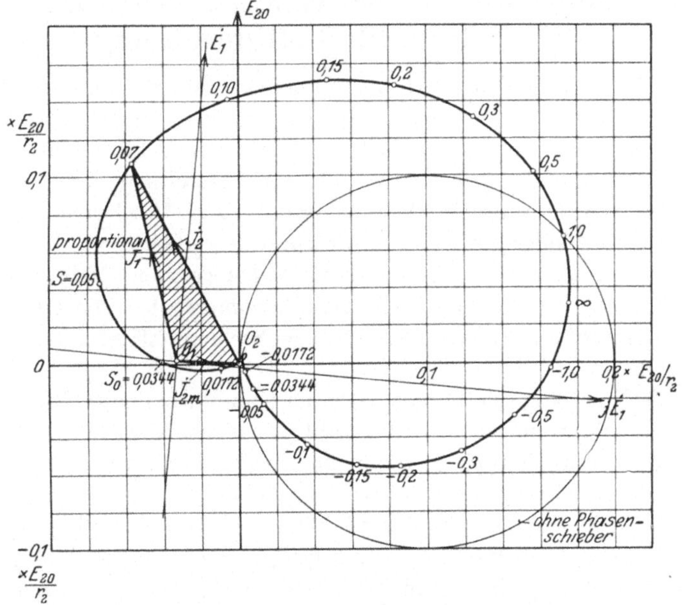

Abb. 50. Vektordiagramm des Sekundärstromes der Kaskadenschaltung nach Abb. 46 und 49.

wurde, hat keinen großen Einfluß auf das Resultat. Nach Abb. 49b ist nämlich ohne großen Fehler

$$d_2 \approx \frac{c_4 \varrho}{1 + \sigma_3} = \frac{r_3}{s} \cdot \frac{c_4}{x_{30}} \cdot \frac{1}{(1 + \sigma_3)^2} \,.$$

Bei gegebener Schlüpfung ist in diesem Ausdruck nur $\sigma_3 = \dfrac{x_{3\sigma}}{x_{30}}$ von der Sättigung abhängig, und da σ_3 nicht groß gegen 1 ist, wird die Rotationsspannung $J_2 d_2$ durch die Sättigung nicht viel kleiner. Außerdem entnimmt man Abb. 49b, daß sich c_2 mit zunehmender Belastung schnell dem Werte

$$c_2 \approx c_4 \frac{\sigma_3}{1 + \sigma_3}$$

nähert, der wegen der Konstanz des Zählers $c_4 \sigma_3$ mit zunehmender Belastung ebenfalls nur wenig abnimmt. Man sieht daraus, daß die Eisensättigung für die Wirkungsweise des Phasenschiebers von untergeordneter Bedeutung ist. Im übrigen wäre sie leicht unter Benützung des in Abb. 49 eingetragenen Impedanz-vektors

$$\dot{z}_{4\,g} = \frac{\dot{E}_{4\,g}}{J_2}$$

zu berücksichtigen.

Eigentlich müßte nun noch nachgewiesen werden, daß bei Motorbetrieb neben der abhängigen Selbsterregung eine unabhängige Selbsterregung nicht bestehen kann. Ich sehe aber von dieser Untersuchung ab, da sie gegenüber der in Abschnitt 25 durchgeführten nichts Neues bringen würde.

VII. Asynchrone Phasenschieber mit vollständiger Kompensation der Ankerrückwirkung und Nebenschlußselbsterregung.

Bei allen Phasenschiebern hat die Selbsterregung den Zweck, die Vordermaschine schon bei Leerlauf zu kompensieren, d. h. ihren Erregerstrom im Phasenschieber zu erzeugen. Die bisher besprochenen Lösungen sind einfach, haben aber den Nachteil, daß ein und dieselbe Einstellung des Phasenschiebers den Leistungsfaktor und die Überlastungsfähigkeit der Vordermaschine entweder nur bei Motorbetrieb oder nur bei Generatorbetrieb verbessert. Eine vollkommene Lösung derselben Aufgabe ist mit dem selbsterregten Nebenschlußphasen-schieber gelungen. Er ist wie der hauptstromerregte Phasenschieber eine asynchrone Maschine, kann also an beliebiger Stelle montiert und mit beliebigem Antrieb versehen werden.

Der stabile Übergang der Vordermaschine vom Motor- zum Generatorzustand erfolgt bei der synchronen Leerlaufdrehzahl. Da hierbei das Hauptfeld im Läufer-kreis keine Spannung induziert, kann die gewünschte Läufererregung nur da-durch zustande kommen, daß der Phasenschieber sich selbst und die Vorder-maschine mit Gleichstrom erregt. Bekanntlich ist die erste Bedingung für Gleich-stromselbsterregung, daß die Amperewindungen der Ankerwicklung durch eine Kompensationswicklung im Ständer restlos aufgehoben werden (vgl. Ab-schnitt 22).

Unter dieser Voraussetzung ist die unabhängige Selbsterregung bei Syn-chronismus leicht dadurch zu erreichen, daß man dem aus Anker- und Kom-pensationswicklung gebildeten Arbeitsstromkreis des Phasenschiebers eine Neben-schlußerregerwicklung parallelschaltet und den Feldwiderstand genau wie bei einem kompensierten Gleichstrom-Nebenschlußgenerator auf Selbsterregung (Feldstrom J_m) einstellt. Die Rotationsspannung $J_m d'_m$ im Nebenschlußfeld er-zeugt dann die Spannung E_{2e} der „Läufererregung", welche sowohl die Spannungs-abfälle im Nebenschlußkreis als auch im Läuferkreis der Vordermaschine deckt. Kann man nun durch besondere Abstimmung erreichen, daß diese Spannung auch bei kleiner über- oder untersynchroner Schlüpfung der Vordermaschine in ungefähr gleicher Größe und Phase erzeugt wird, so arbeitet die Vorder-maschine bei Belastung ebenso, als hätte man ihrem Sekundärkreis eine nahezu konstante, fremderregte Spannung E_{2e} der Läufererregung aufgedrückt (Ab-schnitt 19).

Nachdem der Phasenschieber die Vordermaschine bei Synchronismus mit

Gleichstrom erregt, könnte man befürchten, daß sie bei Belastung in einem gewissen Bereich als Synchronmaschine arbeiten würde. In Wirklichkeit tritt dieser Fall bei richtiger Abstimmung nicht ein. Wird die Vordermaschine als Motor belastet, so bleibt der Läufer zunächst gegen das Drehfeld etwas zurück, und der Ständer bildet Queramperewindungen aus, die zu dem zurückgebliebenen Läuferfeld in Quadratur stehen und während ihres Anwachsens die Läuferwicklung induzieren. Soweit spielt sich der Vorgang genau so ab wie bei einer gewöhnlichen Synchronmaschine. Neu kommt aber hinzu, daß jetzt der Läuferkreis praktisch widerstandsfrei ist, weil bei richtiger Einstellung auf Selbsterregung die Ohmschen Spannungsabfälle durch die Rotationsspannung des Phasenschiebers kompensiert werden. Das Anwachsen der Ständerqueramperewindungen erzeugt deshalb entgegengesetzt gerichtete Läuferamperewindungen, die nicht abklingen wie die Dämpferamperewindungen einer Synchronmaschine, sondern durch die Selbsterregung des Phasenschiebers aufrechterhalten werden. Infolgedessen kann das Läuferfeld seine Achse relativ zum Läufer nicht bewahren, und damit fehlt die unumgängliche Voraussetzung für die Erzeugung eines synchronisierenden Momentes. Die Vordermaschine beginnt sogleich zu schlüpfen und arbeitet daher im ganzen Belastungsbereich nur als Asynchronmaschine.

27. Phasenschieber für Zusatzschlupf mit Nebenschlußselbsterregung und Hauptstromfremderregung.

a) Schaltung und Näherungstheorie.

Der im folgenden behandelte Phasenschieber wird angewandt, wenn außer der „Nebenschluß-Phasenkompensierung" noch eine Kompoundierung der Drehzahlcharakteristik verlangt wird. Sein Schaltungsprinzip zeigt Abb. 51.

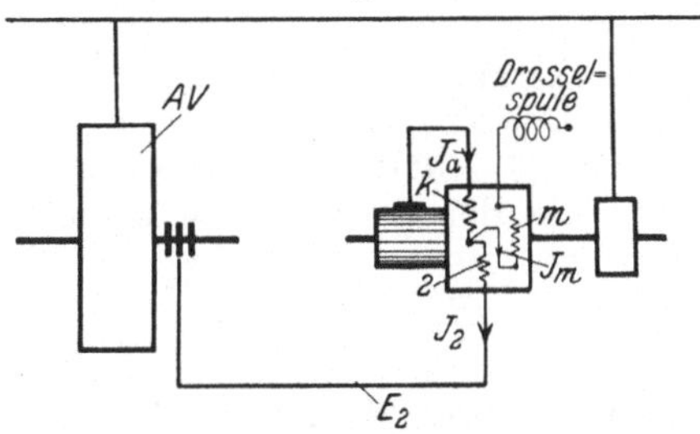

Abb. 51. Phasenschieber für Zusatzschlupf mit Nebenschlußselbsterregung (m) und Hauptstromfremderregung (2).

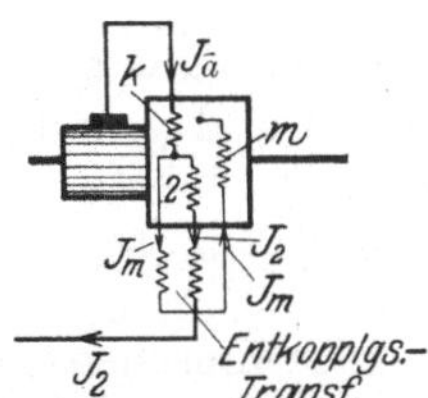

Abb. 51a. Wie Abb. 51, aber mit Entkopplungstransformator zwischen Nebenschluß- und Hauptschlußerregung.

Die Rückwirkung des Ankerstromes $\dot{J}_a = \dot{J}_2 + \dot{J}_m$ wird durch die Kompensationswicklung k aufgehoben, so daß die resultierende Impedanz $r_a - jx_a s$ des Arbeitsstromkreises gering ist, und durch Rotation des Ankers im Restfelde keine EMK der Drehung entsteht. Außerdem trägt der Ständer zwei Erregerwicklungen, die vom Hauptstrom durchflossene Kompoundierungswicklung 2 und die zum Arbeitsstromkreis parallel geschaltete Feldwicklung m. Beide Wicklungen sind entweder gleichmäßig verteilt in dieselben Nuten gewickelt oder bei der Scherbiusbauart auf dieselben Pole aufgebracht. Innerhalb der Maschine ist also die magnetische Verkettung sehr stark. Damit sich trotzdem Haupt- und Nebenschlußfeld möglichst unabhängig voneinander ausbilden können, wird entweder der Nebenschlußwicklung eine starke Drosselspule vorgeschaltet (Abb. 51), oder es wird die magnetische Verkettung durch einen Entkopplungstransformator vollständig aufgehoben (Abb. 51a und 26).

Wenn man zunächst den Primärwiderstand (r_{12}) und die Streureaktanz ($x'_{12\,\sigma}$)* der Vordermaschine, ferner die Reaktanz x_a des Arbeitstromkreises des Phasenschiebers und die Gegenreaktanzen ($x'_{2m} = x'_{m2}$) zwischen den beiden Feldwicklungen vernachlässigt, erhält man bei Belastung das überaus einfache Spannungsdiagramm der Abb. 52b. Auf die Schlupfspannung $\dot{E}_{20}s$ der Vordermaschine folgt mit 90° Voreilung die Rotationsspannung $\dot{J}_m d'_m$ im Nebenschlußfeld. Diese Spannung, oder genauer

$$\dot{E}_{2e} = \dot{J}_m(d'_m - r_a) = \dot{J}_m d_m \tag{66a}$$

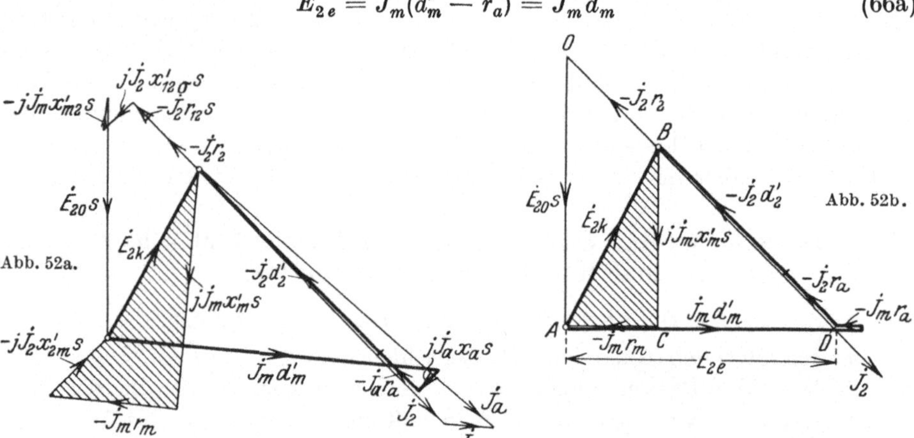

Abb. 52. Strom- und Spannungsdiagramm des Phasenschiebers nach Abb. 51.

soll als „Spannung der Läufererregung" benutzt werden. Sie soll also möglichst konstant sein und gemäß Gleichung (50) für den gewünschten Blindstrom J_{20}

$$\dot{E}_{2e} = \dot{J}_{20}(r_2 + r_a + d'_2) = j\frac{\dot{E}_{20}}{x_{20}}(r_2 + d_2) \quad \begin{pmatrix} x_{20} \text{ negativ} \\ d'_2 + r_a = d_2 \end{pmatrix} \tag{66b}$$

betragen. Die Ohmschen Spannungsabfälle $-\dot{J}_2 r_a$, $-\dot{J}_2 r_2$ sowie die gleichphasige Rotationsspannung $-\dot{J}_2 d'_2$ im Hauptstromfelde schließen das Diagramm des Läuferkreises. Aus dieser Darstellung ist ersichtlich, daß der Phasenschieber den Tourenabfall des unkompensierten Vordermotors im Verhältnis $\dfrac{d'_2 + r_a + r_2}{r_2}$ erhöht. Denn bei gleichem Läuferstrom $\dot{J}_2$ muß die Schlupfspannung $\dot{E}_{20}s$ in diesem Verhältnis zunehmen. — Das (schraffierte) Diagramm des Shuntkreises enthält die Klemmspannung $\dot{E}_{2k}$ des Phasenschiebers, welche durch die Selbstreaktanzspannung $j\dot{J}_m x'_m s$ in Feldwicklung und Drosselspule sowie den Ohmschen Spannungsabfall $-\dot{J}_m r_m$ kompensiert wird.

Betrachten wir zunächst die Verhältnisse bei Synchronismus, für welchen in Abb. 52b, die Punkte O und A sowie B und C zusammenfallen. Dann ist einerseits:

$$J_{20} r_2 = J_m r_m,$$

---

* In $x'_{12\,\sigma}$ soll auch die Reaktanz der Kompoundierungswicklung k einbegriffen werden.

da der Läuferkreis der Vordermaschine und der Shuntkreis des Phasenschiebers an der gleichen Spannung (E_{2k}) liegen. Andererseits ist wegen des Zusammenfallens von OD und AD

$$J_{20}(r_2 + d_2' + r_a) = J_m(d_m' - r_a)$$

oder abgekürzt

$$J_{20}(r_2 + d_2) = J_m\, d_m\,.$$

Damit diese Gleichungen nebeneinander bestehen können, muß der Widerstand des Shuntkreises auf

$$\boxed{r_m = d_m - d_2\,\frac{r_m}{r_2}} \qquad (67\text{a})$$

eingestellt werden. Dies ist die Selbsterregungsbedingung des Phasenschiebers, die gemäß Abb. 39 durch den Schnittpunkt der Widerstandslinie $E_r = J_m\, r_m$ mit der magnetischen Charakteristik

$$E_d = J_m\left(d_m - d_2\,\frac{r_m}{r_2}\right)$$

dargestellt wird[1].

Eine zweite Abstimmungsbedingung ergibt sich, wenn man bei Belastung die der Schlüpfung proportionalen Spannungskomponenten vergleicht. Aus der Geometrie der Abb. 52b folgt zunächst:

$$\frac{J_m\, x_m\, s}{E_{20}\, s} = \frac{d_2' + r_a}{d_2' + r_a + r_2} = \frac{d_2}{d_2 + r_2}\,.$$

Setzt man hierin gemäß Gleichungen (66a) und (66b):

$$J_m = \frac{E_{20}}{-x_{20}}\cdot\frac{d_2 + r_2}{d_m}\,.$$

so folgt endgültig:

$$\boxed{\frac{r_m}{x_m} = \frac{r_2}{-x_{20}}\cdot\frac{d_2 + r_2}{d_2}} \qquad (67\text{b})$$

Dies ist die Bedingung dafür, daß der bei Synchronismus durch unabhängige Selbsterregung erzeugte Blindstrom J_{20} auch bei kleiner Belastung in gleicher Größe durch abhängige Selbsterregung geliefert wird.

b) Genauere Theorie.

Eine genauere Theorie muß vor allem die Gegeninduktivität zwischen den beiden Feldwicklungen berücksichtigen. Hat man diese nicht durch einen Entkopplungstransformator aufgehoben, so induziert das Nebenschlußfeld in der Kompoundierungswicklung die EMK $-j\,J_m\,x_{m2}'\,s$ und umgekehrt die Hauptstromwicklung im Shuntkreis $-j\,J_2\,x_{2m}'\,s$. (Das Minuszeichen nimmt darauf Bezug, daß sich die Felder positiver Gleichströme in den Wicklungen 2 und m entgegen-

---

[1] Ist eine besonders starke Kompoundierung gewünscht, so kann es vorkommen, daß der Phasenschieber bei Synchronismus nur schwach gesättigt ist. Ein stabiler Schnittpunkt der Widerstandslinie mit der magnetischen Charakteristik ist dann schwer zu erhalten, und man wird daher den Feldwiderstand r_m so einstellen, daß die Selbsterregung eben noch nicht einsetzt.

wirken.) Das vollständige Spannungsdiagramm der Abb. 52a enthält ferner die der Schlüpfung proportionalen Spannungsabfälle $-\dot{J}_2(r_{12} - j\,x'_{21\,\sigma})s$ in der Vordermaschine und der Kompoundierungswicklung, sowie die Streuspannungen $j\,\dot{J}_m x_a s$ und $j\,\dot{J}_2 x_a s$ im Arbeitsstromkreis des Phasenschiebers. Setzt man zur Abkürzung

$$\left.\begin{aligned} d_m &= d'_m - r_a\,, & x_{2m} &= x'_{2m} - x_a\,, \\ d_2 &= d'_2 + r_a\,, & x_m &= x'_m + x_a\,, \\ & & x_{12\,\sigma} &= x'_{12\,\sigma} + x_a\,, \end{aligned}\right\} \qquad (68)$$

so sind aus dem Spannungsdiagramm folgende Gleichungen abzulesen:

Für den Arbeitsstromkreis des Phasenschiebers (Klemmspannung $E_{2\,k}$):

$$\dot{E}_{2\,k} = \dot{J}_m(d_m + j\,x_a\,s) - \dot{J}_2(d_2 - j\,x_a\,s)$$

für den Nebenschlußkreis des Phasenschiebers (Klemmspannung $E_{2\,k}$)

$$\dot{E}_{2\,k} = \dot{J}_m(r_m - j\,x'_m\,s) + j\,\dot{J}_2\,x'_{2m}\,s$$

für den Läuferkreis der Vordermaschine:

$$\dot{E}_{2\,k} - j\,\dot{J}_m\,x'_{m2}\,s + \dot{E}_{20}\,s = \dot{J}_2[r_2 + (r_{12} - j\,x_{12\,\sigma})\,s]\,.$$

Durch Elimination der Klemmspannung folgt aus den beiden letzten Gleichungen

$$\dot{J}_2\,r_2 - \dot{J}_m\,r_m = s\,[\dot{E}_{20} - \dot{J}_2\,(r_{12} - j\,(x_{12\,\sigma} + x_{2\,m})) - j\,\dot{J}_m\,(x_m + x_{m2})] \qquad (69\,\text{a})$$

und aus der ersten und zweiten Gleichung:

$$\dot{J}_2\,d_2 - \dot{J}_m(d_m - r_m) = s\,[-j\,\dot{J}_2\,x_{2\,m} + j\,\dot{J}_m\,x_m]\,. \qquad (69\,\text{b})$$

Für Synchronismus ($s = 0$) ergeben diese Formeln die uns schon bekannte Selbsterregungsbedingung

$$\boxed{\frac{r_2}{r_m} = \frac{d_2}{d_m - r_m}} \qquad (70\,(\equiv 67\,\text{a}))$$

Daraus folgt aber für beliebige Belastung

$$\dot{J}_2\,d_2 - \dot{J}_m(d_m - r_m) = (\dot{J}_2\,r_2 - \dot{J}_m\,r_m)\,\frac{d_2}{r_2}\,.$$

Man kann also aus Gleichung (69a) und (69b) das Glied $\dot{J}_2\,r_2 - \dot{J}_m\,r_m$ eliminieren und mit s kürzen. Auf diese Weise erhält man als endgültige Grundgleichungen des Problems:

$$\dot{E}_{20} = \dot{J}_2\left[r_{12} - j\left(x_{12\,\sigma} + x_{2\,m}\,\frac{r_2 + d_2}{d_2}\right)\right] + j\,\dot{J}_m\left[x_m\,\frac{r_2 + d_2}{d_2} + x_{m2}\right], \qquad (71\,\text{a})$$

$$0 = \dot{J}_2\,[d_2 + j\,x_{2\,m}\,s] - \dot{J}_m\left[r_m\,\frac{d_2}{r_2} + j\,x_m\,s\right]\,. \qquad (71\,\text{b})$$

Wenn man aus diesen Gleichungen die Ströme $\dot{J}_2$ und $\dot{J}_m$ berechnet, so ergeben sich Brüche, welche die Schlüpfung s im Zähler und Nenner nur in der ersten Potenz erhalten. Die Ortskurven der Stromvektoren sind also Kreise. Es ist dies eine Folge der Annahme (70), laut welcher der Phasenschieber mit Gleichstromselbsterregung arbeiten soll. Zweifellos verspricht ein Kreisdiagramm richtiger Lage besonders günstige Betriebseigenschaften. Doch sind natürlich auch andere Ortskurven zulässig, solange man sich nur nicht zu weit von der Selbsterregungsbedingung (70) entfernt.

Aus den Grundgleichungen folgt für den Sekundärstrom

$$J_2 = \dot{E}_{20}\frac{-j\frac{d_2}{r_2}\cdot\frac{r_m}{x_m}+s}{\left[r_{12}-j\left(x_{12\sigma}+x_{2m}\frac{r_2+d_2}{d_2}\right)\right]\cdot\left[-j\frac{d_2}{r_2}\cdot\frac{r_m}{x_m}+s\right]+[d_2+jx_{2m}s]\cdot\left[\frac{r_2+d_2}{d_2}+\frac{x_{m2}}{x_m}\right]}$$

$$= \dot{E}_{20}\frac{-j\frac{d_2}{r_2}\cdot\frac{r_m}{x_m}+s}{\left\{r_2+d_2\left[1-\frac{x_{12\sigma}}{r_2}\cdot\frac{r_m}{x_m}-\frac{x_{2m}}{x_m}\cdot\frac{r_m-r_2}{r_2}\right]-x_{2m}\frac{r_m}{x_m}-jr_{12}\frac{d_2}{r_2}\cdot\frac{r_m}{x_m}\right\}+\left\{r_{12}-j\left(x_{12\sigma}-\frac{x_{2m}^2}{x_m}\right)\right\}s} \qquad (72)$$

Für unendliche Schlüpfung wird

mit
$$\left.\begin{aligned}\dot{J}_{2\infty} &= \frac{\dot{E}_{20}}{r_{2\infty}-jx_{2\infty}}\\[2mm] r_{2\infty} &= r_{12}\\[2mm] x_{2\infty} &= x_{12\sigma}-\frac{x_{2m}^2}{x_m}\end{aligned}\right\} \qquad (72\,\text{a})$$

Den Leerlaufstrom kann man durch die Gleichung

$$\dot{J}_{20} = \frac{\dot{E}_{20}}{r_{12}-jx_{20}} \qquad (x_{20}\ \text{negativ}!) \qquad (72\,\text{b})$$

vorschreiben und muß dann die Erregerwicklungen so auslegen, daß der verlangte negative Wert von x_{20} wirklich erreicht wird. Die Kombination der Gleichungen (72) und (72 b) führt auf folgende Nebenbedingungen:

$$s_0 = 0, \qquad (73\,\text{a})$$

$$\boxed{\frac{r_m}{x_m}\frac{d_2}{r_2} = \frac{r_2+d_2-\frac{x_{2m}}{x_m}(d_m-d_2)}{x_{12\sigma}-x_{20}}} \qquad (73\,\text{b})$$

Die erste Gleichung lehrt, daß Synchronismuspunkt und Leerlaufpunkt zusammenfallen. Die zweite Formel enthält eine Gleichung (67 b) entsprechende Dimensionierungsvorschrift für den Nebenschlußkreis des Phasenschiebers. Bei Anwendung eines Entkopplungstransformators würde man auf $x_{2m}=0$ einstellen.

c) Kreisdiagramm der Ströme.

Nachdem bereits festgestellt wurde, daß der Vektor des Sekundärstromes ein Kreisdiagramm beschreibt, sollen nun auch dessen Mittelpunktskoordinaten berechnet werden. Zu diesem Zwecke bringt man zuerst Gleichung (72) auf die Normalform (12 a):

$$\boxed{\dot{J}_2 = \dot{E}_{20}\frac{-j\left(\frac{d_2}{r_2}\cdot\frac{r_m}{x_m}\right)+s}{-j\left(\frac{d_2}{r_2}\cdot\frac{r_m}{x_m}\right)\cdot(r_{12}-jx_{20})+(r_{12}-jx_{2\infty})s}} \equiv \dot{E}\frac{(\alpha+j\beta)+p}{(\alpha+j\beta)\dot{z}_0+\dot{z}_\infty p}. \qquad (74)$$

Aus dem Vergleich beider Ansätze folgt

$$\left.\begin{aligned}
p &= s \\
\alpha &= 0 \\
\boxed{\beta = -\dfrac{d_2}{r_2}\cdot\dfrac{r_m}{x_m}}
\end{aligned}\right\} \tag{74a}$$

Indem man diese Werte in Gleichung (14) einführt, ergibt sich für die Mittelpunktskoordinaten:

$$\left.\begin{aligned}
\xi_m &= \frac{E_{20}}{2}\cdot\frac{x_{20}+x_{2\infty}}{r_{12}^2+x_{20}\cdot x_{2\infty}}, \\
\eta_m &= \frac{E_{20}}{2}\cdot\frac{2\,r_{12}}{r_{12}^2+x_{20}\cdot x_{2\infty}}.
\end{aligned}\right\} \tag{74b}$$

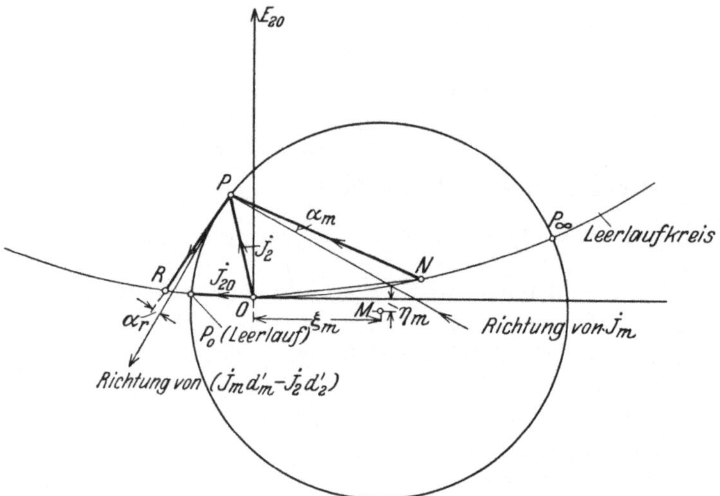

Abb. 53. Vektordiagramm der Ströme und des resultierenden Feldes des Phasenschiebers nach Abb. 51.

Da die Leerlaufreaktanz x_{20} **negativ** sein soll, liegt der Mittelpunkt ganz wenig **unterhalb** der Abszissenachse (Abb. 53).

Einen vollständigen Überblick erhält man, wenn man auch den Erregerstrom $\dot{J}_m$ und die resultierenden Feldamperewindungen $\dot{J}_m N_m + \dot{J}_2 N_2$ im Kreisdiagramm abbildet. Die Möglichkeit hierzu gibt Gleichung (71a), laut welcher:

$$\dot{J}_2 - \frac{\dot{E}_{20}}{r_{12}-j\left(x_{12\sigma}+x_{2m}\dfrac{r_2+d_2}{d_2}\right)} = \dot{J}_m\,\frac{x_m\dfrac{r_2+d_2}{d_2}+x_{m2}}{\left(x_{12\sigma}+x_{2m}\dfrac{r_2+d_2}{d_2}\right)+j\,r_{12}}.$$

Hieraus folgt für den Nebenschlußerregerstrom:

$$\dot{J}_m = (\dot{J}_2 + \overline{NO})\cdot f_m\,e^{j\alpha m} \tag{75}$$

mit

$$\overline{\dot{ON}} = \frac{\dot{E}_{20}}{r_{12} - j\left(x_{12\,\sigma} + x_{2\,m}\dfrac{r_2 + d_2}{d_2}\right)},$$

$$f_m = \frac{\sqrt{\left(x_{12\,\sigma} + x_{2\,m}\dfrac{r_2 + d_2}{d_2}\right)^2 + r_{12}^2}}{x_m\dfrac{r_2 + d_2}{d_2} + x_{m\,2}}$$

$$\alpha_m = \text{arc tg}\ \frac{r_{12}}{x_{12\,\sigma} + x_{2\,m}\dfrac{r_2 + d_2}{d_2}}$$

$$\left.\rule{0pt}{7em}\right\} \tag{75a}$$

Man erhält sonach den Erregerstrom zu irgendeinem Punkte P des Kreisdiagrammes, indem man den Vektor $\overline{\dot{NP}}$ mit dem Maßstabsfaktor f_m multipliziert und um den Winkel α_m im Sinne einer Nacheilung verdreht. Der Endpunkt des Vektors $\overline{\dot{ON}}$ ist auf dem Leerlaufkreis (Abb. 53 und 10) so gelegen, daß J_m im ganzen Arbeitsbereich der Kommutatorkaskade praktisch konstant bleibt.

Auf analoge Weise bestimmt man die resultierenden Feldamperewindungen der Nebenschluß- und Hauptstromwicklung, die durch den Vektor

$$\dot{J}_m - \dot{J}_2\frac{N_2}{N_m} = \dot{J}_m - \dot{J}_2\frac{d_2'}{d_m'}$$

ausgedrückt werden können. Zunächst entwickelt man aus Gleichung (71a):

$$\dot{E}_{20} = \dot{J}_2\left[r_{12} - j\left(x_{12\,\sigma} + x_{2\,m}\frac{r_2 + d_2}{d_2}\right) + j\left(x_m\frac{r_2 + d_2}{d_2} + x_{m\,2}\right)\frac{d_2'}{d_m'}\right]$$
$$+ j\left(\dot{J}_m - \dot{J}_2\frac{d_2'}{d_m'}\right)\cdot\left[x_m\frac{r_2 + d_2}{d_2} + x_{m\,2}\right].$$

Setzt man hierin zur Abkürzung

$$x_{2r} = x_m\frac{r_2 + d_2}{d_2}\cdot\frac{d_2'}{d_m'} + x_{2\,m}\left(\frac{d_2'}{d_m'} - \frac{r_2 + d_2}{d_2}\right) - x_{12\,\sigma}$$
$$= -x_{20} - \left[x_{12\,\sigma} - x_{20} + x_{2\,m}\frac{r_2 + d_2}{d_2}\right]\cdot\left[1 - \frac{d_2'}{r_2}\frac{r_m}{d_m'}\right], \left.\rule{0pt}{4em}\right\} \tag{76b}$$

so ergibt sich

$$-\dot{J}_2 + \frac{\dot{E}_{20}}{r_{12} + jx_{2\,r}} = \left(\dot{J}_m - \dot{J}_2\frac{d_2'}{d_m'}\right)\cdot\frac{x_m\dfrac{r_2 + d_2}{d_2} + x_{2\,m}}{x_{2r} - jr_{12}}$$

oder endgültig:

$$\left(\dot{J}_m - \dot{J}_2\frac{d_2'}{d_m'}\right) = \left(\overline{\dot{OR}} - \dot{J}_2\right)\cdot f_r\, e^{-j\alpha_r} \tag{76}$$

mit

$$\overline{\dot{OR}} = \frac{\dot{E}_{20}}{r_{12} + jx_{2\,r}},$$

$$f_r = \frac{\sqrt{x_{2\,r}^2 + r_{12}^2}}{x_m\dfrac{r_2 + d_2}{d_2} + x_{2\,m}},$$

$$\alpha_r = \text{arc tg}\ \frac{r_{12}}{x_{2\,r}}.$$

$$\left.\rule{0pt}{6em}\right\} \tag{76a}$$

In Abb. 53 ist der Vektor $\overset{\text{\tiny .}}{PR}$ proportional den resultierenden Amperewindungen, wobei Punkt R wieder auf dem „Leerlaufkreis" gelegen ist. Die richtige Phase erhält man durch Vorwärtsverdrehung um den kleinen Winkel α_r. Der Nutzen dieser Darstellung liegt darin, daß sie die Sättigungsverhältnisse des Phasenschiebers bei Belastung zu kontrollieren gestattet.

d) Die Dimensionierung der Erregerwicklungen.

Bei der Bestellung des Phasenschiebers wird der Tourenabfall bei Belastung vorgeschrieben. Hierfür liefert Gleichung (31) mit $\alpha = 0$ und

$$|\beta| = \frac{d_2}{r_2} \cdot \frac{r_m}{x_m} \tag{74a}$$

$$\left(\frac{ds}{dP_{12}}\right)_{s=0} = \frac{1}{E_{20}^2} \cdot \frac{r_{12}^2 + x_{20}^2}{x_{2\infty} - x_{20}} \cdot |\beta|. \tag{77}$$

Mit der Kompoundierung und dem Leerlaufstrom ist also auch $|\beta|$ vorgeschrieben, und die Konstanten der Erregerwicklungen sind gemäß Gleichung (73b) auf dieses Verhältnis zurückzuführen. Dabei setzen wir

$$x_m = x_{m0}(1 + \sigma_m),$$

d. h. wir unterscheiden die Feldreaktanz x_{m0}, in welche nur die mit dem Anker verketteten Kraftlinien eingehen sollen, von der Streureaktanz $x_{m0}\sigma_m$, welche auch die Reaktanz der Vorschaltedrosselspule enthält. Für das letzte Zählerglied in Gleichung (73b) ergibt sich dann folgende Entwicklung:

$$\frac{x_{2m}}{x_m}(d_m - d_2) \approx \frac{x_{2m}'}{x_{m0}} \frac{(d_m - d_2)}{(1 + \sigma_m)} = \frac{d_2'}{d_m'} \frac{(d_m - d_2)}{1 + \sigma_m} \approx \frac{d_2'}{1 + \sigma_m}.$$

Mit dieser Umformung liefert Gleichung (73b) für die Dimensionierung der Kompoundierungswicklung die einfache Vorschrift

$$\boxed{d_2' = [\beta(x_{12\sigma} - x_{20}) - (r_2 + r_a)] \cdot \frac{1 + \sigma_m}{\sigma_m}} \tag{78}$$

Der Faktor $\frac{\sigma_m}{1 + \sigma_m}$ zeigt an, in welchem Verhältnis die Amperewindungen der Kompoundierungswicklung durch Gegenamperewindungen der Feldwicklung geschwächt werden. Man muß deshalb die Drosselspule ziemlich groß wählen, z. B. $\sigma_m = 5$, darf aber damit auch nicht zu weit gehen, da sonst die Stromwärmeverluste des Nebenschlußkreises unnötig groß ausfallen. Bei Anwendung eines Entkopplungstransformators würde wegen $x_{2m} = 0$ der Faktor $\frac{\sigma_m}{1 + \sigma_m}$ fortfallen.

Die Reaktanz x_h der Hauptstromerregerwicklung beträgt:

$$x_h = x_{m0}\left(\frac{d_2'}{d_m'}\right)^2.$$

Nun ist für den Phasenschieber das Verhältnis μ aus der Erregerblindleistung $J_2^2 x_h$ und der Scheinleistung $J_2^2 d_2$ des Arbeitsstromkreises eine charakteristische

Zahl, die erfahrungsgemäß auf

$$\mu = \frac{1}{2} \sim \frac{1}{4}$$

geschätzt werden kann. Hierfür entwickeln wir gemäß Gleichungen (74a) und (70)

$$\mu = \frac{x_h}{d_2} = \frac{1}{1 + \sigma_m} \cdot \frac{x_m}{d_2} \cdot \left(\frac{d_2'}{d_m'}\right)^2 = \frac{1}{1 + \sigma_m} \cdot \frac{1}{|\beta|} \cdot \frac{r_m}{r_2} \cdot \left(\frac{d_2'}{d_m'}\right)^2$$

$$= \frac{1}{1 + \sigma_m} \cdot \frac{1}{|\beta|} \cdot \frac{d_m}{d_2 + r_2} \cdot \left(\frac{d_2'}{d_m'}\right)^2$$

und erhalten daraus für die Nebenschlußerregerwicklung eine Dimensionierungs-vorschrift, welche Gleichung (73b) ergänzt:

$$d_m' = \frac{\dfrac{d_2'^{\,2}}{d_2 + r_2} \cdot \dfrac{d_m}{d_m'}}{(1 + \sigma_m) \cdot |\beta| \cdot \mu} \tag{79}$$

Da wir bei den obigen Ableitungen wiederholt mit der Selbsterregungs-bedingung (70) operiert haben, beziehen sich d_2' und d_m' in Gleichung (78) und (79) auf die bei Synchronismus herrschenden Sättigungsverhältnisse.

28. Phasenschieber für Zusatzschlupf mit gemischter Nebenschlußerregung und Hauptstromfremderregung (Seiz).

Von Seiz (BBC) ist ein Phasenschieber angegeben worden (L 55, 56), der in gewissem Sinne eine Vervollkommnung der unter Abschnitt 27 behandelten Type darstellt. Sein Schaltungsschema ist in Abb. 54 angegeben. Es unterscheidet sich von Abb. 51 durch die Anwendung einer zweiten Nebenschlußwicklung m', die über einen im Verhältnis zu ihrer Reaktanz großen Vorschaltwiderstand von der Schleifringspannung der Vordermaschine gespeist wird.

Diese Schaltung fällt unter das allgemeine „Spannungsregelungs-prinzip", das in Abschnitt 20 erläutert wurde: Erzeugt die zweite Neben-schlußwicklung eine Zusatzspannung $\varDelta \dot{E}_2 = - k \dot{E}_{Sch}$, welche der Schleif-ringspannung E_{Sch} entgegenwirkt, so erreicht sie dadurch dasselbe wie eine Vergrößerung der Amperewindungen der Hauptstrom- und der ersten Neben-schlußwicklung von 100% auf $\dfrac{100}{1 - k}$ %.

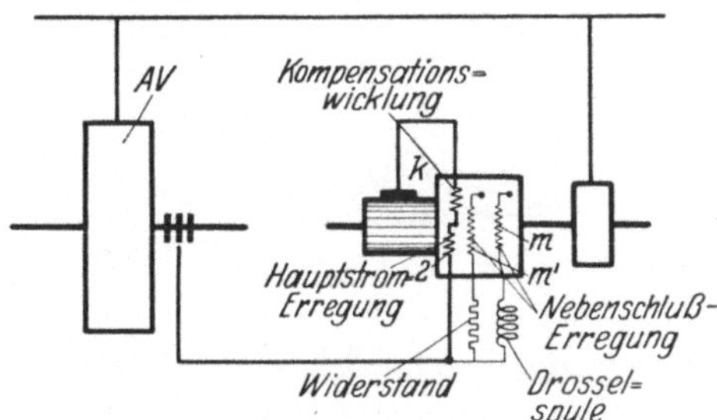

Abb. 54. Phasenschieber für Zusatzschlupf mit ge-mischter Nebenschlußerregung und Hauptstrom-fremderregung.

Der Vorteil dieser Schaltung liegt darin, daß sie etwas Feldkupfer spart und die Leistung der Drosselspule vermindert. Auf der anderen Seite werden die Ge-samtverluste infolge des notwendigen Vorschaltwiderstandes größer.

Eine genaue Untersuchung hätte auch die gegenseitige Reaktanz zwischen den drei Erregerwicklungen 2, m, m' und die Selbstreaktanz der zweiten Neben-schlußwicklung m' zu berücksichtigen, die sich bei größeren Schlüpfungen immer-hin bemerkbar macht.

29. Phasenschieber mit reiner Nebenschlußerregung (Scherbius).

Streicht man in dem Schaltungsschema der Abb. 51 die Hauptstromerregerwicklung 2, so erhält man einen reinen Nebenschlußphasenschieber nach Abb. 55, der seiner Einfachheit wegen gerne ausgeführt wird. Sein Spannungsdiagramm zeigen die Abb. 56a und b mit bzw. ohne Berücksichtigung des Primärwider

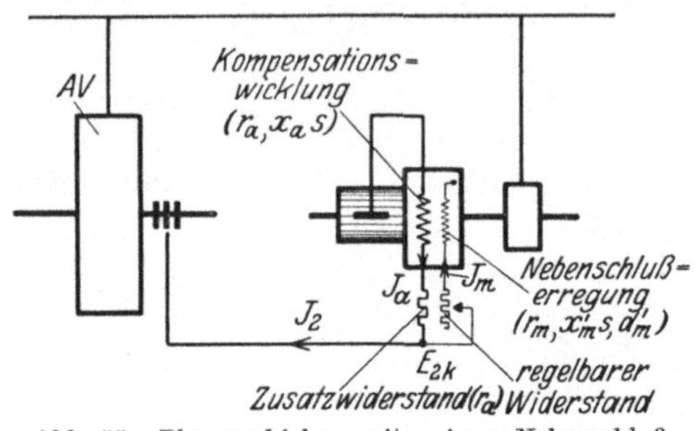

Abb. 55. Phasenschieber mit reiner Nebenschlußerregung.

standes r_{12} und der Streureaktanzen $x_{12\sigma}$, x_a in Vorder- und Hintermaschine. Die Gesetze dieser Schaltung werden aus den allgemeineren Gleichungen des vorigen Abschnittes gewonnen, indem man statt Gleichung (68)

$$d_2' = 0 \qquad\qquad d_2 = r_a$$

$$x_{2m}' = 0 \qquad\qquad x_{2m} = -x_a$$

$$x_{2\infty} = x_{12\sigma} - \frac{x_a^2}{x_m} \approx x_{12\sigma} = x_{12\sigma}' + x_a$$

einführt. Hierdurch erhält die Bedingung (70) für Gleichstromselbsterregung bei Synchronismus die Form

$$d_m = r_m \frac{r_2 + r_a}{r_2} \tag{80a}$$

und der Phasenschieber muß so dimensioniert werden, daß diese Selbsterregung stabil ist, d. h. daß die gewünschte Kompensationsspannung $J_m d_m$ bereits ins Sättigungsgebiet der magnetischen Charakteristik führt.

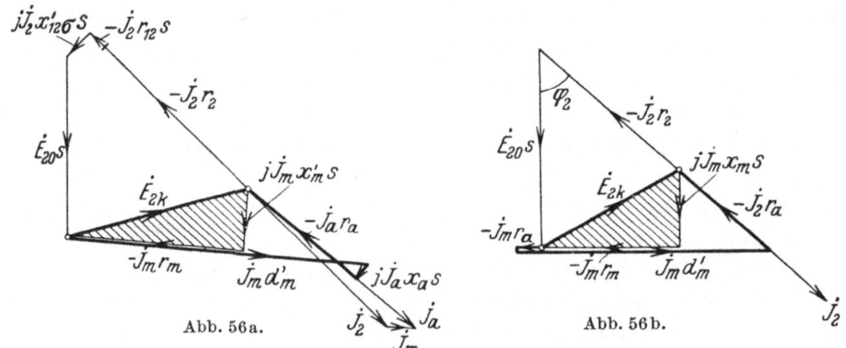

Abb. 56a.   Abb. 56b.

Abb. 56. Strom- und Spannungsdiagramm des Nebenschlußphasenschiebers.

Damit alsdann auch bei geringer Schlüpfung derselbe Erregerstrom J_m erhalten bleibt, muß eine weitere Abstimmung (73b) getroffen werden:

$$\frac{r_m}{x_m} \cdot \frac{r_a}{r_2} = \frac{r_2 + r_a + \dfrac{x_a}{x_m}(d_m - r_a)}{x_{12\sigma} - x_{20}} \approx \frac{r_2 + r_a}{x_{12\sigma} - x_{20}} \tag{80b}$$

Dabei bedeutet $J_{20} = j\dfrac{\dot{E}_{20}}{x_{20}}$ (x_{20} negativ) denjenigen Leerlaufstrom, auf den der Phasenschieber die Vordermaschine bei Synchronismus erregt.

Bei Einhaltung der Bedingungen (80a) und (80b) beschreibt der Vektor des Läuferstromes ein Kreisdiagramm nach Abb. 57 mit den Mittelpunktsgleichungen (74b). Auch für die Darstellung des Erregerstromes im Kreisdiagramm gelten die früheren Gleichungen (75). Es muß nur die geänderte Bedeutung der Zeichen d_2 und x_{2m} beachtet werden, welche bewirkt, daß nun der Anfangspunkt N außerhalb des Kreisdiagrammes auf dem Leerlaufkreis gelegen ist. Man sieht daraus, daß der Erregerstrom und daher die Eisensättigung des Phasenschiebers bei Belastung etwas abnimmt.

Für die Dimensionierung der Erregerwicklung benützt man mit Vorteil das Verhältnis $\mu\left(=\frac{1}{2}\sim\frac{1}{4}\right)$ aus der (auf die Netzfrequenz bezogenen) Erregerblindleistung $J_m^2 x_m$ und der Scheinleistung $J_2 J_m d_m$ des Phasenschiebers bei Vollast, also:

$$\mu = \frac{J_m\, x_m}{J_2\, d_m}.$$

Da ferner nach Abb. 56b bei Vollast

$$\sin\varphi_2 = \frac{J_m\, r_m}{J_2\, r_2},$$

so kann auch

$$\mu = \frac{x_m}{d_m}\cdot\frac{r_2}{r_m}\cdot\sin\varphi_2$$

geschrieben werden. Hieraus und aus Gleichungen (80a) und (80b) ergeben sich für den Feldkreis folgende Bedingungen:

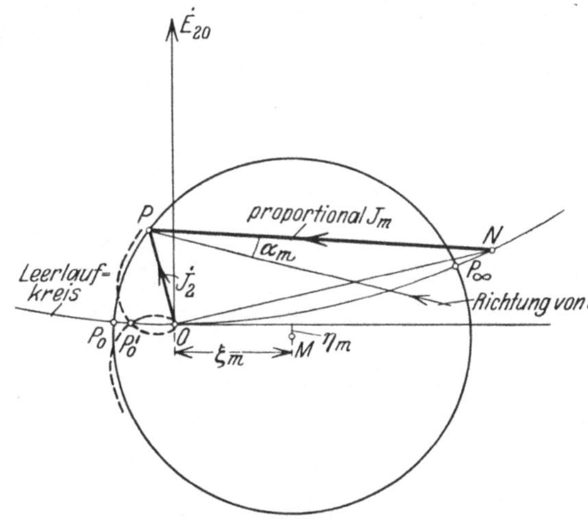

Abb. 57. Vektordiagramm der Ströme des Nebenschlußphasenschiebers.

$$d_m = \frac{r_a}{\mu}\cdot\frac{x_{12\sigma} - x_{20}}{r_2 + r_a}\sin\varphi_2 \tag{81a}$$

$$\frac{x_m}{d_m} = \frac{r_a\cdot(x_{12\sigma} - x_{20})}{(r_2 + r_a)^2} \tag{81b}$$

Wie zu erwarten, fällt der Widerstand r_a des Arbeitsstromkreises des Phasenschiebers stark ins Gewicht. Dies ist insofern unerwünscht, als r_a auch den veränderlichen Bürstenübergangswiderstand enthält. Man schaltet deshalb zuweilen einen kleinen Beruhigungswiderstand in Serie zum Anker, um prozentual kleinere Variationen von r_a zu erhalten. (Noch besser würde man wohl eine kleine Kompoundierungswicklung benutzen.) Außerdem wird im Nebenschlußkreis zuweilen eine Vorschaltedrossel verwendet, um den richtigen Wert von x_m mit mäßiger Erregerwindungszahl zu erreichen. Natürlich nimmt damit auch das Verhältnis μ zu.

Macht man die Feldreaktanz x_m größer als Gleichung (81b) entspricht, so erregt sich zwar der Phasenschieber bei Synchronismus mit Gleichstrom; aber diese „unabhängige Selbsterregung" kann bei schlüpfender Vordermaschine nicht wie gewünscht in eine „abhängige Selbsterregung" (vgl. Abschnitt 22) übergehen. Infolge der zu großen Reaktanz sucht sich nämlich der Erregerstrom J_m bei Belastung auf einen kleineren Wert einzustellen, also die Eisensättigung zu verringern, welche die Gleichstromselbsterregung aufrechtzuerhalten sucht. Die Folge dieser entgegengesetzten Tendenz sind Pendelungen der Ströme in allen Zweigen.

Macht man statt dessen die Reaktanz x_m kleiner als nach Gleichung (81b), so wird bei Belastung der Vordermaschine der Erregerstrom J_m etwas größer als der Gleichstrom J_{m0} bei Synchronismus. Die Sättigung nimmt also zu. Infolgedessen wird nun d_m etwas kleiner, als der Bedingung der unabhängigen Selbsterregung entspricht, und es bleibt für $J_m > J_{m0}$ nur die abhängige Selbsterregung bestehen. Die Vordermaschine hat dabei drei Leerlauftourenzahlen, für die man aus einem vereinfachten Spannungsdiagramm ähnlich Abb. 56b die Formel

$$
\text{und} \qquad
\begin{aligned}
s_0 &= \pm \frac{1}{x_m} \sqrt{(d_m - r_m)\left(r_m - d_m \frac{r_2}{r_2 + r_a}\right)} \\
s_0 &= 0
\end{aligned}
\right\}
\qquad (82)
$$

herleitet. Auch das Stromdiagramm ist nicht länger ein Kreis, sondern artet bei kleinen Schlüpfungen in die in Abb. 57 strichlierte Kurve aus. Dabei ist der Leerlaufstrom OP_0' trotz des etwas größeren Erregerstromes J_m kleiner als der Strom OP_0 bei Synchronismus und unabhängiger Gleichstromselbsterregung. Denn die Rotationsspannung $J_m d_m$ des Phasenschiebers ist nun nicht länger eine reine Blindspannung, sondern enthält auch eine die Drehzahl regelnde Komponente.

Ein analoges Stromdiagramm kann man erhalten, wenn man die Gleichstromselbsterregung bei Synchronismus durch Erhöhung des Feldwiderstandes ganz unterdrückt. Die Theorie dieser Einstellung bildet einen Spezialfall der allgemeineren Theorie des folgenden Abschnittes.

VIII. Asynchroner Phasenschieber mit unvollständiger Kompensation der Ankerrückwirkung und Nebenschlußselbsterregung.

Die gelegentlich an reinen Nebenschlußphasenschiebern beobachteten Pendelerscheinungen haben einige Firmen veranlaßt, bei Phasenschiebern für Asynchronmotoren (nicht Generatoren) die Gleichstromselbsterregung ganz auszumerzen (L 62). Da diese nur bei vollständiger Kompensation der Ankerrückwirkung möglich ist, macht man die Kompensationswicklung im Ständer entweder stärker oder schwächer als die Ankerwicklung. Man wird dadurch beim Entwurf des Phasenschiebers von den Sättigungsverhältnissen ziemlich unabhängig, muß sich aber darein finden, daß nun Motor- und Generatorgebiet durch eine labile Zone getrennt sind. Derartige Phasenschieber können mit oder ohne Kompoundwicklung gebaut werden. Hier soll nur die zweite Alternative behandelt werden, da sie bei größerer Einfachheit bereits alles Wesentliche zur Sprache kommen läßt.

30. Phasenschieber für normalen Schlupf mit Nebenschlußselbsterregung (Schmitz).

a) Schaltungsprinzip.

Abb. 58 zeigt das Schaltungsschema einer Phase. Die Kompensationswicklung im Ständer kann stärker oder schwächer sein als die Ankerwicklung, wenn nur der Phasenschieber bei Motorbetrieb der Vordermaschine so angetrieben wird, daß das Feld des Ankerstromes J_a eine Rotationsspannung

$$- j\,J_a\,c_a$$

erzeugt. Bei Maschinen mit konstantem Luftspalt und verteilter Feldwicklung läßt man stets die Kompensationswicklung überwiegen, um günstige Kommutierungsverhältnisse zu erhalten. In diesem Falle muß der Anker gegen sein Drehfeld angetrieben werden. — Bei Maschinen mit aus-

geprägten Polen (Scherbiusmaschine) und breiten Pollücken oder sogar Wendepolen spart man Wickelraum, wenn man die Ankerrückwirkung unterkompensiert. Dann muß die Umlaufrichtung für Anker und Drehfeld die gleiche sein. In Abb. 58 ist der letzte Fall angenommen. Außerdem ist die magnetische Achse der Nebenschlußwicklung um einen (kleinen) Winkel δ entgegen der Drehfeldrichtung aus der normalen 90°-

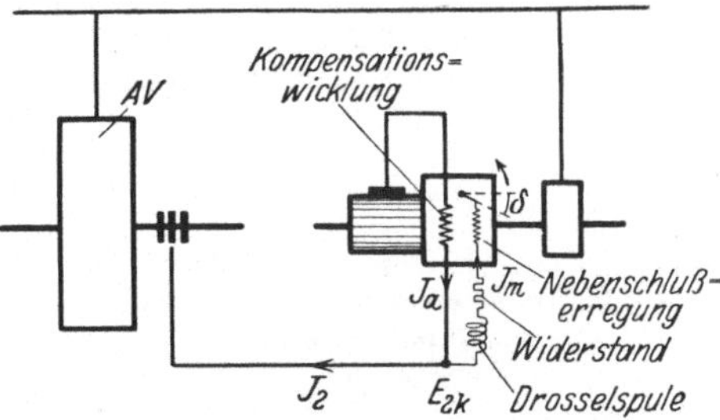

Abb. 58. Phasenschieber mit unvollkommener Kompensation der Ankerrückwirkung und Nebenschlußerregung. Achse der Erregerwicklung entgegen der Drehfeldrichtung um δ^0 aus der 90°-Lage verschoben.

Stellung verdreht, was sich bei der Scherbiusmaschine leicht dadurch erreichen läßt, daß man jeden Pol durch Ströme zweier Phasen erregt.

b) Das Vektordiagramm der Spannungen und die Gleichung des Läuferstromes.

Bei der beschriebenen Bauart erzeugt das Nebenschlußfeld in der Ankerwicklung eine Rotationsspannung:

$$e^{j\delta}\,\dot{J}_m\,d_m = \dot{J}_m\,(d'_m + j\,d''_m)\,.$$

wobei

$$\operatorname{tg}\delta = \frac{d''_m}{d'_m}\,.$$

Infolge des Überwiegens der Ankeramperewindungen ist die Gegeninduktivität zwischen Haupt- und Nebenschlußkreis nicht mehr gleich Null. Der Arbeitsstrom erzeugt in der Erregerwicklung die Pulsationsspannung

$$j\,e^{-j\left(\delta + \frac{\pi}{2}\right)}\,\dot{J}_a\,y\,s = e^{-j\delta}\,\dot{J}_a\,y\,s = \dot{J}_a\,(y' - j\,y'')\,s\,.$$

Umgekehrt induziert der Erregerstrom dem Arbeitsstromkreis (vgl. Abschnitt 7):

$$j\,e^{j\left(\delta + \frac{\pi}{2}\right)}\,\dot{J}_m\,y\,s = -\,e^{j\delta}\,\dot{J}_m\,y\,s = -\,\dot{J}_m\,(y' + j\,y'')\,s\,,$$

wobei wiederum

$$\operatorname{tg} \delta = \frac{y''}{y'}.$$

Für die Summe der Spannungsabfälle im Arbeitsstromkreis (Klemmspannung E_{2k}, Widerstand r_a, Reaktanz x_a) erhält man den stark gezeichneten Linienzug der Abb. 59 und folgende Vektorgleichung

$$\dot{E}_{2k} = \dot{J}_a[-r_a - jc_a + jx_a s] + e^{j\delta}\dot{J}_m[d_m - ys]. \tag{83a}$$

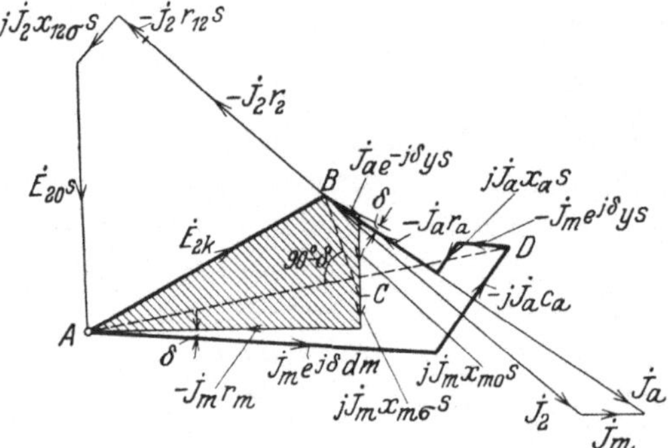

Abb. 59. Strom- und Spannungsdiagramm des Nebenschlußphasenschiebers mit unvollkommener Kompensation der Ankerrückwirkung.

$\dot{AD}$ resultierende Rotationsspannung in der Ankerwicklung,

$\dot{BC}$ resultierende Pulsationsspannung (exklusive Streuspannung) in der Feldwicklung.

Der Erregerkreis, der gewöhnlich ohne Vorschaltdrossel, aber mit Vorschaltewiderstand ausgeführt wird, hat den Gesamtwiderstand r_m, die Hauptfeldreaktanz x_{m0} und die Streureaktanz $x_{m\sigma}$. Sein Spannungsdiagramm, das in Abb. 59 durch Schraffur hervorgehoben ist, liefert die Vektorgleichung:

$$-\dot{E}_{2k} = \dot{J}_m[-r_m + j(x_{m0} + x_{m\sigma})s] + e^{-j\delta}\dot{J}_a ys. \tag{83b}$$

Dabei ist

$$\dot{J}_a = \dot{J}_2 + \dot{J}_m. \tag{83c}$$

Die obigen Spannungsgleichungen ergänzt die zweite Hauptgleichung des Vordermotors

$$\dot{E}_{2k} = -\dot{E}_{20}s + \dot{J}_2[r_2 + (r_{12} - jx_{12\sigma})s]. \tag{44}\,(7)$$

Durch Elimination der Klemmspannung $\dot{E}_{2k}$ ergibt sich für die Gegenschaltung des Sekundärkreises der Vordermaschine und des Erregerkreises der Hintermaschine:

$$\dot{E}_{20}s = \dot{J}_2[r_2 + (r_{12} - jx_{12\sigma} + e^{-j\delta}y)s] - \dot{J}_m[r_m - (e^{-j\delta}y + j(x_{m0} + x_{m\sigma}))s]$$
$$= \dot{J}_2[r_2 + (r_{12} + y')s - j(x_{12\sigma} + y'')s] - \dot{J}_m[r_m - y's - j(x_{m0} + x_{m\sigma} - y'')s]. \tag{84a}$$

Analog findet man für die Reihenschaltung von Haupt- und Nebenschlußkreis im Phasenschieber unter Benutzung folgender Abkürzungen

$$\left.\begin{aligned} \varDelta d &= d'_m - r_m - r_a; \\ \varDelta c &= c_a - d''_m \qquad ; \quad x_m = x_{m\sigma} + x_{m0} - 2y'' + x_a \end{aligned}\right\} \tag{85}$$

$$0 = \dot{J}_2[r_a + jc_a - (e^{-j\delta}y + jx_a)s]$$
$$\qquad - \dot{J}_m[e^{j\delta}d_m - r_m - r_a - jc_a + j(x_{m0} - 2y'' + x_a + x_{m\sigma})s]$$
$$= \dot{J}_2[r_a - y's + jc_a + j(y'' - x_a)s] - \dot{J}_m[\varDelta d - j\varDelta c + jx_m s]. \tag{84b}$$

Aus diesen Gleichungen eliminiert man den Erregerstrom und erhält den Läuferstrom des Vordermotors durch folgende Entwicklung:

$$\dot{J}_2 = \dot{E}_{20} \cdot \frac{s}{\left\{ \begin{array}{l} [r_2 + (r_{12} + y')\,s - j\,(x_{12\,\sigma} + y'')\,s] + \\ + [r_a - y'\,s + j\,c_a - j\,(x_a - y'')\,s] \cdot \dfrac{(x_{m0} + x_{m\sigma} - y'')\,s - j\,y'\,s + j\,r_m}{x_m\,s - \varDelta c - j\,\varDelta d} \end{array} \right\}}$$

$$= \dot{E}_{20} \cdot \frac{s}{\left\{ \begin{array}{l} r_2 + (r_{12} - j\,x_{12\,o})\,s + \dfrac{- j\left(x_a - \dfrac{y'^{\,2} + (x_a - y'')^2}{x_m}\right)s}{1 - \dfrac{\varDelta c + j\,\varDelta d}{x_m\,s}} + \\[2ex] + \dfrac{c_a\left[-\dfrac{r_m}{x_m\,s}\left(1 - \dfrac{x_a\,s}{c_a}\right) + j\,\dfrac{x_{m\,\sigma}}{x_m\,s}\right] + r_a\left[j\,\dfrac{r_m}{x_m\,s} + \dfrac{x_{m0} + x_{m\sigma}}{x_m}\right]}{1 - \dfrac{\varDelta c + j\,\varDelta d}{x_m\,s}} \end{array} \right\}} \qquad (86\mathrm{a})$$

Hierin können ohne Verminderung der Rechengenauigkeit die Glieder

$$x_a - \frac{y'^{\,2} + (x_a - y'')^2}{x_m}$$

und

$$x_a\,\frac{r_m}{x_m}$$

gestrichen werden. Dann ergibt sich endgültig:

$$\boxed{\;\dot{J}_2 = \dot{E}_{20} \cdot \frac{s}{r_2 + (r_{12} - j\,x_{12\,\sigma})\,s + \dfrac{r_a\,\dfrac{x_{m0}}{x_m} + (r_a + j\,c_a)\cdot\left(\dfrac{x_{m\sigma}}{x_m} + j\,\dfrac{r_m}{x_m\,s}\right)}{1 - \dfrac{\varDelta c + j\,\varDelta d}{x_m\,s}}}\;} \qquad (86)$$

Trotzdem also das Problem so gut wie ohne Vernachlässigungen durchgerechnet wurde, ist das Endresultat von bemerkenswerter Einfachheit. Mit $c_a = 0$ und $\varDelta c = 0$ schließt es auch den reinen Nebenschlußphasenschieber mit kompensierter Ankerrückwirkung ein, gleichgültig ob derselbe mit oder ohne Selbsterregung arbeitet.

Anmerkung.

Beachte folgenden Zusammenhang zwischen den Koeffizienten x_{m0}, d_m, y und c_a (Ankerstreuung in c_a vernachlässigt):

$$x_{m0} = \frac{d_m'^{\,2} + d_m''^{\,2}}{w}\,,$$

wobei w nicht von den Daten der Erregerwicklung, sondern nur von der Maschinentype, der Ankerwicklung und dem Luftspalt abhängt:

$$y' = \frac{c_a\,d_m'}{w} = x_{m0}\,\frac{c_a\,d_m'}{d_m'^{\,2} + d_m''^{\,2}}\,,$$

$$y'' = \frac{c_a\,d_m''}{w} = x_{m0}\,\frac{c_a\,d_m''}{d_m'^{\,2} + d_m''^{\,2}}\,.$$

c) Die Dimensionierung des Erregerkreises für abhängige Selbsterregung.

Sieht man von besonders kleinen Schlüpfungen ab, so erhält man einen allgemeinen Überblick über die Wirkung des Phasenschiebers, wenn man im

Nenner das Glied $\dfrac{\Delta c + j\,\Delta d}{x_m\,s}$ zunächst vernachlässigt. Man sieht dann sogleich, daß die abhängige Selbsterregung auf dem Glied

$$- c_a \frac{r_m}{x_m\,s}$$

beruht. Denn dieses Glied hat bei positiver Schlüpfung (Motorbetrieb mit positiven Werten von c_a) das entgegengesetzte Vorzeichen wie das Widerstandsglied

$$r_2 + r_a \frac{x_{m\,0} + x_{m\,\sigma}}{x_m},$$

ist also imstande, die Ohmschen Spannungsabfälle im Läuferkreis zu kompensieren. Da es ferner mit der Schlüpfung, also mit steigender motorischer Belastung der Vordermaschine abnimmt, so ist die Selbsterregung stabil.

Das Glied

$$j\,r_a \frac{r_m}{x_m\,s}$$

kennzeichnet einen Spannungsabfall, der dem Hauptstrom um 90^0 voreilt. Dieses Glied bewirkt somit die Hauptstromphasenkompensierung, die ebenfalls mit zunehmender Schlüpfung automatisch kleiner wird. Nachdem das Verhältnis $\dfrac{r_m}{x_m}$ bereits in die Selbsterregungsbedingung eingeht, kann es eventuell von Vorteil sein, r_a durch einen kleinen Serienwiderstand zu vergrößern. Unterstützt wird die Hauptstromphasenkompensierung durch das Glied

$$j\,c_a \frac{x_{m\,\sigma}}{x_m},$$

das aber nur dann von Bedeutung ist, wenn man die sehr geringe Streureaktanz $x_{m\,\sigma}$ des Nebenschlußfeldes durch eine Vorschaltedrossel künstlich erhöht. Dieses von der Schlüpfung unabhängige Glied kann mit Vorteil verwendet werden, wenn man die Überlastbarkeit des Vordermotors besonders stark erhöhen will.

Im übrigen richtet sich die Dimensionierung des Nebenschlußkreises hauptsächlich nach dem Leerlaufstrom

$$\dot{J}_{20} = \frac{\dot{E}_{20}}{r_{12} - j\,x_{20}}, \tag{86b}$$

mit dem der Phasenschieber den Vordermotor erregen soll. Damit Gleichung (86) für die Leerlaufschlüpfung s_0 den richtigen Strom $\dot{J}_{20}$ liefert, müssen folgende Nebenbedingungen eingehalten werden:

$$\frac{\Delta d}{x_m}(x_{12\,\sigma} - x_{20})\,s_0 + \frac{r_m}{x_m}\,c_a = \left(r_2 + r_a \frac{x_{m\,0} + x_{m\,\sigma}}{x_m}\right)s_0 - \frac{\Delta c}{x_m}\,r_2, \tag{87a}$$

$$-\frac{\Delta d}{x_m}\,r_2 + \frac{r_m}{x_m}\,r_a = (x_{12\,\sigma} - x_{20})\,s_0^2 - \frac{c_a\,x_{m\,\sigma} + \Delta c\,(x_{12\,\sigma} - x_{20})}{x_m}\,s_0. \tag{87b}$$

Setzt man $\Delta c = c_a - d_m'' = 0$ und arbeitet ohne Erregerdrossel ($x_{m\,\sigma} \approx 0$), so ergeben sich folgende einfachere Lösungen, die auch für den gewöhnlichen Fall $d_m'' = 0$ mit genügender Annäherung gelten:

$$\frac{\Delta d}{x_m} = s_0 \cdot \frac{(r_2 + r_a)\,r_a - (x_{12\,\sigma} - x_{20})\,s_0\,c_a}{r_2\,c_a + (x_{12\,\sigma} - x_{20})\,s_0\,r_a} \tag{88a}$$

$$\frac{r_m}{x_m} = s_0 \cdot \frac{(r_2 + r_a)\,r_2 + (x_{12\,\sigma} + x_{20})\,s_0^2}{r_2\,c_a + (x_{12\,\sigma} - x_{20})\,s_0\,r_a} \tag{88b}$$

Nach diesen Gleichungen können die für die Einstellung des Erregerkreises wichtigen Verhältnisse $\dfrac{\varDelta d}{x_m}$ und $\dfrac{r_m}{x_m}$ berechnet werden, falls die Konstanten der Vordermaschine und des Arbeitsstromkreises des Phasenschiebers (r_a, x_a, c_a) bekannt sind und außerdem für die Leerlaufschlüpfung s_0 eine passende Wahl getroffen wird. Diese wiederum richtet sich nach der gewünschten Größe des Stromes

$$\dot{J}_2 = k\,\frac{\dot{E}_{20}}{x_{2\,\infty}}\,, \tag{89}$$

den das Stromdiagramm (Abb. 60) auf der $\dot{E}_{20}$-Achse abschneiden soll. Es läßt sich nämlich zeigen, daß $\bar{J}_2$ der Leerlaufschlüpfung ungefähr proportional ist gemäß folgender (unter Vernachlässigung von $x_{m\sigma}$ abgeleiteten) Näherungsgleichung:

$$s_0 \approx k \left[\frac{r_2 + r_a}{x_{12\sigma} - x_{20}}\left(\sqrt{\frac{x_{12\sigma} - x_{20}}{x_{12\sigma}}} - 1\right) + \frac{\varDelta d}{x_m}\right] \tag{90}$$

Eine vollständige Theorie müßte noch zeigen, daß die Einstellung auf abhängige Selbsterregung nicht durch unabhängige Selbsterregung gestört werden kann. Bei der Durchrechnung findet man, daß die Läuferfrequenz einer unabhängigen Selbsterregung wesentlich größer, z. B. doppelt so groß als die Läuferfrequenz $\nu_1 s_0$ sein müßte, und daß sie einen bedeutend größeren Überschuß der Rotationsspannung $\dot{J}_m d'_m$ über den Ohmschen Spannungsabfall $-\dot{J}_m r_m$ erfordert als die abhängige Selbsterregung. Unabhängige Selbsterregung kann daher nur beim Übergang hochgesättigter Phasenschieber vom Motor- zum Generatorzustand auftreten, da hier eine Zone sehr schwacher Sättigung mit entsprechend höheren Werten des Koeffizienten d'_m durchlaufen wird.

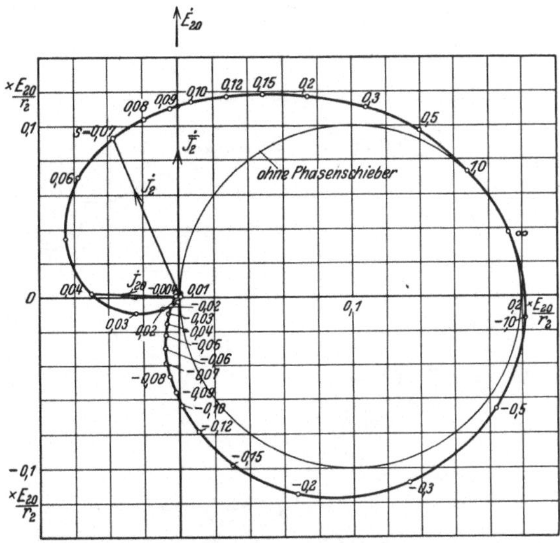

Abb. 60. Vektordiagramm des Sekundärstromes für $x_{m\sigma} = 0$, $\varDelta c = 0$, $s_0 = 0{,}04$.

d) Dimensionierungsbeispiele und Stromdiagramm.

Nachdem Gleichung (86) des Läuferstromes im Nenner verschiedene Glieder mit dem Faktor $\dfrac{1}{s}$ enthält, beschreibt der Stromvektor nicht einen Kreis, sondern eine Kurve höherer Ordnung, die punktweise berechnet werden muß. Dem Vektordiagramm der Abb. 60 sind folgende Konstanten zugrunde gelegt:

$$r_{12} = r_2 \qquad\qquad r_a = 0{,}25\,r_2 \qquad\qquad x_m = 50\,r_2$$

$$x_{12\sigma} = 5\,r_2 \qquad\qquad c_a = 0{,}25\,r_2 = d''_m \qquad\qquad \varDelta c = 0$$

Bei der Wahl des Leerlaufstromes J_{20}, die völlig freisteht, ist darauf Rücksicht zu nehmen, daß der Blindstrom bei Belastung noch zunimmt. In Abb. 60 ist

$$\dot{J}_{20} = - j \frac{\dot{E}_{20}}{20\,r_2}, \text{ also}$$

$$x_{20} = -\,20\,r_2$$

gewählt. Eine Drosselspule im Nebenschlußfeld ist nicht vorgesehen, weshalb mit $x_{m\sigma} = 0$ gerechnet werden kann. Für den Schnittpunkt des Stromdiagrammes mit der $\dot{E}_{20}$-Achse wurde $\bar{J}_2 = 0,12\,\frac{E_{20}}{r_2}$ angestrebt, was $k = 0,6$ entspricht. Hierfür liefert Gleichung (90)

$$s_0 = 0,04$$

und Gleichung (88) für die Einstellung des Erregerkreises

$$\frac{r_m}{x_m} = 0,18 \qquad \frac{\Delta d}{x_m} = 0,005$$

$$r_m = 9\,r_2 \qquad \Delta d = 0,25\,r_2 \qquad d_m' = 9,5\,r_2$$

Der Erregerwicklung muß also Widerstand vorgeschaltet werden, da ihr Eigenwiderstand viel zu gering ist.

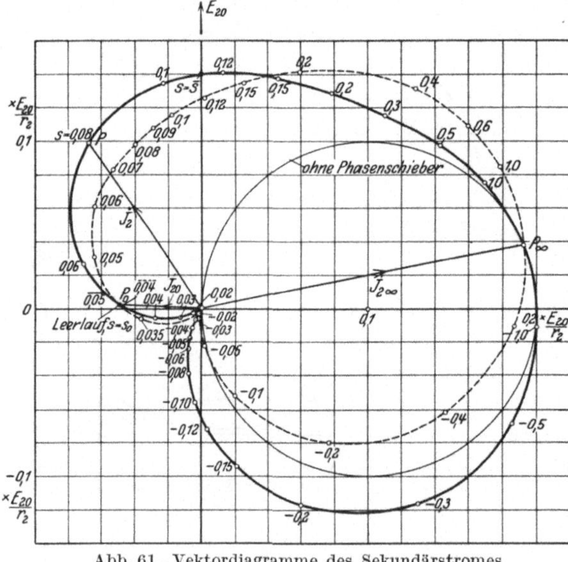

Abb. 61. Vektordiagramme des Sekundärstromes
für $x_{m\sigma} = 0$ $\Delta c = 0$, $\Delta d = 0$, $s_0 = 0,05$ (———)
und für $x_{m\sigma} = 0,75\,x_m$, $\Delta c = 0$, $\Delta d = 0$, $s_0 = 0,04$ (— — —).

Nach Abb. 60 besitzt die Vordermaschine streng genommen vier „Leerlaufpunkte" bei den Schlüpfungen $s = 0,04$, 0, $-0,004$ und ∞. Auf das Motorgebiet $s > s_0$ folgt zwischen $s_0 = 0,04$ und $s = 0$ eine Zone, in der der Vordermotor als Generator gebremst werden kann; die Grenzleistung ist aber sehr gering und wird bei $s \approx 0,03$ erreicht. Wird diese Drehzahl überschritten, so ist ein Gleichgewicht erst wieder im eigentlichen Generatorgebiet mit $-s > 0,004$ möglich.

Soll die Überlastungsfähigkeit der Vordermaschine als Motor gegenüber Abb. 60 noch gesteigert werden, so muß man entweder mit größerer Leerlaufschlüpfung s_0 arbeiten, oder man muß in den Erregerkreis eine Drosselspule einschalten und gleichzeitig c_a, d. h. die Unter- oder Überkompensierung der Ankerrückwirkung, erhöhen. Die Wirkung dieser Maßnahmen illustrieren die Diagramme 61 des Läuferstromes, die nach Gleichung (86) mit folgenden Maschinenkonstanten berechnet sind:

Ausgezogene Kurve:

$$r_{12} = r_2 \qquad r_a = 0,25\,r_2 \qquad x_{m\sigma} = 0 \qquad s_0 = 0,05 \qquad \Delta c = 0$$

$$x_{12\sigma} = 5\,r_2 \qquad c_a = 0,25\,r_2 = d_m'' \qquad \frac{r_m}{x_m} = 0,25 \qquad x_{20} = -\,20\,r_2 \qquad \Delta d = 0$$

Gestrichelte Kurve:

$$r_{12} = r_2 \qquad r_a = 0,25\,r_2 \qquad \frac{x_{m\sigma}}{x_m} = 0,75 \qquad s_0 = 0,04 \qquad \varDelta c = 0$$

$$x_{12\sigma} = 5\,r_2 \qquad c_a = 0,5\,r_2 = d_m'' \qquad \frac{r_m}{x_m} = 0,1 \qquad x_{20} = -\,20\,r_2 \qquad \varDelta d = 0$$

IX. Asynchrone und synchrone Phasenschieber mit Nebenschlußfremderregung.

Die asynchronen Phasenschieber mit abhängiger Selbsterregung sind für die meisten Kraftbetriebe vorzüglich geeignet. Es gibt indessen auch Ausnahmen, wo ihre Verwendung nicht ratsam ist, und zwar mit Rücksicht auf folgende Eigenschaften: Bei den selbsterregenden Phasenschiebern nach Kapitel VII mit vollständiger Aufhebung der Ankerrückwirkung müssen die unabhängige Selbsterregung bei Leerlauf und die abhängige Selbsterregung bei Belastung sorgfältig aufeinander abgestimmt werden. Diese Phasenschieber sind deshalb nicht innerhalb beliebiger Grenzen regelbar. — Verwendet man statt dessen Phasenschieber mit unvollständiger Aufhebung der Ankerrückwirkung nach Kapitel VI oder VIII, so ist zwar die Abstimmung leichter. Aber Motor- und Generatorzustand sind nun durch eine labile Zone getrennt und die abhängige Selbsterregung geht im Generatorzustand verloren, falls nicht eine Umschaltung vorgenommen wird. Dies stört bei Motoren, die betriebsmäßig mit Generatorbremsung zu arbeiten haben. **Soll deshalb die Blindleistung besonders groß und leicht regelbar sein, so gibt man allgemein Phasenschiebern mit Nebenschlußfremderregung den Vorzug.** In Stationen mit asynchronen Generatoren oder Blindleistungsmaschinen werden überhaupt kaum andere Erregermaschinen verwendet. Fremderregte Nebenschlußphasenschieber können sowohl mit Ständer- wie mit Läufererregung gebaut werden. In beiden Fällen wird die Ankerrückwirkung durch eine Kompensationswicklung im Ständer aufgehoben.

31. Asynchroner Phasenschieber mit Nebenschlußfremderregung im Ständer.

Die ständererregte Bauart verlangt als Erregermaschine einen mit der Vordermaschine für „relativen Synchronismus" gekuppelten[1] Frequenzumformer (Abb. 62). Diesem wird an den Schleifringen eine — eventuell regelbare — Spannung E_3 der Netzfrequenz ν_1 aufgedrückt, und am Kommutator eine Spannung E_m von ungefähr gleicher Größe aber von der Schlüpfungsfrequenz $\nu_1 s$ entnommen. Eine Änderung der Phase von $\dot{E}_3$ gegen die Netzspannung $\dot{E}_1$ oder eine Verdrehung der Kommutatorbürsten bewirkt eine ebenso große Änderung der Phase von $\dot{E}_m$ gegen die Läuferspannung $\dot{E}_{20}$ der Vordermaschine.

E_m ist die Erregerspannung des Phasenschiebers. Um seinen Erregerstrom J_m möglichst phasengleich und proportional E_m zu erhalten, werden der Feldwicklung Widerstände vorgeschaltet, die gleichzeitig zur Regelung des Feldstromes benützt werden (Handregelung oder automatische Regelung). Die Rotations-

---

[1] Hierunter wird bekanntlich eine starre Kupplung verstanden, bei der die Rotoren der Vordermaschine und des Frequenzumformers in gleichen Zeiten gleich viele Polteilungsgrade zurücklegen.

spannung $J_m d_m$ des Phasenschiebers ist die wirksame Spannung E_2 der Vordermaschine. Welche Größe und Phase sie besitzen muß, um ihren Zweck zu erfüllen, ist in Kapitel IV über die theoretischen Grundlagen der Phasenkompensierung ausführlich erläutert worden.

Gewöhnlich ist E_m und daher auch E_2 konstant. Dann arbeitet man nur mit Nebenschluß-Phasenkompensierung (Abschnitt 19), eventuell mit einer kleinen Verschiebung der Leerlaufdrehzahl ins übersynchrone Gebiet, was bekanntlich wie eine konstante Hauptstrom-Phasenkompensierung wirkt (Abschnitt 18). Man kann aber auch mittels eines vom Primärstrom erregten Transformators T_1 der Erregerspannung gewisse Hauptstromkomponenten einverleiben (Abb. 62). Auf diese Weise läßt sich sowohl eine Kompoundierung der Drehzahlcharakteristik als auch eine konstante Hauptstrom-Phasenkompensierung erzielen. Schließlich kann man auch

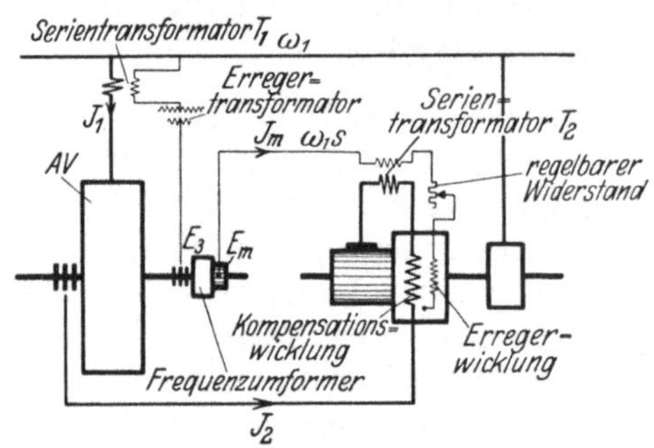

Abb. 62. Asynchroner Phasenschieber mit Nebenschlußfremderregung im Ständer und Erhöhung der Überlastbarkeit der Vordermaschine nach dem Stromregelungsprinzip.

nach dem in Abschnitt 21 erläuterten „Stromregelungsprinzip" den sekundären Hauptstromkreis durch einen Serientransformator T_2 mit dem Erregerkreis verketten (Abb. 62) und so die gesamte Streuspannung $j\dot{J}_2 x_{12\sigma} s$ der Vordermaschine angenähert kompensieren. Hierdurch läßt sich die Überlastbarkeit beinahe unbegrenzt erhöhen.

Die Rücksicht auf die Kommutatorabmessungen des Phasenschiebers begrenzt den Läuferstrom der Vordermaschine und treibt die Stillstandspannung E_{20} in die Höhe. Bei besonders großen Leistungen erreicht diese so hohe Werte, daß man die Vordermaschine nicht mehr mit Rotorwiderständen bei voller Netzspannung anlassen kann. Man verwendet dann gerne einen direkt gekuppelten Anwurfmotor. Zuweilen wird dabei der Frequenzumformer in den Anwurfmotor eingebaut. Dieser erhält dieselbe Polzahl wie die Vordermaschine und wird mit dem Läufer als Primärkreis angelassen. Seine Konstruktion entspricht dann vollkommen der bekannten, von den Sachsenwerken lancierten Type kompensierter Asynchronmotore.

32. Die synchronen Phasenschieber mit Nebenschlußfremderregung im Läufer (Osnos, Kozisek).

Der fremderregte Nebenschlußphasenschieber mit Ständererregung hat den Vorteil, daß er eine asynchrone Maschine ist, d. h. daß seine Drehzahl nicht in irgendeiner Beziehung zur Drehzahl der Vordermaschine stehen muß. Er kann deshalb für sich allein an beliebiger Stelle montiert werden. Auf der anderen Seite benötigt er einen besonderen Erregerumformer, und dies ist ein Nachteil.

Bei den läufererregten Maschinen sind die eben genannten Vor- und Nachteile gerade vertauscht. Diese Phasenschieber müssen im relativen Synchronismus zur Vordermaschine betrieben werden[1], brauchen aber keine Erregermaschine, weil die Netzfrequenz auch die Frequenz ihres Erregerkreises ist.

Die einzigen Vertreter dieser Klasse sind der gewöhnliche Frequenzumformer und die läufererregte Maschine mit kompensierter Ankerrückwirkung, auch kompensierter Frequenzumformer oder Kozisek-Maschine genannt. Bei beiden Maschinen ist die Ankerwicklung an einem mehrphasigen Schleifringsatz angeschlossen, dem die Erregerspannung E_3

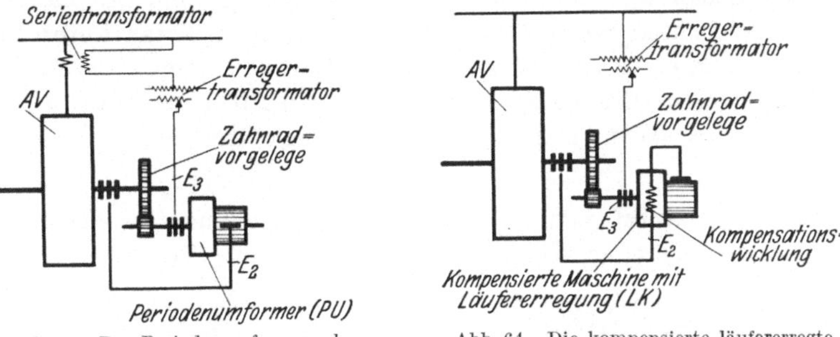

Abb. 63. Der Periodenumformer als Phasenschieber.   Abb. 64. Die kompensierte läufererregte Maschine als Phasenschieber.

Abb. 63 und 64. Die synchronen Phasenschieber mit Nebenschlußfremderregung im Läufer.

über einen eventuell regelbaren Transformator mit der Netzfrequenz aufgedrückt wird (Abb. 63 u. 64). Wie bei der ständererregten Maschine können der Erregerspannung auch gewisse Hauptstromkomponenten einverleibt werden. Sieht man von den geringen inneren Spannungsabfällen ab, so beträgt bei der Kaskade mit Frequenzumformer die wirksame Sekundärspannung $\dot{E}_2 = -\,\dot{E}_3$, bei der Kaskade mit Kozisekmaschine $\dot{E}_2 = -\,\dot{E}_3\,(1-s)$; die Schlüpfung ist aber im Arbeitsgebiet der Vordermaschine so gering, daß dieser Unterschied nicht ins Gewicht fällt.

33. Das Kreisdiagramm des Läuferstromes für $\dot{E}_2 = \dot{\varkappa}\,\dot{E}_{20}\left(1 - \dfrac{s}{s_k}\right)$.

Bei vielen Anwendungen fremderregter Phasenschieber begnügt man sich mit einem konstanten Nebenschlußfeld. Dann ist für die ständererregte kompensierte Maschine und für den gewöhnlichen Frequenzumformer auch die wirksame Kompensationsspannung E_2 konstant, also

$$\dot{E}_2 = \dot{E}_{20}\,\dot{\varkappa} = \dot{E}_{20}\,\varkappa\,(\cos\varepsilon - j\sin\varepsilon)\,. \tag{91a}$$

Bei der läufererregten kompensierten Maschine gilt obiges Gesetz für die Kommutatorspannung, während die Klemmspannung des Arbeitsstromkreises (Anker- + Kompensationswicklung) der Drehzahl proportional ist:

$$\dot{E}_2 = \dot{E}_{20}\,\dot{\varkappa}\,(1 - s) = \dot{E}_{20}\,\varkappa\,(\cos\varepsilon - j\sin\varepsilon)\,(1 - s)\,. \tag{91b}$$

---

[1] Hieraus folgt nicht mit Notwendigkeit, daß Vorder- und Hintermaschine starr gekuppelt werden müssen. Versieht man einen gewöhnlichen Frequenzumformer mit einer mehrphasigen Erregerwicklung, die über Widerstände parallel zu den Bürsten angeschlossen wird, so kann er nach Art eines Drehstrom-Gleichstromumformers seine eigenen Leerlaufverluste decken und ohne Antriebsmaschine im relativen Synchronismus zur Vordermaschine arbeiten (Abb. 29). Tatsächlich haben sich derartige Phasenschieber in Betrieben mit nicht zu starker stoßweiser Überlastung gut bewährt.

Beide Formeln vereinigt der Ansatz

$$\dot{E}_2 = \dot{E}_{20}\,\dot{\varkappa}\left(1 - \frac{s}{s_k}\right) = \dot{E}_{20}\,\varkappa(\cos\varepsilon - j\sin\varepsilon)\left(1 - \frac{s}{s_k}\right), \tag{91}$$

wenn im ersten Falle $s_k = \infty$ und im zweiten Falle $s_k = 1$ gesetzt wird. Für diese praktisch wichtigste Anwendung der fremderregten Phasenschieber besteht ein einfacher Zusammenhang zwischen dem Kreisdiagramm des Läuferstromes und der aufgedrückten Sekundärspannung E_2. **Dieser Zusammenhang ermöglicht es, das Kreisdiagramm mit Ausnahme eines Punktes willkürlich vorzuschreiben und Größe und Phase der dazu erforderlichen Sekundärspannung E_2 aus der Lage des Mittelpunktes abzulesen.**

Die Ableitung stützt sich auf die 2. Hauptgleichung (44) (7) der Vordermaschine, die in folgender Weise auf die Normalform (12b) der Kreisgleichung gebracht wird:

$$J_2 = \frac{\dot{E}_2 + \dot{E}_{20}\,s}{r_2 + (r_{12} - j\,x_{12\sigma})\,s}$$

$$= \dot{E}_{20}\,\frac{\varkappa(\cos\varepsilon - j\sin\varepsilon) + \dfrac{s}{1 - \dfrac{s}{s_k}}}{r_2 + \left(\dfrac{r_2}{s_k} + r_{12} - j\,x_{12\sigma}\right)\dfrac{s}{1 - \dfrac{s}{s_k}}} \equiv E\,\frac{(\alpha + j\,\beta) + p}{(u + j\,v) + \dot{z}_\infty\,p}. \tag{92}$$

Hierin ist **ausnahmsweise**

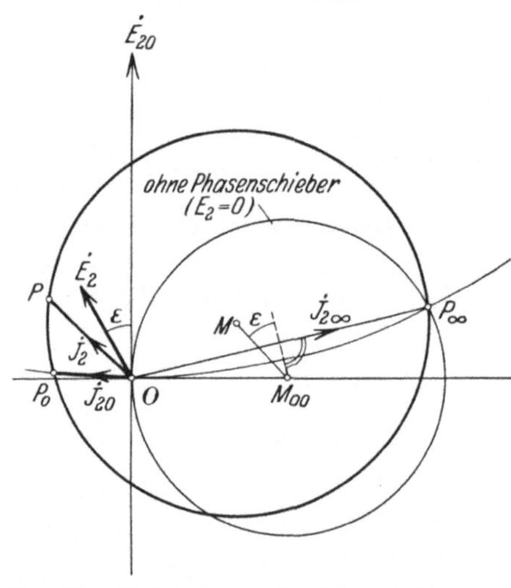

Abb. 65.   Kreisdiagramm des Sekundärstromes für konstante aufgedrückte Sekundärspannung $\dot{E}_2$ ($s_k = \infty$).

$$p = \frac{s}{1 - \dfrac{s}{s_k}}$$

gesetzt worden, wenngleich $p = 0$ diesmal nicht den Leerlauf, sondern den Synchronismus anzeigt. Der Unendlichkeitspunkt $p = \infty$ wird für $s_k = \infty$ identisch mit dem Punkte der unendlichen Drehzahl, für $s_k = 1$ dagegen mit dem Stillstandspunkte. Ferner liest man ab:

$$\alpha + j\,\beta \equiv \varkappa(\cos\varepsilon - j\sin\varepsilon),$$

$$u \equiv r_2,$$

$$v \equiv 0,$$

$$r_\infty \equiv \frac{r_2}{s_k} + r_{12},$$

$$x_\infty \equiv x_{12\sigma}.$$

Der Mittelpunkt M des Kreisdiagrammes kann nach Gleichung (16) und Abb. 65 auf den Mittelpunkt M_{00} des Kreisdiagrammes für den gewöhnlichen Asynchronmotor bezogen werden. Bei unerregtem Phasenschieber wäre:

$$\overline{O\,M}_{00} = \xi_{m\,00} = \frac{E_{20}}{2\,x_{12\sigma}}.$$

Die Fremderregung verschiebt den Mittelpunkt um

$$\overline{M_{00}\dot{M}} = j\,(\xi_m - \xi_{m\,00}) + \eta_m = \frac{\dot{E}_{20}}{2} \cdot \frac{x_\infty - j\,r_\infty}{u\,x_\infty - v\,r_\infty}\left(\frac{v}{x_\infty} + \alpha + j\,\beta\right) \qquad (16)$$

$$= \frac{\dot{E}_{20}}{2} \cdot \frac{x_\infty - j\,r_\infty}{r_2\,x_\infty} \cdot \varkappa\,(\cos\varepsilon - j\sin\varepsilon)$$

$$= \frac{\dot{E}_2}{1 - \dfrac{s}{s_k}} \cdot \frac{1 - j\,\dfrac{r_\infty}{x_\infty}}{2\,r_2}\,. \qquad (93)$$

Damit ist der gesuchte Zusammenhang zwischen der Lage des Kreisdiagrammes und der Klemmspannung des Phasenschiebers gefunden (Abb. 65). Das Kreisdiagramm der Kommutatorkaskade hat mit dem Diagramm der unkompensierten Vordermaschine ($E_2 = 0$) den Unendlichkeitspunkt ($p = \infty$) gemeinsam. Wird es im übrigen beliebig aufgezeichnet, so schließt die Mittelpunktsverschiebung $\overline{M_{00}\dot{M}}$ mit dem Mittellote auf $\overline{O\,P_\infty}$ denselben Winkel ε ein, wie die erforderliche Sekundärspannung $\dot{E}_2$ mit der Stillstandsspannung $\dot{E}_{20}$. Hieraus ergibt sich die Phase der Sekundärspannung. Ihre Größe wird aus der Mittelpunktsverschiebung zu

$$E_2 = \frac{2\,\overline{M_{00}\dot{M}}\,r_2}{\sqrt{1 + \dfrac{r_\infty^2}{x_\infty^2}}} \qquad (93a)$$

berechnet.

In Abb. 65 besitzt E_2 eine beträchtliche Komponente in Phase mit $\dot{E}_{20}$, welche die Leerlaufzahl über die synchrone erhöht. Man findet die Leerlaufschlüpfung s_0 oder den entsprechenden Parameter p_0, indem man in Gleichung (92) den Läuferstrom dem aus dem Stromdiagramm zu entnehmenden Leerlaufstrom gleichsetzt. Also:

$$\dot{J}_{20} = \dot{E}_{20}\,\frac{\varkappa\,(\cos\varepsilon - j\sin\varepsilon) + p_0}{r_2 + \left(\dfrac{r_2}{s_k} + r_{12} - j\,x_{12\sigma}\right)p_0} \equiv \frac{\dot{E}_{20}}{r_{12} - j\,x_{20}}\,.$$

Hieraus folgt:

$$\frac{s_0}{1 - \dfrac{s_0}{s_k}} = \varkappa\,\frac{r_{12}\sin\varepsilon + x_{20}\cos\varepsilon}{x_{12\sigma} - x_{20}} \approx \varkappa\cos\varepsilon\,\frac{x_{20}}{x_{12\sigma} - x_{20}} \qquad (94)$$

Vierter Teil

Die Kommutatorkaskaden für Tourenregelung.

Die Kommutatorkaskaden für Tourenregelung haben dem Drehstrommotor viele Kraftbetriebe erschlossen, die früher dem Gleichstrommotor vorbehalten waren. Als Beispiele sind umlaufende Pumpen, Gebläse und Kompressoren, insbesondere aber große Grubenventilatoren und Walzenstraßen zu nennen.

Durchgesetzt haben sich die Regelsätze dank ihrer Wirtschaftlichkeit. Die Wirtschaftlichkeit beruht in erster Linie auf der Nutzbarmachung der „Schlupfleistung" $P_{12}s$ [Gleichung (19)], welche dem Vordermotor auf untersynchronen Tourenstufen entzogen werden muß. Bei Tourenregelung mittels Widerstand im Sekundärkreis mußte diese Leistung vernichtet werden. Dazu kommen Verbesserung des Leistungsfaktors und Erhöhung der Überlastbarkeit. Überhaupt verbinden die Regelsätze mit der wirtschaftlichen Drehzahlregelung alle jene Vorteile, die wir früher bei Kaskadenschaltungen mit Phasenschiebern kennengelernt haben.

Die Kommutatorkaskaden für Tourenregelung bestehen aus der asynchronen Hauptmaschine, dem „Vordermotor", und einer Drehstromkommutatormaschine, kurz „Hintermaschine" genannt. Außerdem werden zur Erregung der Hintermaschine häufig besondere „Erregermaschinen" angewendet. Die Hintermaschine hat die Aufgabe, den Schleifringen des Vordermotors eine Spannung $\dot{E}_2$ der Schlüpfungsfrequenz aufzudrücken, deren Größe, Phase und Stromabhängigkeit sich nach den gewünschten Betriebseigenschaften richtet.

Moderne Kaskadenschaltungen gestatten eine feinstufige oder stetige Drehzahlverstellung zwischen einer untersynchronen und einer übersynchronen Grenztourenzahl. Der Durchgang durch den Synchronismus (L 104) und die Erweiterung des Regelbereiches auf übersynchrone Drehzahlen bedeutete einen wichtigen Fortschritt. Denn bei doppelseitiger Regelung oder, wie man auch sagt, bei „Doppelzonenregelung" wird die Leistung der Hintermaschine ungefähr halb so groß wie bei einseitiger untersynchroner Regelung und gleichem Verhältnis der Grenztourenzahlen. Infolgedessen wird die ganze Anlage billiger, und der Wirkungsgrad steigt mit der Verringerung der umgeformten Leistung. Auch geht man mit Rücksicht auf die Kommutierungsschwierigkeiten bei großen ständererregten Maschinen nicht gerne über 20 Perioden hinaus und erhält so an 50 ∼-Netzen bei doppelseitiger Regelung einen Tourenbereich von 60 bis 140%, wie ihn Walzenstraßen nicht selten fordern.

Bei Untersynchronismus gibt der Hauptmotor die Leistung $\dot{E}_2 \times \dot{J}_2 = P_{12}s - J_2^2 r_2$ an die Kommutatormaschine ab, bei Übersynchronismus muß die Leistung $P_{12}|s| + J_2^2 r_2$ dem Läuferkreis des Vordermotors zugeführt werden. Diese elektrische Leistung könnte bei Kaskadenschaltungen mit Frequenzumformern direkt von der Läuferfrequenz auf die Netzfrequenz umgeformt werden. Doch kommt der Frequenzumformer für die Drehzahlregelung kaum mehr in Betracht. Bei allen anderen Schaltungen wird die Leistung $\dot{E}_2 \times \dot{J}_2$ zuerst in mechanische Leistung verwandelt oder aus mechanischer Leistung gewonnen. Die Hintermaschine arbeitet dann bei Untersynchronismus als Motor, bei Übersynchronismus als Generator und muß daher entweder mechanisch belastet oder mechanisch angetrieben werden.

Hierfür gibt es zwei Möglichkeiten. Die erste Lösung besteht in einer **mechanischen Kupplung zwischen Vorder- und Hintermaschine**. In diesem Falle sind die Drehzahlen beider Maschinen gleich oder proportional, und die Leistung an der Hauptwelle ist im ganzen Regelbereich für gleichen primären Wirkstrom ungefähr konstant. Wenn Vorder- und Hintermaschine vorteilhaft für gleiche Drehzahlen gebaut werden können, ist diese Lösung am einfachsten. Andernfalls zieht man es meist vor, die Hintermaschine getrennt aufzustellen und mit einer gewöhnlichen Asynchron- oder Synchronmaschine zu kuppeln, die an das Hauptnetz angeschlossen wird. Bei dieser zweiten Lösung, die man auch als **elektrische Kupplung** bezeichnet, wird die Schlupfleistung bei Untersynchronismus erst in mechanische und dann noch einmal in elektrische Leistung verwandelt, also **doppelt umgeformt**. Deshalb ist der Gesamtwirkungsgrad oft geringer als bei der vorigen Anordnung. Außerdem bleibt nicht mehr die Leistung, sondern das Moment an der Welle des Vordermotors konstant, wenn die Drehzahl bei konstantem Wirkstrom geregelt wird. Ein Vorteil ist jedenfalls, daß die Hintermaschine mit nahezu konstanter Drehzahl arbeitet. Es ist dies für die Kommutierung am günstigsten und die Maschine ist dabei am besten ausgenützt.

X. Die theoretischen Grundlagen der Tourenregelung von Drehstromasynchronmotoren durch Drehstromkommutatormaschinen.

Von Kommutatorkaskaden für Tourenregelung können folgende Arbeitseigenschaften gefordert werden:

1. Die Drehzahl soll innerhalb eines gewissen unter- und übersynchronen Bereiches verstellbar sein.

2. Die Drehzahlcharakteristik soll der eines Nebenschlußmotors ohne oder mit Kompoundierung entsprechen.

3. Das Aggregat soll sich bei Leerlauf selbst erregen oder sogar einen voreilenden Blindstrom ans Netz abgeben.

4. Der Blindstrom soll im normalen Arbeitsbereich ziemlich unabhängig von der Belastung sein.

5. Das Aggregat soll eine hohe Überlastungsfähigkeit auf allen Tourenstufen besitzen.

Die verlangten Eigenschaften bestimmen das Gesetz der Sekundärspannung

$$\boxed{\dot{E}_2 = -\dot{E}_{20}\,s + \dot{J}_2\,[r_2 + (r_{12} - j\,x_{12\,\sigma})\,s] = -\dot{E}_{20}\,s + \dot{J}_2\,[r_2 + \dot{z}_{12}\,s]} \quad (95,\,(7))$$

die den Schleifringen der Vordermaschine aufgedrückt werden muß. Dieses Gesetz ist daher für die meisten Regelsätze gemeinsam. Der Unterschied zwischen verschiedenen Schaltungen liegt hauptsächlich darin, welche Wege zur Erfüllung dieses Gesetzes beschritten werden, und wie vollkommen seine Erfüllung gelingt. Kann man auch nicht leicht eine Theorie aufstellen, welche beliebige Kaskadenschaltungen umfaßt, so kann man doch unter Verzicht auf nebensächliches Beiwerk die Theorie einer „Normalform" herleiten, die von allen modernen Schaltungen angestrebt und meistens auch wirklich erreicht wird. Diese Theorie bildet die notwendige Grundlage für das Verständnis der Entwicklung, die in den letzten Jahren das Gebiet der Regelsätze bereichert hat.

34. Die Regelung der Leerlauftourenzahl.

Wird die Vordermaschine mit geöffnetem Sekundärkreis angetrieben, so wird diesem durch das Hauptfeld die Spannung $E_{20} s_0$ induziert. Erzeugt die Hintermaschine dieselbe Spannung, aber mit entgegengesetzter Phase, so kann man Vorder- und Hintermaschine zusammenschalten, ohne daß im Sekundärkreis ein Strom und damit ein Moment entsteht. Daraus folgt, daß man durch eine Spannung

$$\boxed{(\dot{E}_{2\,d})_0 = -\,\dot{E}_{20}\,s_0} \tag{96a}$$

die Leerlaufschlüpfung s_0 auf beliebige Werte einstellen kann. Je nachdem $(\dot{E}_{2\,d})_0$ und $\dot{E}_{20}$ entgegengesetzt oder gleichgerichtet sind, ist die Leerlaufschlüpfung positiv (untersynchrone Drehzahl) oder negativ (übersynchrone Drehzahl). Im folgenden wird $E_{2\,d}$ als „Tourenregelungs-Spannung" bezeichnet.

Wir setzen den Fall, eine Hintermaschine werde mit konstanter Drehzahl, und zwar mit der synchronen Drehzahl n_s der Vordermaschine, angetrieben. Sie gestatte dabei die Leerlaufschlüpfung der Vordermaschine zwischen den Grenzen

$$\bar{s}_0' = \bar{s}_0$$

und

$$\bar{s}_0'' = -\,\bar{s}_0$$

zu regeln. Dem entspricht ein Tourenverhältnis

$$\frac{n_{\max}}{n_{\min}} = \frac{1 - \bar{s}_0''}{1 - \bar{s}_0'} = \frac{1 + \bar{s}_0}{1 - \bar{s}_0}$$

und eine mittlere Drehzahl

$$\frac{n_{\max} + n_{\min}}{2} = \frac{n_s}{2}\left[(1 - \bar{s}_0'') + (1 - \bar{s}_0')\right] = n_s$$

der Vordermaschine. Welche Tourengrenzen ergeben sich nun, wenn statt dessen dieselbe Hintermaschine mit der Vordermaschine starr gekuppelt und ihr Erregerstrom innerhalb derselben Grenzen wie oben geregelt wird?

Bezeichnet man die neuen Schlüpfungsgrenzen mit $\bar{s}'$ (positiv) und $\bar{s}''$ (negativ), so wird

$$\bar{s}' = \bar{s}_0'\,(1 - \bar{s}')\,,$$

$$\bar{s}'' = \bar{s}_0''\,(1 - \bar{s}'')\,,$$

denn die Rotationsspannung der Hintermaschine ist beidemal im Verhältnis $1 - \bar{s}$ größer als früher beim Antrieb mit der konstanten Drehzahl n_s. Daraus folgt:

$$\bar{s}' = \frac{\bar{s}_0}{1 + \bar{s}_0}\,,$$

$$\bar{s}'' = -\,\frac{\bar{s}_0}{1 - \bar{s}_0}\,,$$

und wie früher

$$\frac{n_{\max}}{n_{\min}} = \frac{1 - \bar{s}''}{1 - \bar{s}'} = \frac{1 + \bar{s}_0}{1 - \bar{s}_0},$$

aber

$$\frac{n_{\max} + n_{\min}}{2} = \frac{n_s}{2}\left[(1 - \bar{s}'') + (1 - \bar{s}')\right] = \frac{n_s}{1 - \bar{s}_0^2}.$$

Man erhält somit bei konstanter und variabler Drehzahl der Hintermaschine dasselbe Verhältnis der Grenztourenzahlen; nur liegen im zweiten Falle alle Drehzahlen im Verhältnis $\dfrac{1}{1 - \bar{s}_0^2}$ höher. Dies muß bei der Wahl der Polzahl der Vordermaschine berücksichtigt werden.

Ist E_{2d} bei Leerlauf durch Gleichung (96a) gegeben, und wird die Vordermaschine bei unveränderter Einstellung der Hintermaschine belastet, so ändert sich bei vielen Kaskadenschaltungen die Größe und eventuell auch die Phase der Tourenregelungsspannung. Die wichtigsten Fälle erfaßt der Ansatz:

$$\boxed{\dot{E}_{2d} = -\dot{E}_{20}\,s_0 \cdot \frac{1 - \dfrac{s}{s_k}}{1 - \dfrac{s_0}{s_k}} \cdot \left[1 + (s - s_0)\,\varphi_d(s)\right]} \tag{96}$$

Für $s = s_0$ ergibt sich wieder Gleichung (96a). Setzt man ferner

$$s_k = \infty, \qquad \varphi_d = 0,$$

so bleibt E_{2d} auch bei beliebiger Schlüpfung konstant. Ein Beispiel hierfür ist eine Kommutatorkaskade mit kompensierter Hintermaschine, die mit konstantem Strom erregt und mit konstanter Drehzahl angetrieben wird.

Setzt man statt dessen

$$s_k = 1, \qquad \varphi_d = 0,$$

so folgt

$$\dot{E}_{2d} = -\dot{E}_{20}\,s_0\,\frac{1 - s}{1 - s_0},$$

d. h. die Tourenregelungsspannung ändert sich jetzt proportional der Drehzahl der Vordermaschine. Dies ist der Fall, wenn die Hintermaschine als kompensierte Maschine ausgeführt, mit konstantem Strom erregt und mit der Vordermaschine gekuppelt ist.

Es ist jedoch nicht immer möglich, den Erregerstrom der Hintermaschine bei variierender Frequenz konstant zu halten. Erzeugt beispielsweise die Erregerspannung E_m einer ständererregten Maschine bei Leerlauf den Feldstrom

$$\dot{J}_{m0} = \frac{\dot{E}_m}{r_m - j\,x_m\,s_0},$$

so erzeugt dieselbe Spannung bei der Schlüpfung s den Strom

$$\dot{J}_m = \frac{\dot{E}_m}{r_m - j\,x_m\,s} = \dot{J}_{m0}\,\frac{r_m - j\,x_m\,s_0}{r_m - j\,x_m\,s}$$

oder endgültig

$$\left.\begin{aligned}
\dot{J}_m &= \dot{J}_{m0}\left[1 + (s - s_0)\,\frac{j\,x_m}{r_m - j\,x_m\,s}\right]\\
&= \dot{J}_{m0}\left[1 + (s - s_0)\,\varphi(s)\right]
\end{aligned}\right\} \tag{96b}$$

Um auch derartige Fälle zu erfassen, ist in Gleichung (96) das Glied $(s - s_0)\,\varphi(s)$ hinzugefügt.

Mit Rücksicht auf spätere Anwendungen ist es zweckmäßig, die Schlüpfung s so weit als möglich auf einen neuen Parameter

$$p = \frac{s}{1 - \dfrac{s}{s_k}} - \frac{s_0}{1 - \dfrac{s_0}{s_k}} \tag{97}$$

zurückzuführen. Wie man sieht, verschwindet dieser Parameter für $s = s_0$, also bei Leerlauf. Für

$$s = s_k \quad \text{wird} \quad p = \infty.$$

Da je nach der Aufstellung der Hintermaschine entweder $s_k = \infty$ oder $s_k = 1$ ist, entspricht $p = \infty$ entweder dem Punkte der unendlichen Drehzahl oder dem Stillstandpunkt. Durch Einführung des Parameters p läßt sich Gleichung (96) wie folgt weiter entwickeln:

$$\dot{E}_{2d} = -\dot{E}_{20}\left(1 - \frac{s}{s_k}\right) \cdot \left[\frac{s_0}{1 - \dfrac{s_0}{s_k}} + p \cdot s_0\left(1 - \frac{s}{s_k}\right)\varphi_d(s)\right]$$

oder

$$\dot{E}_{2d} = -\dot{E}_{20}\,s + \dot{E}_{20}\,p\left(1 - \frac{s}{s_k}\right)\psi_d(s) \tag{98}$$

wobei

$$\psi_d(s) = 1 - s_0\left(1 - \frac{s}{s_k}\right) \cdot \varphi_d(s) \tag{98a}$$

gesetzt wurde.

35. Die variable Hauptstrom-Phasenkompensierung.

Verhältnismäßig spät erkannte man, daß eine Nebenschlußspannung wie $\dot{E}_{2d}$ noch nicht zur Tourenregelung genügt, wenigstens nicht bei großen Maschinen. Hier verlangt man, daß das Stromdiagramm auf allen Tourenstufen nicht ungünstiger liegt als das Kreisdiagramm des gewöhnlichen Drehstrommotors ohne Drehzahlverstellung. Nun hat der Asynchronmotor mit Kurzschlußläufer die außerordentlich wichtige Eigenschaft, daß bei kleinen Abweichungen von der Leerlaufdrehzahl die auf den Läuferkreis bezogenen Widerstandsspannungen

$$- \dot{J}_2(r_2 + r_{12}\,s)$$

den induktiven Spannungsabfall

$$j\,\dot{J}_2\,x_{12\sigma}\,s$$

bei weitem übertreffen. Für die Leerlauftourenzahl, die hier die synchrone ist, verschwindet der induktive Spannungsabfall überhaupt.

Bei Regelsätzen liegen die Verhältnisse ganz anders. Hier arbeitet die Vordermaschine schon bei Leerlauf mit einem induktiven Spannungsverlust

$$j\,\dot{J}_{20}\,x_{12\sigma}\,s_0,$$

der je nach dem Regelbereich ebenso groß oder größer als der Ohmsche Spannungsabfall werden kann. Der Rotorkreis ist also stark induktiv. Der Wirkung dieser zusätzlichen Streuspannung wurde bereits bei der Behandlung der Phasenschieber nachgegangen (vgl. Abschnitt 18): Enthält die Sekundärspannung $\dot{E}_2$ außer der Tourenregelungsspannung $\dot{E}_{2d} = - \dot{E}_{20}s_0$ keine anderen Komponenten, so ergeben sich für den Läuferstrom auf unter- und übersynchronen Tourenstufen die strichlierten Kreisdiagramme der Abb. 66, deren Gesetze unmittelbar aus Gleichungen (49) und (93) folgen. Die übersynchrone Regelung hebt, die untersynchrone senkt die Mittelpunktskoordinate auf

$$\eta_m = - \frac{E_{20}\,s_0}{2\,r_2} \tag{99a}$$

und erhöht schon bei Leerlauf die Phasenverschiebung zwischen Läuferstrom (J_{20}) und -spannung (E_{20}) auf

$$\varphi_{20} = \operatorname{arc\,tg} \frac{x_{12\sigma}\,s_0}{r_2 + r_{12}\,s_0}. \tag{99b}$$

Je größer die Streureaktanz im Verhältnis zum Widerstand, desto größer wird die Phasenverschiebung für ein und dieselbe Leerlaufschlüpfung s_0. Deshalb macht sich diese Erscheinung gerade bei großen Maschinen besonders störend bemerkbar. Da sich ferner Primär- und Sekundärstrom der Vordermaschine nur um den Magnetisierungsstrom unterscheiden, spiegelt die Phase des Primärstromes alle Änderungen der sekundären Phasenverschiebung wieder.

Dem beschriebenen Übelstand kann auf verschiedene Weise begegnet werden. Ein besonders einfaches, wenn auch nicht vollkom

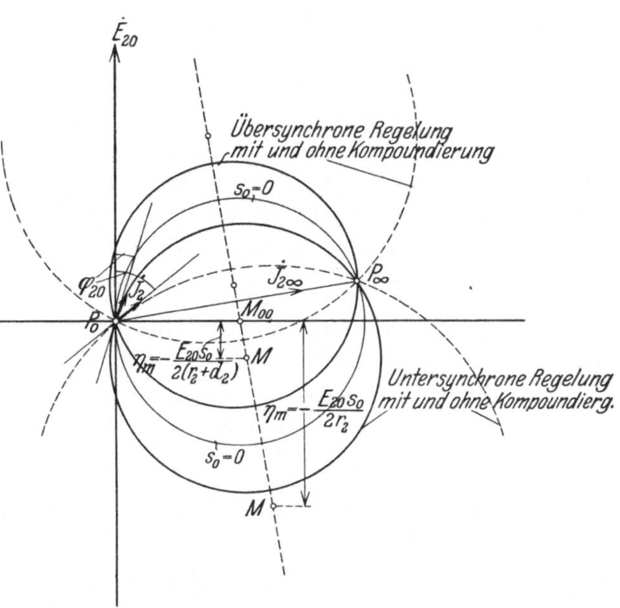

Abb. 66. Verbesserung des Leistungsfaktors bei unter- und übersynchroner Regelung durch Kompoundierung der Drehzahlcharakteristik.

menes Mittel, das man bei kleinen Leistungen und nicht zu großem Regelbereich mit Vorteil anwenden kann, besteht in der Kompoundierung der Hintermaschine. Unter „Kompoundierung" versteht man irgendeine Anordnung, welche der Rotationsspannung der Hintermaschine eine dem Ohmschen Spannungsabfall phasengleiche und proportionale Spannung

$$- \dot{J}_2 d_2$$

einverleibt. Die Größe der Summenspannung $- \dot{J}_2\,(r_2 + d_2)$ bestimmt den Tourenabfall bei Belastung, der bei manchen Betrieben, z. B. Ventilatoren, ziemlich willkürlich gewählt werden kann. Da die Kompoundierungsspannung

$-J_2 d_2$ genau wie eine Vergrößerung des Ohmschen Spannungsabfalles wirkt, so
lautet Gleichung (99) nunmehr

$$\eta_m = -\frac{E_{20}\,s_0}{2\,(r_2 + d_2)}\,, \qquad \varphi_{20} = \operatorname{arc\,tg}\frac{x_{12\sigma}\,s_0}{r_2 + d_2 + r_{12}\,s_0}\,.$$

Ist nun beispielsweise

$$\frac{x_{12\sigma}}{r_2} = 10\,,$$

$$r_{12} = r_2\,,$$

so wird für $d_2 = 4\,r_2$ und einen Regelbereich $s_{0\,\mathrm{max}} = \pm\,0{,}15$:

$$(\eta_m)_{\mathrm{max}} = \mp\frac{E_{20}}{2\,x_{12\sigma}}\cdot 0{,}3\,, \qquad \operatorname{tg}(\varphi_{20})_{\mathrm{max}} = 0{,}29\,, \;-0{,}31$$

während man ohne Kompoundierung

$$(\eta_m)_{\mathrm{max}} = \mp\frac{E_{20}}{2\,x_{12\sigma}}\cdot 1{,}5\,, \qquad \operatorname{tg}(\varphi_{20})_{\mathrm{max}} = 1{,}3\,, \;-1{,}76$$

erhalten hätte. Was dieser Unterschied für den Leistungsfaktor bedeutet, läßt
Abb. 66 erkennen. Zugleich sieht man aber auch, daß die Kompoundierung das
Übel nur vermindert, aber nicht aufhebt.

**Wirklich beseitigt kann die Störung nur dadurch werden, daß
man die Streuspannung wenigstens**[1] **bei Leerlauf vollständig
kompensiert,** wie das zuerst vom Verfasser gefordert wurde (L 83). Man erreicht dies, indem man dem Sekundärkreis der Vordermaschine eine der Streuspannung entgegengesetzt gleiche Spannung

$$(\dot E_{2v})_{s=s_0} = -j\dot J_2 x_{12\sigma}s_0 \tag{100a}$$

aufdrückt. Damit diese Regelung die Abhängigkeit des Tourenabfalles p von der
Belastung $\dot J_2$ nicht beeinflußt, erweitere ich den obigen Ansatz auf

$$\boxed{\;(\dot E_{2v})_{s=s_0} = \dot J_2\left[\frac{r_2}{s_k} + (r_{12} - j\,x_{12\sigma})\right]s_0 \equiv \dot J_2\left[\frac{r_2}{s_k} + \dot z_{12}\right]s_0\;} \tag{100b}$$

Wir wollen zuerst annehmen, die Kompensationsspannung $\dot E_{2v}$ befolge bei
Leerlauf und bei Belastung dasselbe Gesetz, also für $s_k = \infty$

$$\dot E_{2v} = \dot J_2[r_{12} - j\,x_{12\sigma}]\,s_0\,. \tag{100c}$$

Dann ist leicht einzusehen, daß sie den Einfluß der Drehzahlregelung auf
Größe und Phase des Sekundärstromes vollständig eliminiert. Man
braucht nur die Vektordiagramme der Sekundärspannungen für synchrone und
untersynchrone Leerlaufdrehzahl so aufzuzeichnen, wie dies in Abb. 67 (für
$s_k = \infty$) geschehen ist.

Für synchrone Leerlaufdrehzahl (d. h. ohne Tourenregelung, $\dot E_2 = 0$) wird
die Schlupfspannung $\dot E_{20}s'$ des Hauptfeldes der Vordermaschine durch die Ohmschen Spannungsabfälle $-\dot J_2(r_2 + r_{12}s')$ und die Streuspannung $j\dot J_2 x_{12\sigma}s'$

---

[1] Die vollkommenste Lösung wäre die Kompensierung der Streuspannung bei Leerlauf
und Belastung durch eine Komponente $E_{2v} = \dot J_2\dot z_{12}s$ der Sekundärspannung $\dot E_2$. Es zeigt
sich aber, daß hierdurch die Dimensionierung der Hintermaschine beengt und bei größerem
Regelbereich oft ungünstig gestaltet würde.

aufgehoben (Abb. 67a). Stellt man statt dessen durch die Spannungen

$$\dot{E}_{2d} + \dot{E}_{2v} = -\dot{E}_{20}s_0 + \dot{J}_2(r_{12} - j\,x_{12\sigma})\,s_0$$

eine untersynchrone Tourenstufe ein und belastet die Maschine bis zum gleichen Tourenabfall

$$s - s_0 = s',$$

so ergibt sich Abb. 67b. In dieser ist das schraffierte Spannungsdreieck dem entsprechenden Dreieck in Abb. 67a kongruent. Der einzige Unterschied besteht darin, daß in Abb. 67a gewisse Spannungen der Schlüpfung s' proportional waren, während in Abb. 67b dieselben Spannungen dem Tourenabfall $s - s_0$ proportional sind.

Damit ist bewiesen, daß sich die wie oben geregelte Maschine auf allen Tourenstufen ebenso verhält wie ohne Tourenregelung

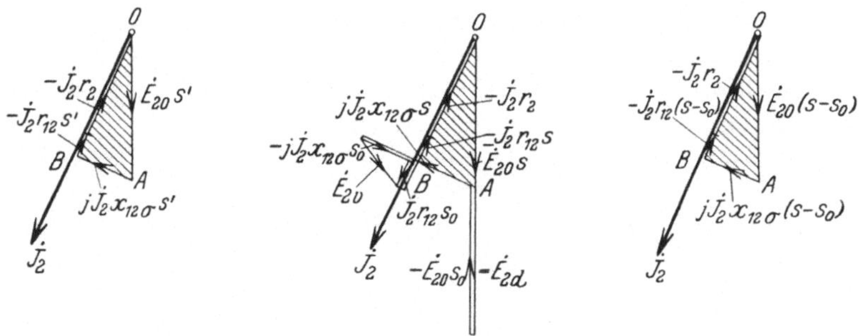

Abb. 67a. Rotor kurz geschlossen.　　　Abb. 67b. Untersynchrone Tourenstufe (s_0 positiv).
Abb. 67a und b. Sekundäres Spannungsdiagramm ohne und mit Tourenregelung.

mit kurzgeschlossenem Läufer. Die Rolle, die sonst die Schlüpfung spielt, übernimmt jetzt der Tourenabfall. Die Charakteristiken der Ströme, des Leistungsfaktors und des Momentes werden dadurch nicht berührt.

In Wirklichkeit befolgt $\dot{E}_{2v}$ bei Belastung oft nicht den einfachen Ansatz (100c), sondert ändert sich nach demselben Gesetz wie die Tourenregelungsspannung. Denn auch E_{2v} wird gewöhnlich als Rotationsspannung im Erregerfeld der Hintermaschine erzeugt. Der vollständige Ansatz lautet daher in Anlehnung an Gleichungen (96) und (98):

$$\boxed{\dot{E}_{2v} = \dot{J}_2\left[\frac{r_2}{s_k} + \dot{z}_{12}\right]s_0 \frac{1 - \dfrac{s}{s_k}}{1 - \dfrac{s_0}{s_k}} \cdot \left[1 + (s - s_0)\,\varphi_d(s)\right]}$$

$$= \dot{J}_2\left[\frac{r_2}{s_k} + \dot{z}_{12}\right] \cdot \left[s - p\left(1 - \frac{s}{s_k}\right) \cdot \left(1 - s_0\left(1 - \frac{s}{s_k}\right)\varphi_d(s)\right)\right] \tag{100}$$

$$\boxed{\dot{E}_{2v} = \dot{J}_2\left[\frac{r_2}{s_k} + \dot{z}_{12}\right]s - \dot{J}_2\left[\frac{r_2}{s_k} + \dot{z}_{12}\right]p\left(1 - \frac{s}{s_k}\right)\psi_d(s)}$$

Diese für die Drehzahlregelung außerordentlich wichtige Komponente bezeichne ich als „die Spannung der variablen Hauptstrom-Phasenkompensierung". Das etwas lange Wort betont drei Eigenschaften dieser Spannung, nämlich:

Erstens: Daß sie den Leistungsfaktor bei Belastung beherrscht.

Zweitens: Daß sie dem Hauptstrome proportional ist.

Drittens: Daß sie gleichzeitig mit der Leerlauftourenzahl geregelt werden muß [vgl. die erste der Gleichungen (100)], da der Proportionalitätsfaktor der Leerlaufschlüpfung proportional ist. Die Blindkomponente von $\dot{E}_{2v}$ ist immer kapazitiv, da sie sowohl bei Unter- wie bei Übersynchronismus der Streuspannung entgegengesetzt gerichtet ist.

Die Spannung der variablen Hauptstrom-Phasenkompensierung kann auf verschiedene Weise erzeugt werden. Wichtig ist insbesondere, daß sie ebenso gut aus dem Primärstrom wie aus dem Sekundärstrom abgeleitet werden kann. Gemäß der dritten Form der ersten Hauptgleichung [Gleichung (5)] gilt nämlich:

$$\dot{E}_{20} - \dot{J}_2\left(\frac{r_2}{s_k} + \dot{z}_{12}\right) = -\frac{x_2 + j\frac{r_2}{s_k}}{x_{21}}\left[\dot{E}_1 - \dot{J}_1\left(r_1 + r'_{21} - j x'_{21\,\sigma}\right)\right], \qquad (101\,\mathrm{a})$$

wobei

$$r'_{21} = \frac{r_2}{s_k} \cdot \frac{x_1}{x_2} \cdot \frac{1 - \sigma}{1 + \left(\dfrac{r_2}{x_2 s_k}\right)^2},$$

und

$$x_{21\,\sigma} = x_1 \cdot \frac{\sigma + \left(\dfrac{r_2}{x_2 s_k}\right)^2}{1 + \left(\dfrac{r_2}{x_2 s_k}\right)^2}.$$

Daraus folgt:

$$\boxed{\begin{aligned}(\dot{E}_{2d} + \dot{E}_{2v})_{s=s_0} &= -\left[\dot{E}_{20} - \dot{J}_2\left(\frac{r_2}{s_k} + \dot{z}_{12}\right)\right] s_0 \\[2mm] &= \left[\dot{E}_1 - \dot{J}_1\left(r_1 + r'_{21} - j x'_{21\,\sigma}\right)\right]\frac{x_2 + j\dfrac{r_2}{s_k}}{x_{21}}\, s_0\end{aligned}} \qquad (101)$$

Welche Schaltungen die Praxis zur Erfüllung der theoretischen Forderung benützt, wird besser bei der Behandlung der speziellen Regelsätze erläutert. Einstweilen sei nur bemerkt, daß die Spannung der variablen Hauptstrom-Phasenkompensierung bei verschiedenen Regelsätzen verschieden leicht zu erzeugen ist, und daß sie deshalb einen schwerwiegenden Einfluß auf die Durchbildung der ganzen Schaltung ausübt.

36. Die Kompoundierung und die konstante Hauptstrom-Phasenkompensierung.

Die Tourenregelungsspannung und die variable Hauptstrom-Phasenkompensierung bewirken, daß die Betriebseigenschaften des gewöhnlichen Drehstrommotors mit kurzgeschlossenem Sekundärkreis auf allen Tourenstufen erhalten bleiben. Diese beiden Komponenten eliminieren gewissermaßen den Einfluß der Drehzahlverstellung. Eine Änderung und Verbesserung der Betriebseigenschaften wird genau wie bei Phasenschiebern dadurch bewirkt, daß man die Hintermaschine auch noch andere Spannungskomponenten erzeugen läßt. Von diesen sind die Kompoundierungsspannung

$$\boxed{\dot{E}_{2\,k} = -\,\dot{J}_2\,d_2\left(1 - \frac{s}{s_k}\right)}\qquad(102\,\mathrm{a})$$

und die Spannung der konstanten Hauptstromphasenkompensierung

$$\boxed{\dot{E}_{2\,c} = -\,j\,\dot{J}_2\,c_2\left(1 - \frac{s}{s_k}\right)}\qquad(103\,\mathrm{a})$$

dem Hauptstrom und der Drehzahl der Hintermaschine proportional. Die Kompoundierungsspannung addiert sich gleichphasig zum Ohmschen Spannungsabfall $-\,\dot{J}_2 r_2$ des Sekundärkreises und bewirkt somit dieselbe Erhöhung des Tourenabfalles wie eine entsprechende Vergrößerung des Widerstandes, jedoch ohne dessen Verluste. — Die Spannung der konstanten Hauptstrom-Phasenkompensierung entspricht durchaus der Kompensationsspannung des Leblancschen Phasenschiebers, hebt also das Stromdiagramm bei positiven Werten von c_2 (vgl. Abschnitt 23).

In den obigen Formeln ist angenommen, daß die beiden Hauptstromspannungen durch Rotation in einem vom Läuferstrom erregten Felde erzeugt werden. Sie können aber ebensogut aus dem Primärstrom hergeleitet werden [siehe Gleichung (5d)], durch den man über Stromtransformator und Frequenzwandler den Nebenschlußkreis induzieren kann. In diesem Falle ändern sich auch die obigen Hauptstromspannungen bei Belastung der Vordermaschine nach einem ähnlichen Gesetz wie die Tourenregelungsspannung, was auf den allgemeineren Ansatz führt:

$$\boxed{\dot{E}_{2\,k} = -\,\dot{J}_2\,d_2\left(1 - \frac{s}{s_k}\right)\cdot\left[1 + (s - s_0)\,\varphi_k(s)\right]}\qquad(102)$$

$$\boxed{\dot{E}_{2\,c} = -\,j\,\dot{J}_2\,c_2\left(1 - \frac{s}{s_k}\right)\cdot\left[1 + (s - s_0)\,\varphi_c(s)\right]}\qquad(103)$$

Die Summe aller bisher betrachteten Hauptstromspannungen liefert:

$$
\boxed{
\begin{aligned}
\sum\dot{E}_h = \dot{E}_{2\,v} + \dot{E}_{2\,k} + \dot{E}_{2\,c} = \dot{J}_2\,\frac{1 - \dfrac{s}{s_k}}{1 - \dfrac{s_0}{s_k}}\Bigg[& s_0\left(\frac{r_2}{s_k} + r_{12} - j\,x_{12\,\sigma}\right)\cdot\left(1 + (s - s_0)\,\varphi_d(s)\right) \\
& -\left(1 - \frac{s_0}{s_k}\right)d_2\cdot\left(1 + (s - s_0)\,\varphi_k(s)\right) \\
& -j\left(1 - \frac{s_0}{s_k}\right)\cdot c_2\left(1 + (s - s_0)\,\varphi_c(s)\right)\Bigg]
\end{aligned}
}\qquad(104)
$$

An dieser Gleichung soll auch dann festgehalten werden, wenn man die Spannung der variablen Hauptstrom-Phasenkompensierung nicht in richtiger Größe erzeugt. Es sollen also unter E_{2k} und E_{2c} immer diejenigen Komponenten verstanden werden, die sich ergeben, wenn man von der Summe ΣE_h der Hauptstromstromspannungen den theoretisch richtigen Wert der Spannung E_{2v} [gemäß Gleichung (100)] subtrahiert. Besäße also beispielsweise die Sekundärspannung E_2 überhaupt keine Hauptstromkomponenten ($\Sigma E_h = 0$), so wäre

$$\varphi_d(s) = \varphi_k(s) = \varphi_c(s) = 0$$

und

$$d_2 = \left(\frac{r_2}{s_k} + r_{12}\right)\frac{s_0}{1 - \dfrac{s_0}{s_k}} \left.\vphantom{\begin{matrix}1\\1\\1\\1\end{matrix}}\right\}$$
$$c_2 = -\,x_{12\,\sigma}\frac{s_0}{1 - \dfrac{s_0}{s_k}} \tag{105}$$

einzuführen.

37. Die Nebenschluß-Phasenkompensierung („Läufererregung"). Erregerschaltungen erster und zweiter Art.

Bei allen Regelsätzen wird die Hintermaschine dazu herangezogen, um das Netz bereits bei Leerlauf von dem Erregerstrom des Vordermotors zu entlasten, oder sogar die Blindstromaufnahme in eine Blindstromabgabe (voreilender Leerlaufstrom) zu verwandeln. Die Spannungskomponente E_{2e}', mittels deren der Leerlaufstrom auf den gewünschten Wert

$$\dot{J}_{20} = \frac{\dot{E}_{20}}{r_{12} - j\,x_{20}} \quad (x_{20}\ \text{negativ})$$

eingestellt wird, soll als „Spannung der Nebenschluß-Phasenkompensierung" oder kürzer als „Erregerspannung des Läufers" (E_{2e}) bezeichnet werden.

Gemäß der zweiten Hauptgleichung (95) der Vordermaschine gilt für Leerlauf:

$$(\dot{E}_2)_{s=s_0} \equiv (\dot{E}_{2d} + \dot{E}_{2v} + \dot{E}_{2k} + \dot{E}_{2c} + \dot{E}_{2e})_{s=s_0} = -\,\dot{E}_{20}s_0 + \dot{J}_{20}\,[r_2 + \dot{z}_{12}s_0].$$

Daraus folgt für die Erregerspannung des Läufers bei unbelasteter Vordermaschine:

$$\boxed{(\dot{E}_{2e})_{s=s_0} = \dot{J}_{20}\,[r_2 + d_2 + j\,c_2]\left(1 - \frac{s_0}{s_k}\right)} \tag{106a}$$

E_{2e} muß also bei Leerlauf alle diejenigen Spannungsabfälle kompensieren, welche nicht bereits durch die Tourenregelungsspannung und die Spannung der variablen Hauptstrom-Phasenkompensierung gedeckt werden.

Bei Belastung ändert sich die Erregerspannung des Läufers proportional $1 - \frac{s}{s_k}$, d. h. proportional der Drehzahl der Hintermaschine, in der ja auch E_{2e} als Rotationsspannung erzeugt wird. Im übrigen beruht ihr Gesetz auf Einzelheiten der Erregerschaltung, hinsichtlich deren zwei Hauptfälle zu unterscheiden sind:

Erregerschaltungen erster Art.

Derjenige Erregerstrom der Hintermaschine, in dessen Feld E_{2e} als Rotationsspannung erzeugt wird, enthält keine dem Hauptstrom proportionalen Komponenten. Dann ändern sich bei Belastung E_{2d} und E_{2e} nach formell gleichen Gesetzen, also [siehe Gleichung (96)]

$$\dot{E}_{2e} = \frac{\dot{E}_{20}}{r_{12} - j\,x_{20}} \cdot [r_2 + d_2 + j\,c_2]\left(1 - \frac{s}{s_k}\right)(1 + (s - s_0)\,\varphi_e(s)) \qquad (106)$$

Erregerschaltungen zweiter Art.

Die Erregerströme der Hintermaschine, deren Felder die Rotationsspannungen $\dot{E}_{2d} + \dot{E}_{2v}$ einerseits und $\dot{E}_{2e}$ andererseits erzeugen, werden aus ein und derselben Erregerspannung hergeleitet. Diese muß dann gemäß Gleichung (101) proportional

$$\dot{E}_{20} - \dot{J}_2\left[\frac{r_2}{s_k} + r_{12} - j\,x_{12\sigma}\right] = -[\dot{E}_1 - \dot{J}_1(r_1 + r'_{21} - j\,x'_{21\sigma})]\,\frac{x_2 + j\dfrac{r_2}{s_k}}{x_{21}} \qquad (107\,\mathrm{a})$$

gemacht werden. Will man den Leerlaufstrom J_{20} durch diese Spannung darstellen, so muß der Ansatz

$$\dot{J}_{20} = \frac{\dot{E}_{20}}{r_{12} - j\,x_{20}} \equiv \frac{\left[\dot{E}_{20} - \dot{J}_2\left(\dfrac{r_2}{s_k} + r_{12} - j\,x_{12\sigma}\right)\right]_{s=s_0}}{-\dfrac{r_2}{s_k} + j\,(x_{12\sigma} - x_{20})} \qquad (107\,\mathrm{b})$$

benützt werden. Daraus folgt für das Gesetz der Läufererregerspannung bei Belastung:

$$\begin{aligned}
\dot{E}_{2e} &= \frac{\left[\dot{E}_{20} - \dot{J}_2\left(\dfrac{r_2}{s_k} + r_{12} - j\,x_{12\sigma}\right)\right]}{-\dfrac{r_2}{s_k} + j\,(x_{12\sigma} - x_{20})} \cdot [r_2 + d_2 + j\,c_2] \cdot \left(1 - \frac{s}{s_k}\right) \cdot \\
&\qquad\qquad\qquad\qquad\qquad\qquad\qquad \cdot (1 + (s - s_0)\,\varphi_e(s)) \\
&= j\,[\dot{E}_1 - \dot{J}_1(r_1 + r'_{21} - j\,x'_{21\sigma})]\cdot \\
&\qquad \cdot \frac{x_2 + j\dfrac{r_2}{s_k}}{x_{12\sigma} - x_{20} + j\dfrac{r_2}{s_k}} \cdot \frac{r_2 + d_2 + j\,c_2}{x_{21}}\left(1 - \frac{s}{s_k}\right)(1 - (s - s_0)\,\varphi_e(s))
\end{aligned} \qquad (107)$$

38. Die Regelung der Nebenschlußspannungen.

Wenn alle vom Hauptstrom unabhängigen Komponenten der Sekundärspannung gemeinsam betrachtet werden sollen, bezeichnen wir sie kurzweg als „Nebenschlußspannungen" (E_n). Ihr Gesetz, das die vorigen Ableitungen bereits enthalten, ist maßgebend für den Entwurf der Erregerschaltung der Hintermaschine und verdient deshalb eine eingehende Behandlung. Dabei ergeben sich kleine Unterschiede, je nachdem die Spannung E_{2e} der Läufererregung eine reine Nebenschlußspannung ist [Fall 1 und Gleichung (106)] oder daneben auch Hauptstromkomponenten enthält [Fall 2 und Gleichung (107)]. Die Untersuchung soll für beide Hauptfälle parallel durchgeführt werden und das **Gesetz der Nebenschlußspannungen bei Leerlauf** zur Darstellung bringen. Als charakteristische Größe wird die im Verhältnis der Drehzahl reduzierte Spannungssumme

$$\frac{\Sigma \dot{E}_n}{1 - \dfrac{s_0}{s_k}} = - \dot{E}_{20}\,\dot{\varkappa} = - \dot{E}_{20}\,\varkappa\,(\cos \varepsilon + j \sin \varepsilon)\,. \tag{108}$$

betrachtet, die der Nebenschlußkomponente des resultierenden Erregerfeldes der Hintermaschine proportional ist.

Erregerschaltung erster Art.

Nach Gleichungen (96) und (106) ergibt sich:

$$\frac{[\Sigma \dot{E}_n]_{s=s_0}}{1 - \dfrac{s_0}{s_k}} = - \dot{E}_{20}\left[\frac{s_0}{1 - \dfrac{s_0}{s_k}} - \frac{r_2 + d_2 + j\,c_2}{r_{12} - j\,x_{20}}\right] = - \dot{E}_{20}\,\dot{\varkappa} \tag{109a}$$

oder wenn durch die Gleichung

$$\dot{J}_{20} = \frac{\dot{E}_{20}}{r_{12} - j\,x_{20}}$$

der Leerlaufstrom eingeführt wird

$$\boxed{\dot{E}_{20}\,\dot{\varkappa}' = \dot{E}_{20}\,\frac{s_0}{1 - \dfrac{s_0}{s_k}} - \dot{J}_{20}\,[r_2 + d_2 + j\,c_2]} \tag{110a}$$

Erregerschaltung zweiter Art.

Nach Gleichungen (96) und (107) ergibt sich:

$$\frac{[\Sigma \dot{E}_n]_{s=s_0}}{1 - \dfrac{s_0}{s_k}} = - \dot{E}_{20}\left[\frac{s_0}{1 - \dfrac{s_0}{s_k}} + \frac{r_2 + d_2 + j\,c_2}{\dfrac{r_2}{s_k} - j\,(x_{12\sigma} - x_{20})}\right] = - \dot{E}_{20}\,\dot{\varkappa}'' \tag{109b}$$

oder wenn durch die Gleichung

$$\dot{J}_{20}'' = \frac{\dot{E}_{20}}{\dfrac{r_2}{s_k} - j\,(x_{12\sigma} - x_{20})} \tag{110c}$$

ein Strom von der Größenordnung des Leerlaufstromes eingeführt wird

$$\boxed{\dot{E}_{20}\,\dot{\varkappa}'' = \dot{E}_{20}\,\frac{s_0}{1 - \dfrac{s_0}{s_k}} + \dot{J}_{20}''\,[r_2 + d_2 + j\,c_2]} \tag{110b}$$

Das Gesetz dieser Spannungen illustriert Abb. 68, in die auch die Ströme $\dot{J}_{20}$ bzw. $\dot{J}_{20}''$ eingetragen sind. Bei synchroner Leerlaufdrehzahl ($s_0 = 0$) entspricht die Nebenschlußspannung $\dot{E}_{20}\,\dot{\varkappa}_0$ der Spannung der Läufererregung. Sie hat alle dem Hauptstrome proportionalen Spannungsabfälle der Ströme $\dot{J}_{20}$ bzw. $\dot{J}_{20}''$ zu decken mit Ausnahme der Spannung der variablen Hauptstrom-Phasenkompensierung. Bei Drehzahlregelung wandert der Endpunkt des Vektors $\dot{E}_{20}\,\dot{\varkappa}$

auf einer Geraden parallel zur Spannungsachse $\dot{E}_{20}$ und legt dabei die Strecken

$$\dot{E}_{20}\,\frac{s_0}{1-\dfrac{s_0}{s_k}} = \dot{E}_{20}\,(\dot{\varkappa} - \dot{\varkappa}_0)$$

zurück, die der Tourenregelungsspannung entsprechen. Im ganzen und großen bestimmt also die Komponente $\varkappa \cos \varepsilon$ des Übersetzungsverhältnisses die Leerlaufdrehzahl, die Komponente $\varkappa \sin \varepsilon$ dagegen den

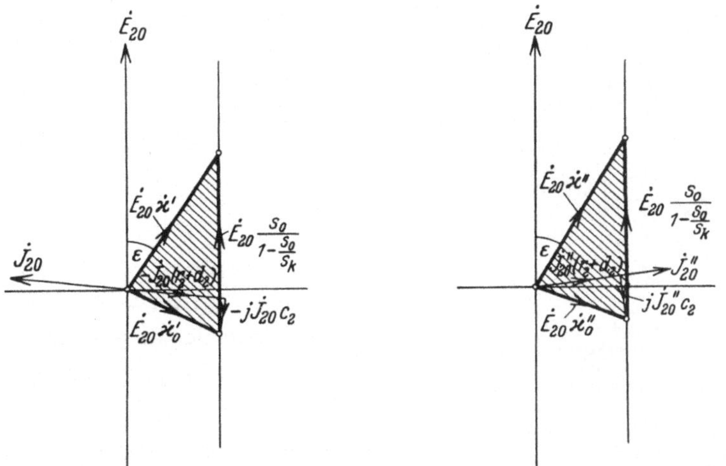

Abb. 68a. Erregerschaltung erster Art.   Abb. 68b. Erregerschaltung zweiter Art.

Abb. 68. Regeldiagramme der Nebenschlußspannungen (für Untersynchronismus).

Leerlaufstrom. Ist das Übersetzungsverhältnis $\dot{\varkappa}$ bekannt, so kann gemäß Gleichung (109)

$$\frac{r_2 + d_2 + j\,c_2}{r_{12} - j\,x_{20}} = \left[\frac{s_0}{1-\dfrac{s_0}{s_k}} - \varkappa' \cos \varepsilon\right] - j\,\varkappa' \sin \varepsilon \tag{111a}$$

bzw.

$$\frac{r_2 + d_2 + j\,c_2}{-\dfrac{r_2}{s_k} + j\,(x_{12\sigma} - x_{20})} = \left[\frac{s_0}{1-\dfrac{s_0}{s_k}} - \varkappa'' \cos \varepsilon\right] - j\,\varkappa'' \sin \varepsilon \tag{111b}$$

gesetzt werden.

39. Das Vektordiagramm des Läuferstromes.

Abb. 69 zeigt das resultierende Spannungsdiagramm eines Regelsatzes, der mit allen früher besprochenen Komponenten der Sekundärspannung E_2 arbeitet. Dieses Diagramm führt über eine kurze analytische Betrachtung zur Darstellung des Läuferstromes als Funktion eines Parameters

$$p = \frac{s}{1-\dfrac{s}{s_k}} - \frac{s_0}{1-\dfrac{s_0}{s_k}} = \frac{s-s_0}{\left(1-\dfrac{s}{s_k}\right)\cdot\left(1-\dfrac{s_0}{s_k}\right)}, \tag{97}$$

der den Tourenabfall $s - s_0$ der Vordermaschine kennzeichnet.

Zur Abkürzung der Schreibweise wurde bereits früher die Hilfsfunktion

$$\psi_d(s) = 1 - s_0\left(1 - \frac{s}{s_k}\right)\varphi_d(s) \qquad (98\,\text{a})$$

eingeführt. Damit sollte die eventuelle Abhängigkeit der — im Verhältnis der Drehzahl reduzierten — Spannungen $\dfrac{\dot{E}_{2d} + \dot{E}_{2v}}{1 - \dfrac{s}{s_k}}$ vom Tourenabfall der Vorder-

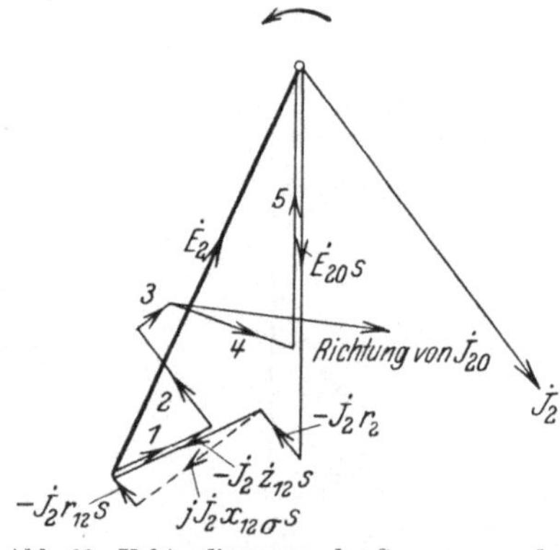

Abb. 69. Vektordiagramm der Spannungen des Sekundärkreises.

1 Spannung der variablen Hauptstrom-Phasenkompensierung $\qquad \dot{E}_{2v} = \dot{J}_2 \dot{z}_{12}\, s_0,$

2 Kompoundierungsspannung $\quad \dot{E}_{2k} = -\dot{J}_2 d_2.$

3 Spannung der konstanten Hauptstrom-Phasenkompensierung $\qquad \dot{E}_{2c} = -j\dot{J}_2 c_2,$

4 Spannung der Läufererregung $\qquad \dot{E}_{2e} = \dot{J}_{20}(r_2 + d_2 + j c_2),$

5 Tourenregelungsspannung $\quad \dot{E}_{2d} = -\dot{E}_{20}s_0.$

maschine erfaßt werden. (Siehe Abschnitt 34.) Ist eine solche Abhängigkeit nicht vorhanden, so ist

$$\varphi_d(s) = 0 \quad \text{und} \quad \psi_d(s) = 1.$$

Hierzu kommt jetzt eine neue Hilfsfunktion

$$\chi_x(s) = \left(1 - \frac{s_0}{s_k}\right)\left(1 - \frac{s}{s_k}\right)\varphi_x(s), \qquad (112)$$

durch die man die eventuelle Veränderlichkeit der übrigen — im Verhältnis der Drehzahl reduzierten — Spannungskomponenten $\dfrac{E_{2x}}{1 - \dfrac{s}{s_k}}$ vom Tourenabfall der Vordermaschine ausdrücken kann. Ist irgend eine (Index x) dieser Spannungen auf jeder Tourenstufe unabhängig von dem Parameter p des Tourenabfalles, so ist

$$\varphi_x(s) = 0 \quad \text{und} \quad p\,\chi_x(s) = 0.$$

Mit diesen Abkürzungen läßt sich die Sekundärspannung für die beiden zuletzt unterschiedenen Hauptfälle wie folgt formulieren:

Erregerschaltung erster Art.

Die Spannung E_{2e} der Läufererregung ist eine reine Nebenschlußspannung.

$$\frac{\dot{E}_2}{1 - \dfrac{s}{s_k}} = -\left[\dot{E}_{20} - \dot{J}_2\left(\frac{r_2}{s_k} + r_{12} - j x_{12\sigma}\right)\right] \cdot \left(\frac{s}{1 - \dfrac{s}{s_k}} - p\,\psi_d(s)\right)$$

$$- \dot{J}_2 d_2(1 + p\,\chi_k(s)) - j\dot{J}_2 c_2(1 + p\,\chi_c(s))$$

$$+ \dot{E}_{20}\frac{r_2 + d_2 + j c_2}{r_{12} - j x_{20}} \cdot (1 + p\,\chi_e(s)). \qquad (113\,\text{a})$$

Erregerschaltung zweiter Art.

Die Spannung E_{2e} der Läufererregung enthält auch Hauptstromspannungen.

$$\frac{\dot{E}_2}{1 - \dfrac{s}{s_k}} = -\left[\dot{E}_{20} - \dot{J}_2\left(\frac{r_2}{s_k} + r_{12} - j x_{12\sigma}\right)\right] \cdot \left(\frac{s}{1 - \dfrac{s}{s_k}} - p\,\psi_d(s)\right)$$

$$- \dot{J}_2 d_2(1 + p\,\chi_k(s)) - j\dot{J}_2 c_2(1 + p\,\chi_c(s))$$

$$+ \left[\dot{E}_{20} - \dot{J}_2\left(\frac{r_2}{s_k} + r_{12} - j x_{12\sigma}\right)\right]\frac{r_2 + d_2 + j c_2}{-\dfrac{r_2}{s_k} + j(x_{12\sigma} - x_{20})}\,(1 + p\,\chi_e(s)). \qquad (113\,\text{b})$$

Andererseits ist nach der zweiten Hauptgleichung (95) (7) der Vordermaschine:

$$\dot{E}_2 = -\dot{E}_{20}s + \dot{J}_2[r_2 + (r_{12} - jx_{12\sigma})\,s]$$

oder

$$\frac{\dot{E}_2}{1 - \frac{s}{s_k}} = -\left[\dot{E}_{20} - \dot{J}_2\left(\frac{r_2}{s_k} + r_{12} - jx_{12\sigma}\right)\right]\frac{s}{1 - \frac{s}{s_k}} + \dot{J}_2 r_2.$$

Daraus folgt durch Elimination der Sekundärspannung E_2:

Für die Erregerschaltung erster Art:

$$\dot{J}_2 = \dot{E}_{20}\,\frac{\dfrac{r_2 + d_2 + jc_2}{r_{12} - jx_{20}} + p\left[\psi_d(s) + \dfrac{r_2 + d_2 + jc_2}{r_{12} - jx_{20}}\chi_e(s)\right]}{r_2 + d_2 + jc_2 + p\left[\left(\dfrac{r_2}{s_k} + r_{12} - jx_{12\sigma}\right)\psi_d(s) + d_2\chi_k(s) + jc_2\chi_c(s)\right]} \tag{114a}$$

Für die Erregerschaltung zweiter Art:

$$\dot{J}_2 = \dot{E}_{20}\,\frac{\dfrac{r_2 + d_2 + jc_2}{-\dfrac{r_2}{s_k} + j(x_{12\sigma} - x_{20})} + \cdots}{\dfrac{r_2 + d_2 + jc_2}{-\dfrac{r_2}{s_k} + j(x_{12\sigma} - x_{20})}\cdot(r_{12} - jx_{20}) +} \cdots \tag{114b}$$

$$+ p\left[\psi_d(s) + \dfrac{r_2 + d_2 + jc_2}{-\dfrac{r_2}{s_k} + j(x_{12\sigma} - x_{20})}\chi_e(s)\right]$$

$$+ p\left[\left(\dfrac{r_2}{s_k} + r_{12} - jx_{12\sigma}\right)\left(\psi_d(s) + \dfrac{r_2 + d_2 + jc_2}{-\dfrac{r_2}{s_k} + j(x_{12\sigma} - x_{20})}\chi_e(s)\right) + d_2\chi_k(s) + jc_2\chi_c(s)\right]$$

Diese sehr allgemeinen Ansätze sollen jetzt für den Idealfall

$$\psi_d(s) = 1, \qquad \chi_x(s) = 0$$

weiter behandelt werden, bei dem auf allen Tourenstufen der Tourenabfall $s - s_0$ der Vordermaschine ohne Einfluß auf den Erregerstrom der Hintermaschine bleibt. Beachtet man außerdem Gleichung (111), so erhält die Stromgleichung die einfache Form:

Erregerschaltung erster Art.

$$\dot{J}_2 = \dot{E}_{20}\,\frac{\dfrac{r_2 + d_2 + jc_2}{r_{12} - jx_{20}} + p}{r_2 + d_2 + jc_2 + p\left[\dfrac{r_2}{s_k} + r_{12} - jx_{12\sigma}\right]}$$

$$= \dot{E}_{20}\,\frac{\left(\dfrac{s_0}{1 - \dfrac{s_0}{s_k}} - \varkappa'\cos\varepsilon\right) - j\varkappa'\sin\varepsilon + p}{r_2 + d_2 + jc_2 + p\left[\dfrac{r_2}{s_k} + r_{12} - jx_{12\sigma}\right]} \tag{115a}$$

$$\text{Erregerschaltung zweiter Art.}$$

$$
\dot{J}_2 = \dot{E}_{20} \frac{\dfrac{r_2 + d_2 + j\,c_2}{-\dfrac{r_2}{s_k} + j(x_{12\sigma} - x_{20})} + p}{(r_2 + d_2 + j\,c_2)\dfrac{r_{12} - j\,x_{20}}{-\dfrac{r_2}{s_k} + j(x_{12\sigma} - x_{20})} + p\left[\dfrac{r_2}{s_k} + r_{12} - j\,x_{12\sigma}\right]}
$$

$$
= \dot{E}_{20} \frac{\left(\dfrac{s_0}{1 - \dfrac{s_0}{s_k}} - \varkappa'' \cos\varepsilon\right) - j\,\varkappa'' \sin\varepsilon + p}{(r_2 + d_2 + j\,c_2)\dfrac{r_{12} - j\,x_{20}}{-\dfrac{r_2}{s_k} + j(x_{12\sigma} - x_{20})} + p\left[\dfrac{r_2}{s_k} + r_{12} - j\,x_{12\sigma}\right]}
$$

$$(115\,\text{b})$$

Dieser Ansatz besitzt bereits die Normalform der Kreisgleichung

$$
\dot{E} = \dot{J} \cdot \frac{(\alpha + j\,\beta) + p}{u + j\,v + p(r_\infty - j\,x_\infty)}, \tag{12b}
$$

wobei

für Erregerschaltungen erster Art | für Erregerschaltungen zweiter Art

$$
\alpha + j\,\beta = \frac{r_2 + d_2 + j\,c_2}{r_{12} - j\,x_{20}}
\qquad\qquad
\alpha + j\,\beta = \frac{r_2 + d_2 + j\,c_2}{-\dfrac{r_2}{s_k} + j(x_{12\sigma} - x_{20})}
$$

$$
= \left(\frac{s_0}{1 - \dfrac{s_0}{s_k}} - \varkappa' \cos\varepsilon\right) - j\varkappa' \sin\varepsilon
\qquad
= \left(\frac{s_0}{1 - \dfrac{s_0}{s_k}} - \varkappa'' \cos\varepsilon\right) - j\varkappa'' \sin\varepsilon
$$

$$
u + j\,v = (r_2 + d_2) + j\,c_2
\qquad\qquad
u + j\,v \approx (r_2 + d_2)\frac{-x_{20}}{x_{12\sigma} - x_{20}} + j\,c_2\frac{-x_{20}}{x_{12\sigma} - x_{20}}
$$

und

$$
r_0 - j\,x_0 = r_{12} - j\,x_{20}
$$

$$
r_\infty - j\,x_\infty = \left(\frac{r_2}{s_k} + r_{12}\right) - j\,x_{12\sigma}
$$

zu setzen ist.

Aus der Konstanz aller dieser Werte folgt, daß für beliebige Einstellung der Leerlauftourenzahl stets dasselbe Kreisdiagramm des Läuferstromes erhalten wird. Leistungsfaktor und Überlastbarkeit sind also auf allen Tourenstufen gleich, vorausgesetzt, daß die Sekundärspannung $\dot{E}_2$ in richtiger Größe und Phase erzeugt wird. Die Lage des Kreismittelpunktes M messen wir gegen den Mittelpunkt M_{00} im Kreisdiagramm desselben Aggregates für unerregte Hintermaschine ($E_2 = 0$). Hierfür ist bekanntlich

$$
\overline{OM}_{00} = j\frac{\dot{E}_{20}}{2\,x_{12\sigma}}.
$$

Die Erregung der Hintermaschine verschiebt den Mittelpunkt um

$$\overline{\dot{M}_{00}\,M} = \frac{\dot{E}_{20}}{2\,u} \cdot \frac{1 - j\,\dfrac{r_\infty}{x_\infty}}{1 + \dfrac{r_\infty}{x_\infty}\cdot\dfrac{v}{u}} \cdot \left[\frac{v}{x_\infty} + \alpha + j\,\beta\right] \tag{16}$$

$$= \frac{\dot{E}_{20}}{2\,u}\,\frac{1 - j\,\dfrac{r_\infty}{x_\infty}}{1 + \dfrac{r_\infty}{x_\infty}\cdot\dfrac{v}{u}}\left[\left(\frac{v}{x_\infty} + \frac{s_0}{1 - \dfrac{s_0}{s_k}}\right) - \varkappa(\cos\varepsilon + j\sin\varepsilon)\right] . \tag{116}$$

Diese Gleichung gestattet eine sehr übersichtliche graphische Darstellung. Durch die Schreibweise ist bereits zum Ausdruck gebracht, daß der Vektor $\overline{\dot{M}_{00}\,M}$

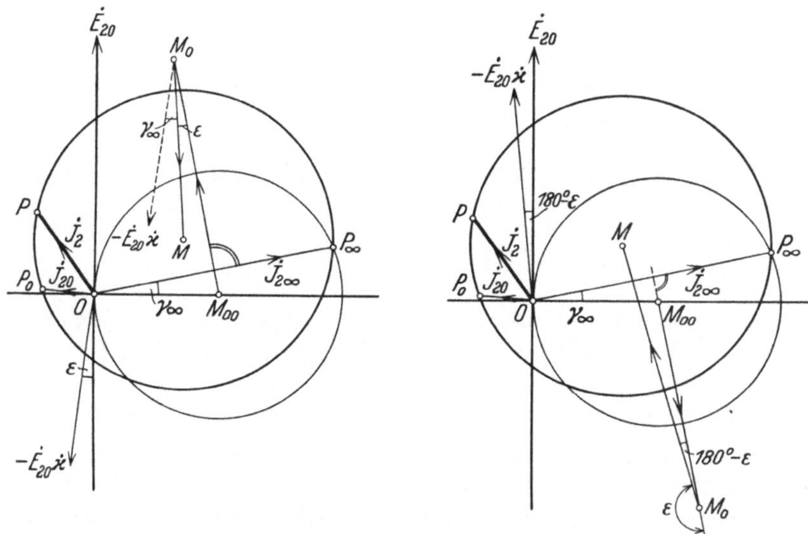

Abb. 70a. s_0 positiv.   Abb. 70b. s_0 negativ.

Abb. 70. Vektordiagramme des Sekundärstromes für untersynchrone (Abb. 70a) und für übersynchrone Tourenstufen (Abb. 70b). Bestimmung der Lage des Kreismittelpunktes M aus den Verschiebungen $\overline{\dot{M}_{00}M_0}$ und $\overline{\dot{M}_0M}$.

aus zwei Komponenten zusammengesetzt werden kann (Abb. 70). Die erste Komponente hat die Größe

$$\overline{\dot{M}_{00}\,M_0} = \frac{\dot{E}_{20}}{2\,u} \cdot \frac{\sqrt{1 + \dfrac{r_\infty^2}{x_\infty^2}}}{1 + \dfrac{r_\infty}{x_\infty}\cdot\dfrac{v}{u}}\left(\frac{v}{x_\infty} + \frac{s_0}{1 - \dfrac{s_0}{s_\varkappa}}\right) \tag{116a}$$

Sie eilt dem Stromvektor $\dot{J}_{2\,\infty}$ bei Untersynchronismus um 90° vor, verschwindet für

$$\frac{s_0}{1 - \dfrac{s_0}{s_k}} = -\,\frac{v}{x_\infty}$$

und kommt alsdann bei stärkerem Übersynchronismus 90° hinter dem Vektor $\dot{J}_{2\,\infty}$. In ihr zeigt sich hauptsächlich der Einfluß der variablen Hauptstrom-

Phasenkompensierung. Erzeugt man nämlich keine dem Hauptstrom 90^0 voreilende und ihm proportionale Kompensationsspannung, so wäre gemäß Gleichung (105) bei der Erregerschaltung erster Art[1]

$$v = c_2 = - x_{12\,\sigma} \frac{s_0}{1 - \dfrac{s_0}{s_k}}$$

zu setzen. Der Vektor $\overline{M_{00}\dot{M}}$ würde dann nach Gleichung (116a) überhaupt verschwinden.

Zu dem Vektor $\overline{M_{00}\dot{M}}$ addiert sich die zweite Komponente mit einem Betrage

$$\boxed{\overline{M_0 M} = \frac{E_{20}\varkappa}{2\,u} \cdot \frac{\sqrt{1 + \dfrac{r_\infty^2}{x_\infty^2}}}{1 + \dfrac{r_\infty}{x_\infty} \cdot \dfrac{v}{u}}} \qquad (116\,\mathrm{b})$$

Diese Komponente ist der Summe der Nebenschlußspannungen $- \dot{E}_{20}\,\varkappa$ direkt proportional, eilt ihr aber um den Winkel

$$\gamma_\infty = \operatorname{arc\,tg} \frac{r_\infty}{x_\infty}$$

vor. Sie schließt daher mit der Richtung von $\overline{M_0\dot{M}_{00}}$ bei Untersynchronismus den Winkel ε, bei erheblichem Übersynchronismus den Winkel $180^0 - \varepsilon$ ein (Abb. 70).

Diese Darstellung zeigt besonders deutlich, daß man nur mit Hilfe der Verschiebung $\overline{M_{00}M_0}$, d. h. nur mit Hilfe der variablen Hauptstrom-Phasenkompensierung eine günstige Lage des Kreismittelpunktes trotz weitgehender Tourenregelung erhält. Kann man diese Spannungskomponente nicht erzeugen, so tut man gut, die Hintermaschine zu kompoundieren. Dank der Vergrößerung von

$$u = r_2 + d_2 \quad \text{bzw.} \quad u = (r_2 + d_2) \frac{- x_{20}}{x_{12\,\sigma} - x_{20}}$$

wird dann die Kaskade gegen den begangenen Fehler weniger empfindlich. Außerdem kann man aus Abb. 70 auch diejenigen Werte ableiten, die man den verschiedenen Komponenten der Sekundärspannung geben muß, um eine vorgeschriebene Lage des Kreisdiagrammes zu verwirklichen. Doch haben wir die diesbezüglichen Vorschriften größtenteils schon früher auf rein analytischem Wege in Erfahrung gebracht.

Von besonderer praktischer Bedeutung ist der Fall, daß man mit $c_2 = 0$, d. h. ohne konstante Hauptstrom-Phasenkompensierung arbeitet. Hierbei gilt für die „Erregerschaltung erster Art" genau, für die „Erregerschaltung zweiter Art" angenähert

$$v = 0$$

---

[1] Eine „Erregerschaltung zweiter Art" liegt nur dann vor, wenn man die Spannung der variablen Hauptstrom-Phasenkompensierung wirklich erzeugt.

und daher

(Erregerschaltung erster Art)

$$\dot{E}_{20}(\alpha + j\beta) = \dot{E}_{23}\frac{u}{r_{12} - j\,x_{20}}$$
$$= \dot{J}_{20}\,u$$

Daraus folgt für die Mittelpunktsverschiebung:

$$\overline{M_{00}\dot{M}} = \frac{\dot{J}_{20}}{2}\left(1 - j\frac{r_\infty}{x_\infty}\right) \quad (117\text{a})$$

(Erregerschaltung zweiter Art)

$$\dot{E}_{20}(\alpha + j\beta) \approx \dot{E}_{20}\frac{u\left(1 - \dfrac{x_{12\sigma}}{x_{20}}\right)}{-\dfrac{r_2}{s_k} + j\,(x_{12\sigma} - x_{20})}$$
$$= -\,J_{20}''\,u\left(1 - \frac{x_{12\sigma}}{x_{20}}\right) \quad [\text{s. Gl. (116c)}]$$

$$\overline{M_{00}\dot{M}} = -\frac{\dot{J}_{20}''}{2}\left(1 - \frac{x_{12\sigma}}{x_{20}}\right)\left(1 - j\frac{r_\infty}{x_\infty}\right) \quad (117\text{b})$$

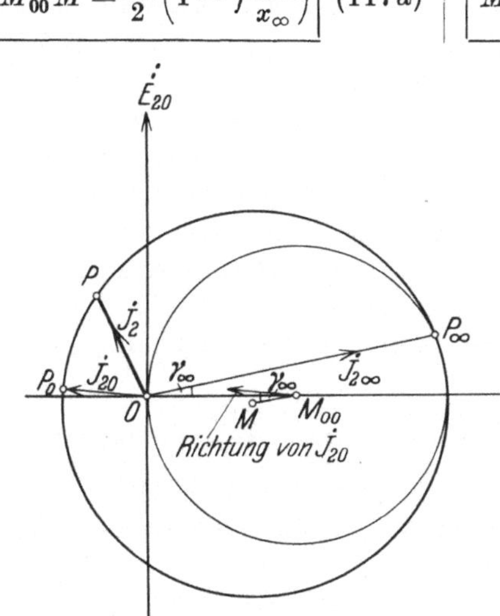

Abb. 71. Lage des Kreisdiagrammes ohne konstante Hauptstrom-Phasenkompensierung ($c_2 = 0$).

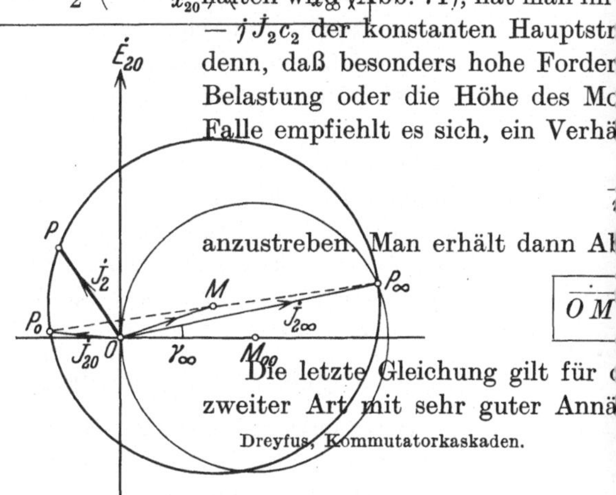

Abb. 72. Lage des Kreisdiagrammes mit konstanter Hauptstrom-Phasenkompensierung
und $\dfrac{c_2}{r_2 + d_2} = \dfrac{r_\infty}{x_\infty}$.

Der Vektor $\overline{M_{00}\dot{M}}$ ist also ungefähr halb so groß wie der Leerlaufstrom $\dot{J}_{20}$ bzw. der Strom $-\,\dot{J}_{20}''$, und eilt gegen diese Stromvektoren um den Winkel $\gamma_\infty = \text{arc tg}\,\dfrac{r_\infty}{x_\infty}$ vor. Da so bereits eine günstige Lage des Kreisdiagrammes erhalten wird (Abb. 71), hat man im allgemeinen keine Veranlassung, die Spannung $-\,j\dot{J}_2 c_2$ der konstanten Hauptstrom-Phasenkompensierung zu benützen, es sei denn, daß besonders hohe Forderungen an die Konstanz der Blindleistung bei Belastung oder die Höhe des Motorkippmomentes gestellt würden. In diesem Falle empfiehlt es sich, ein Verhältnis

$$\frac{c_2}{r_2 + d_2} \approx \frac{r_\infty}{x_\infty}$$

anzustreben. Man erhält dann Abb. 72 mit

$$\overline{O\dot{M}} = \tfrac{1}{2}\left[\dot{J}_{2\infty} + \dot{J}_{20}\right] \quad (118)$$

Die letzte Gleichung gilt für die Erregerschaltung erster Art genau, für die zweiter Art mit sehr guter Annäherung.

XI. Regelsätze mit läufererregter Hintermaschine (LH) (Kozisek).

Die einzige Kommutatormaschine mit Läufererregung, die gegenwärtig als Hintermaschine für Regelsätze in Betracht kommt, ist der „Kompensierte Frequenzumformer" nach Kozisek. In Abschnitt 15 wurde die Bauart und Wirkungsweise dieser Maschine beschrieben, ihre Überlegenheit über den gewöhnlichen Frequenzumformer begründet und die beiden synchronen Antriebsarten (Abb. 34a und b) angegeben, mit denen sie als Hintermaschine in Kaskadenschaltungen hauptsächlich Anwendung findet. Daß man die Notwendigkeit des synchronen Antriebes als Nachteil empfunden hat, beweisen neuere Vorschläge, die durch Zwischenschaltung von Differentialwechseln oder Umformern zwischen Erregerquelle und Schleifringe der Hintermaschine einen asynchronen Antrieb zu ermöglichen suchen [vgl. (L 81) Seite 666, Abb. 62].

Im folgenden wird angenommen, daß die Ankerwicklung der Hintermaschine gleichzeitig als Arbeits- und Erregerwicklung dient und daß die Phasenzahl der Schleifringe mit der Zahl der Bürstenlagen pro Polpaar übereinstimmen. Die Spannungsabfälle im Arbeitsstromkreis werden in die entsprechenden Spannungsabfälle der Vordermaschine einbezogen, so daß als wirksame Spannung $\dot{E}_2$ der Hintermaschine die dem Arbeitsstromkreis durch das Erregerfeld induzierte Spannung E_{4g} [Gleichungen (43e) und (43f)] angesehen werden kann.

40. Regelsätze mit mechanischer Kupplung der Hintermaschine.

Bei starrer mechanischer Kupplung von Vorder- und Hintermaschine besitzt die Erreger- (Schleifring-) Spannung $\dot{E}_3$ der Hintermaschine die konstante Netzfrequenz. Infolgedessen ist der Idealfall

$$\psi_d(s) = 1, \quad \chi_x(s) = 0 \qquad \text{(Abschnitt 39)}$$

verwirklicht, laut welchem der Tourenabfall $s - s_0$ der Vordermaschine ohne Einfluß auf den Erregerstrom der Hintermaschine sein soll. Die wirksame Spannung $\dot{E}_2$ der Hintermaschine setzt sich zusammen aus der der Kommutator- (und Erreger-) Wicklung induzierten Spannung $(-\dot{E}_3)$ und der der Kompensationswicklung induzierten Spannung $(\approx \dot{E}_3 s)$:

$$\dot{E}_2 = -\dot{E}_3\left(1 - \frac{s}{s_k}\right) \quad \text{mit} \quad s_k = 1 \qquad \text{[vgl. (43e)]}$$

Somit besteht das ganze Regulierproblem darin, der Erregerspannung $\dot{E}_3$ alle diejenigen Komponenten aufzudrücken, die man gemäß Gleichung (113) für die im Verhältnis der Drehzahl reduzierte Sekundärspannung $\dfrac{\dot{E}_2}{1-s}$ benötigt.

a) Erregerschaltung mit Strom- und Spannungstransformator.

In Abb. 73 erzeugt der (mit Luftspalt ausgeführte) Stromtransformator T_1 eine Hauptstromkomponente $(\dot{E}_{2v})$, der Spannungstransformator T_3 die Nebenschlußkomponenten $(\dot{E}_{2d} + \dot{E}_{2e})$ der Erregerspannung. Denkt man sich den Stromtransformator zuerst beseitigt, so liegt die Primärwicklung (Reaktanz X_{3T}) des Spannungstransformators an der Netzspannung E_1. Die Sekundärseite enthält die mit Anzapfungen versehene Tourenregelungswicklung, der eine Spannung gleicher Phase induziert wird, sowie (mit senkrechter Wicklungsachse zur vorigen) die Kompensationswicklung OO_3, deren Spannung um 90^0 gegen die Netzspannung verschoben ist. O_3 ist als Nullpunkt geschaltet. Die Erregerspannung $\dot{E}_3$ liegt also zwischen O_3 und einem Punkte e_3, der mittels Schaltwalze an beliebige Anzapfungen der Tourenregelungswicklung gelegt werden kann. Die Übersetzungsverhältnisse sind so zu wählen, daß der Vektor der Erregerspannung das Diagramm kopiert, welches gemäß Abb. 68b und Gleichung (109b) für die Summe der Nebenschlußspannungen gefordert wurde.

Beiden Nebenschlußkomponenten fügt der Serientransformator T_1 eine Hauptstromkomponente hinzu, welche die variable Hauptstrom-Phasenkompensierung verwirklichen soll. (Erregerschaltung „zweiter Art"). Der Stromtransformator muß also gemäß Gleichungen (101) und (101a) (mit $s_k = 1$) die Netzspannung E_1 zur Spannung

$$\dot{E}_1 - \dot{J}_1\,(r_1 + r'_{21} - j\,x'_{21\,\sigma})$$

mit

$$r'_{21} \approx r_2 \frac{x_1}{x_2}\,(1 - \sigma)$$

$$x'_{21\,\sigma} \approx x_1\sigma + x_{1\,T}$$

ergänzen. Dazu muß er eine Gegen reaktanz

$$\dot{y}_{13} = x'_{21\,\sigma} + j\,(r_1 + r''_{21})$$

bzw. [1]

$$\dot{y}_{31} = x'_{21\,\sigma} - j\,(r_1 + r'_{21})$$

besitzen. Seine Primärreaktanz

$$x_{1T} = x_1\sigma \cdot \varepsilon$$

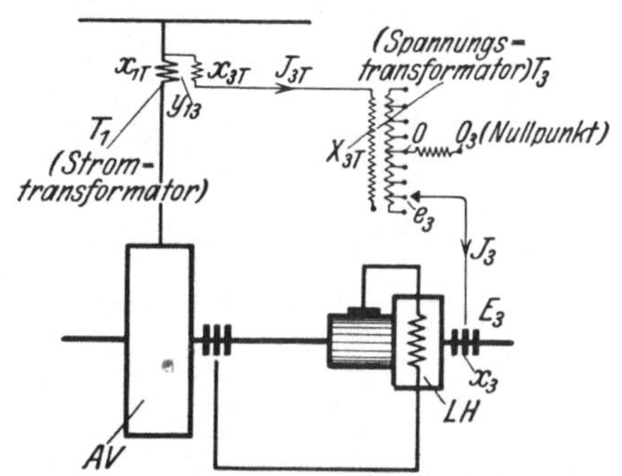

Abb. 73. Regelsatz mit mechanischer Kupplung der läufererregten Hintermaschine (*LH*). Erregerschaltung zweiter Art mit Strom- und Spannungstransformator.

ist möglichst klein zu wählen, da sie wie eine Streuungsvergrößerung der Vordermaschine wirkt und deren Überlastbarkeit verringert. Auf der anderen Seite darf aber auch die Sekundärreaktanz

$$x_{3T} \approx \frac{\dot{y}_{13} \cdot \dot{y}_{31}}{x_{1\,T}} \approx x_1\sigma\left(\sqrt{\varepsilon} + \frac{1}{\sqrt{\varepsilon}}\right)^2$$

nicht zu groß ausfallen. Denn diese Reaktanz wirkt wie eine dem Erregerkreis vorgeschaltete Drosselspule und erhöht die ohnehin schon beträchtliche Erregerleistung. Infolge dieser doppelten Rücksichtnahme ist der Regelbereich der Schaltung begrenzt. Auch bei günstigster Dimensionierung kann die größte Schlüpfung $\bar{s}_0$ bei einem größten Erregerstrom $\bar{J}_3 = \dfrac{E_{3\,max}}{x_3}$ folgenden Wert nicht überschreiten:

$$\frac{|\bar{s}_0|}{1 - \bar{s}_0} \lessgtr \frac{1}{4} \cdot \frac{\dfrac{1 - \sigma}{\sigma}}{\left(\sqrt{\varepsilon} + \dfrac{1}{\sqrt{\varepsilon}}\right)^2} \cdot \frac{\dfrac{\bar{J}_3}{E_{20}/x_2}}{1 + \dfrac{x_3}{X_{3\,T}}} . \tag{119}$$

---

[1] Vergleiche Abschnitt 7.

Schätzt man $\overline{J}_3 \approx \dfrac{E_{20}}{x_2}$, $\sigma = 0,1$, $\dfrac{x_3}{X_{3T}} \approx 0$ und wählt $\varepsilon = 0,2$, so ergibt sich

$$|\overline{s}_0| \lessgtr \begin{cases} 0,24 \text{ untersynchron} \\ 0,45 \text{ übersynchron}. \end{cases}$$

Bei größerem Regelbereiche kann die Spannung E_{2v} der variablen Hauptstromphasenkompensierung nicht mehr in voller Größe erzeugt werden.

b) Erregerschaltungen mit besonderem Erregeraggregat.

Die Begrenzung der soeben behandelten Erregerschaltung läßt sich eliminieren, indem man die Hintermaschine durch ein besonderes Hilfsaggregat erregt (Abb. 74). Das ist freilich eine kostspielige und vom Standpunkte des Kunden aus umständliche Lösung. Das Erregeraggregat besteht im allgemeinen aus vier Maschinen: dem Synchronmotor SM, der Drehstromerregermaschine DE, dem Danielson-Umformer DU und der Gleichstromerregermaschine GE. Die ganze Erregerschaltung ist abermals so zu entwerfen. daß die Erregerspannung

$$\dot{E}_3 = - \frac{\dot{E}_2}{1 - s},$$

das vorgeschriebene Gesetz der Sekundärspannung $\dot{E}_2$ [Gleichung (113) für $\psi = 1$, $\chi = 0$, $s_k = 1$] verwirklicht.

Infolge des synchronen Antriebes erzeugt die Drehstromerregermaschine die Netzfrequenz. Der Ständer trägt zwei aufeinander senkrechte Erregerwicklungen, d und e, deren Ströme unabhängig voneinander eingestellt und geregelt werden

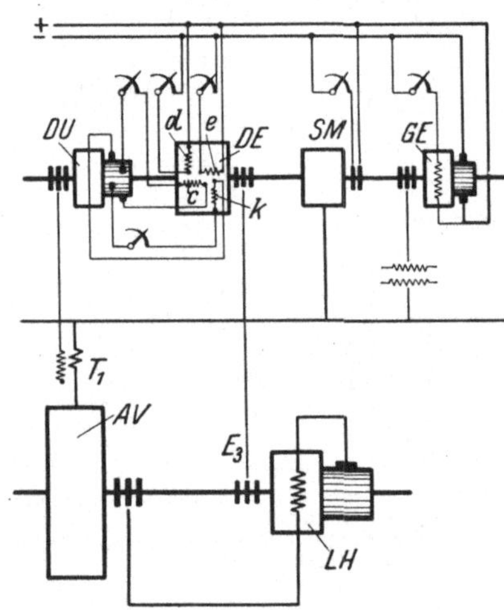

Abb. 74. Regelsatz mit mechanischer Kupplung der läufererregten Hintermaschine (LH) und besonderem Erregeraggregat, bestehend aus Danielson-Umformer (DU), Drehstromerregermaschine (DE), Synchronmotor (SM) und Gleichstromerregermaschine (GE).

können. Die so erzeugten Komponenten der Erregerspannung entsprechen den Spannungen der Wicklungsabschnitte Oe_3 und O_3O in der vorigen Erregerschaltung (Abb. 73). Die Haupterregerwicklung d erzeugt somit die Tourenregelungsspannung E_{2d}, die dazu senkrechte Wicklung e die Spannung der Läufererregung E_{2e}.

Der Danielson-Umformer fügt diesen Nebenschlußspannungen die gewünschten Hauptstromkomponenten hinzu. Er wird durch den Primärstrom über einen dreiphasigen Stromtransformator T_1 erregt und erzeugt somit dem Hauptstrome proportionale Gleichspannungen. Versieht man den Kommutator mit zwei aufeinander senkrecht stehenden Bürstensätzen, so lassen sich diese so einstellen, daß die eine Gleichspannung dem Wirkstrom, die andere dem Blindstrom proportional wird. Diese Spannungen läßt man auf zwei weitere Erregerwicklungen k und c der Drehstromerregermaschine wirken, die koaxial zu den Wicklungen d und e eingebaut sind und kann so jede gewünschte Stromabhängigkeit der Sekundärspannung erzielen. Wie man leicht versteht, dient die Wicklung k hauptsächlich der Kompoundierung, die Wicklung c hauptsächlich der Konstanten und variablen Hauptstrom-Phasenkompensierung.

Die Gleichstrom-Erregermaschine GE wird am besten mit drei Schleifringen versehen und über einen Transformator an das Primärnetz angeschlossen. Man erreicht dadurch, daß in der Sekundärspannung der Hintermaschine alle Nebenschlußkomponenten der Netzspannung proportional sind und etwaige Schwankungen der Netzspannung (nicht der Netzfrequenz!) keinen erheblichen Einfluß auf die Leistungsaufnahme des Regelsatzes ausüben.

Wenn man weder eine Kompoundierung noch eine konstante Hauptstrom-Phasenkompensierung benötigt, kann man den Danielson-Umformer durch eine Schaltung nach Abb. 75 entbehrlich machen. Hierbei ist der Serientransformator vor dem Synchronmotor eingebaut, so daß dieser nicht unmittelbar an der Netzspannung E_1, sondern an einer Spannung

$$\dot{E}_1 - \dot{J}_1\left[r_1 + r'_{21} - j\,x'_{21\,\sigma}\right]$$

liegt [vgl. Gleichung (101)]. Bei Belastung fällt also der Synchronmotor gerade um denselben Winkel zurück, um den die Sekundärspannung $\dot{E}_{2d} + \dot{E}_{2v}$ hinter der entsprechenden Leerlaufspannung zurückbleiben soll. Dieser Winkel überträgt sich auf die Erregerspannungskomponenten der Drehstromerregermaschine und damit auf die Sekundärspannung. Es wird also das Hauptkennzeichen der variablen Hauptstrom-Phasenkompensierung, das Zurückbleiben der Sekundärspannung bei Belastung, auf mechanischem Wege erreicht. Doch eignet sich diese Anordnung nicht für Betriebe mit großen momentanen Belastungsschwankungen.

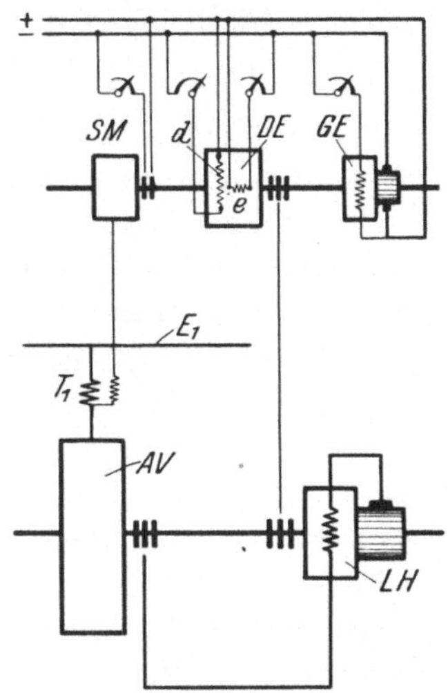

Abb. 75. Erzeugung der variablen Hauptstrom-Phasenkompensierung durch einen Serientransformator (T_1) vor dem Synchronmotor (SM) des Erregeraggregates (DE, GE).

Handelt es sich um große Maschinenaggregate, so dürfen auch die Reguliereinrichtungen mehr kosten und man kann dann manche sehr vollkommene Lösung anwenden, die für kleinere Leistung nicht in Betracht käme. Besonders naheliegend ist der Gedanke, einen Eilregler zur Beeinflussung des Leistungsfaktors zu benützen. Verschiedene Firmen bauen derartige Blindleistungsregler, durch die man eine Feldphase der Drehstromerregermaschine so beeinflussen kann, daß die Blindleistung konstant bleibt oder sich proportional der Wirkleistung ändert. Die Hauptstrom-Phasenkompensierung wird dann schon in der Wicklung e erzeugt und der Danielson-Umformer in Abb. 74 wird entbehrlich.

41. Regelsätze mit elektrischer Kupplung der Hintermaschine ($s_k = \infty$).

Ist die Hintermaschine mit der Vordermaschine nur elektrisch, nicht mechanisch gekuppelt, so wird sie gewöhnlich durch eine gleichpolige Synchronmaschine auf ihrer synchronen Drehzahl

$$\omega_m = \omega_1$$

gehalten. In diesem Falle beträgt die Frequenz des Erregerkreises

$$\omega_3 = \omega_m (1 - s)$$

und muß in einer mit der Vordermaschine gekuppelten Drehstromerregermaschine DE erzeugt werden (Abb. 34 b). Abgesehen von dem Antrieb dieser Maschine ist die vollständige Erregerschaltung nach Abb. 74 auch für den vorliegenden Fall anwendbar.

XII. Erste Gruppe von Erregerschaltungen für ständererregte Hintermaschinen (SH). Regelung im Primärkreis der Vordermaschine. Vollständige Kompensation des induktiven Spannungsabfalles im Feldkreis der Hintermaschine.

In der gebräuchlichen Ausführung arbeiten ständererregte Hintermaschinen mit vollständiger Kompensation der Ankerrückwirkung, so daß der Erregerkreis durch den Arbeitsstrom in Anker- und Kompensationswicklung nicht induziert wird. Von dem Einfluß eines eventuellen Hauptstromfeldes (Kompoundierungswicklung) möge einstweilen abgesehen werden. Bezeichnet dann E_m die Klemmspannung der Erregerwicklung, so beträgt der Erregerstrom

$$\dot{J}_m = \frac{\dot{E}_m}{r_m - j\, x_m\, s} = \frac{\dot{E}_m}{\dot{z}_m}.$$

Das Verhältnis zwischen Erregerstrom und -Klemmspannung ist also sehr stark von der Schlüpfung abhängig. Was man anstrebt, ist aber Phasengleichheit[1] und eine von der Schlüpfung möglichst unabhängige Proportionalität zwischen dem Erregerstrom $\dot{J}_m$ und irgendeiner Fremderregungsspannung $\dot{v}$, durch die der Feldstrom geregelt werden kann. Jede Kaskadenschaltung mit ständererregter Hintermaschine wird man deshalb zuerst daraufhin ansehen, wie sie dieses Problem angreift.

Nachdem der Feldstrom J_m die Frequenz des Sekundärkreises besitzt, liegt es am nächsten, auch die Regelspannung v aus dem Sekundärkreis, z. B. aus der Schleifringspannung der Vordermaschine herzuleiten. In der Tat benützen die ältesten Kaskadenschaltungen (Abschnitt 47) dieses Prinzip. Die meisten neueren Schaltungen dagegen erzeugen die Regelspannung $\dot{v}$ mit der Netzfrequenz[1]. Wenn dann der Feldstrom $\dot{J}_m$ nach Größe und Phase diesem Spannungsvektor porportional sein soll, muß die Selbstinduktivität des Feldkreises auf irgendeine Weise kompensiert werden, sei es durch einen Phasenschieber besonderer Bauart oder durch einen geeigneten Erregerumformer oder durch einen besonderen Erregergenerator. Derartige Lösungen mögen unter dem Sammelbegriff der „ersten Gruppe von Erregerschaltungen für ständererregte Hintermaschinen" zusammengefaßt werden. Entgegen der historischen Entwicklung untersuche ich diese Schaltungen an erster Stelle, weil sie den bereits behandelten

---

[1] Hat $\dot{v}$ die Netzfrequenz, $\dot{J}_m$ die Schlupffrequenz, so bedeutet „Phasengleichheit" zwischen beiden Vektoren, daß eine Verdrehung von $\dot{v}$ gegen den Netzspannungsvektor $\dot{E}_1$ eine ebenso große Verdrehung von $\dot{J}_m$ gegen den Vektor $\dot{E}_{20}$ der Läuferspannung bewirkt.

Kaskaden mit läufererregter Hintermaschine nahe verwandt sind. Wie diese verwirklichen sie streng oder doch sehr angenähert den Idealfall $\psi_d(s) = 1$, $\chi_x(s) = 0$ (Abschnitt 39), bei welchem mit einem Einfluß des Tourenabfalles $s - s_0$ der Vordermaschine auf den Erregerstrom der Hintermaschine nicht gerechnet zu werden braucht.

42. Erzeugung der gesamten Erregerspannung in einem Periodenumformer besonderer Bauart (Schrage).

Abb. 76 zeigt eine Erregerschaltung mit Stromtransformator T_1 und Spannungstransformator T_3 für eine ständererregte Hintermaschine SH. Diese Anordnung liefert zunächst wie Abb. 73 eine mit der Netzfrequenz pulsierende Erregerspannung E_3, während die Erregerspannung E_m und der Feldstrom J_m der Hintermaschine die Schlüpfungsfrequenz besitzen müssen. Den Übergang zwischen beiden Frequenzen vermittelt der Umformer SU, der zuerst von Schrage angegeben, aber später noch mehrmals erfunden wurde.

Der Schrage-Umformer besitzt im Rotor eine dreiphasige Schleifringwicklung (Index 3) und eine Kommutatorwicklung (Index k) mit dreiphasigem Bürstensatz. Der Ständer trägt eine Drehstromwicklung (Index st) mit offenen Phasen, deren Wicklungsachse auf der Achse der Kommutatorwicklung senkrecht steht. Der Umformer wird mit der Vordermaschine für „relativen Synchronismus" starr gekuppelt und an den Schleifringen mit der regelbaren Spannung E_3

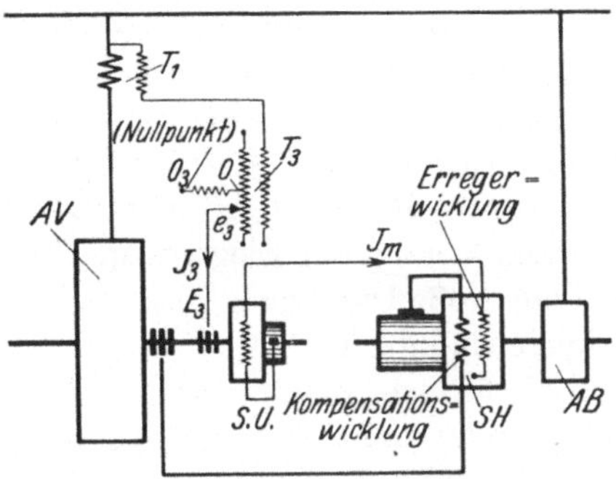

Abb. 76. Erregerschaltung mit Schrage-Umformer (SU) für ständererregte Hintermaschine (SH). T_1 Serientransformator (mit Luftspalt), T_3 Regeltransformator, AB asynchrone Belastungsmaschine.

der Netzfrequenz ν_1 erregt. Kommutator und Ständerwicklung sind in Reihe geschaltet und speisen den Feldkreis der Hintermaschine von der Impedanz

$$\dot{z}_m = r_m - j\,x_m\,s$$

mit der Schlupffrequenz $\nu_1 s$.

Die effektiven Windungszahlen der 3 Wicklungen sind N_3, N_k und N_{st}. Dementsprechend induziert das gemeinsame Feld der Schleifringwicklung die Spannung $-\dot{E}_3$, der Kommutatorwicklung eine Spannung

$$\dot{E}_k = \dot{E}_3 \frac{N_k}{N_3}$$

und der Ständerwicklung

$$\dot{E}_{st} = -j\,\dot{E}_3\,s\,\frac{N_{st}}{N_3}\,.$$

Hieraus folgt für Erregerspannung der Hintermaschine

$$\dot{E}_m = \dot{E}_k + \dot{E}_{st} = \dot{E}_3\left[\frac{N_k}{N_3} - j\frac{N_{st}}{N_3}s\right].$$

Gleicht man nun die Windungszahlen und den Widerstand r_m so ab, daß

$$\frac{N_k}{N_{st}} = \frac{r_m}{x_m}, \qquad\qquad (120\,\text{a})$$

so deckt die Spannung der Kommutatorwicklung gerade den Ohmschen Spannungsabfall $- J_m r_m$, die Spannung der Ständerwicklung den induktiven Abfall $j J_m x_m s$ und man erhält für den Feldstrom

$$J_m = \frac{\dot{E}_3}{r_m} \cdot \frac{N_k}{N_3} = \frac{\dot{E}_3}{x_m} \cdot \frac{N_{st}}{N_3} . \tag{120}$$

Der Stromvektor J_m kopiert also das Gesetz des Spannungsvektors $\dot{E}_3$ hinsichtlich Größe und Phase.

Nun ist aber die Rotationsspannung der Hintermaschine zugleich die wirksame Sekundärspannung $\dot{E}_2$ der Kommutatorkaskade, also:

$$\dot{E}_2 = J_m d_m \left(1 - \frac{s}{s_k}\right) = \text{konst } \dot{E}_3 \left(1 - \frac{s}{s_k}\right) .$$

Die Regelung der Spannung $\dfrac{\dot{E}_2}{1 - \dfrac{s}{s_k}}$ gemäß Gleichung (113) kann

somit durch eine proportionale Regelung der Schleifringspannung $\dot{E}_3$ bewirkt werden. Daraus folgt zugleich, daß auf ständererregte Hintermaschinen mit Schrage-Umformer dieselben Erregerschaltungen 73, 74, 75 angewendet werden können wie für kompensierte Maschinen mit Läufererregung.

Dem Vorzug der Eleganz und Vollkommenheit dieser Lösung steht als Nachteil die große Durchgangsleistung des Schrage-Umformers gegenüber. Die Primäramperewindungen $J_3 N_3$ sind nämlich um die Erregeramperewindungen $J_{3m} N_3$ des Umformers größer als die Sekundäramperewindungen oder, was auf dasselbe hinauskommt, die Amperewindungen $J_m N_{st}$ des Ständers. Daher ist

$$E_3 \cdot (J_3 - J_{3m}) = E_3 \frac{J_m N_{st}}{N_3} = J_m^2 x_m ,$$

d. h. die Typenleistung des Schrage-Umformers entspricht der größten auf die Netzfrequenz umgerechneten Erregerleistung der Hintermaschine. Aus diesem Grunde unterliegt auch die Schaltung nach Abb. 76 derselben Beschränkung des Regelbereiches wie die analoge Schaltung 73 für läufererregte Hintermaschine.

Diese Nachteile vermindern jedoch nicht die Bedeutung des Schrage-Umformers, dem wir als wichtiges Element in anderen Regelschaltungen wieder begegnen.

43. Kompensierung der Blindkomponente der Erregerspannung mittels Phasenschieber (Dreyfus)[1].

Das Schaltungsschema (77) enthält einen vom Verfasser angegebenen Phasenschieber Ph, der in den Feldkreis der Hintermaschine SH (vom Widerstand r_m und der Reaktanz $x_m s$) eingeschaltet ist und die Aufgabe hat, die Blindspannung $j J_m x_m s$ dieses Kreises zu kompensieren. Der Phasenschieber ist eine gewöhnliche,

---

[1] Durch die vom Verfasser S. 195 durch Gleichung (242) angegebene Änderung wird auch das Erregeraggregat von Liwschitz (Abschnitt 56) als Phasenschieber anwendbar, und dann sogar für beliebig großen Regelbereich der Vordermaschine.

ständererregte Maschine mit Anker- und Kompensationswicklung (a) und einer Hauptstromerregung (h) vom Widerstand r_h und der Reaktanz $x_h s$, die über den Widerstand r_s geshuntet ist. Der Shuntwiderstand teilt den Feldstrom $\dot{J}_m$ der Hintermaschine in den Shuntstrom $\dot{J}_s$ und den Erregerstrom $\dot{J}_m - \dot{J}_s$ des Phasenschiebers, wobei

$$\frac{\dot{J}_m - \dot{J}_s}{\dot{J}_m} = \frac{r_s}{r_s + r_h - j\, x_h s}.$$

Wie Abb. 78 zeigt, bleibt $\dot{J}_m - \dot{J}_s$ gegen $\dot{J}_m$ zurück, während $\dot{J}_s$ gegen $\dot{J}_m$ voreilt.

Bei richtigem Anschluß seiner Erregerwicklung h arbeitet der Phasenschieber als Motor. Seine Rotationsspannung beträgt dann:

$$\dot{E}_d = -\,(\dot{J}_m - \dot{J}_s)\, d_h$$

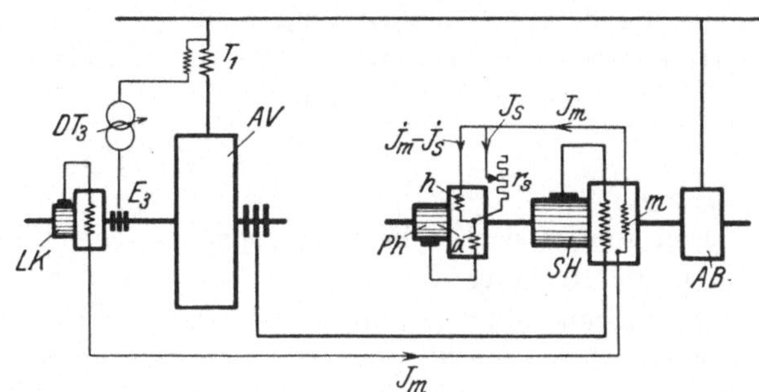

Abb. 77. Erregerschaltung mit Phasenschieber (Ph) für ständererregte Hintermaschine.

und sein gesamter Spannungsverbrauch

$$\dot{E}_d - \dot{J}_s r_s = -\,\dot{J}_m\left[r_s + \frac{d_h - r_s}{1 + \dfrac{r_h}{r_s}} \cdot \frac{1}{1 + \left(\dfrac{x_h s}{r_s + r_h}\right)^2} + j\,\frac{d_h - r_s}{1 + \dfrac{r_h}{r_s}} \cdot \frac{\dfrac{x_h s}{r_s + r_h}}{1 + \left(\dfrac{x_h s}{r_s + r_h}\right)^2}\right].$$

Der Spannungsabfall des Phasenschiebers enthält also eine Komponente in Gegenphase zum Feldstrom, welche dieselbe Wirkung hat wie eine Vergrößerung des Ohmschen Spannungsabfalles $-\,\dot{J}_m r_m$, sowie eine zweite Komponente, die gegen $\dot{J}_m$ um 90^0 voreilt und die bei kleinen Werten von s der Schlüpfung sehr angenähert proportional ist.

Durch diese zweite Komponente soll die Blindspannung $j\dot{J}_m x_m s$ im Feldkreis der Hintermaschine aufgehoben werden. Dabei ist zu beachten, daß mit steigender Leerlaufschlüpfung s_0 die Sättigung der Hintermaschine zunimmt, und daß deshalb nicht die Reaktanz x_m, sondern eher ein etwas größerer Wert

$$x_{m0} = x_m\,(1 + \alpha s_0^2) \qquad (121)$$

als konstant anzusehen ist. Man wird daher den (ungesättigten) Phasenschieber so auf die Hintermaschine abstimmen, daß

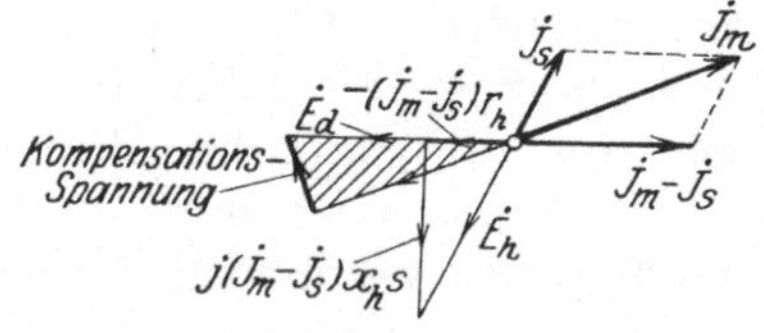

Abb. 78. Strom- und Spannungsdiagramm des Phasenschiebers nach Abb. 77.

$$\alpha = \frac{x_h}{r_s + r_h} \quad \text{und} \quad \alpha\,\frac{d_h - r_s}{1 + \dfrac{r_h}{r_s}} = x_{m0} \qquad (122)$$

ist. In diesem Falle ergibt sich als resultierender Spannungsabfall in Phasenschieber + Feldkreis der Hintermaschine:

$$\dot{E}_d - \dot{J}_s r_s - \dot{J}_m(r_m - j x_m s) = -\,\dot{J}_m\left[r_m + r_s + \frac{x_m}{\alpha} \cdot \frac{1 + \alpha^2 s_0^2}{1 + \alpha^2 s^2} - j x_m s\,\frac{\alpha^2(s^2 - s_0^2)}{1 + \alpha^2 s^2}\right]. \qquad (123)$$

Nach der letzten Gleichung wird die Erregerblindspannung bei Leerlauf ($s = s_0$) vollkommen aufgehoben, und auch bei Belastung bleibt der Scheinwiderstand des Erregerkreises angenähert induktionsfrei. Die Wirkleistung des

Phasenschiebers kann auf $J_m^2 x_m \dfrac{1}{\alpha}$ geschätzt werden, ist also nur so lange genügend klein, als für α ein genügend großer Wert, z. B. $\alpha \geq 2$ erhalten werden kann. Auf der anderen Seite soll $\alpha s_0 < 0{,}5$ bleiben, einmal mit Rücksicht auf die Eisensättigung der Hintermaschine [Gleichung (121)], hauptsächlich aber, damit die Erregerblindspannung auch noch bei größter Belastung genügend genau kompensiert wird. Durch diese beiden Rücksichten wird das Anwendungsgebiet der Erregerschaltung auf

$$| s_0 | \gtrless 0{,}25 .$$

eingeengt.

Den kompensierten Feldkreis speist in Abb. 77 eine kompensierte Maschine mit Läufererregung $LK\,(s_k = 1)$, die mit der Vordermaschine für relativen Synchronismus starr gekuppelt ist. Ihre Schleifringspannung E_3 kann mittels Stromtransformator T_1 (variable Hauptstromphasenkompensierung) und Spannungstransformator oder Doppeldrehtransformator DT_3 (Tourenregelung und Läufererregung) geregelt werden. Die wirksame Sekundärspannung E_2 der Kaskadenschaltung ist die Rotationsspannung der Hintermaschine, also

$$\dot{E}_2 = \dot{J}_m d_m = \frac{\dot{E}_3\left(1 - \dfrac{s}{s_k}\right)}{r_m + r_s + \dfrac{x_m}{\alpha} \cdot \dfrac{1 + \alpha^2 s_0^2}{1 + \alpha^2 s^2}} \cdot d_m \approx \dot{E}_3\left(1 - \frac{s}{s_k}\right)\frac{d_m}{x_m}\alpha .$$

Da nun das Verhältnis $\dfrac{d_m}{x_m}$ durch die Sättigung der Hintermaschine nicht beeinflußt wird, kopiert die Spannung $\dfrac{\dot{E}_2}{1 - \dfrac{s}{s_k}}$ das Gesetz der Erregerspannung $\dot{E}_3$ recht genau.

44. Erzeugung der ganzen Erregerleistung der Hintermaschine in einer kompensierten Kommutatormaschine mit Ständererregung (Dreyfus).

Bei sehr großer Leistung der Hintermaschine bedient man sich mit Vorteil einer besonderen Hilfserregermaschine und verlegt die ganze Regelung in den Feldkreis dieser Maschine. In Abb. 79 ist die Hilfserregermaschine eine auf „unvollkommene Selbsterregung" geschaltete Scherbiusmaschine. Unter einer Maschine mit unvollkommener Selbsterregung soll dabei eine Maschine verstanden werden, die zwar auf Selbsterregung geschaltet ist, die sich aber erst oberhalb der Betriebstourenzahl „unabhängig" erregt. Bei der Betriebstourenzahl muß sie also noch fremderregt werden. Immerhin ist die dazu benötigte Fremderregerleistung viel geringer, als es bei reiner Fremderregung der Fall wäre. Die Ersparnis ist um so größer, je näher die Betriebstourenzahl n gegen die Selbsterregungstourenzahl n_u rückt. Auf der anderen Seite darf man den Abstand zwischen den beiden Drehzahlen nicht zu klein machen, damit die unerwünschte Selbsterregung auch bei veränderlichen Sättigungsverhältnissen mit Sicherheit vermieden wird.

Bei der Hilfserregermaschine in Abb. 79 ist die Feldwicklung (Strom i, Impedanz $r_e - j x_e s$) parallel zum Arbeitsstromkreis (Strom $J_m + i$, Impedanz

$r_a - jx_a s$) angeschlossen. Die Rotationsspannung id der Ankerwicklung wirkt also auch auf den Nebenschlußkreis und hat bei richtigem Anschluß die entgegengesetzte Richtung wie der Ohmsche Spannungsabfall $- ir_e$. Daraus folgt, daß sich die Maschine bei einer bestimmten Drehzahl mit Gleichstrom erregen kann. Diese Drehzahl muß über der Betriebsdrehzahl liegen.

Nun darf sich aber die Eigenschaft der unvollkommenen Selbsterregung nicht nur auf das Arbeiten mit Gleichstrom beschränken, sondern muß bei allen betriebsmäßig auftretenden Schlupffrequenzen erhalten bleiben. Die Rotationsspannung id muß also bei allen Schlupffrequenzen imstande sein, den resultierenden Spannungsabfall im Feldkreis der Hilfserregermaschine größtenteils aufzuheben. Das ist nur möglich, wenn dieser Kreis angenähert induktionsfrei ist, d. h. wenn die Feldreaktanz $x_e s$ durch einen Phasenschieber kompensiert wird. In Abb. 79 wird dies durch den aus Abschnitt 43 bekannten Phasenschieber erreicht, der über einen Transformator T_e mit sehr kleinem Leerlaufstrom zur Feldwicklung in Reihe geschaltet ist.

Die geringe Fremderregerleistung, die dann noch nötig ist, kann durch einen gewöhnlichen Frequenzumformer ($s_k = \infty$) oder wie in Abb. 79 durch eine läufererregte kompensierte Maschine LK ($s_k = 1$) erzeugt werden. Dabei wird die

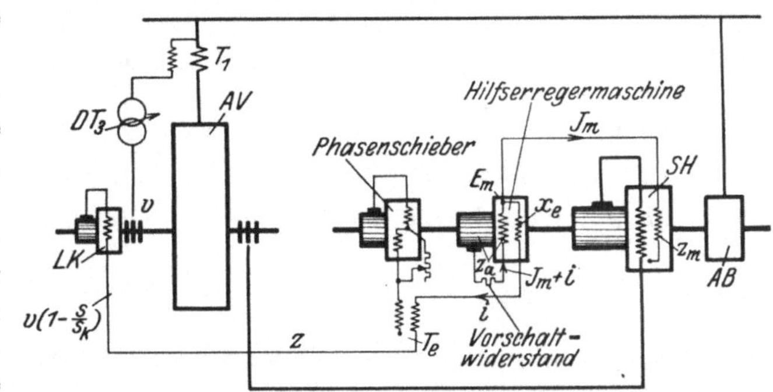

Abb. 79. Erregerschaltung mit auf unvollständige Selbsterregung geschalteter Hilfserregermaschine.

Fremderregerspannung $\dot{v}$ den Schleifringen mit der Netzfrequenz aufgedrückt und in die Klemmspannung $\dot{v}\left(1 - \dfrac{s}{s_k}\right)$ der Sekundärseite umgeformt. Die Spannungsregelung erfolgt wieder am einfachsten durch einen mit Luftspalt ausgeführten Stromtransformator T_1 und einen Doppeldrehtransformator DT_3. Nimmt man an, ein 1000-kW-Motor solle auf $\bar{s}_0 = \pm\,0{,}4$ geregelt werden, so benötigt man eine Hintermaschine für 400 kW Schlupfleistung, deren Erregerblindleistung auf ungefähr $160 \cdot \bar{s}_0 = 64$ kW geschätzt werden kann. Die Leistung des Phasenschiebers dürfte dann ungefähr 22 kW und die Leistung der LK-Maschine ungefähr 3 kW betragen. Die Regelapparate T_1, DT_3 fallen also sehr klein und billig aus.

Die Bedingungen für vollständige Proportionalität und Phasengleichheit zwischen der Fremderregerspannung $\dot{v}\left(1 - \dfrac{s}{s_k}\right)$ und dem Feldstrom J_m sind am einfachsten auf analytischem Wege herzuleiten. Außer den bereits erklärten Bezeichnungen bedeute

$\dot{z}_m = r_m - jx_m s$ die Feldimpedanz der Hintermaschine,

$\dot{z} = r - jxs$ die resultierende Impedanz des Feldkreises der Hilfserregermaschine inklusive Phasenschieber.

Dann berechnet man zunächst

$$J_m = \frac{i\left(1 - \dfrac{s}{s_k}\right)}{\dfrac{z_m + z_a}{d - z_a}\, z - z_m}\,.$$

Andererseits soll mit einem einstweilen noch unbekannten Widerstande R das Gesetz

$$J_m = \frac{i\left(1 - \dfrac{s}{s_k}\right)}{R}$$

erfüllt werden. Dies führt auf folgende Abgleichungsbedingungen:

Erstens:

$$x = -x_a\frac{x_m}{x_m + x_a}\,, \tag{124a}$$

d. h. die Feldreaktanz $x_e s$ der Hilfserregermaschine muß durch den Phasenschieber etwas überkompensiert werden (x negativ).

Zweitens:

$$d - r_a = r\frac{r_m + r_a}{r_m + R}\,, \tag{124b}$$

d. h. die Maschine würde sich bei einer höheren Drehzahl entsprechend $R = 0$ und

$$d_u - r_a = r\frac{r_m + r_a}{r_m}$$

von selbst erregen (unabhängige Selbsterregung). Damit diese Drehzahl genügend hoch über der Betriebsdrehzahl liegt, darf R nicht zu klein gegen r_m sein.

Drittens:

$$R = r_a\frac{x_m}{x_m + x_a} - r_m\frac{x_a}{x_m + x_a} \approx r_a\,. \tag{124c}$$

Man muß also den wirksamen Widerstand r_a des Arbeitsstromkreises durch Vorschaltwiderstand (oder durch eine Kompoundierungswicklung) künstlich vergrößern und eliminiert dadurch zugleich den Einfluß des variablen Bürstenübergangswiderstandes auf die Abstimmung.

XIII. Zweite Gruppe von Erregerschaltungen für ständererregte Hintermaschinen. Umformung der gesamten Erregerleistung in einem gewöhnlichen Periodenumformer.

Unter der zweiten Gruppe von Erregerschaltungen für ständererregte Hintermaschinen mögen alle Schaltungen verstanden werden, bei welchen die gesamte Erregerleistung dem Feldkreis über einen gewöhnlichen Periodenumformer zugeführt wird. Besondere Maßnahmen zur Kompensierung des induktiven Spannungsabfalles in der Feldwicklung werden nicht ergriffen. Deshalb läßt sich eine vom Tourenabfall der Vordermaschine unabhängige Proportionalität zwischen Feld und Erregerspannung nicht mehr erzielen. Auf der anderen Seite zeichnen sich diese Schaltungen durch besondere Einfachheit aus, da sie außer der Hintermaschine und dem Periodenumformer keine weitere Kommutatormaschine, ja oft überhaupt keine weitere Maschine benötigen. In den Augen der meisten Besteller ist dies ein schwerwiegender Vorteil. Außerdem ist die Erregerschaltung nur für die scheinbare Erregerleistung der Hintermaschine bezogen auf die Schlüpfungsfrequenz (nicht auf die Netzfrequenz) zu dimensionieren. Sie verlangt also bei nicht zu weitgehender Drehzahlregelung nur kleine Regelapparate oder Regelmaschinen.

Unter dieser zweiten Gruppe von Erregerschaltungen ist eine sehr große Zahl von Lösungen denkbar. Von diesen greife ich zwei heraus, die einwandfreie Betriebskurven mit besonders einfachen Mitteln erzielen.

45. Netzerregter Periodenumformer mit Vorschaltwiderstand im Feldkreis der Hintermaschine.

a) Schaltungsschema für Tourenregelung durch Bürstenverschiebung.

Abb. 80 zeigt das Prinzipschema eines Regelsatzes, der an Einfachheit kaum zu übertreffen ist: Ein Periodenformer PU ist mit der asynchronen Vordermaschine AV für relativen Synchronismus starr gekuppelt, d. h. die Drehzahlen beider Maschinen verhalten sich umgekehrt wie ihre Polzahlen. Bekanntlich ist dies die Bedingung dafür, daß eine Spannung E_3 der Netzfrequenz an den Umformerschleifringen eine Kommutatorspannung der Schlupffrequenz erzeugt.

Vom Kommutator werden die Erregerspannungen für die beiden Nebenschlußfelder der Hintermaschine abgenommen. Die Erregerspannung E_m der Haupterregerwicklung m wird durch gegenläufige Verschiebung der beiden Bürstenbrücken b der Größe und Phase nach geregelt. Die Spannung E'_m für die Hilfserregerwicklung m' wird von einem weiteren Bürstensatz b' geliefert. Die Haupterregerwicklung dient der Tourenregelung, die Hilfserregerwicklung der Nebenschluß-Phasenkompensierung. Beiden Feldern sind Widerstände vorgeschaltet, um den störenden Einfluß der induktiven Spannungsabfälle zu vermindern. Außer den

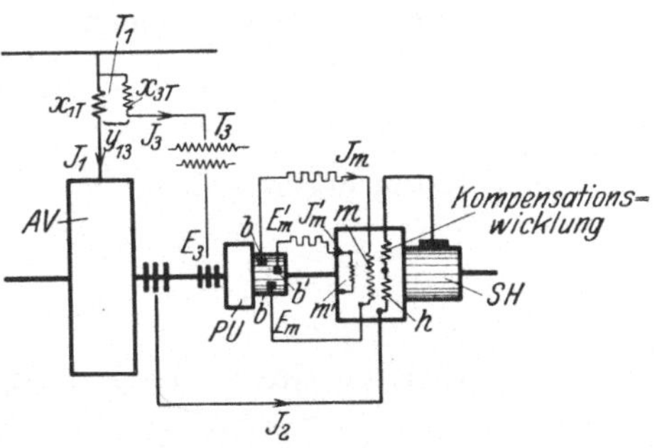

Abb. 80. Erregerschaltung mit Periodenumformer (PU) und Tourenregelung durch Bürstenverschiebung.

Nebenschlußfeldern verwendet man zuweilen eine Hauptstromwicklung h, um den Tourenabfall bei Belastung zu erhöhen.

Ein Stromtransformator T_1 (mit Luftspalt zur Vergrößerung des Erregerstromes) versieht die Erregerspannung mit einer dem Hauptstrom proportionalen Komponente, welche die Spannung der variablen Hauptstrom-Phasenkompensierung in richtiger Größe erzeugt. Da auch die Hilfserregerwicklung diesem Einfluß unterworfen ist, gehört die Anordnung zu den sogenannten „Erregerschaltungen zweiter Art"[1]. Der fest eingestellte Spannungstransformator T_3 bringt die Netzspannung auf einen für den Frequenzumformer günstigen Wert.

---

[1] Siehe Abschnitt 37.

Bei passenden Drehzahlen können Vordermotor und Hintermaschine direkt gekuppelt werden ($s_k = 1$). Meist wird jedoch die Hintermaschine durch Kupplung mit einer asynchronen Belastungsmaschine auf angenähert konstanter Drehzahl gehalten ($s_k \approx \infty$).

b) Begrenzung des Regulierbereiches durch die Erregerverluste.

Um wenigstens angenäherte Proportionalität zwischen Erregerstrom und Erregerspannung zu erhalten, werden die Widerstände beider Feldkreise auf solche Werte r_m bzw. r_m' erhöht, daß sie im ganzen Regelbereich die Feldreaktanzen $x_m s$ bzw. $x_m' s$ übertreffen. Damit steigen aber die Erregerverluste, weshalb diese Maßnahme bei großem Regelbereich unwirtschaftlich wird.

Die größten Erregerverluste $\bar{J}_m^2 r_m$ werden am besten auf die für die Netzfrequenz berechnete Erregerblindleistung $\bar{J}_m^2 x_m$ bezogen, und diese wieder auf die Scheinleistung der Hintermaschine bei größter Schlüpfung $\bar{s}$, die ungefähr

$$\bar{P}_2 \approx (\dot{E}_{20} \times \dot{J}_2)\,\bar{s} \approx (\dot{E}_1 \times \dot{J}_1)\,\bar{s}$$

beträgt. Dabei kann

$$\mu = \frac{\bar{J}_m^2\, x_m}{\bar{P}_2} = {}^1/_2 \text{ bis } {}^1/_5 \tag{125a}$$

geschätzt werden. Für die Erregerverluste bei größter Schlüpfung folgt daraus:

$$\frac{\bar{J}_m^2\, r_m}{\bar{P}_2} = \frac{r_m}{x_m \bar{s}} \cdot \mu \bar{s}\,. \tag{125}$$

Will man nun r_m so klein als möglich ausführen, so kann man etwa

$$\frac{r_m}{x_m \bar{s}} \gtrless \sqrt{3} \tag{125b}$$

annehmen. Dann ergibt sich beispielsweise für $\bar{s} = 0{,}17$ und $\mu = \tfrac{1}{3}$

$$\frac{\bar{J}_m^2\, r_m}{\bar{P}_2} = 0{,}1\,,$$

womit ungefähr die Grenze des Zulässigen erreicht ist.

c) Gegenseitige Beeinflussung der Erregerfelder.

Da nach dem Vorigen der Widerstand vor der Haupterregerwicklung verhältnismäßig niedrig gehalten werden muß, wird es notwendig, den Folgen der induktiven Verkettung zwischen beiden Nebenschlußwicklungen, sowie zwischen diesen und einer eventuell vorhandenen Hauptstromerregerwicklung nachzugehen. Die diesbezüglichen Gesetze wurden bereits in Abschnitt 8 abgeleitet und können nun ohne weiteres auf den vorliegenden Fall angewandt werden.

Für eine Maschine ohne Hauptstromwicklung bezeichne:

$$E_m,\ J_m,\ n_m,\ r_m,\ x_{m\sigma} s,\ x_{m0} s \text{ bzw. } x_m s$$

Spannung, Strom, Windungszahl, Widerstand, Streureaktanz und Selbstreaktanz exklusive bzw. inklusive der Streureaktanz des Hauptfeldkreises.

$$E'_m, \ J'_m, \ n'_m, \ r'_m, \ x'_{m\sigma} s, \ x'_{m0} s \ \text{ bzw. } \ x'_m s$$

bedeuten die entsprechenden Größen für den Hilfsfeldkreis. Außerdem bezeichne für eine Maschine mit n_2 Hauptstromerregerwindungen

$$j \dot{J}_2 y_2 s \ \text{ bzw. } \ j \dot{J}_2 y'_2 s$$

die (in E_m bzw. E'_m nicht enthaltenen) Spannungen, die das Hauptstromfeld den Nebenschlußwicklungen induziert. Die Streuung zwischen den verschiedenen Erregerwicklungen sei gering.

Dann haben die resultierenden Erregeramperewindungen dieselbe Größe und Phase, als würden sie durch die folgenden (nicht wirklichen, sondern nur gedachten) Ströme erregt:

Strom der Haupterregerwicklung:

$$\dot{J}_m = \frac{\dfrac{\dot{E}'_m}{r_m}}{1 - j \left(\dfrac{x_m}{r_m} + \dfrac{x'_{m0}}{r'_m} \right) s} . \tag{126a}$$

Strom der Hilfserregerwicklung:

$$\dot{J}'_m = \frac{\dfrac{\dot{E}'_m}{r'_m}}{1 - j \left(\dfrac{x_m}{r_m} + \dfrac{x'_{m0}}{r'_m} \right) s} . \tag{126b}$$

Strom der Hauptstromerregerwicklung:

$$\dot{J}'_2 = \dot{J}_2 + \frac{j \dot{J}_2 \dfrac{y_2}{r_m} \cdot \dfrac{n_m}{n_2} s + j \dot{J}_2 \dfrac{y'_2}{r'_m} \dfrac{n'_m}{n_2} s}{1 - j \left(\dfrac{x_m}{r_m} + \dfrac{x_{m0}}{r'_m} \right) s} \tag{126c}$$

oder

$$\dot{J}'_2 \approx \frac{\dot{J}_2}{1 - j \left(\dfrac{x_{m0}}{r_m} + \dfrac{x'_{m0}}{r'_m} \right) s} . \tag{126d}$$

Dieses Ergebnis ist in mehrfacher Hinsicht bemerkenswert: Im Zähler stehen diejenigen Ströme, die man ohne Rücksicht auf die Selbst- und Gegeninduktivität der Erregerwicklungen berechnen würde, und die man bei Synchronismus auch wirklich erhält. Gegen diese Vektoren sind die oben angegebenen Ströme um einen solchen Winkel verspätet und in solchem Verhältnis verkleinert, als hätten sich die Zeitkonstanten $\dfrac{L_m}{r_m}$ und $\dfrac{L'_m}{r'_m}$ der beiden Nebenschlußkreise addiert.

Da man nun die Phasenverspätung möglichst niedrig halten muß, aber $\dfrac{x_m}{r_m}$ mit Rücksicht auf die Erregerverluste nicht zu klein werden darf, so wird man statt dessen das Verhältnis $\dfrac{x'_m}{r'_m}$ möglichst klein machen, d. h. so klein, als es die Rücksicht auf die viel geringeren Stromwärmeverluste dieses Kreises gestattet.

Wie die beiden Nebenschlußwicklungen das Feld einer eventuellen Hauptstromwicklung beeinflussen, lehrt die letzte Gleichung. Hiernach bleibt dieses Feld gegen den Hauptstrom $\dot{J}_2$ um einen Winkel zurück, der ungefähr proportional der Schlüpfung s zunimmt. Die Rotationsspannung $\dot{E}_h$ im Hauptstromfeld ist daher keine reine Kompoundierungsspannung mehr. Statt dessen ergibt sich folgende Entwicklung:

$$\frac{\dot{E}_h}{1 - \dfrac{s}{s_k}} = - \dot{J}'_2 d_2$$

$$= \frac{- J_2 d_2}{1 + \left(\dfrac{x_{m0}}{r_m} + \dfrac{x'_{m0}}{r'_m}\right)^2 s^2} - j\, \dot{J}_2 d_2 \frac{\left(\dfrac{x_{m0}}{r_m} + \dfrac{x'_{m0}}{r'_m}\right) s}{1 + \left(\dfrac{x_{m0}}{r_m} + \dfrac{x'_{m0}}{r'_m}\right)^2 s^2} . \tag{127}$$

Da ferner innerhalb des Regelbereiches gemäß Gleichung (125 b)

$$\left(\frac{x_{m0}}{r_m} + \frac{x'_{m0}}{r'_m}\right) s^2 < \frac{1}{3} ,$$

so ist in erster Annäherung

$$\frac{\dot{E}_h}{1 - \dfrac{s}{s_k}} \approx - \dot{J}_2 d_2 - j\, \dot{J}_2 d_2 \left(\frac{x_{m0}}{r_m} + \frac{x'_{m0}}{r'_m}\right) s .$$

Hierin bedeutet das erste Glied die Kompoundierungsspannung; das zweite Glied dagegen bedeutet eine Spannung der variablen Hauptstrom-Phasenkompensierung, die innerhalb des Regelbereiches der Schlüpfung proportional ist und deshalb in diesem Bereiche den induktiven Spannungsabfall $j J_1 x_{12\sigma} s$ teilweise kompensieren kann.

Um beide Blindspannungen bequem vergleichen zu können, sei angenommen, daß die Kompoundierungsspannung die Vollastschlüpfung um $\varDelta s$ erhöhe. Dann ist

$$J_2 d_2 \approx E_{20} \cdot \varDelta s .$$

Außerdem gilt angenähert $\left(\text{mit } J_{2m} = \dfrac{E_{20}}{x_2(1 - \sigma)}, \text{ Gleichung (8a)}\right)$

$$J_2 x_{12\sigma} \approx J_2 x_2 \sigma = E_{20} \cdot \frac{J_2}{J_{2m}} \cdot \frac{\sigma}{1 - \sigma} ,$$

Daraus folgt für das Verhältnis der Kompensationsspannung zur Streuspannung bei größter Schlüpfung $\bar{s}$:

$$\frac{J_2 d_2 \dfrac{\left(\dfrac{x_{m0}}{r_m} + \dfrac{x'_{m0}}{r'_m}\right) \bar{s}}{1 + \left(\dfrac{x_{m0}}{r_m} + \dfrac{x'_{m0}}{r'_m}\right)^2 \bar{s}^2} \cdot \left(1 - \dfrac{\bar{s}}{s_k}\right)}{J_2 x_{12\sigma} \bar{s}} = \frac{\varDelta s}{\bar{s}} \left(1 - \frac{\bar{s}}{s_k}\right) \frac{J_{2m}}{J_2} \cdot \frac{1 - \sigma}{\sigma} \cdot \frac{\left(\dfrac{x_{m0}}{r_m} + \dfrac{x'_{m0}}{r'_m}\right) \bar{s}}{1 + \left(\dfrac{x_{m0}}{r_m} + \dfrac{x'_{m0}}{r'_m}\right)^2 \bar{s}^2} .$$

Setzt man nun wie früher begründet [Gleichung (125 b)]

$$\frac{x_{m0} \bar{s}}{r_m} + \frac{x'_{m0} \bar{s}}{r'_m} = \frac{1}{\sqrt{3}}$$

und schätzt

$$\frac{J_{2m}}{J_2} = 0{,}4,$$

$$\sigma = 0{,}1,$$

so würde für

$$\frac{\varDelta s}{\bar{s}} \left(1 - \frac{\bar{s}}{s_k}\right) = \frac{1}{0{,}4} \cdot \frac{0{,}1}{0{,}9} \cdot \frac{1{,}333}{\dfrac{1}{\sqrt{3}}} = 0{,}64$$

die ganze Streuspannung durch die Blindkomponente der Rotationsspannung des Hauptfeldes aufgehoben. Dieser Fall kann also nur bei besonders starker Kompoundierung eintreten.

Im übrigen wirkt auch die mit der Schlüpfung zunehmende Phasenverschiebung
zwischen Erregerstrom J_m und Erregerspannung $\dot{E}_m$ [Gleichung (126a)] im Sinne
einer „variablen" Hauptstrom-Phasenkompensierung". Denn diese ist gerade dadurch gekennzeichnet, daß sie die resultierende Spannung der Hintermaschine mit
steigender Belastung im Sinne einer Nacheilung verdreht. Bei dem empfohlenen
Verhältnis $\dfrac{x_m \bar{s}}{r_m} < \dfrac{1}{\sqrt{3}}$ ist jedoch die Phasenänderung des Erregerstromes
zwischen Leerlauf und Vollast zu gering, als daß sie die künstliche Phasenkompensierung ersetzen könnte.

d) Die variable Hauptstrom-Phasenkompensierung.

Soll die Spannung E_{2v} der variablen Hauptstrom-Phasenkompensierung mit
Hilfe des Stromtransformators T_1 (Abb. 80) in voller Größe erzeugt werden, so
muß [gemäß Gleichung (101)] die Sekundärspannung dieses Transformators
folgende Größe haben:

$$j \, \dot{J}_1 \, \dot{y}_{13} = - \dot{J}_1 [r_1 + r'_{21} - j \, x'_{21\sigma}] \approx - \dot{J}_1 [r_1 + \frac{r_2}{s_k} \cdot \frac{x_1}{x_2} (1 - \sigma) - j (x_1 \sigma + x_{1T})].$$

Damit ist die Gegenreaktanz $\dot{y}_{13}$ der Primärwicklung auf die Sekundärwicklung
vorgeschrieben. Mit Rücksicht auf die Überlastbarkeit der Vordermaschine
macht man die primäre Transformatorreaktanz x_{1T} möglichst klein, also mit
kleinen Werten von ε:

$$x_{1T} = x_1 \sigma \cdot \varepsilon$$

und erhält dann (wie in Abschnitt 40a) für die Sekundärreaktanz x_{3T} bei Vernachlässigung der Transformatorstreuung

$$x_{3\,T} = x_1 \sigma \cdot \left(\frac{1}{\sqrt{\varepsilon}} + \sqrt{\varepsilon} \right)^2.$$

Dem entspricht bei stärkster Erregung ($\bar{J}_m$ bzw. $\bar{J}_3$) und Schlüpfung ($\bar{s}$) der
Hintermaschine ein induktiver Spannungsabfall in der Sekundärwicklung des
Stromtransformators:

$$\bar{J}_3 x_{3T} = \bar{J}_3 x_1 \cdot \sigma \left(\frac{1}{\sqrt{\varepsilon}} + \sqrt{\varepsilon} \right)^2 = \frac{E_1 \bar{J}_3}{J_{1m}} \sigma \left(\frac{1}{\sqrt{\varepsilon}} + \sqrt{\varepsilon} \right)^2 \approx \frac{\bar{J}_m^2 \, r_m}{J_{1m}} \sigma \left(\frac{1}{\sqrt{\varepsilon}} + \sqrt{\varepsilon} \right)^2.$$

oder gemäß Gleichung (125) endgültig

$$\frac{\bar{J}_3 \, x_{3\,T}}{E_1} = \mu \, \bar{s}^2 \sigma \left(\frac{1}{\sqrt{\varepsilon}} + \sqrt{\varepsilon} \right)^2 \frac{r_m}{x_m \bar{s}} \cdot \frac{J_1}{J_{1m}} \qquad \left(\text{mit } J_{1m} = \frac{E_1}{x_1} \right), \qquad (128)$$

z. B. für $\mu = \frac{1}{3}$, $\bar{s} = 0{,}17$, $\sigma = 0{,}1$, $\varepsilon = 0{,}1$, $\dfrac{r_m}{x_m \bar{s}} = \sqrt{3}$, $\dfrac{J_1}{J_{1m}} = 3$,

$$\frac{\bar{J}_3 \, x_{3\,T}}{E_1} = 0{,}06.$$

Es ist ein großer Vorzug der untersuchten Schaltung, daß sie die Erzeugung der variablen Hauptstrom-Phasenkompensierung mit einem so kleinen Spannungs-abfall $\bar{J}_3\,x_{3\,T}$*, also ohne irgendwelche Komplikationen ermöglicht.

e) Die Berechnung der Bürstenverschiebung.

Als Nullage der beiden beweglichen Bürstensätze b und b' (Abb. 80) gelte die Einstellung auf synchrone Leerlaufdrehzahl, bei der die Spannung $\dot{E}'_m$ des Bürstensatzes b' die Phase $j\dot{E}_1$ besitzt. Bei Tourenregelung müssen beide

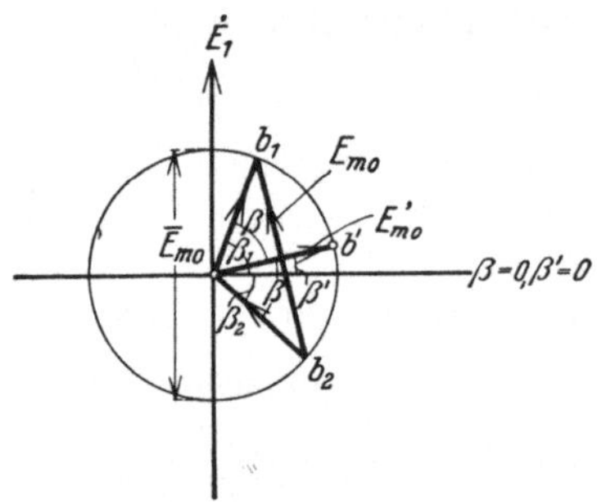

Abb. 81. Zur Berechnung der Verschiebung des Bürstensatzes bb und b' (vgl. Abb. 80).

Bürstensätze so verschoben werden, daß bei Leerlauf die Nebenschlußkomponenten der Tourenregelungs- und Läufererregungsspannung in der durch Gleichung (109b) für Erregerschaltungen zweiter Art vorgeschriebenen Größe und Phase erzeugt werden. Bei Dimensionierung des Stromtransformators T_1 nach Unterabschnitt d wird dann die Hauptstromspannung $\dot{E}_{2v}$ von selbst richtig.

Bei Leerlauf gilt für die Nebenschlußkomponente der Läufererregungsspannung [siehe auch Gleichung (107) und (126b)]:

$$\frac{(\dot{E}_{2e})_{s=s_0}}{1-\dfrac{s_0}{s_k}} \approx j\dot{E}_1\frac{x_2}{x_{21}}\cdot\frac{r_2+d_2}{x_{12\,\sigma}-x_{20}} = \dot{J}'_{m0}\,d'_m = \frac{E'_{m0}\dfrac{d'_m}{r'_m}}{1-j\left(\dfrac{x_m}{r_m}+\dfrac{x'_{m0}}{r'_m}\right)s_0}\,.$$

Hierin setzen wir

$$\left.\begin{aligned} f &= \sqrt{1+\left(\frac{x_m}{r_m}+\frac{x'_{m0}}{r'_m}\right)^2 s_0^2}\,, \\ \beta' &= \operatorname{arc\,tg}\left(\frac{x_m}{r_m}+\frac{x'_{m0}}{r'_m}\right)s_0 \gtrless 30^0\,. \end{aligned}\right\}\tag{129}$$

Dann muß die Bürstenbrücke b' auf

$$\dot{E}'_{m0} = j\,\dot{E}_1\frac{x_2}{x_{21}}\cdot\frac{r_2+d_2}{x_{12\,\sigma}-x_{20}}\cdot\frac{r'_m f}{d'_m}\cdot e^{-j\beta'}$$

eingestellt werden. Der Bürstensatz muß also in der Umlaufrichtung des Um-formers um β' Polteilungsgrade verdreht und gleichzeitig der Feldwiderstand auf $r'_m f =$ konst. nachgeregelt werden.

Analog entwickelt man für die Nebenschlußkomponente der Tourenregelungs-spannung bei Leerlauf [siehe auch Gleichung (101) und (126a)]:

$$\frac{(\dot{E}_{2d})_{s=s_0}}{1-\dfrac{s_0}{s_k}} \approx \dot{E}_1\frac{x_2}{x_{21}}\cdot\frac{s_0}{1-\dfrac{s_0}{s_k}} = \dot{J}_m\,d_m = \frac{\dot{E}_{m0}\dfrac{d_m}{r_m}}{1-j\left(\dfrac{x_m}{r_m}+\dfrac{x'_{m0}}{r'_m}\right)s}$$

bzw.

$$\dot{E}_{m0} = \dot{E}_1\frac{x_2}{x_{21}}\frac{s_0}{1-\dfrac{s_0}{s_k}}\cdot\frac{r_m f}{d_m}\cdot e^{-j\beta'}\,.$$

---

* Im folgenden Unterabschnitt e) wird $\bar{J}_3\,x_{3\,T}$ vernachlässigt.

Bezieht man diese Spannung auf die Diametralspannung $\bar{E}_{m0}$ des Kommutators bei größter Leerlaufschlüpfung $\bar{s}_0$, so ergibt sich (Abb. 81)

$$\frac{E_{m0}}{\bar{E}_{m0}} = \frac{1 - \dfrac{s_0}{s_k}}{1 - \dfrac{\bar{s}_0}{s_k}} \cdot \frac{f}{\bar{f}} = \sin\beta. \tag{130}$$

Um also $\dot{E}_m$ in richtiger Größe und Phase zu erhalten, muß man die beiden gegenläufigen Bürstenbrücken b_1, b_2 auf

$$\beta_1 = \beta + \beta' \quad \text{bzw.} \quad \beta_2 = \beta - \beta' \tag{131}$$

einstellen (Abb. 81). Außerdem muß bei dreiphasiger Schleifringseite des Periodenumformers der Spannungstransformator T_3 mit dem Übersetzungsverhältnis

$$\frac{E_{30}}{E_1} = \frac{\bar{E}_{m0}}{2\,E_1} = \frac{x_2}{x_{21}} \cdot \frac{\bar{s}_0}{1 - \dfrac{\bar{s}_0}{s_k}} \cdot \frac{r_m\,\bar{f}}{2\,d_m} \tag{132}$$

ausgeführt werden. Für $\left(\dfrac{x_m}{r_m} + \dfrac{x'_{m0}}{r'_m}\right)\bar{s}_0 = \dfrac{1}{\sqrt{3}}$ ergeben sich die Steuerkurven nach Abb. 82, die auf verschiedene Weise verwirklicht werden können.

f) Das Vektordiagramm des Läuferstromes.

Mit der soeben berechneten Bürstenverschiebung haben die Erregerströme J_{m0} bei Leerlauf gerade die richtige Größe und Phase. Bei Belastung bleiben sie jedoch etwas hinter der gewünschten Größe und Phase zurück, weil mit wachsender Schlüpfung auch die Reaktanz des Er-

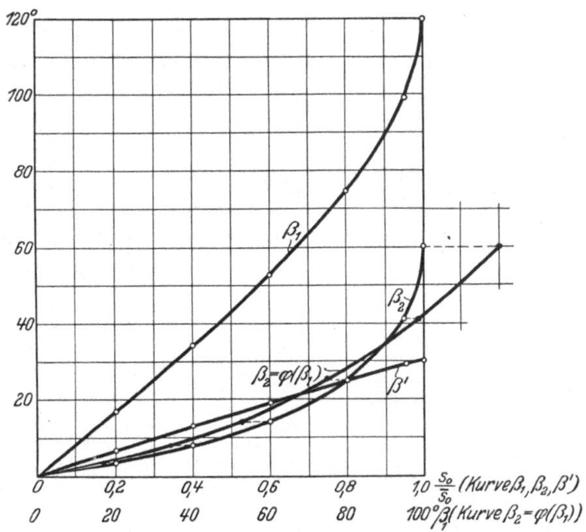

Abb. 82. Schaulinien der Bürstenverschiebung für
$$\left(\frac{x_m}{r_m} + \frac{x'_{m0}}{r'_m}\right)\bar{s}_0 = \frac{1}{\sqrt{3}}.$$

regerkreises zunimmt. Dies haben wir in dem Kapitel X über die theoretischen Grundlagen der Tourenregelung durch die Gleichung

$$\dot{J}_m = J_{m0}\,[1 - (s - s_0)\,\varphi(s)] \tag{96b}$$

zum Ausdruck gebracht. In unserem Fall hat die Funktion $\varphi(s)$ für die Haupterregerwicklung $(\varphi_d(s))$ und Hilfserregerwicklung $(\varphi_e(s))$ denselben Wert:

$$\varphi_d(s) = \varphi_e(s) = \frac{j\left(\dfrac{x_m}{r_m} + \dfrac{x'_{m0}}{r'_m}\right)}{1 - j\left(\dfrac{x_m}{r_m} + \dfrac{x'_{m0}}{r'_m}\right)s} \tag{133a}$$

9*

oder wenn man für die größte Leerlaufschlüpfung s_0 das Verhältnis

$$\varrho_m = \frac{1}{\left(\dfrac{x_m}{r_m} + \dfrac{x'_{m0}}{r'_m}\right) \bar{s}_0} \qquad (133\,\mathrm{b})$$

bildet:

$$\varphi(s) = \frac{j\,\dfrac{1}{\bar{s}_0}}{\varrho_m - j\,\dfrac{s}{\bar{s}_0}}. \qquad (133)$$

Aus dieser Funktion wurden durch die Gleichungen (98a) und (112) zwei weitere Hilfsfunktionen

$$\psi(s) = 1 - s_0\left(1 - \frac{s}{s_k}\right)\varphi(s)$$

und

$$\chi(s) = \left(1 - \frac{s_0}{s_k}\right)\left(1 - \frac{s}{s_k}\right)\varphi(s)$$

hergeleitet.

Beschränken wir uns jetzt auf eine Hintermaschine ohne Hauptstromerregerwicklung, so ist in der allgemeinen Gleichung (114b), der unsere Erregerschaltung gehorcht,

$$c_2 = 0 \quad \text{und} \quad d_2 = 0$$

einzuführen. Außerdem kann ohne nennenswerten Fehler die Funktion $\chi_e(s)$ gestrichen werden, die das Zurückbleiben der Phase des Hilfserregerstromes infolge des Tourenabfalles bei Belastung berücksichtigt. Auf diese Weise erhält das Gesetz des Läuferstromes die vereinfachte Fassung

$$\dot{J}_2 = \dot{E}_{\varepsilon 0}\frac{\dfrac{r_2}{-\dfrac{r_2}{s_k} + j(x_{12\sigma} - x_{20})}\cdot\dfrac{1}{\psi_d(s)} + p}{\dfrac{r_2}{-\dfrac{r_2}{s_k} + j(x_{12\sigma} - x_{20})}\cdot\dfrac{r_{12} - j\,x_{20}}{\psi_d(s)} + p\left(\dfrac{r_2}{s_k} + r_{12} - j\,x_{12\sigma}\right)} \qquad (134)$$

mit

$$\frac{1}{\psi_d(s)} = \frac{j\,\varrho_m + \dfrac{s}{\bar{s}_0}}{\left(\dfrac{s_0}{\bar{s}_0} + j\,\varrho_m\right) + \dfrac{s}{\bar{s}_0}\left(1 - \dfrac{s_0}{s_k}\right)} \qquad (134\,\mathrm{a})$$

und

$$p = \frac{s - s_0}{\left(1 - \dfrac{s}{s_k}\right)\left(1 - \dfrac{s_0}{s_k}\right)}. \qquad (134\,\mathrm{b})$$

Stände an Stelle der Funktion $\dfrac{1}{\psi_d(s)}$ eine Konstante, so besäße die Stromgleichung bereits die Normalform der Kreisgleichung. Nun ist aber tatsächlich $\psi_d(s)$ auf jeder Tourenstufe innerhalb des Arbeitsbereiches nur wenig veränderlich. Man kann deshalb bei nicht zu großer Belastung an Stelle von $\dfrac{1}{\psi_d(s)}$ mit guter Annäherung denjenigen Wert

$$\frac{1}{\psi_d(s_0)} = \frac{j\,\varrho_m + \dfrac{s_0}{\bar s_0}}{j\,\varrho_m + \dfrac{s_0}{\bar s_0}\left(2 - \dfrac{s_0}{\bar s_k}\right)} = \left|\frac{1}{\psi_d(s_0)}\right| \cdot (\cos\gamma + j\sin\gamma) \qquad (134\,\mathrm{c})$$

gebrauchen, welchen diese Funktion bei Leerlauf besitzt (siehe z. B. Abb. 83 für $s_k = \infty$). Vergleicht man hierfür die Stromgleichung mit der Kreisgleichung in der Normalform

$$J = \dot E\,\frac{\alpha + j\,\beta + p}{u + j\,v + p\,\dot z_\infty}, \qquad (12\,\mathrm{b})$$

so folgt

$$\frac{\alpha}{\beta} \approx -\,\mathrm{tg}\,\gamma \qquad (135)$$

und nach Gleichung (14) für das Verhältnis der Mittelpunktskoordinaten

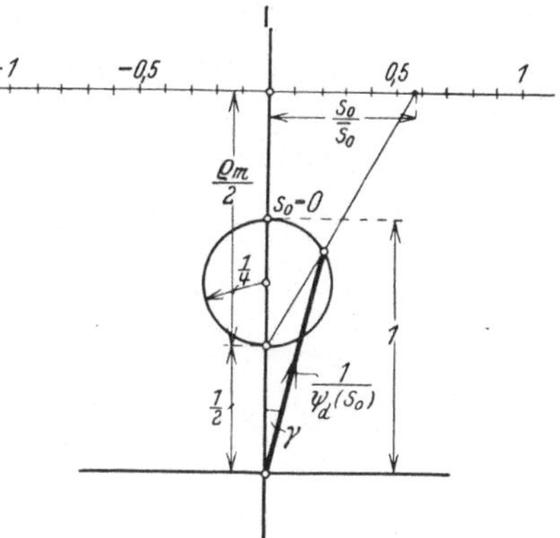
Abb. 83. Darstellung der Funktion $\dfrac{1}{\psi_d(s_0)}$ für $s_k = \infty$ (d. h. für konstante Drehzahl der Hintermaschine).

$$\frac{\eta_m}{\xi_m} = \frac{-\dfrac{\alpha}{\beta}(x_0 - x_\infty) + (r_0 + r_\infty)}{\dfrac{\alpha}{\beta}(r_0 - r_\infty) + (x_0 + x_\infty)}$$

$$= \frac{\mathrm{tg}\,\gamma \cdot (x_{20} - x_{12\,\sigma}) + 2\,r_{12} + \dfrac{r_2}{s_k}}{\mathrm{tg}\,\gamma \cdot \dfrac{r_2}{s_k} + (x_{20} + x_{12\,\sigma})}. \qquad (136)$$

Damit ist ein erster geometrischer Ort für den Kreismittelpunkt gefunden. Ein zweiter geometrischer Ort ist die Mittelsenkrechte zur Verbindungslinie $J_{2\infty} - J_{20}$ zwischen den Punkten des Leerlaufes und der unendlichen Drehzahl. Hiernach kann das Kreisdiagramm aufgezeichnet und für nicht zu große Belastung als gute Interpolation der Stromgleichung angesehen werden (Abb. 85).

In Wirklichkeit ändert sich $\dfrac{1}{\psi_d(s)}$ selbst wieder nach einem leicht zu bestimmenden Kreisdiagramm, das mit Hilfe der in Abb. 84 einge-

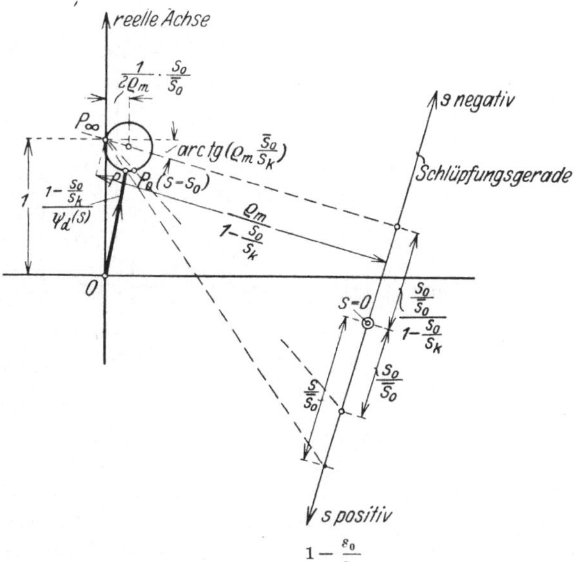

Abb. 84. Darstellung der Funktion $\dfrac{1 - \dfrac{s_0}{s_k}}{\psi_d(s)}$ für eine untersynchrone Tourenstufe (s_0 positiv) ($\bar s_0 = 0{,}15$, $\varrho_m = 2$, $s_0 = 0{,}10$, $s_k = 1$).

tragenen Angaben entworfen werden kann. Man entnimmt Abb. 83 und 84, daß tg γ bei Untersynchronismus positiv, bei Übersynchronismus dagegen negativ ist, daß also das zu starke Zurückbleiben des Erregerstromes bei Belastung auf untersynchronen Tourenstufen das Kreisdiagramm des Läuferstromes hebt (Abb. 85), auf übersynchronen Tourenstufen hingegen senkt. Man kann mit Rücksicht hierauf die Wechselreaktanz y_{13} des Serientransformators T_1 etwas kleiner ausführen als bei den letzten Rechnungen, nach denen die Streuspannung $j\,\dot{J}_2\,x_{12\sigma}s_0$ durch Stromtransformator allein schon vollständig kompensiert wird.

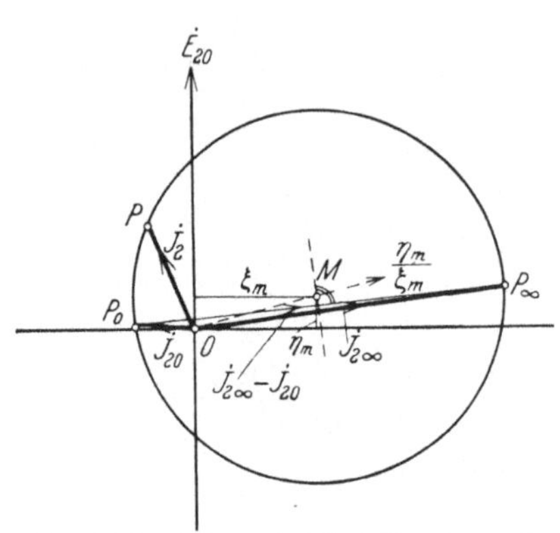

Abb. 85. Konstruktion des Kreisdiagrammes des Sekundärstromes aus dem Punkte für Leerlauf (P_0), dem Unendlichkeitspunkte P_∞ und dem Verhältnis $\dfrac{\eta_m}{\xi_m}$ der Mittelpunktskoordinaten.

46. Netzerregter Periodenumformer mit regelbarem Blindwiderstand vor den Schleifringen (Schrage, Dreyfus).

a) Schaltungsschema für weitgehende Tourenregelung.

Die im folgenden betrachtete Schaltung benützt ein neues oder jedenfalls selten angewandtes Regelprinzip, das aber der Beachtung wohl wert ist. Sie ist ebenso einfach wie die Erregerschaltung mit netzerregtem Frequenzumformer nach Abb. 80; aber sie eliminiert die Vorschaltwiderstände im Erregerkreis und ermöglicht trotzdem eine Drehzahlregelung innerhalb bedeutend weiterer Grenzen.

Blickt man auf die bereits behandelten Schaltungen zurück, so findet man als gemeinsamen Grundzug, daß bei allen die Selbstreaktanz der Erregerwicklung ein unerwünschtes Störungsglied bildete. Bei den einfachsten Schaltungen begnügte man sich damit, den Einfluß der Erregerblindspannung durch Vorschaltwiderstände abzuschwächen. Bei den vollkommeneren Schaltungen wurde die Erregerblindspannung ganz aufgehoben, sei es durch einen Schrage-Umformer oder durch einen Phasenschieber besonderer Schaltung oder durch spezielle Erregermaschinen. Man kann aber auch die Verhältnisse auf den Kopf stellen und gerade die Selbstreaktanz der Erregerwicklung als die normale Eigenschaft, den Wirkwiderstand dagegen als unerwünschtes Störungsglied betrachten. Dann muß man bei geringer Periodenzahl den Einfluß des Wirkwiderstandes durch künstliche Erhöhung des Blindwiderstandes des Feldkreises bekämpfen.

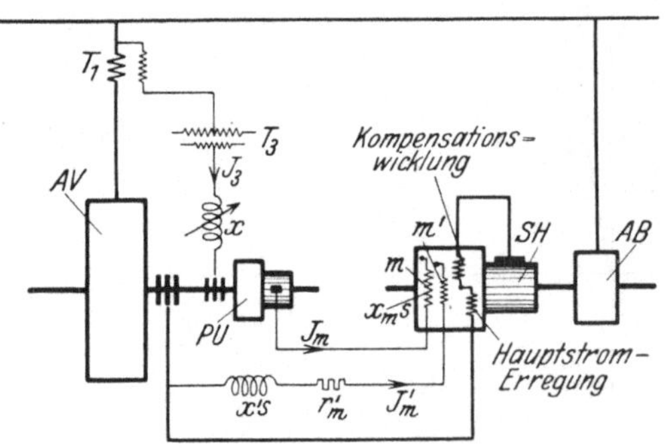

Abb. 86. Erregerschaltung mit Periodenumformer (PU) und Tourenregelung durch Regelung des Blindwiderstandes x.

Abb. 86 zeigt, wie man diesen Gedanken in die Praxis umsetzen kann: Die

Hintermaschine besitzt wieder zwei Erregerwicklungen, die Haupterregerwicklung m zur Erzeugung der Spannungskomponenten E_{2d} und E_{2v} für Drehzahlregelung und variable Hauptstrom-Phasenkompensierung, sowie eine Hilfserregerwicklung m' zur Erzeugung der Spannung E_{2e}, durch welche die Läufererregung der Vordermaschine eingestellt wird.

Die Hilfserregerwicklung wird über eine — ein für allemal fest eingestellte — Drosselspule $(x's)$ von den Schleifringen der Hauptmaschine gespeist. Da bei einigermaßen erheblichen Schlüpfungen sowohl die Schleifringspannung als auch die Impedanz des Hilfserregerkreises der Schlüpfung angenähert proportional sind, kann der Hilfserregerstrom J'_m als nahezu konstant betrachtet werden. Beim Durchgang durch den Synchronismus, wo diese Annahme nicht mehr zutrifft, wird J'_m eventuell durch einen kleinen Widerstand r'_m begrenzt.

Die Haupterregerwicklung ist an die (feststehenden) Bürsten eines für kleinen Erregerstrom dimensionierten Periodenumformers angeschlossen, der vom Netz über den uns schon bekannten Stromtransformator T_1 und einen regelbaren Blindwiderstand x gespeist wird. Irgendwo ist ein Spannungstransformator T_3 dazwischengeschaltet, um eine für den Periodenumformer passende Spannung zu erhalten. Für die folgende Betrachtung kann man sich Spannungstransformator und Frequenzumformer mit dem Übersetzungsverhältnis $1:1$ ausgeführt denken.

Bezogen auf die Schleifringseite des Umformers ist der Blindwiderstand $x_m s$ der Erregerwicklung nicht nur seiner Größe, sondern auch seinem Vorzeichen nach veränderlich. Er ist induktiv bei Untersynchronismus der Vordermaschine $(x_m s$ positiv) und kapazitiv bei übersynchronen Drehzahlen $(x_m s$ negativ). Dagegen ändert ein auf der Schleifringseite vorgeschalteter Blindwiderstand bei veränderlicher Schlüpfung weder seine Größe noch sein Vorzeichen, weil in diesem Stromzweig die konstante Netzfrequenz herrscht. Wird also dieser Blindwiderstand nicht nachgeregelt, so fügt er dem variablen Blindwiderstand $x_m s$ der Erregerwicklung einen konstanten Betrag x hinzu. Dabei kann x sowohl positiv (Drosselspule) als negativ (Kondensator) gewählt werden. In jedem Falle ist x auch beim Durchgang durch den Synchronismus in voller Größe wirksam. Der Blindwiderstand des Feldkreises überwiegt daher stets den Wirkwiderstand, und die Phase des Erregerstromes bleibt gewahrt.

Bei weitgehender Tourenregelung erhält man die günstigsten Verhältnisse, wenn man dem Blindwiderstand x auf allen Tourenstufen dasjenige Vorzeichen gibt, welches die auf die Schleifringseite bezogene Leerlaufreaktanz der Erregerwicklung $x_m s_0$ besitzt. Dann addieren sich nämlich die Spannungsabfälle im Periodenumformer und Blindwiderstand ungefähr gleichphasig und letzterer fällt geringer aus als bei entgegengesetzter Phase der beiden Spannungsabfälle. Das bedeutet aber, daß der Blindwiderstand bei untersynchronen Drehzahlen eine Reaktanz, bei übersynchronen Drehzahlen eine Kapazität sein soll. Dieses Regelprinzip läßt sich auf verschiedene Weise so ausbilden, daß eine vollständig stetige Drehzahlverstellung erreicht wird. Ein Beispiel ist in Abb. 87 angegeben, in welcher Drosselspule x_d und Kapazität x_c über einen Drehtransformator DT in Sparschaltung an veränderliche Spannung gelegt werden.

Primär- und Sekundärwicklung des Drehtransformators sind mit gleichen Windungszahlen ausgeführt und in Reihe geschaltet. Im Erregerkreis liegt nur die Primärwicklung; die Drosselspule bzw. Kapazität liegen an der Summenspannung beider Wicklungen. Diese kann durch Verdrehung des Läufers von $2\delta = 0^0$ auf $2\delta = \pm 180^0$ zwischen 0 und der doppelten Primärspannung geregelt werden.

Auf dem Bogen von $2\delta = -180^0$ bis 0^0 ist nur die Drosselspule x_d eingeschaltet. Die Anfangsstellung $2\delta = -180^0$, in welcher die Drossel die doppelte Primärspannung des Drehtransformators erhält, entspricht der tiefsten untersynchronen Tourenstufe. Bei Regelung von $2\delta = -180^0$ auf 0^0 steigt die Drehzahl und in der Nullstellung wird die Drosselspule so gut wie stromlos. Der Blindwiderstand x wird dann nur durch die Reaktanz der Primärwicklung gebildet. — Bei weiterer Verdrehung wird an Stelle der Drosselspule die Kapazität x_c eingeschaltet, die bei einem gewissen Winkel $2\delta_s$ gerade den Erregerstrom des Drehtransformators kompensiert. Dieser Lage entspricht die synchrone Leerlaufdrehzahl des Aggregates. Bei Regelung von $2\delta_s$ auf $2\delta = 180^0$ sinkt der auf den Erregerkreis bezogene Blindwiderstand der Kapazität und bei $2\delta = 180^0$ wird die höchste übersynchrone Tourenstufe erreicht.

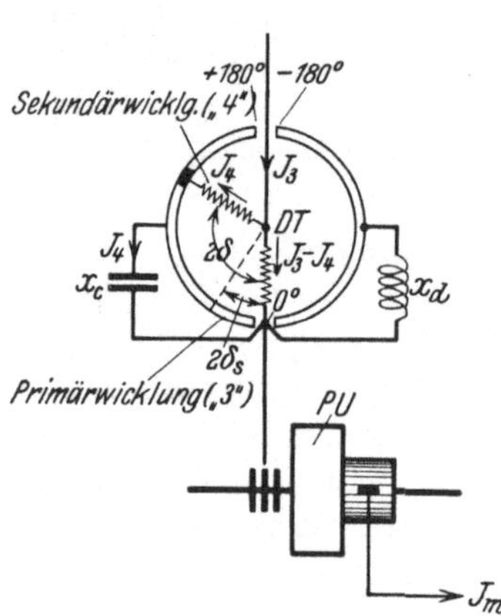

Abb. 87. Anordnung zur stetigen Regelung des Blindwiderstandes.

Die Durchrechnung dieses Teiles der Erregerschaltung ist einfach, wenn man einen Drehtransformator mit sinusförmigem Drehfeld voraussetzt und die Wirkwiderstände vernachlässigt. Hierfür bezeichne:

$$\left.\begin{aligned}\dot{x}_{34} &= x_0 e^{j2\delta}\\ \dot{x}_{43} &= x_0 e^{-j2\delta}\end{aligned}\right\}\qquad \text{die Gegenreaktanzen zwischen Primärwicklung 3 und Sekundärwicklung 4,}$$

$x_0,\ x_{3\sigma} = x_0\sigma_3$ die Hauptfeld- und Streureaktanz der Primärwicklung,

$x_0,\ x_{4\sigma} = x_0\sigma_4$ die Hauptfeld- und Streureaktanz der Sekundärwicklung,

$x_4 = x_d$ bzw. $x_4 = -x_c$ den Blindwiderstand der Drosselspule bzw. der Kondensatorbatterie,

$\dot{J}_3 - \dot{J}_4$ bzw. $\dot{J}_4$ die Ströme der Primär- bzw. Sekundärwicklung,

$\varDelta\dot{E}_3 = j\dot{J}_3 x$ die Klemmspannung der Primärwicklung, als Spannungsabfall berechnet.

Mit diesen Bezeichnungen folgt für den wirksamen Blindwiderstand x auf der Schleifringseite des Erregerkreises:

$$x = \frac{1 + \dfrac{x_{3\sigma}}{x_0}\cdot\dfrac{x_4 + x_{4\sigma}}{x_4 + x_{4\sigma} + x_{3\sigma}}}{\dfrac{1}{x_{\text{\tiny$\gamma$}}} + \dfrac{4\sin^2\delta}{x_4 + x_{4\sigma} + x_{3\sigma}}} \tag{137}$$

und für das Verhältnis der Drossel- bzw. Kondensatorspannung zur Primärspannung des Drehtransformators

$$\left|\frac{J_4\,x_4}{J_3\,x}\right| = \frac{\sqrt{\sigma_3^2 + 4\sin^2\delta\,(1+\sigma_3)}}{\left|1 + \sigma_3 + \dfrac{x_0}{x_4}(\sigma_3 + \sigma_3\sigma_4 + \sigma_4)\right|}. \tag{138}$$

Ich teile diese Gleichungen mit, weil sie für die Dimensionierung der Drosselspule und der Kondensatorbatterie von Bedeutung sind.

Im übrigen läßt sich die behandelte Schaltung auf mannigfache Weise va-
riieren, ohne daß an dem Regelprinzip etwas Wesentliches geändert wird. Eine
interessante Spielart zeigt Abb. 88, in welcher der Blindwiderstand x durch
eine selbsterregte Blindstrommaschine ersetzt ist. Als solche fungiert
hier eine schwach gesättigte Synchron-
maschine, die im Läufer außer einer Drehstromwicklung mit drei offenen Phasen noch
eine Kommutatorwicklung trägt. Von letzterer wird die Gleichstromerregung für die
ausgeprägten Ständerpole abgenommen. Da
nun bei jeder Einstellung des Erregerwider-
standes Feldstrom- und Anker-Wechselstrom
einander proportional sind, so wirkt die
Synchronmaschine bei Leerlauf und Unter-
erregung oder Gegenerregung wie eine konstante Reaktanz, bei Übererregung wie eine
konstante Kapazität. Die Größe der scheinbaren Reaktanz oder Kapazität kann durch
Erregungsänderung feinstufig und innerhalb
weiter Grenzen geregelt werden. In richtiger

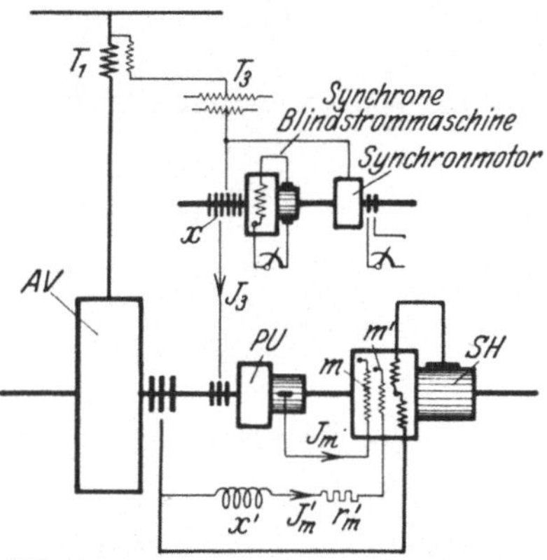

Abb. 88. Regelsatz nach Abb. 86. Ersatz des
Blindwiderstandes x durch eine Blindstrommaschine.

Phase wird die Synchronmaschine durch einen (sehr kleinen) Synchronmotor
gehalten, dessen Primärspannung hinter dem Stromtransformator T_1 abgenommen ist.

b) Begrenzung des Regelbereiches durch die variable
Hauptstrom-Phasenkompensierung.

Die variable Hauptstrom-Phasenkompensierung wird durch den Transformator T_1 (Abb. 86) nach den bereits in Abschnitt 40a und 45d behandelten
Grundsätzen bewirkt. Da aber die sekundäre Transformatorreaktanz x_{3T} dieselbe Wirkung hat wie eine Drosselspule vor den Schleifringen des Erreger-
umformers, so begrenzt sie den größtmöglichen Regelbereich $\bar{s}_{0\,\mathrm{max}}$ der Kommutatorkaskade. Je geringer x_{3T} und je geringer die Erregerleistung der Hintermaschine und des Frequenzumformers, um so weiter läßt sich die tiefste Drehzahl der Vordermaschine herabdrücken. Für den Frequenzumformer ist daher
die ständerlose Bauart mit hoher Reaktanz x_3 der Ankerwicklung besonders geeignet.

Setzt man zur Abkürzung

$$\xi_0 = \frac{x_{3T} + x}{x_m\,s_0}\left(1 + \frac{x_m\,s_0}{x_3}\right), \tag{139a}$$

so beträgt der Spannungsabfall in den Blindwiderständen x_{3T} und x im Verhältnis zur Netzspannung (für $J_1 \approx 0$):

$$\varepsilon_3 = \frac{J_3\,(x_{3T} + x)}{E_1} = \frac{\xi_0}{1 + \xi_0}. \tag{139b}$$

und die Erregerblindleistung bei größter Leerlaufschlüpfung $\bar{s}_0$

$$\bar{J}_{m0}^2\, x_m = \frac{E_1^2}{x_m\, \bar{s}_0^2\, (1 + \bar{\xi}_0)^2} \tag{140a}$$

Andererseits kann diese Leistung auch mittels der Erfahrungszahl $\mu = \frac{1}{2} \sim \frac{1}{5}$ auf die Schlupfleistung der Vordermaschine bezogen werden, also (mit $E_1 = J_{1m}\, x_1$):

$$\bar{J}_{m0}^2\, x_m = \mu \cdot (\dot{E}_1 \times \dot{J}_1)\,|\bar{s}_0| \approx \mu\, E_1^2 \frac{J_1}{J_{1m}}\, \frac{|\bar{s}_0|}{x_1} . \tag{140b}$$

Aus den beiden letzten Gleichungen folgt:

$$\bar{s}_0^2 = \frac{|\bar{\xi}_0|}{(1 + \bar{\xi}_0)^2} \cdot \frac{J_{1m}}{J_1} \cdot \frac{1}{\mu} \cdot \frac{x_1}{|x_{3r} + x|} \cdot \frac{1}{1 + \dfrac{x_m \bar{s}_0}{x_3}} . \tag{141a}$$

Da nun

$$\frac{|\bar{\xi}_0|}{(1 + \bar{\xi}_0)^2} \leqq \frac{1}{4} ,$$

so kann der Regelbereich höchstens

$$|\bar{s}_{0\,\mathrm{max}}| = \frac{1}{2} \sqrt{\frac{J_{1m}}{J_1} \cdot \frac{1}{\mu} \cdot \frac{x_1}{|x_{3r} + x|} \cdot \frac{1}{1 + \dfrac{x_m \bar{s}_{0\,\mathrm{max}}}{x_3}}} \tag{141}$$

betragen. Da ferner x und $\bar{s}_0$ für untersynchrone Tourenstufen positiv, für übersynchrone dagegen negativ sind, so ist der untersynchrone Regelbereich enger begrenzt als der übersynchrone. Für Untersynchronismus mit $\mu = 0{,}3$, $\dfrac{J_{1m}}{J_1} = 0{,}4$, $\dfrac{x_1}{x_{3r} + x} = 1$ und $\dfrac{x_m \bar{s}_{0\,\mathrm{max}}}{x_3} = 0{,}8$ ergibt sich $\bar{s}_{0\,\mathrm{max}} = 0{,}5$.

In Wirklichkeit kann man kaum über $\bar{s}_0 = 0{,}9\, \bar{s}_{0\,\mathrm{max}}$ gehen, um den Spannungsabfall ε_3 [Gleichung (139b)] von

$$\bar{\varepsilon}_{3\,\mathrm{max}} = 0{,}5 \quad \text{für} \quad \bar{s}_{0\,\mathrm{max}} \quad \text{und} \quad \bar{\xi}_{0\,\mathrm{max}} = 1$$

auf

$$\bar{\varepsilon}_3 \quad = 0{,}28 \quad \text{für} \quad \bar{s}_0 = 0{,}9\, \bar{s}_{0\,\mathrm{max}} \quad \text{und} \quad \bar{\xi}_0 = 0{,}39\,*$$

herabzudrücken und für Drehtransformator und Drosselspule entsprechend kleinere Apparate zu erhalten.

c) Das Vektordiagramm des Läuferstromes.

Die Erregerspannung der Hilfserregerwicklung m' ist die Schleifringspannung der Vordermaschine (Abb. 86). Vernachlässigt man die geringe Streureaktanz des Arbeitsstromkreises der Hintermaschine, so kann für die Schleifringspannung

$$\dot{E}_{Sch} = \left[\dot{E}_{20} - \dot{J}_2 (r_{12} - j\, x_{12\sigma})\right] s - \dot{J}_2\, r_2$$

$$= \left[\dot{E}_{20} - \dot{J}_2 \left(\frac{r_2}{s_x} + r_{12} - j\, x_{12\sigma}\right)\right] s - \dot{J}_2\, r_2 \left(1 - \frac{s}{s_k}\right) \tag{95}$$

---

* Aus Gleichung (141) und (141a) folgt nämlich:

$$1 + \bar{\xi}_0 = 2 \left(\frac{\bar{s}_{0\,\mathrm{max}}}{\bar{s}_0}\right)^2 \left[1 - \sqrt{\left(\frac{\bar{s}_{0\,\mathrm{max}}}{\bar{s}_0}\right)^2 - 1}\right] .$$

geschrieben werden. Außerdem ist bei erheblichen Schlüpfungen das zweite Glied $-\dot{J}_2 r_2\left(1 - \dfrac{s}{s_k}\right)$ klein gegenüber dem ersten. Im ganzen und großen zeigt also die Spannung des Hilfserregerkreises dieselbe Gesetzmäßigkeit, die dem Haupterregerkreis durch die variable Hauptstrom-Phasenkompensierung aufgezwungen wird [Gleichung (101)]. Die vorliegende Schaltung darf deshalb zu den sog. „Erregerschaltungen zweiter. Art" gerechnet werden.

Indessen verwirklicht die Erregerschaltung nicht den „Idealfall", der dadurch gekennzeichnet ist, daß die Impedanz des Erregerkreises bei Leerlauf (z_{m0}) und Belastung (z_m) gleich ist. Bei Leerlauf hat der Haupterregerstrom der Hintermaschine gerade den richtigen Wert

$$J_{m0} = \frac{\dot{E}_1 + j\,J_{10}\,\dot{y}_{13}}{\dot{z}_{m0}} \approx j\;\frac{\dot{E}_1 + j\,J_{10}\,\dot{y}_{13}}{x_{3T} + x + x_m\,s_0\left(1 + \dfrac{x_{3T} + x}{x_3}\right)}\,. \tag{142a}*$$

Bei Belastung ist im Nenner s_0 durch s zu ersetzen, so daß nun

$$J_m = \frac{\dot{E}_1 + j\,J_1\,\dot{y}_{13}}{\dot{z}_m} = \frac{\dot{E}_1 + j\,J_1\,\dot{y}_{13}}{\dot{z}_{m0}}\left(1 - \frac{\dot{z}_{m0} - \dot{z}_m}{\dot{z}_{m0}}\right). \tag{142b}*$$

Für den Klammerwert haben wir früher die Bezeichnung

$$1 + (s - s_0)\,\varphi_d(s) \tag{96}$$

eingeführt und berechnen daraus die Hilfsfunktionen

$$\varphi_d(s) = -\frac{x_m}{\dfrac{x_{3T} + x}{1 + \dfrac{x_{3T} + x}{x_3}} + x_m\,s} \tag{143}$$

sowie

$$\psi_d(s) = 1 - s_0\left(1 - \frac{s}{s_k}\right)\varphi_d(s)\,. \tag{98a}$$

Der Haupterregerstrom wird also bei untersynchroner Belastung (x und s positiv, $\varphi_d(s)$ negativ) etwas kleiner als der für den Idealfall (vgl. Abschnitt 39)

$$\varphi_d(s) = 0, \qquad \psi_d(s) = 1$$

geforderte Wert, bei übersynchroner Belastung dagegen etwas größer (x und s negativ, $\varphi_d(s)$ positiv). Für den Hilfserregerstrom J'_m läßt sich eine derartige Erscheinung nicht feststellen, weshalb

$$\varphi_e(s) = 0, \qquad \chi_e(s) = 0$$

gesetzt werden kann. Tritt man mit diesen Resultaten in die allgemeine Gleichung (114b) des Läuferstromes ein und setzt für eine kompensierte Hintermaschine ohne Hauptstromerregerwicklungen

$$d_2 = 0, \qquad c_2 = 0,$$

so ergibt sich eine Gleichung derselben Form, wie für den oben erläuterten

---

* Dabei bedeutet $j\,J_1\,\dot{y}_{13}$ die Sekundärspannung des Stromtransformators T_1 (vgl. Abschnitt 40a und 45d).

„Idealfall" (115b). Nur tritt an die Stelle des gewöhnlichen Parameters

$$p = \frac{s - s_0}{\left(1 - \dfrac{s}{s_k}\right)\left(1 - \dfrac{s_0}{s_k}\right)}$$

der etwas größere Parameter

$$p' = p \cdot \psi_d(s). \tag{144}$$

Der Tourenabfall ist also im Verhältnis $1 : \psi_d(s)$ geringer als für den Idealfall. Das wirkt aber nicht auf die Lage des Kreisdiagrammes zurück, die wieder durch Gleichung (117b) und Abb. 71 bestimmt ist.

XIV. Dritte Gruppe von Erregerschaltungen für ständererregte Hintermaschinen. Die Schleifringspannung der Vordermaschine als Erregerquelle der Hintermaschine.

47. Die Kaskadenschaltungen von Krämer und Scherbius.

Nachdem die Erregerspannung E_m der ständererregten Hintermaschine die Schlüpfungsfrequenz besitzen muß, liegt es nahe, sie aus der Schleifringspannung der Vordermaschine abzuleiten. Dieser Gedanke wurde auch bei der Entwicklung der Kaskadenschaltungen zuerst aufgegriffen und führte zu den sog. „Krämer"- und „Scherbiuskaskaden". Der Unterschied zwischen beiden besteht darin, daß Krämer die Vorder- und Hintermaschine direkt kuppelte ($s_k = 1$, Abb. 90), während Scherbius eine besondere Belastungsmaschine für die Hintermaschine vorsah ($s_k = \infty$, Abb. 89). Ursprünglich wurden diese Schaltungen nur für untersynchrone Tourenregelung angegeben. Die ersten derartigen Kaskadenschaltungen für Durchgang durch den Synchronismus und „Doppelzonenregelung" wurden in Amerika von der G.E.C. gebaut (L 104) und nach dem Kriege in Europa nachgeahmt.

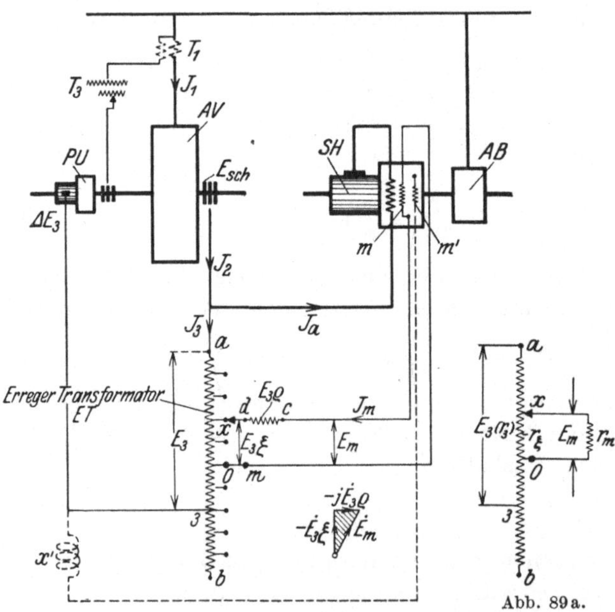

Abb. 89. Scherbius-Kaskade mit Tourenregelung mittels Stufentransformator und Kontroller.

Abb. 89 a.

Eine hervorstechende Eigenschaft dieser Kaskadenschaltungen ist die selbsttätige Erzeugung der variablen Hauptstrom-Phasenkompensierung. Ein weiterer Vorteil, der auf der eben genannten Eigenschaft beruht, ist der große Regelbereich. Auch können diese Schaltungen nicht als kompliziert bezeichnet werden, wenngleich nicht alle zu den einfachsten Erregerschaltungen gezählt werden können.

a) Die Ergänzung der Schleifringspannung durch den „Ohmic Drop Exciter" zur vollen Erregerspannung.

Im folgenden bezeichnet:

r'_2, r_a, $r_2 = r'_2 + r_a$ die Widerstände für die Sekundärwicklung der Vordermaschine, für den Arbeitsstromkreis der Hintermaschine und für den gesamten Läuferkreis der Vordermaschine.

$x'_{12\sigma}$, x_a, $x_{12\sigma} = x'_{12\sigma} + x_a$ die totalen Streureaktanzen für die Vordermaschine (bezogen auf die Sekundärwicklung), für den Arbeitsstromkreis der Hintermaschine und für den gesamten Läuferkreis der Vordermaschine — sämtlich berechnet für die Netzfrequenz.

Mit diesen, teilweise neuen und anderen gewohnten Bezeichnungen ergibt sich für die Schleifringspannung der Vordermaschine:

$$\dot{E}_{Sch} = [\dot{E}_{20} - \dot{J}_2\,(r_{12} - j\,x'_{12\,\sigma})]\,s - \dot{J}_2 r'_2. \tag{145}$$

Sieht man von dem geringen Unterschied zwischen $x'_{12\,\sigma}$ und $x_{12\,\sigma}$ ab, so hat die der Schlüpfung proportionale Komponente der Schleifringspannung gerade die richtige Form, um die Reaktanzspannung $j\,\dot{J}_m x_m s$ eines Erregerstromes zu decken, der sowohl die Tourenregelungsspannung

$$\dot{E}_{2\,d} = -\,\dot{E}_{20}\,s_0$$

als auch die Spannung der variablen Hauptstrom-Phasenkompensierung

$$\dot{E}_{2\,v} = \dot{J}_2\,(r_{12} - j\,x_{12\,\sigma})\,s_0$$

erzeugen soll. Dagegen stört der Ohmsche Spannungsabfall $-\,\dot{J}_2 r'_2$ in der Gleichung der Schleifringspannung. Außerdem fehlt eine von der Schlüpfung unabhängige Komponente zur Bestreitung des Ohmschen Spannungsabfalles $-\,\dot{J}_m r_m$ des Erregerkreises. Diese Komponente ist zwar bei großer Schlüpfung entbehrlich, weil dann der induktive Spannungsabfall bei weitem überwiegt. Sie ist aber um so wichtiger für den Durchgang durch den Synchronismus und das benachbarte Tourengebiet, wo sie allein Größe und Phase des Erregerstromes bestimmt.

Die verlangte Korrektion der Schleifringspannung wird durch den sog. „Ohmic Drop Exciter" bewirkt, d. i. ein gewöhnlicher Periodenumformer, der mit der Vordermaschine für relativen Synchronismus gekuppelt ist. In Abb. 89 ist er so geschaltet, daß sich seine Kommutatorspannung $\Delta\dot{E}_3$ zur Schleifringspannung der Vordermaschine addiert. Damit er seinen Zweck erfüllt, muß er auf der Schleifringseite mit einer Spannung der Netzfrequenz

$$\Delta\dot{E}_3 = [\dot{E}_{20} - \dot{J}_2\,(r_{12} - j\,x'_{12\,\sigma})]\cdot j\,\frac{r_m}{x_m} + \dot{J}_2 r'_2 \tag{146}$$

erregt werden. Macht man nun mittels eines Vorschaltwiderstandes im Erregerkreis

$$\frac{r_m}{x_m} = \frac{r_2'}{x_{12\,\sigma}'}, \tag{146a}$$

so wird

$$\Delta \dot{E}_3 = [\dot{E}_{20} - \dot{J}_2 r_{12}] \, j \, \frac{r_m}{x_m} \tag{146b}$$

oder genau genug

$$\Delta \dot{E}_3 = j \, \dot{E}_{20} \, \frac{r_m}{x_m} \, .$$

Bei geeigneter Dimensionierung wird also der in Abb. 89 strichlierte Stromtransformator T_1 überflüssig, und es genügt, dem Periodenumformer eine konstante Schleifringspannung der Netzfrequenz aufzudrücken. Die Summenspannung

$$\dot{E}_3 = \dot{E}_{schl} + \Delta \dot{E}_3 = j \, [\dot{E}_{20} - \dot{J}_2 \, (r_{12} - j \, x_{12\,\sigma}')] \cdot \frac{r_m - j \, x_m \, s}{x_m} \tag{147}$$

bildet die Erregerspannung.

b) Schaltungsschema und Regelgleichungen für Tourenregelung mittels Stufentransformator und Kontroller.

Abb. 89 zeigt das vollständige Schaltungsschema einer Scherbiuskaskade,
bei der außer dem Stufentransformator und dem (nicht gezeichneten) Kontroller
keine weiteren Regelapparate vorkommen. Gegenüber anderen Ausführungen
desselben Systems, die auch die Spannung des Frequenzumformers regeln,
bedeutet dies eine nicht zu unterschätzende Vereinfachung. Zwischen den Schleifringen der Vordermaschine und dem Kommutator des „Ohmic Drop Exciters"
liegt der Regeltransformator $a\,b\,c\,d$ in Sparschaltung. Die Erregerspannung E_3
wirkt auf den Abschnitt $a\,3$ der „Stammwicklung" $a\,b$. Der Nullpunkt O der
Stammwicklung ist an das eine Ende der Feldwicklung m angeschlossen. Das
andere Ende führt über die „Kompensationswicklung" $c\,d$ desselben Transformators und die nicht gezeichnete Schaltwalze zu einer Anzapfung x der
Stammwicklung. Der Transformator ist so geschaltet, daß dem Abschnitt $c\,d$
eine Spannung $-j\dot{E}_3\varrho$ induziert wird, welche der zwischen O und x induzierten
Spannung $-\dot{E}_3\xi$ um 90^0 nacheilt. Wenn die Schaltwalze den Punkt d nach-
einander an die Anzapfungen a bis b legt, bestreicht die Drehzahl der Vordermaschine den ganzen Regelbereich von der tiefsten untersynchronen bis zur
höchsten übersynchronen Drehzahl.

Die Erregerspannung der Hintermaschine ist also:

$$\dot{E}_m = - \dot{E}_3 (\xi + j \varrho) \tag{148}$$

und der zugehörige Erregerstrom

$$\dot{J}_m = \frac{\dot{E}_m}{r_m - j x_m s} = - j \, [\dot{E}_{20} - \dot{J}_2 (r_{12} - j x_{12\,\sigma}')] \frac{\xi + j \varrho}{x_m} \, . \tag{149}$$

Aus ihm ergibt sich der Primärstrom des Erregertransformators

$$\dot{J}_3 = - \dot{J}_m (\xi - j \varrho) = j \, [\dot{E}_{20} - \dot{J}_2 (r_{12} - j x_{12\,\sigma}')] \frac{\varkappa^2}{x_m} \, , \tag{150}$$

wobei
$$\varkappa = \sqrt{\xi^2 + \varrho^2} \qquad (148\,\text{a})$$

das Übersetzungsverhältnis des Transformators bedeutet.

Das Feld der Hintermaschine ist so zu schalten, daß ihre Rotationsspannung durch die Gleichung

$$\dot{E}_2 = -j\,\dot{J}_m d_m \left(1 - \frac{s}{s_k}\right) \qquad (151)$$

ausgedrückt wird. Diese Spannung kompensiert die Schleifringspannung der Vordermaschine und die Spannungsabfälle

$$-(\dot{J}_2 - \dot{J}_3)\,(r_a - j\,x_a\,s)$$

im Arbeitsstromkreis der Hintermaschine, also:

$$0 = \dot{E}_2 + \dot{E}_{Sch} - (\dot{J}_2 - \dot{J}_3)\,(r_a - j\,x_a\,s)\,. \qquad (152)$$

Indem man hierin $\dot{E}_2$, $\dot{E}_{Sch}$, $\dot{J}_3$ und $\dot{J}_m$ durch die oben abgeleiteten Formeln (151), (145), (150) und (149) ausdrückt, ergibt sich die Vektorgleichung des Sekundärstromes

$$\dot{J}_2 = \cfrac{\dot{E}_{20}}{r_{12} - j\,x'_{12\,\sigma} + \cfrac{r_2 - j\,x_a\,s}{s\left[1 + \varkappa^2 \dfrac{x_a}{x_m}\right] + j\,\varkappa^2 \dfrac{r_a}{x_m} - \dfrac{d_m}{x_m}(\xi + j\,\varrho)\left(1 - \dfrac{s}{s_k}\right)}}\,. \qquad (153)$$

An Hand der letzten Gleichung kann man die Daten der Erregerwicklung und das Übersetzungsverhältnis des Transformators so bestimmen, daß bei Leerlauf eine Tourenregelung innerhalb gewünschter Grenzen ($\bar{s}_0$) mit einem Leerlaufstrom (x_{20} negativ!)

$$\dot{J}_{20} = \frac{\dot{E}_{20}}{r_{12} - j\,x_{20}} \qquad (154)$$

von vorgeschriebener Größe erreicht wird. Für Leerlauf ist dann der Nenner in der Gleichung des Läuferstromes vorgeschrieben. Diese Bedingung liefert zunächst:

$$0 = (x'_{12\,\sigma} - x_{20})\left[s\left(1 + \varkappa^2 \frac{x_a}{x_m}\right) + j\,\varkappa^2 \frac{r_a}{x_m} - \frac{d_m}{x_m}(\xi + j\,\varrho)\left(1 - \frac{s}{s_k}\right)\right] + x_a\,s + j\,r_2$$

oder ausgerechnet:

$$\xi\,\frac{d_m}{x_m}\left(1 - \frac{s_0}{s_k}\right) = s_0\left[1 + \varkappa^2 \frac{x_a}{x_m} + \frac{x_a}{x'_{12\,\sigma} - x_{20}}\right] \approx s_0\,, \qquad (155\,\text{a})$$

$$\varrho\,\frac{d_m}{x_m}\left(1 - \frac{s_0}{s_k}\right) = \frac{r_2}{x'_{12\,\sigma} - x_{20}} + \varkappa^2 \frac{r_a}{x_m} \approx \frac{r_2}{x'_{12\,\sigma} - x_{20}}\,. \qquad (155\,\text{b})$$

Außerdem muß für die größte untersynchrone Leerlaufschlüpfung ($s_0 = \bar{s}_0$, $\xi = \bar{\xi}$, $\varkappa = \bar{\varkappa}$) die Gleichung

$$\bar{\xi}\,\frac{d_m}{x_m} = \frac{\bar{s}_0}{1 - \dfrac{\bar{s}_0}{s_k}}\left[1 + \bar{\varkappa}^2 \frac{x_a}{x_m} + \frac{x_a}{x'_{12\,\sigma} - x_{20}}\right] \approx \frac{\bar{s}_0}{1 - \dfrac{\bar{s}_0}{s_k}} \qquad (155\,\text{c})$$

befriedigt werden.

Die letzte Gleichung bestimmt mit dem Verhältnis $\dfrac{d_m}{x_m}$ die Windungszahl der Erregerwicklung. Eine analoge Gleichung für die höchste übersynchrone Leerlaufschlüpfung liefert die Windungszahl des Abschnittes Ob der Stammwicklung des Transformators. Durch die Gleichung (155b) für ϱ wird auch die Windungszahl der Kompensationswicklung $c\,d$ vorgeschrieben, die für konstante Drehzahl der Hintermaschine ($s_k = \infty$) konstant sein darf, dagegen bei direkter Kupplung von Vorder- und Hintermaschine für konstanten Leerlaufstrom J_{20} nachgeregelt werden muß. Endlich bestimmt die Gleichung (155a) für ξ den Zusammenhang zwischen der Leerlaufschlüpfung s_0 und der eingeschalteten Windungszahl (ξ) der Stammwicklung. Für die Scherbiuskaskade ($s_k = \infty$) sind beide Größen einander proportional.

c) Der Durchgang durch den Synchronismus.

Beim Durchgang durch den Synchronismus wirkt der Stufentransformator nicht mehr als Transformator, sondern nach Maßgabe seines bisher vernachlässigten Widerstandes als Spannungsteiler. Daraus ergibt sich die Aufgabe, die Wicklungswiderstände wenigstens für diejenigen Abschnitte zu beiden Seiten des Nullpunktes O, für welche der Transformator wegen seiner geringen Periodenzahl versagt, sorgfältig zu dimensionieren. Denn auf diesen Abschnitten soll die Stammwicklung nicht nur bei starker Schlüpfung, sondern auch bei Synchronismus den Beitrag $-\dot E_3\,\xi$ zur Erregerspannung $\dot E_m$ liefern.

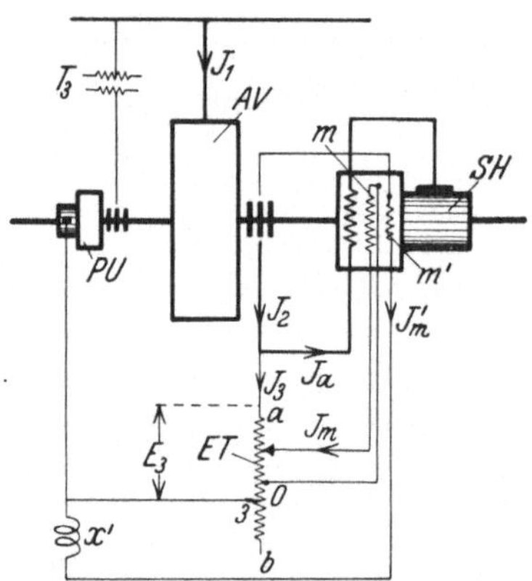

Abb. 90. Krämer-Kaskade. Die Kompensationswicklung $c\,d$ des Erregertransformators ET in Abb. 89 ist durch die Hilfserregerwicklung m' ersetzt.

Die Widerstandsstufung wird auf folgende Weise berechnet (Abb. 89a): Durch Parallelschaltung der Erregerwicklung (r_m) zu einem Abschnitt (r_ξ) wird der Widerstand (r_3) der Stammwicklung $\overline{a\,3}$ auf

$$r_3 - \frac{r_\xi^2}{r_m + r_\xi}$$ erniedrigt. Dem entspricht zwischen x

und 0 ein Spannungsabfall

$$E_m = -E_3\,\frac{r_m\,r_\xi}{r_3\,r_m + r_3\,r_\xi - r_\xi^2},$$

für den das Gesetz $E_m = -E_3\,\xi$ gefordert ist. Die Übereinstimmung beider Ansätze ist an die Widerstandsstufung

$$\frac{r_\xi}{r_3} = \frac{-\left(\dfrac{r_m}{r_3} - \xi\right) + \sqrt{\left(\dfrac{r_m}{r_3} - \xi\right)^2 + 4\,\dfrac{r_m}{r_3}\,\xi^2}}{2\,\xi} \tag{156}$$

gebunden (Abb. 91).

Die Gültigkeit dieser Rechnung setzt voraus, daß r_ξ ein Teil des Widerstandes r_3 ist, an dem die Erregerspannung E_3 liegt. Man muß deshalb den Abschnitt $\overline{0\,3}$ so groß wählen, daß auf Anzapfung 3 die Drehzahl selbst bei höchster Belastung immer über der synchronen bleibt. — Legt man statt dessen E_3 an den Abschnitt $\overline{a\,0}$ und läßt $\overline{0\,b}$ ganz wegfallen, so muß beim Durchgang durch den Synchronismus die Anschlußrichtung $(\overrightarrow{m\,a})$ des aus Erreger- und Kompensationswicklung ($d\,c$) gebildeten Stromzweiges umgekehrt werden (d an 0, m an x).

Bei Synchronismus verliert die Kompensationswicklung $c\,d$ die ihr sonst induzierte Kompensationsspannung $-j\,\dot E_3\,\varrho$. Damit trotzdem die Spannung E_{2e} für die Läufererregung der Vordermaschine nicht ausbleibt, kann man wie in Abb. 89 in die Hintermaschine eine kleine Hilfserregerwicklung m' mit (gegen die Hauptwicklung m) um 90^0 verschobener Wicklungsachse einbauen und diese direkt über eine Drosselspule x' vom Periodenumformer PU erregen. Da die Reaktanz dieses Stromkreises bei erheblicher Schlüpfung ein Vielfaches des Wirkwiderstandes beträgt, ist die Hilfserregerwicklung nur in der Nähe des Synchronismus wirksam, also nur dann, wenn sie gebraucht wird.

Eine andere Lösung zeigt Abb. 90, in der die Kompensationswicklung $c\,d$ ganz fortgelassen und statt dessen die beschriebene Hilfserregerwicklung m' an die volle Erregerspannung $\dot{E}_3 = \varDelta\,\dot{E}_3 + \dot{E}_{Sch}$ gelegt ist. In diesem Fall kompensiert die Kommutatorspannung $\varDelta\,\dot{E}_3$ den Ohmschen Spannungsabfall, die Schleifringspannung $\dot{E}_{Sch}$ den induktiven Spannungsabfall des Hilfserregerstroms $\dot{J}'_m$, in dessen Felde die Spannung $\dot{E}_{2e}$ der Läufererregung erzeugt wird.

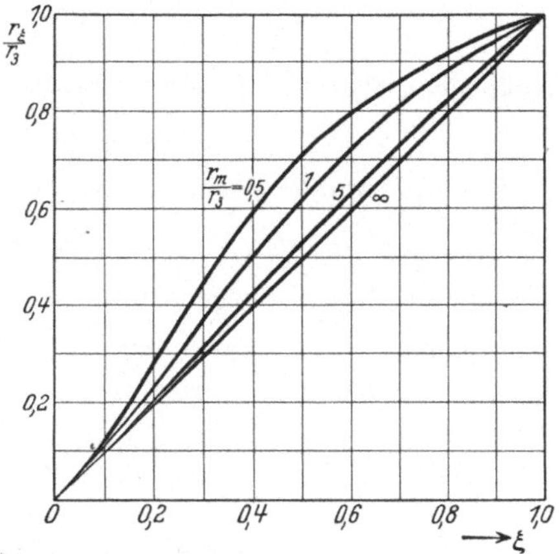

Abb. 91. Abgleichung des Widerstandes des Erregertransformators mit Rücksicht auf den Durchgang durch den Synchronismus.

d) Das Vektordiagramm des Läuferstromes.

Für die Abhängigkeit des Läuferstromes von der Schlüpfung wurde bereits die Gleichung (153) erhalten. Da hierin die Schlüpfung nur in der ersten Potenz auftritt, beschreibt der Vektor des Läuferstromes bei konstanter Primärspannung ein Kreisdiagramm. Für seine Konstruktion ist es vorteilhaft, die Kreisgleichung zuerst auf die Normalform

$$J = \dot{E}\,\frac{\alpha + j\,\beta + p}{(\alpha + j\,\beta)\,\dot{z}_0 + \dot{z}_\infty\,p} \tag{12a}$$

zu reduzieren. Zu diesem Zwecke drückt man zunächst das Glied $\dfrac{d_m}{x_m}\,(\xi + j\varrho)$ durch die Leerlaufschlüpfung aus [Gleichung (155)]. Für die Scherbiuskaskade mit

$$s_k = \infty, \qquad p = s - s_0$$

ergibt sich so folgende Entwicklung

$$\dot{J}_2 = \cfrac{\dot{E}_{20}}{r_{12} - j\,x'_{12\sigma} + \cfrac{r_2 - j\,x_a\,s_0 - j\,x_a\,p}{-j\,\dfrac{r_2 - j\,x_a\,s_0}{x'_{12\sigma} - x_{20}} + p\left(1 + \varkappa^2\,\dfrac{x_a}{x_m}\right)}}$$

oder endgültig

$$\dot{J}_2 = \dot{E}_{20}\,\cfrac{-\dfrac{x_a\,s_0 + j\,r_2}{x'_{12\sigma} - x_{20}} \cdot \dfrac{1}{1 + \varkappa^2\,\dfrac{x_a}{x_m}} + p}{-\dfrac{x_a\,s_0 + j\,r_2}{x'_{12\sigma} - x_{20}} \cdot \dfrac{r_{12} - j\,x_{20}}{1 + \varkappa^2\,\dfrac{x_a}{x_m}} + p\left[r_{12} - j\,x'_{12\sigma} - j\,\dfrac{x_a}{1 + \varkappa^2\,\dfrac{x_a}{x_m}}\right]} \tag{157}$$

$$\approx \dot{E}_{20}\,\cfrac{-\dfrac{x_a\,s_0 + j\,r_2}{x'_{12\sigma} - x_{20}} + p}{-\dfrac{x_a\,s_0 + j\,r_2}{x'_{12\sigma} - x_{20}}\,(r_{12} - j\,x_{20}) + p\,(r_{12} - j\,x_{12\sigma})}\,. \tag{157b}$$

Der Vergleich mit der Normalform (12a) liefert

$$\left.\begin{aligned}\alpha &= -\frac{x_a\,s_0}{x'_{12\,\sigma} - x_{20}}\\[2mm]\beta &= -\frac{r_2}{x'_{12\,\sigma} - x_{20}}\end{aligned}\right\}\tag{158}$$

Außerdem ist die Impedanz für den Leerlaufpunkt

$$\dot z_0 \equiv r_0 - j\,x_0 = r_{12} - j\,x_{20}\qquad (x_{20}\ \text{negativ})$$

und für den Punkt der unendlichen Drehzahl

$$\dot z_\infty \equiv r_\infty - j\,x_\infty = r_{12} - j\,x_{12\,\sigma}\,.$$

Aus diesen beiden ausgezeichneten Punkten und dem Verhältnis $\frac{\eta_m}{\xi_m}$ der Mittelpunktskoordinaten kann das Kreisdiagramm aufgezeichnet werden. Für das genannte Verhältnis berechnet man nach Gleichung (14)

$$\frac{\eta_m}{\xi_m} = \frac{2\,r_{12} - \dfrac{x_a\,s_0}{r_2}\,(x_{20} - x_{12\,\sigma})}{x_{20} + x_{12\,\sigma}} \approx -\frac{x_a\,s_0}{r_2}\cdot\frac{x_{20} - x_{12\,\sigma}}{x_{20} + x_{12\,\sigma}}\,.\tag{159}$$

Hiernach liegt der Kreismittelpunkt auch bei großen Schlüpfungen nur ganz wenig unter der Abszissenachse, eine sehr bemerkenswerte Eigenschaft, zumal sie ohne irgendwelche Maßnahmen zur Erzeugung der variablen Hauptstrom-Phasenkompensierung erhalten wurde. Wahrscheinlich bildet dieses günstige Verhalten der ältesten Kaskadenschaltungen den Grund, weshalb das Gesetz der variablen Hauptstrom-Phasenkompensierung so spät entdeckt wurde.

Nachdem die beschriebene Kaskade hauptsächlich für großen Regelbereich in Betracht kommt, bei dem die einfachere Schaltung nach Abb. 80 versagt, so hat nunmehr die sog. Krämerkaskade ($s_k = 1$) mit direkt gekuppelter Hinter- und Vordermaschine geringere Bedeutung. Ich beschränke mich deshalb hier auf die Mitteilung der Endformeln, die durch Einführung des Parameters

$$p' = \frac{s - s_0}{1 - s}$$

folgende Fassung erhalten:

$$\dot J_2 = \dot E_{20}\,\frac{-\dfrac{x_a\,s_0 + j\,r_2}{x'_{12\,\sigma} - x_{20}}\cdot\dfrac{1}{1 + \varkappa^2\,\dfrac{x_a + j\,r_a}{x_m}} + p'}{-\dfrac{x_a\,s_0 + j\,r_2}{x'_{12\,\sigma} - x_{20}}\cdot\dfrac{r_{12} - j\,x_{20}}{1 + \varkappa^2\,\dfrac{x_a + j\,r_a}{x_m}} + p'\left[r_{12} - j\,x'_{12\,\sigma} + \dfrac{r_2 - j\,x_a}{1 + \varkappa^2\,\dfrac{x_a + j\,r_a}{x_m}}\right]}\tag{160}$$

$$\approx \dot E_{20}\,\frac{-\dfrac{x_a\,s_0 + j\,r_2}{x'_{12\,\sigma} - x_{20}} + p'}{-\dfrac{x_a\,s_0 + j\,r_2}{x'_{12\,\sigma} - x_{20}}\cdot(r_{12} - j\,x_{20}) + p'\,(r_2 + r_{12} - j\,x_{12\,\sigma})}\,.\tag{160a}$$

Abgesehen von dem Werte

$$r_\infty = r_2 + r_{12}$$

stimmt diese Gleichung mit der entsprechenden Formel (157) der Scherbiuskaskade überein.

e) Schaltungsschema für Tourenregelung mittels besonderer Erregermaschine.

Bei großen Leistungen der Hintermaschine ersetzt man Regeltransformator und Kontroller zuweilen durch eine besondere Erregermaschine der Scherbiusbauart, die das Feld der Hintermaschine speist. Die Erregermaschine wird in ähnlicher Weise wie früher der Transformator durch die Schleifringspannung der Vordermaschine und die Kommutatorspannung des Periodenumformers erregt und soll eine Rotationsspannung erzeugen, die ihrer Erregerspannung phasengleich und proportional ist. Um dies zu erreichen, muß man den Feldwicklungen der Erregermaschine Widerstände vorschalten, die bei allen Schlüpfungen ein Vielfaches der Reaktanz dieser Wicklungen betragen. Da aber die Vorschaltwiderstände erhebliche Stromwärmeverluste verursachen, und diese mit der Scheinleistung der Erregermaschine zunehmen, muß man bestrebt sein, mit einer möglichst kleinen Erregermaschine auszukommen.

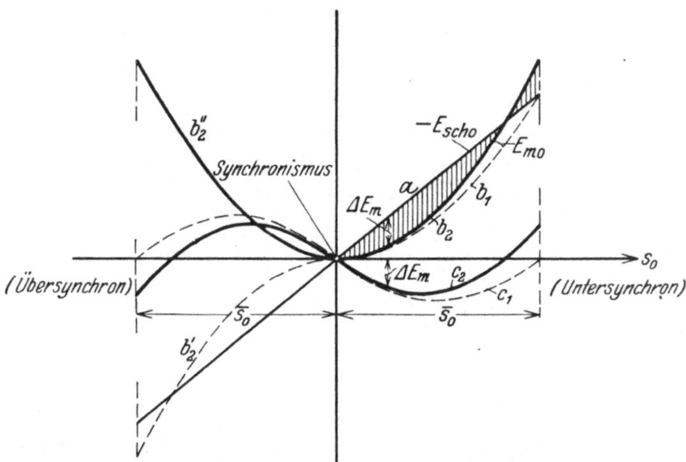

Abb. 92. Spannungen im Erregerkreis der Hintermaschine in Abhängigkeit von der Leerlaufschlüpfung. *a* Schleifringspannung der Vordermaschine. *b* Erforderliche Erregerblindspannung. *c* Spannung der Erregermaschine.

Die kleinste Erregermaschine ergibt sich, wenn man nach dem Vorgang von BBC die Schleifringspannung ($\dot{E}_{Sch}$) und die Spannung der Erregermaschine ($\Delta \dot{E}_m$) gegeneinanderschaltet. Die Schleifringspannung ist, abgesehen vom Ohmschen Spannungsabfall des Läuferstromes, der Schlüpfung proportional. Ein gleiches gilt bei Leerlauf der Vordermaschine und konstanter Drehzahl der Hintermaschine für deren Erregerstrom J_{m0}. Deshalb wächst die Erregerblindspannung $J_{m0} x_m s_0$ mit dem Quadrate der Leerlaufschlüpfung. Durch passende Wahl der Erregerwindungszahl läßt sich erreichen, daß Schleifringspannung und Erregerblindspannung von gleicher Größenordnung werden, und im ganzen Regelbereich nur kleine Unterschiede aufweisen. So beträgt beispielsweise in Abb. 92 der größte Unterschied zwischen den Kurven a und b_1 nur 25% der größten Erregerspannung, zwischen den Kurven a und b_2 sogar nur 17%. Wenn man also die Spannung der Erregermaschine je nach Bedarf in der einen oder anderen Richtung zur Schleifringspannung in Reihe schaltet, so braucht diese

Erregermaschine nur für 25 bzw. 17% der größten Erregerleistung der Hintermaschine dimensioniert zu werden (Kurve c).

Besondere Aufmerksamkeit erfordert wieder der Durchgang durch den Synchronismus. Würde man zwischen Unter- und Übersynchronismus keine Umschaltung vornehmen, so ergäben sich für die Erregerblindspannung die Kurven b für Untersynchronismus, und b' für Übersynchronismus (Abb. 92). In Wirklichkeit muß aber die Erregerblindspannung dem Quadrate der Schlüpfung proportional sein, also bei Übersynchronismus der Kurve b'' folgen. Man muß daher beim Übergang vom Unter- zum Übersynchronismus eine Umschaltung vornehmen, welche die Stromrichtung in der Erregerwicklung umkehrt.

Auf diesem Regelprinzip läßt sich eine Reihe von Erregerschaltungen aufbauen, für welche Abb. 93 ein besonders einfaches Beispiel gibt. Der Frequenzumformer ist auch hier mit konstanter Spannung erregt und so geschaltet, daß seine Spannung $\varDelta E_3$ die Schleifringspannung E_{Sch} der Vordermaschine zu der Spannung

$$\dot E_3 = \dot E_{Sch} + \varDelta \dot E_3 = j\,[\dot E_{20} - \dot J_2\,(r_{12} - j\,x'_{12\,\sigma})]\,\frac{r_m - j\,x_m\,s}{x_m} \tag{147}$$

aufrundet.

Neu ist die Erregermaschine EM, die als normale Scherbiusmaschine ausgeführt und mit konstanter Drehzahl angetrieben wird. Gemäß Abb. 92 wirkt ihre Spannung stets oder doch im größten Teil des Regelbereiches der Schleifringspannung entgegen, so daß das Feld der Hintermaschine von der Spannungsdifferenz

$$\dot E_m = \varDelta \dot E_m - \dot E_{Sch} \tag{161}$$

erregt wird. Nun muß natürlich $\dot E_m$ dasselbe Gesetz wie früher erfüllen, also

$$\dot E_m = - \dot E_3\,(\xi + j\,\varrho) = - (\dot E_{Sch} + \varDelta \dot E_3)\,(\xi + j\,\varrho)\,. \tag{148}$$

Daraus folgt für die Spannung der Erregermaschine:

$$\varDelta \dot E_m = \dot E_m + \dot E_{Sch} = \dot E_{Sch}(1 - \xi) - \varDelta \dot E_3\,\xi - j\,(\dot E_{Sch} + \varDelta \dot E_3)\,\varrho\,. \tag{162}$$

Diesen drei Komponenten der Erregerspannung $\varDelta \dot E_m$ entsprechen in Abb. 93 die drei Felder 1, 2 und 3 der Erregermaschine. Wicklung 1

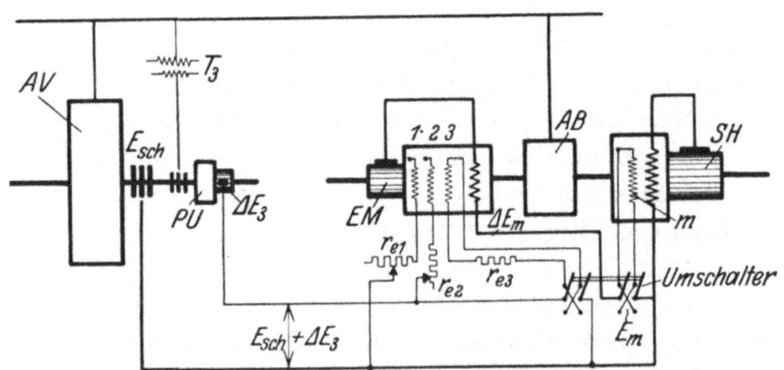

Abb. 93. Scherbius-Kaskade mit Tourenregelung mittels besonderer Erregermaschine (EM).

sollte eigentlich die Rotationsspannung $\dot E_{Sch}\,(1 - \xi)$ erzeugen und wird deshalb von der Schleifringspannung über einen regelbaren Vorschaltwiderstand r_{e1} erregt. Da aber die Reaktanz $x_{e1}\,s$ der Feldwicklung nicht ganz vernachlässigt werden kann, ist in Wirklichkeit mit einer Spannung

$$\Delta \dot{E}_{m1} = \dot{E}_{Sch}(1 - \xi)\left(1 + j\,\frac{x_{e1}s}{r_{e1}}\right)$$

zu rechnen. Die Erregung der Wicklung *1* erfolgt immer im gleichen Sinne, solange $\xi < 1$, d. h. solange die Erregerblindspannung kleiner ist als die Schleifringspannung. Nach Abb. 92 trifft dies entweder im ganzen Regelbereich zu (Kurve b_1), oder jedenfalls im größten Teil des Regelbereiches (Kurve b_2). Im letzten Falle muß die Feldwicklung *1* auf den Tourenstufen „$\xi = 1$" umgeschaltet werden.

Wicklung *2* soll einerseits die durch die Wicklung *1* erzeugte Fehlspannung

$$j\dot{E}_{Sch}(1 - \xi)\,\frac{x_{e1}s}{r_{e1}} \approx \Delta \dot{E}_3(1 - \xi)\,\frac{x_{e1}s}{r_{e1}} \cdot \frac{x_m s}{r_m}$$

wenigstens bei Leerlauf aufheben, andererseits die zweite Komponente $-\Delta \dot{E}_3\xi$ der Erregerspannung erzeugen. Insgesamt soll sie also die Rotationsspannung

$$\Delta \dot{E}_{m2} = -\Delta \dot{E}_3\left[\xi - (1 - \xi)\,\frac{x_e s_0}{r_{e1}} \cdot \frac{x_m s_0}{r_m}\right]$$

liefern und muß demgemäß von dem Frequenzumformer über Vorschaltwiderstand (r_{e2}) erregt werden. Dabei wird zwar wegen der Reaktanz $x_{e2}s$ wieder eine kleine Fehlspannung erhalten, die aber unbeträchtlich ist, weil sie nur den Ohmschen Spannungsabfall der Tourenregelungskomponente des Erregerstromes betrifft.

Wicklung *3* hat die sehr nahezu konstante Kompensationsspannung

$$\Delta \dot{E}_{m3} = -j(\dot{E}_{Sch} + \Delta \dot{E}_3)\varrho$$

zu erzeugen. Sie kann deshalb von der Summe der Schleifring- und Kommutatorspannung über feste Vorschaltwiderstände (r_{e3}) gespeist werden und ihre Wicklungsachse muß um 90° gegen die der Felder *1* und *2* versetzt sein. Ein kleiner Phasenfehler in dieser Spannung kann zugelassen werden, da er nur eine sehr kleine Änderung der Leerlaufdrehzahl verursacht. Beim Durchgang durch den Synchronismus muß die Feldwicklung *3* zusammen mit der Erregerwicklung *m* der Hintermaschine umgepolt werden.

Häufig wird eine Erhöhung des Tourenabfalles bei Belastung verlangt. Dann kann man auf die Pole der Hintermaschine einige vom Sekundärstrom durchflossene Windungen aufbringen und die Gegeninduktivität zwischen Hauptstrom- und Nebenschlußfeld außerhalb der Maschine durch einen Entkopplungstransformator (Abb. 26) beseitigen.

Fünfter Teil

Die Kommutatorkaskaden für Leistungsregelung.

Zu den bereits behandelten Anwendungen der Kommutatorkaskaden für Phasenkompensierung und Tourenregelung ist neuerdings als drittes wichtiges Gebiet die Leistungsregelung getreten. Man könnte zwar sagen, daß auch bei den früher beschriebenen Regelsätzen eine Leistungsregelung stattfand. Doch wollen wir diesen Ausdruck jetzt in einem engeren Sinne gebrauchen:

Von „Tourenregelung" spricht man, wenn das, was man einstellt, die Leerlaufdrehzahl ist. Die unabhängig Veränderliche ist dabei die Belastung, also die Leistung. Auf jeder Tourenstufe ergibt sich ein gewisser Tourenabfall mit Zunahme der Belastung, der eventuell ebenfalls durch die Regelschaltung erfaßt werden kann (Kompoundierung oder Gegenkompoundierung).

Gerade umgekehrt liegen die Voraussetzungen bei den Aufgaben, die man unter dem Schlagworte „Leistungsregelung" zusammenfaßt. Was man hier einstellt, ist die Leistungsaufnahme oder -abgabe. Die unabhängig Veränderliche ist die Tourenzahl. Auf jeder Leistungsstufe kann sich ein gewisser Leistungsabfall mit Zunahme der Drehzahl ergeben, der ebenfalls durch die Regelschaltung beherrscht, zum Beispiel auch ganz eliminiert werden kann (Kaskade für konstante Leistung).

Die beiden klassischen Aufgaben der Leistungsregelung sind die Netzkupplung und die Schlupfregelung von Ilgner-Umformern und Walzenstraßenmotoren.

Bei Netzkupplungsaggregaten liegt die Aufgabe gewöhnlich so, daß ein Netz mit Hilfe eines Motorgenerators eine beliebig einstellbare Leistung auf ein anderes Netz übertragen soll. Die Periodenzahlen beider Netze können verschieden sein und brauchen vor allem nicht konstant zu bleiben, sondern können gewissen Schwankungen unterliegen. Diese sollen aber auf die Leistungsregelung entweder gar nicht einwirken oder nur eine bestimmte einstellbare Pufferwirkung auslösen. Die eine Maschine des Regelsatzes muß daher unbedingt eine Asynchronmaschine sein, die so zu regeln ist, daß die unabhängig Variable, die Drehzahl, auf die aufgenommene oder abgegebene Leistung ohne oder fast ohne Einfluß bleibt. Ist die zweite Maschine des Motorgenerators wie gewöhnlich eine Synchronmaschine, so bestimmt ihre Periodenzahl die Drehzahl des Aggregates. Der Regelbereich, d. h. die größte Schlüpfung der Asynchronmaschine, ergibt sich aus den größten, entgegengesetzt gerichteten Frequenzschwankungen beider Netze. Die Polzahlen der Hauptmaschinen werden so gewählt, daß sich der Regelbereich zu möglichst gleichen Teilen auf unter- und übersynchrone Drehzahlen verteilt. Denn hierbei ist die Kommutatormaschine am besten ausgenützt. Es liegt in der Natur der Sache, daß bei Netzkupplungsaggregaten die

Drehzahlverstellung in engen Grenzen bleibt, z. B. eine maximale Schlüpfung $\bar{s} = \pm\, 0{,}05$ kaum überschreitet.

Ungefähr den doppelten bis dreifachen Regelbereich erfordern Asynchronmotoren, die zum **Antrieb von Ilgner-Umformern** dienen oder die mit **Walzenstraßen und schweren Schwungrädern direkt gekuppelt** sind. Hier gilt es, wenn möglich die ganzen Belastungsschwankungen durch das Schwungrad allein abzufangen. Der Hauptdrehstrommotor soll dem Netz nur eine konstante Leistung entnehmen und damit die Schwungmassen so lange aufladen, bis die festgesetzte Höchsttourenzahl erreicht ist. Erst dann wird die Leistungszufuhr von selbst so lange unterbunden, bis die Drehzahl genügend gesunken ist. Erwünscht ist auch hier bei Neuanlagen eine Verteilung des gesamten Regelbereichs auf Unter- und Übersynchronismus.

XV. Die Umstellung von Tourenregelungsschaltungen auf Leistungsregelung.

48. Einführung von Schnellreglern, Regelmaschinen oder Schützensteuerungen.

Bis vor wenigen Jahren verwandte man zur Leistungsregelung dieselben Kaskadenschaltungen wie für Tourenregelung, ergänzte sie aber durch automatische Regelorgane, die durch Verstellung der Leerlaufschlüpfung die Leistungsaufnahme oder -abgabe bestimmten. Die Mehrzahl der behandelten Regelsätze eignet sich für eine derartige Automatisierung. Wird z. B. die Leerlaufschlüpfung durch eine synchrone Erregermaschine eingestellt, so kann deren Gleichfeld durch ein **Wirk- oder Blindstromrelais in Verbindung mit Schnellreglern** der bekannten Bauarten (Tyrill, BBC, Thoma, Cuenod) gesteuert werden. Beispiele hierfür sind die Regelsätze nach Abb. 74, 75 und 88. Jedoch ist bei Verwendung je eines Reglers für Wirk- und Blindstrom Sorge zu tragen, daß sich diese Regler nicht gegenseitig zum Pendeln anregen, wie es der Fall ist, wenn der Blindstromregler außer dem Blindstrom auch die Schlüpfung beeinflußt, oder der Drehzahlregler außer der Schlüpfung auch den Blindstrom. Hat man daher diese gegenseitige Beeinflussung nicht bereits durch die Erregerschaltung der Kaskade (variable Hauptstrom-Phasenkompensierung) eliminiert, so muß man zwei Regler mit verschiedener Reguliergeschwindigkeit verwenden.

An Stelle von Schnellreglern lassen sich auch **Erregermaschinen** zum gleichen Zwecke ausbilden. So kann man z. B. in Abb. 74 die Tourenregelungswicklung „d" der synchronen Erregermaschine durch eine „Krämer-Gleichstrommaschine" speisen, die den bekannten Konstantstrom-Maschinen für elektrische Schweißung nachgebildet ist. Man erhält so die Leistungsregelungskaskade nach Abb. 94. Die hier eingefügte Krämermaschine KM besitzt drei Feldwicklungen, nämlich eine selbsterregte Nebenschlußwicklung „1", eine fremderregte Nebenschlußwicklung „2" und eine von dem konstant zu haltenden Strome erregte Wicklung „3". Der konstant zu haltende Strom ist im vorliegenden Falle der Wirkstrom der Vordermaschine, der durch den Danielsson-Umformer DU gleichgerichtet und durch die Feldwicklung 3 geleitet wird. Hat dieser Strom seinen Sollwert, so werden seine Amperewindungen durch die fremderregte Feldwicklung *2* gerade aufgehoben. Die Krämermaschine arbeitet dann mit ihrer Selbsterregungswicklung *1* auf dem labilen Teil ihrer magnetischen Charakteristik, innerhalb dessen sie eine nach Größe und Vorzeichen beliebige Spannung abgeben kann. Ihr Gleichgewicht ist also vollkommen labil. Sinkt der Belastungsstrom, so überwiegt die Fremderregungswicklung *2* und bewirkt eine Spannungsänderung der Krämermaschine. Diese beeinflußt die Leerlaufschlüpfung der Kaskade in dem Sinne, daß der Wirkstrom der Vordermaschine und also auch der Gleichstrom der Feldwicklung *3* wieder steigen, worauf das System bei einer neuen Leerlaufschlüpfung, aber gleicher Leistungsaufnahme wieder stabil wird.

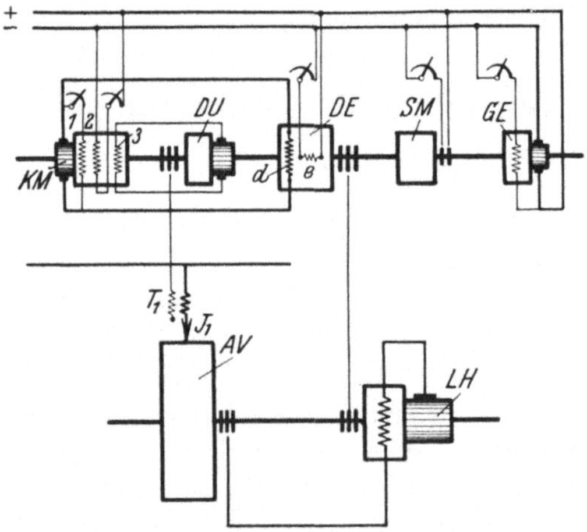

Andere Regelsätze verstellen die Schlüpfung durch Bürstenverschiebung, durch Drehtransformatoren oder durch Widerstände im Feldkreis asynchroner Erregermaschinen. Hier sind durch Wattmeterrelais gesteuerte Manövriermotore oder Öldruckregler der bekannten Systeme (Thoma, Cuenod) verwendbar und auch verwendet worden. Beispiele hierfür geben die Abb. 77, 79, 87, 93, vor allem aber die Schaltung nach Abb. 80, die infolge ihrer Einfachheit eine Sonderstellung einnimmt.

Selbst wenn die Drehzahlverstellung nicht stetig, sondern sprungweise durch Stufentransformatoren erfolgt, ist wenigstens bei kompoundierten Antrieben mit schweren Schwungrädern eine Umstellung auf automatische Leistungsregelung möglich. Man ersetzt dann die Schaltwalze durch eine Anzahl von Drehstromschützen, die durch ein Maximal- und ein Minimalstromrelais gesteuert werden und die Leistungsschwankungen innerhalb vorbestimmter Grenzen halten.

Abb. 94. Verwandlung der Tourenregelungs-Schaltung nach Abb. 74 in eine Schaltung für Leistungsregelung.

KM Krämer-Maschine als Erregermaschine der Drehstromerregermaschine *DE*. *DU* Danielsson-Umformer zur Umformung der Wirkkomponente des Primärstromes J_1, *SM* Synchronmotor, *GE* Gleichstromerregermaschine, *AV* Asynchrone Vordermaschine, *LH* Läufererregte Hintermaschine.

XVI. Die theoretischen Grundlagen der Leistungsregelung nach dem Prinzip von Seiz.

Wenngleich man durch Einfügung automatischer Regelorgane die meisten Tourenregelungsaggregate zur Leistungsregelung nutzbar machen kann, so wird man doch meist den geraden Weg vorziehen, der nicht erst auf Umwegen zur Leistungsregelung führt. Dieser Weg wurde zuerst von Seiz (BBC) beschritten, und — wenn auch ohne mathematische Formeln — so doch in einer, für jeden Kenner dieses Spezialgebietes klaren Weise erläutert (L 119, 120). Er verdient deshalb als „das Prinzip von Seiz" bezeichnet zu werden. Wie die meisten bedeutenden Erfindungsgedanken hat sich auch das Prinzip von Seiz entwicklungsfähig erwiesen. Es ist von mehreren Großfirmen aufgegriffen und theoretisch durchgearbeitet worden und hat zu vielen neuen Regelschaltungen Anlaß gegeben. Im folgenden enthalten besonders die Abschnitte 50 und 51 theoretische Gesichtspunkte, die in den Originalarbeiten von Seiz und anderen nicht vertreten sind. Vielleicht stehen wir hier am Anfang einer neuen Entwicklung, deren Möglichkeiten wir zuerst rein theoretisch zu erfassen versuchen wollen.

49. Die Aufhebung der Schlupfspannung nach dem Prinzip von Seiz.

a) Die Selbsterregungsspannung V_s und die Regelspannung V_r.

Die Hintermaschine einer Kommutatorkaskade sei eine kompensierte Maschine mit Hauptstrom- und Nebenschlußerregung und werde mit konstanter Drehzahl angetrieben. Die Rotationsspannung der Hintermaschine enthalte also eine Hauptstromkomponente

$$\dot{E}_{2h} = - \dot{J}_2 d_2$$

und eine Nebenschlußkomponente $\dot{E}_{2n}$. Nach der zweiten Hauptgleichung (7) der Vordermaschine wird das Gleichgewicht der Spannungen im Sekundärkreis durch den Ansatz

$$\boxed{\dot{E}_2 = \dot{E}_{2h} + \dot{E}_{2n} = - \dot{E}_{20}\, s + \dot{J}_2 \left[r_2 + \dot{z}_{12}\, s \right]} \qquad (163)$$

(mit $\dot{z}_{12} = r_{12} - j\, x_{12\sigma}$) beschrieben. Dabei enthält der Sekundärwiderstand r_2 auch den Widerstand r_a des Arbeitsstromkreises der Hintermaschine, also den Bürstenübergangswiderstand und die Widerstände der Hauptstromwicklungen. Ebenso ist in der totalen Impedanz z_{12} auch die Reaktanz x_a des Arbeitsstromkreises der Hintermaschine einbegriffen, also die Streureaktanz von Anker- und Kompensationswicklung und die ganze Reaktanz der Hauptstromerregerwicklung. Statt der letzten Gleichung kann auch

$$\boxed{\dot{E}_{2n} + [\dot{E}_{20} - \dot{J}_2 \dot{z}_{12}]\, s = \dot{J}_2\, (r_2 + d_2)} \qquad (163\,\mathrm{a})$$

geschrieben werden. Durch diese Fassung wird zum Ausdruck gebracht, daß eine Rotationsspannung im Hauptstromfeld genau wie eine Vergrößerung (d_2 positiv) des Ohmschen Spannungsabfalles im Arbeitsstromkreis wirkt. Die dem Schlupf proportionale Spannung

$$[\dot{E}_{20} - \dot{J}_2 \dot{z}_{12}]\, s$$

bezeichnen wir kurzweg als Schlupfspannung des Sekundärkreises.

Nun kann man folgende Frage stellen: Wie muß das Gesetz der Nebenschlußspannung E_{2n} lauten, wenn Größe und Phase des Stromes J_2 und damit zugleich das Moment der Vordermaschine innerhalb eines gewissen Regelbereiches $|s| \lessgtr |\bar{s}|$ willkürlich vorgeschrieben werden?

Auf diese Frage gab Seiz folgende Antwort: Die Nebenschlußspannung soll zwei Komponenten enthalten: eine Komponente

$$\boxed{\dot{V}_s = - [\dot{E}_{20} - \dot{J}_2\, \dot{z}_{12}]\, s} \qquad (164)$$

welche die Schlupfspannung des Sekundärkreises vollständig aufhebt, und eine zweite Komponente $\dot{V}_r$ proportional und in Phase
mit dem gewünschten Sekundärstrom. In der Tat braucht man in der
zweiten Hauptgleichung (163a) nur

$$\dot{E}_{2n} = \dot{V}_s + \dot{V}_r = - [\dot{E}_{20} - \dot{J}\dot{z}_{12}]\,s + \dot{V}_r$$

einzuführen, um ohne weiteres die gewünschte Lösung

$$\boxed{\dot{J}_2 = \frac{\dot{V}_r}{r_2 + d_2}} \tag{165}$$

zu erhalten.

Die vollkommene Aufhebung der Schlupfspannung durch die
Komponente V_s bildet den Kern des Seizschen Regulierprinzipes.
Man kann dies auch so ausdrücken, daß der Sekundärkreis in
bezug auf alle der Schlüpfung proportionalen Spannungen und
Spannungsabfälle auf Selbsterregung geschaltet ist. Hätte er nämlich keinen Widerstand (r_2) und kein Reihenschlußfeld (d_2), so könnte er sich
mit jedem beliebigen Strom J_2 erregen, und zwar bei jeder Drehzahl. Denn bei
jedem Strom und jeder Drehzahl würden alle Spannungsabfälle im Sekundärkreis einschließlich der vom Hauptfeld des Vordermotors herrührenden Spannung durch entgegengesetzt gleiche Rotationsspannungen in der Hintermaschine
aufgehoben. Man bezeichnet deshalb die Spannungskomponente V_s
am treffendsten als „Selbsterregungsspannung".

Demgegenüber ist die zweite Spannungskomponente V_r eine
ausgesprochene Fremderregungsspannung, die den Sekundärstrom
der Vordermaschine bestimmt, ohne selbst durch ihn beeinflußt
zu werden. Da durch die Hauptkomponente V_s bereits alle Spannungsabfälle
mit Ausnahme der von der Schlüpfung unabhängigen Spannung $- \dot{J}_2(r_2 + d_2)$
kompensiert werden, verhält sich der Sekundärkreis mit Bezug auf V_r wie ein
induktionsfreier Stromkreis vom Widerstand $r_2 + d_2$ [siehe Gleichung (165)].
Der Sekundärstrom kopiert also jedes Gesetz, das man der Fremderregungsspannung V_r geben mag. Mit Rücksicht darauf bezeichne
ich V_r im folgenden als „Regelspannung".

b) Prinzipschaltungen zur Erzeugung der Selbsterregungsspannung
V_s und der Regelspannung V_r.

Wie die Selbsterregungsspannung V_s oben definiert wurde, soll sie der Schlüpfung proportional sein. Die Erzeugung einer solchen Spannung ist eine Aufgabe,
die bei Regelsätzen für Tourenregelung nicht vorkam, und welche deshalb neue
Erregerschaltungen nötig macht. Das Bestreben, diese zu vereinfachen, hat
gelegentlich zu kleinen Änderungen in der Definition der Selbsterregungsspannung geführt, die den Kern der Sache nicht berühren, die aber zu scharfen Dis-
kussionen geführt haben (L 123).

Das ursprünglich aufgestellte Gesetz

$$\dot{V}_s = - [\dot{E}_{20} - \dot{J}_2\,\dot{z}_{12}]\,s \tag{164}$$

läßt sich nach Abb. 95 auf eine prinzipiell einfache Weise verwirklichen, die allerdings eine besondere Hilfsmaschine erfordert. Hier wird der Netzspannung E_1 durch einen Stromtransformator mit Luftspalt T_1 eine dem Primärstrom proportionale Komponente

$$- \dot{J}_1 [r_1 - j x_1 \sigma]$$

hinzugefügt. Die Summenspannung wird dem Ständer einer asynchronen Hilfsmaschine aufgedrückt, die mit der Vordermaschine für relativen Synchronismus starr gekuppelt ist. Bei einem Übersetzungsverhältnis α der Windungszahlen von Läufer und Ständer wird eine Sekundärspannung

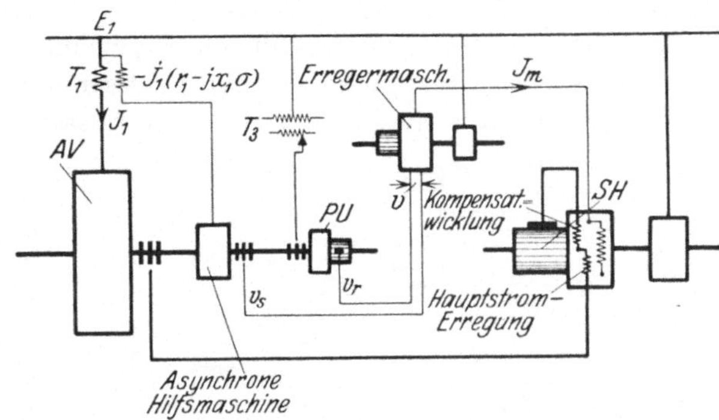

Abb. 95. Erstes Prinzipschema für Leistungsregelung nach dem Prinzip von Seiz.

$$v_s = \alpha [\dot{E}_1 - \dot{J}_1 (r_1 - j x_1 \sigma)] s$$

erhalten, für die nach Gleichung (5c) auch

$$v_s = \alpha [\dot{E}_1 - \dot{J}_1 (r - j x_1 \sigma)] s = - \alpha \frac{x_{21}}{x_2} [\dot{E}_{20} - \dot{J}_2 \dot{z}_{12}] s$$

$$= \alpha \frac{x_{21}}{x_2} \dot{V}_s$$

geschrieben werden kann. Die Selbsterregungsspannung V_s kann also als Rotationsspannung in einem Erregerfeld erzeugt werden, das der Sekundärspannung der Hilfsasynchronmaschine proportional ist.

Die Regelspannung V_r wird gewöhnlich von einem Frequenzumformer geliefert, der mit der Vordermaschine für relativen Synchronismus starr gekuppelt ist. Der Schleifringseite wird die Spannung

$$\dot{v}_r = \alpha \frac{x_{21}}{x_2} \dot{V}_r$$

aufgedrückt, die der gewünschten Regelspannung proportional ist. Die Summe der Sekundärspannung beider Hilfsmaschinen ergibt also

$$\dot{v} = \dot{v}_s + \dot{v}_r = \alpha \frac{x_{21}}{x_2} (\dot{V}_s + \dot{V}_r) = \alpha \frac{x_{21}}{x_2} \dot{E}_{2n} .$$

Mit dieser Spannung wird das Feld einer besonderen Erregermaschine gespeist, die so beschaffen sein muß, daß sie das Gesetz ihrer eigenen Erregerspannung $\dot{v}$ auf den Erregerstrom $\dot{J}_m$ der Hintermaschine zu übertragen vermag.

Ich habe im vorigen dem Seizschen Regelprinzip eine besonders einfache Fassung gegeben, nach der sich zwar, wie eben gezeigt wurde, arbeiten läßt, von der man aber auch ohne Schaden abweichen kann. Das Wesentliche ist nämlich nicht, daß der gesamte Ohmsche Spannungsabfall unkompensiert bleibt, sondern daß von der Selbsterregungsspannung eine dem Strom proportionale Komponente vom Charakter eines

Ohmschen Spannungsabfalles ausgenommen wird. Das ist von Bedeutung in allen Fällen, wo die Erregung der Hintermaschine aus der Schleifringspannung der Vordermaschine hergeleitet und ihr proportional gemacht wird.

Ein Beispiel hierfür gibt Abb. 96. Bezeichnet r_a und x_a Widerstand und Reaktanz des Arbeitsstromkreises der Hintermaschine, so wird die Schleifringspannung der Vordermaschine durch den Ansatz

$$\dot{E}_{Sch} = \dot{E}_{20}\,s - \dot{J}_2\,[(r_2 - r_a) + (\dot{z}_{12} + j\,x_a)\,s] \tag{166}$$

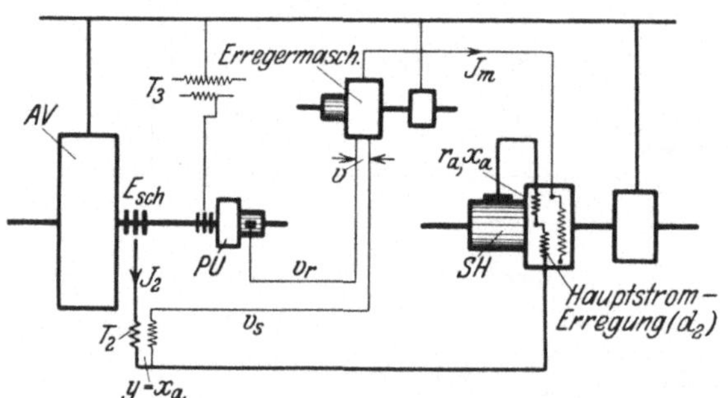

Abb. 96. Zweites Prinzipschema für Leistungsregelung nach dem Prinzip von Seiz.

beschrieben. Nun liegt zwischen Vorder- und Hintermaschine ein Stromtransformator T_2 mit Luftspalt, dessen Wechselreaktanz bei der Netzfrequenz $y = x_a$ betragen soll. Dieser ergänzt die Schleifringspannung zur Spannung

$$\dot{v}_s = \dot{E}_{Sch} + j\,\dot{J}_2\,y\,s$$
$$= (\dot{E}_{20} - \dot{J}_2\,\dot{z}_{12})\,s - \dot{J}_2\,(r_2 - r_a)$$

und wenn man diese Spannung dem Erregerkreis einer Hilfserregermaschine aufdrückt, läßt sich erreichen, daß die Hintermaschine eine entgegengesetzt gleiche Rotationsspannung

$$\dot{V}_s = -\,\dot{v}_s = -\,(\dot{E}_{20} - \dot{J}_2\,\dot{z}_{12})\,s + \dot{J}_2\,(r_2 - r_a)$$

erzeugt. Jetzt kompensiert also die Selbsterregungsspannung V_s nicht nur alle der Schlüpfung proportionalen Spannungskomponenten, sondern auch den Ohmschen Spannungsverlust in der Vordermaschine; addiert man daher mit Hilfe des Periodenumformers PU zur Erregerspannung $\dot{v}_s$ die Komponente $\dot{v}_r$ und somit zur Selbsterregungsspannung $\dot{V}_s$ eine Regelspannung $\dot{V}_r = -\,\dot{v}_r$, so wirkt nun V_r nur noch auf den scheinbaren Widerstand $r_a + d_2$ der Hintermaschine. Hieraus folgt für den Läuferstrom

$$\dot{J}_2 = \frac{\dot{V}_r}{r_a + d_2}. \tag{167}$$

Man versteht jetzt leicht, warum man in derartigen Schaltungen die Hintermaschine kompoundiert (d_2). Im allgemeinen ist ja nicht damit zu rechnen, daß man die Schlupfspannung ganz genau kompensieren kann. Bleiben aber unausgeglichene Restspannungen übrig, so dürfen diese die Stromregelung nicht zu sehr stören. Sie müssen deshalb klein gegen die Regelspannung V_r bleiben, oder besser gesagt, V_r muß groß im Verhältnis zu etwaigen unkompensierten Restspannungen gemacht werden. Am einfachsten erreicht man dies dadurch, daß man den kleinen und nicht einmal konstanten Widerstand r_a der Hintermaschine (er enthält u. a. den Bürstenübergangswiderstand) durch eine Rotationsspannung $-\,\dot{J}_2\,d_2$ im Hauptstromfeld scheinbar vergrößert.

Schließlich muß noch erwähnt werden, daß man in Abb. 96 den zwischen Vorder- und Hintermaschine eingefügten Stromtransformator auch weglassen könnte[1]. Man ist also nicht einmal gezwungen, alle induktiven Spannungsabfälle des Sekundärkreises zu kompensieren, sondern kann sich mit einer Selbsterregungsspannung

$$\dot{V}_s = - \dot{E}_{Sch}$$

begnügen, die den induktiven Spannungsabfall $j\,\dot{J}_2 x_a s$ in der Hintermaschine nicht erfaßt. Jedoch ändert diese Unterlassung das Gesetz der Regelspannung, für die nun nach der Hauptgleichung (163a)

$$\dot{E}_{2n} = \dot{V}_s + \dot{V}_r = - \dot{E}_{20} s + \dot{J}_2 (r_2 + d_2 + \dot{z}_{12} s)$$

die Formel

$$\dot{V}_r = \dot{J}_2 (r_a + d_2 - j\,x_a s)$$

erhalten wird. Das hat zur Folge, daß man den gewöhnlich verwendeten Periodenumformer durch einen „Schrage-Umformer" ersetzen muß (Abb. 97). Wie in Abschnitt 42 auseinandergesetzt, hat diese Maschine die Eigenschaft, eine Schleifringspannung $\dot{v}_{r3}$ in eine Sekundärspannung

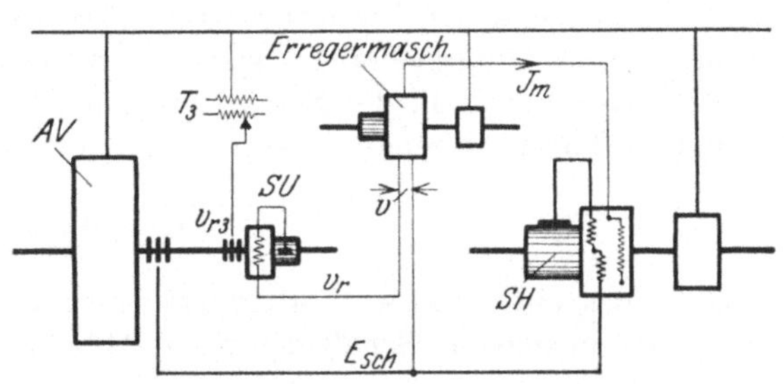

Abb. 97. Drittes Prinzipschema für Leistungsregelung nach dem Prinzip von Seiz.

$$\dot{v}_r = \dot{v}_{r3} \left[\frac{N_k}{N_3} - j\,\frac{N_{st}}{N_3} s \right]$$

zu verwandeln, wobei N_k, N_{st} und N_3 die Windungszahlen der Kommutator-, Ständer- und Schleifringwicklung bedeuten. Macht man nun

$$N_k = N_3$$

und

$$\frac{N_{st}}{N_3} = \frac{x_a}{r_a + d_2},$$

so ergibt sich

$$\dot{v}_r = \dot{v}_{r3} \left[1 - j\,\frac{x_a s}{r_a + d_2} \right].$$

Ist außerdem wie früher

$$\dot{V}_r = - \dot{v}_r,$$

so folgt für die Stromregelung

$$\dot{J}_2 = - \frac{\dot{v}_{r3}}{r_a + d_2}. \tag{168}$$

Damit ist abermals Proportionalität zwischen einer regelbaren Spannung der Netzfrequenz und dem Sekundärstrom der Vordermaschine erreicht.

Auf analoge Weise kann man in Abb. 95 den Periodenumformer durch einen Schrage-Umformer ersetzen und den Stromtransformator T_1 eliminieren, so daß nun die Impedanzspannung $J_2 z_{12} s$ durch die Selbsterregungsspannung V_s überhaupt nicht erfaßt wird.

---

[1] Vgl. auch Abschnitt 53b, S. 173 oben.

c) Unvollkommene Kompensierung der Hauptfeldspannung $E_{20}s$.

In seiner einfachsten Fassung nach Unterabschnitt a) bestimmte das Seizsche Regelprinzip, daß alle der Schlüpfung proportionalen Sekundärspannungen durch eine „Selbsterregungsspannung" V_s, alle von der Schlüpfung unabhängigen Spannungen durch eine „Regelspannung" V_r kompensiert werden sollten. Als wir aber dann in Abschnitt b) mit dem Entwurf von Regelschaltungen begannen, stellte sich heraus, daß man weder den Ohmschen Spannungsabfall der Vordermaschine von der Selbsterregungsspannung auszuschließen, noch den induktiven Spannungsabfall des Sekundärkreises in die Selbsterregungsspannung einzuschließen brauchte. So blieb als einzige Spannung, die man bei allen besprochenen Anordnungen vollständig kompensieren sollte, die Schlupfspannung $E_{20}s$ im Hauptfeld der Vordermaschine. Aber auch diese Regel hat ihre Ausnahme, wie die Untersuchung folgender Aufgabe lehrt.

Wir setzen den Fall, der Sekundärstrom J_2 solle nicht unabhängig von der Schlüpfung konstant gehalten werden, sondern das Gesetz

$$\dot J_2 = \overline{\dot J_2} + \Delta \dot J_2 s \qquad (169)$$

befolgen, das eine gewisse Pufferwirkung charakterisiert. Dann wäre bei der prinzipiell einfachsten Schaltung nach Abb. 95 eine Selbsterregungsspannung

$$\dot V_s = -\,[\dot E_{20} - J_2 \dot z_{12}]\,s \qquad (164)$$

und eine Regelspannung

$$\dot V_r = \dot J_2 (r_2 + d_2) \qquad (165)$$

nötig. Für letztere kann auch

$$\dot V_r = \overline{\dot V_r}\left(1 + \frac{\Delta \dot J_2}{\overline{\dot J_2}}\,s\right)$$

mit

$$\overline{\dot V_r} = \overline{\dot J_2}(r_2 + d_2)$$

geschrieben werden.

Offenbar könnte man aber genau so gut mit einer Regelspannung

$$\dot V_r' = \overline{\dot V_r} = \overline{\dot J_2}(r_2 + d_2) \qquad (170)$$

und einer Selbsterregungsspannung

$$\dot V_s' = -\left[\dot E_{20} - \Delta \dot J_2 \frac{\overline{V_r}}{\overline{J_2}}\right] s + J_2 \dot z_{12} s \qquad (171)$$

arbeiten. Man würde also die verlangte Abhängigkeit des Sekundärstromes von der Schlüpfung am einfachsten dadurch erzielen, daß man die Hauptfeldspannung $\dot E_{20}s$ im Verhältnis $1 : \left(1 - \frac{\Delta \dot J_2}{\dot E_{20}} \cdot \frac{\overline{V_r}}{\overline{J_2}}\right)$ unterkompensiert und eine konstante Regelspannung $\dot V_r'$ benützt.

Zusammenfassend ist zu sagen, daß das Seizsche Regelprinzip ein sehr dehnbarer Begriff ist, der eine große Zahl spezieller Ausführungen umfaßt. Den Ausschlag für die Durchbildung der Regelschaltung geben nicht Rücksichten auf die Durchsichtigkeit der theoretischen Formulierung, sondern auf die Einfachheit der praktischen Ausführung und Handhabung.

50. Das Seizsche Prinzip als Spezialfall eines allgemeineren Regulierprinzipes.

Abgesehen von den Rotationsspannungen der Hintermaschine treten im Sekundärkreis der Vordermaschine folgende Spannungen und Spannungsabfälle auf: die Hauptfeldspannung $\dot{E}_{20}s$, die der Schlüpfung proportionale Impedanzspannung $-\dot{J}_2 z_{12}s$, und die vom Schlupfe unabhängige Widerstandsspannung $-\dot{J}_2 r_2$. Wir haben im Abschnitt 49 gesehen, daß alle diese Spannungen und Spannungsabfälle durch die „Selbsterregungsspannung" V_s erfaßt werden können, daß es aber in gewissen Schaltungen genügt, sie nur teilweise aufzuheben. Wurde auf diese Weise der Geltungsbereich des Seizschen Prinzipes bedeutend erweitert, so haben wir doch einstweilen noch stillschweigend angenommen, daß die Kompensationsspannungen die entgegengesetzte Phase wie die zu kompensierenden Spannungen besitzen sollen. Jetzt soll auch diese Einschränkung fallengelassen werden. Man gelangt so zu einem Regulierprinzip von überraschender Vielseitigkeit, dem sich das Seizsche Prinzip als ein besonders einfacher Spezialfall unterordnet.

a) Die allgemeinen Regelgleichungen.

Eine Kompensationsspannung V_s, welche die oben angeführten Spannungen und Spannungsabfälle sowohl nach Größe wie Phase nur unvollkommen aufhebt, kann durch folgenden Ansatz ausgedrückt werden:

$$\dot{V}_s = -\dot{E}_{20}(1-\dot{k}_{20})\,s + \dot{J}_2[(1-\dot{k}_2)\,r_2 + (1-\dot{k}_{12})\,\dot{z}_{12}s]. \qquad (172)$$

Dabei sind $\dot{k}_{20}$, $\dot{k}_2$ und $\dot{k}_{12}$ dimensionslose Verhältniszahlen, und zwar im allgemeinsten Falle komplexe Zahlen.

Nach der zweiten Hauptgleichung (163) der Vordermaschine gilt ferner für eine beliebige Regelspannung V_r:

$$\dot{E}_2 = \dot{V}_r + \dot{V}_s = -\dot{E}_{20}s + \dot{J}_2[r_2 + \dot{z}_{12}s].$$

Aus dieser und der vorigen Gleichung folgt:

$$\dot{V}_r + \dot{E}_{20}\dot{k}_{20}s = \dot{J}_2[\dot{k}_2 r_2 + \dot{k}_{12}\dot{z}_{12}s]$$

also:

$$\dot{J}_2 = \frac{\dot{V}_r + \dot{E}_{20}\dot{k}_{20}\,s}{\dot{k}_2 r_2 + \dot{k}_{12}\dot{z}_{12}s}. \qquad (173)$$

Wir wollen nun folgende Aufgabe stellen und lösen: Für drei Drehzahlen der Vordermaschine, denen die Schlüpfungen s', s'' und s''' entsprechen, seien die Vektoren des Sekundärstromes durch die Gleichungen

$$\dot{J}_2' = \frac{\dot{E}_{20}}{\dot{z}'}, \qquad \dot{J}_2'' = \frac{\dot{E}_{20}}{\dot{z}''}, \qquad \dot{J}_2''' = \frac{\dot{E}_{20}}{\dot{z}'''}$$

beliebig vorgeschrieben. Die Leistungsregelung soll durch eine konstante Regelspannung

$$\boxed{\dot{V}_r = \dot{k}_r \dot{E}_{20}} \tag{174}$$

bewirkt werden, wobei $\dot{k}_r$ eine reelle, imaginäre oder komplexe Zahl sein kann. Es sind die Verhältniszahlen

$$\dot{k}_r,\ \dot{k}_{20},\ \dot{k}_2,\ \dot{k}_{12}$$

der Regelgleichung (172) entsprechend den obigen Forderungen zu bestimmen.

Die formelle Lösung dieser Aufgabe ist sehr einfach. Indem man die Regelgleichung (172) auf die vorgeschriebenen Ströme und Schlüpfungen anwendet, ergibt sich das lineare Gleichungssystem

$$\dot{k}_2 \frac{r_2}{\dot{z}'} = \dot{k}_r + \dot{k}_{20}\,s' - \dot{k}_{12}\frac{\dot{z}_{12}}{\dot{z}'}\,s',$$

$$\dot{k}_2 \frac{r_2}{\dot{z}''} = \dot{k}_r + \dot{k}_{20}\,s'' - \dot{k}_{12}\frac{\dot{z}_{12}}{\dot{z}''}\,s'',$$

$$\dot{k}_2 \frac{r_2}{\dot{z}'''} = \dot{k}_r + \dot{k}_{20}\,s''' - \dot{k}_{12}\frac{\dot{z}_{12}}{\dot{z}'''}\,s'''.$$

Daraus folgt ohne weiteres:

$$\left.\begin{aligned}
\dot{k}_r &= \frac{\dot{k}_2 r_2}{\dot{N}}\left[\frac{s's''}{\dot{z}'''}\left(\frac{1}{\dot{z}''}-\frac{1}{\dot{z}'}\right)+\frac{s''s'''}{\dot{z}'}\left(\frac{1}{\dot{z}'''}-\frac{1}{\dot{z}''}\right)+\frac{s'''s'}{\dot{z}''}\left(\frac{1}{\dot{z}'}-\frac{1}{\dot{z}'''}\right)\right]\\[2mm]
\dot{k}_{20} &= -\frac{\dot{k}_2 r_2}{\dot{N}}\left[\frac{1}{\dot{z}'''}\left(\frac{s''}{\dot{z}''}-\frac{s'}{\dot{z}'}\right)+\frac{1}{\dot{z}'}\left(\frac{s'''}{\dot{z}'''}-\frac{s''}{\dot{z}''}\right)+\frac{1}{\dot{z}''}\left(\frac{s'}{\dot{z}'}-\frac{s'''}{\dot{z}'''}\right)\right]\\[2mm]
\dot{k}_{12}\dot{z}_{12} &= -\frac{\dot{k}_2 r_2}{\dot{N}}\left[\frac{1}{\dot{z}'''}(s''-s')+\frac{1}{\dot{z}'}(s'''-s'')+\frac{1}{\dot{z}''}(s'-s''')\right]
\end{aligned}\right\} \tag{175}$$

wobei:

$$\dot{N} = s's''\left(\frac{1}{\dot{z}''}-\frac{1}{\dot{z}'}\right)+s''s'''\left(\frac{1}{\dot{z}'''}-\frac{1}{\dot{z}''}\right)+s'''s'\left(\frac{1}{\dot{z}'}-\frac{1}{\dot{z}'''}\right). \tag{175a}$$

Hiernach sind sowohl die Regelspannung $\dot{E}_{20}\dot{k}_r$, als auch die unkompensierten Schlupfspannungen $\dot{E}_{20}\dot{k}_{20}s$ und $-\dot{J}_2\dot{k}_{12}\dot{z}_{12}s$ der Verhältniszahl $\dot{k}_2$ proportional. Diese wiederum kennzeichnet denjenigen von der Schlüpfung unabhängigen sekundären Spannungsabfall $-\dot{J}_2\dot{k}_2\,r_2$, den die Spannung $\dot{V}_s$ nicht kompensiert. Enthielte z. B. $\dot{V}_s$ keine von der Schlüpfung unabhängige Komponente, so bliebe mit $\dot{k}_2 = 1$ der gesamte Ohmsche Spannungsabfall $-\dot{J}_2 r_2$ unkompensiert. Für die Wahl von $\dot{k}_2$ gibt die obige Lösung keine Anhaltspunkte. In Wirklichkeit muß man Werte von der Größenordnung 1 anstreben, damit etwaige Fehlerspannungen, die praktisch nie zu vermeiden sind, gegen die Regelspannung V_r, nicht zu sehr ins Gewicht fallen. Dagegen bleibt die Phase von $\dot{k}_2$ vollkommen willkürlich und kann also mit Rücksicht auf die Einfachheit der Regelschaltung, die Phase der Regulierfehler (vgl. Abschnitt 51 c) oder die Gefahr der unabhängigen Selbsterregung gewählt werden.

Kann man die Regelung mit den oben berechneten Verhältnis-zahlen $\dot{k}$ verwirklichen, so ergibt sich als Vektordiagramm des Läuferstromes ein Kreis, weil in Gleichung (173) der Parameter s in Zähler und Nenner nur in der ersten Potenz vorkommt. Die Lage dieses Kreises und seine Parameterlinie $s-s$ ist durch die 3 Stromvektoren $\dot{J}_2'$, $\dot{J}_2''$, $\dot{J}_2'''$ und die 3 Schlüpfungen s', s'', s''' bestimmt.

Was schließlich die Regelschaltung betrifft, so hat man hier sogar noch freiere Hand wie früher bei den Kaskadenschaltungen (Abb. 95 bis 97) nach dem Seizschen Prinzip, weil jetzt mit der Phase von $\dot{k}_2$ auch über die Phase der einzelnen Spannungskomponenten verfügt werden kann. Auf Einzelheiten einzugehen, hat keinen Zweck, nachdem das allgemeine Regelprinzip hier überhaupt zum erstenmal veröffentlicht wird und praktische Ausführungen, bei denen man zuerst an Ilgner-Umformer denken würde (L 130) noch nicht vorliegen.

51. Fehlerquellen und Gegenmaßnahmen.

a) Die Abstimmung des Proportionalitätsfehlers der Erregermaschine auf den Sättigungsfehler der Hintermaschine.

Bei den meisten Regelschaltungen gelingt es nicht, die Selbsterregungs-spannung V_s und die Regelspannung V_r in genau richtiger Größe und Phase zu erzeugen. Zunächst liefert schon die Erregermaschine der Hintermaschine (siehe Kapitel XVII) nicht genau den gewünschten Feldstrom $\dot{J}_m'$, sondern einen Strom

$$\dot{J}_m = \frac{\dot{J}_m'}{1-\delta}\,(1 + j\,\mathrm{tg}\,\varphi), \tag{176}$$

der mit einem Proportionalitätsfehler δ und einem Phasenfehler φ behaftet ist. Bei den besten Erregermaschinen ist

$$\left.\begin{aligned} \delta &= c_\delta \cdot s^2 \\ \varphi &= c_\varphi \cdot s^3 \end{aligned}\right\} \tag{176a}$$

und der Proportionalitätsfehler ist dann gewöhnlich größer als der Phasenfehler.

Sodann ist zu berücksichtigen, daß infolge der Eisensättigung der Hinter-maschine die Induktion B langsamer zunimmt als der Feldstrom J_m. Wenn ferner die **Vordermaschine als Motor** arbeitet, so ist bei gleicher Schlüpfung die Eisensättigung im übersynchronen Regelbereich größer als im untersyn-chronen. Denn bei Untersynchronismus vermindert der Ohmsche Spannungs-abfall im Vordermotor die von der Hintermaschine zu erzeugende Spannung E_2 (Abb. 98a), bei Übersynchronismus vergrößert er sie (Abb. 98b). Bezeichnet ψ_2 den Voreilwinkel des Sekundärstromes gegen die Schlupfspannung $(\dot{E}_{20} - \dot{J}_2\dot{z}_{12})\,s$, so wird bei Motorbetrieb der Vordermaschine und konstantem Sekundärstrom $\dot{J}_2$ die Rotationsspannung $\dot{E}_2$ der Hintermaschine am kleinsten für eine gewisse Schlüpfung s_μ, bei welcher (schraffiertes Dreieck in Abb. 98)

$$OA = |\,\dot{E}_{20} - \dot{J}_2\dot{z}_{12}\,|\,s_\mu = J_2\,r_2\cos\psi_2. \tag{177}$$

Man kann deshalb den Einfluß der Eisensättigung nach der Gleichung

$$B = c_B \cdot J_m [1 - c_\mu (s - s_\mu)^2] \tag{178}$$

schätzen, wobei c_μ von den Sättigungsverhältnissen, s_μ von der Größe und Phase des Ohmschen Spannungsabfalles $- \dot{J}_2 r_2$ im Verhältnis zur Schlupfspannung abhängt.

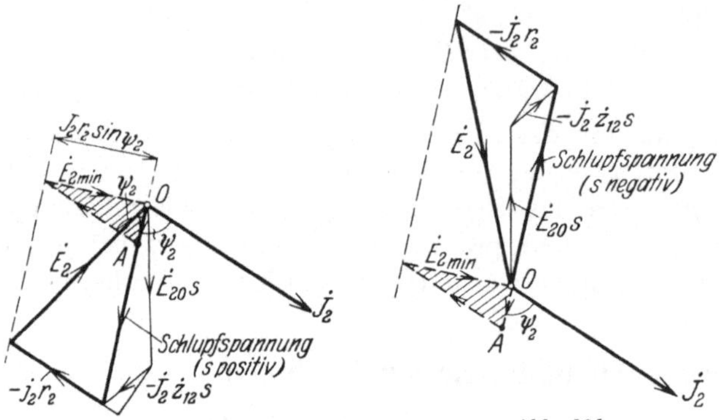

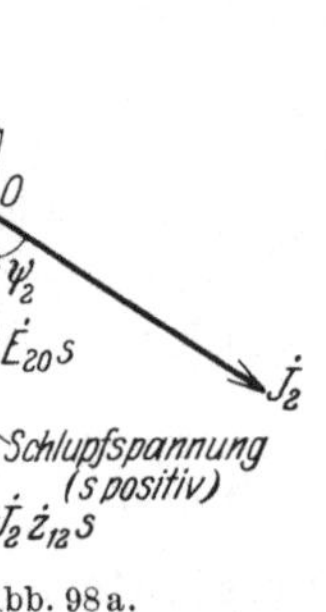

Abb. 98a.   Abb. 98b.

Abb. 98. Spannungsdiagramme des Sekundärkreises bei Motorbetrieb der Vordermaschine und Untersynchronismus (Abb. 98a) bzw. Übersynchronismus (Abb. 98b).

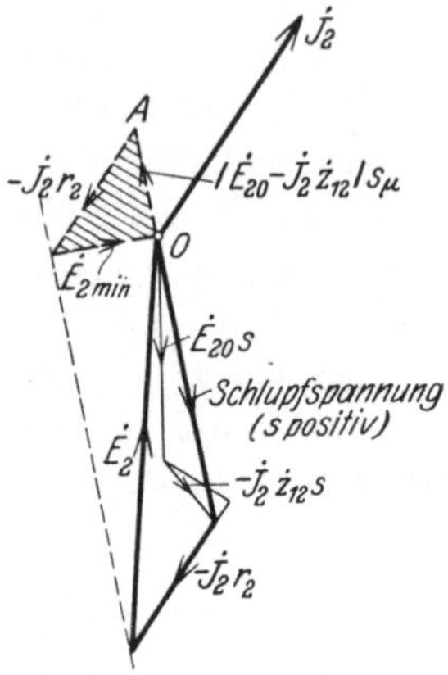

Abb. 98c. Spannungsdiagramm des Sekundärkreises bei Generatorbetrieb der Vordermaschine und Untersynchronismus (s_μ negativ).

Arbeitet die Vordermaschine als Generator (Abb. 98c), so kann man ganz analoge Überlegungen anstellen, die ebenfalls auf Ansatz (178), nur mit einer negativen Schlüpfung s_μ führen.

Es ist nun sehr bemerkenswert, daß sich der Proportionalitätsfehler $c_\delta \cdot s^2$ der Erregermaschine und der Sättigungsfehler $c_\mu (s - s_\mu)^2$ der Hintermaschine teilweise kompensieren. Man muß dies bei der Dimensionierung beider Maschinen ausnützen, indem man c_δ und c_μ aufeinander abstimmt. Die beste Abgleichung ergibt sich mit

$$c_\delta = c_\mu \tag{179}$$

gemäß folgender Entwicklung, welche die Ansätze (176) und (178) kombiniert:

$$B = c_B J'_m \frac{1 - c_\mu (s - s_\mu)^2}{1 - c_\delta s^2}$$

$$\approx c_B J'_m [1 - c_\mu s_\mu^2 + s \cdot 2 c_\mu s_\mu + s^2 (c_\delta - c_\mu)]$$

oder für $c_\delta = c_\mu$

$$B \approx c_B J'_m [1 - c_\mu s_\mu^2 + s \cdot 2 c_\mu s_\mu]. \tag{179a}$$

Sind außerdem Vorder- und Hintermaschine gekuppelt und arbeitet die Vordermaschine als Motor (s_μ positiv) an einem Netz konstanter Frequenz (Ilgnerumformer), so sind die Drehzahlen beider Maschinen proportional $1 - s$ und die Rotationsspannung der Hintermaschine wird proportional

$$B(1 - s) \approx c_B J'_m [1 - c_\mu s_\mu^2 - s(1 - 2 c_\mu s_\mu)]. \tag{180}$$

In diesem Falle vermindert der Tourenfehler der Hintermaschine den Einfluß des Sättigungsfehlers, und mit

$$c_\mu s_\mu \approx 0,5 \tag{180a}$$

wird die Regelung denkbar günstig.

b) Der Drehzahlfehler der Hintermaschine bei Netzkupplungsaggregaten.

Bei Netzkupplungsaggregaten sollen zwei Netze von den variablen Kreisfrequenzen

$$\omega_1 = (1 - s_1) \cdot \omega_{1\,\text{mittel}},$$

$$\omega_2 = (1 - s_2)\,\omega_{2\,\text{mittel}}$$

durch einen Motorgenerator verbunden, und dabei eine bestimmte Leistung vom einen Netz auf das andere übertragen werden. Im folgenden wird stets angenommen, daß die asynchrone Vordermaschine an Netz 1 angeschlossen und mit einer Synchronmaschine gleicher Leistung gekuppelt ist, die auf Netz 2 arbeitet. Dann bestimmt diese Synchronmaschine die Drehzahl der Vordermaschine. Wir denken uns ferner die Polzahlen beider Maschinen so gewählt, daß für $s_1 = 0$ und $s_2 = 0$ auch die Schlüpfung s der Vordermaschine verschwindet. Dann ist:

$$s = \frac{(1 - s_1) - (1 - s_2)}{(1 - s_1)} = \frac{s_2 - s_1}{1 - s_1} \tag{181}$$

und die Drehzahl der Vordermaschine wird proportional

$$1 - s_2 = (1 - s)\,(1 - s_1)\,. \tag{182}$$

Es fragt sich nun, wie man die Hintermaschine kuppeln soll, damit ihre Drehzahl möglichst wenig variiert.

Die Antwort macht keine Schwierigkeiten, falls die Hintermaschine mit einer Synchronmaschine gekuppelt werden kann. Man wird dann diese Synchronmaschine nach Möglichkeit an dasjenige Netz anschließen, dessen Frequenz am wenigsten schwankt. Werden beispielsweise Vorder- und Hintermaschine mit der auf Netz 2 arbeitenden synchronen Hauptmaschine gekuppelt, so ist es vorteilhaft, wenn man diese auf das ruhigere Netz arbeiten läßt. Das geht nun freilich nicht, wenn das unruhige Netz ein einphasiges Bahnnetz ist; denn dann wird man es vorziehen, die Synchronmaschine und nicht die Asynchronmaschine einphasig auszuführen. In diesem Falle variiert die Drehzahl der Hintermaschine am wenigsten, wenn man sie mit einer besonderen synchronen Belastungsmaschine kuppelt und diese an das ruhigere Netz 1 legt, auf welches auch die Vordermaschine arbeitet.

Nicht so durchsichtig liegen die Verhältnisse, wenn die Hintermaschine mit einer asynchronen Belastungsmaschine gekuppelt werden soll. Die Schlüpfung s_b dieser Maschine richtet sich nach der Leistung der Hintermaschine, für die man aus Gleichung (7) leicht folgende Formel ableitet:

$$P_2 = -\dot{E}_2 \times \dot{J}_2 = (\dot{E}_{20} \times \dot{J}_2 - J_2^2\,r_{12})\,s - J_2^2\,r_2$$

oder, wenn man die auf den Läufer der Vordermaschine übertragene Leistung mit

$$P_{12} = \dot{E}_{20} \times \dot{J}_2 - J_2^2\,r_{12}$$

und die sekundären Kupferverluste mit

$$P_{12}\,\gamma = J_2^2\,r_2$$

bezeichnet:

$$P_2 = P_{12}(s - \gamma)\,. \tag{183}$$

Mit dieser Leistung wird die asynchrone Belastungsmaschine angetrieben. Bedeutet $\dfrac{ds}{dP_b}$ ihren prozentualen Tourenabfall bei motorischer Belastung, so beträgt ihre Schlüpfung in der Kaskadenschaltung:

$$s_b = -P_2\,\frac{ds_b}{dP_b} = -P_{12}\,\frac{ds_b}{dP_b}\,(s-\gamma)$$

oder, wenn wir zur Abkürzung

$$s_{12} = P_{12}\,\frac{ds_b}{dP_b} \tag{184a}$$

einführen:

$$s_b = -s_{12}(s-\gamma)\,. \tag{184}$$

Dabei sind P_{12}, s_{12} und γ positiv, falls die Vordermaschine als Motor, negativ falls sie als Generator arbeitet.

Je nachdem nun die Belastungsmaschine an Netz 1 oder Netz 2 hängt, wird ihre Drehzahl proportional

$$(1-s_1)\,(1-s_b)$$

oder

$$(1-s_2)\,(1-s_b)\,,$$

wobei

$$1-s_b = 1 + s_{12}(s-\gamma)$$
$$\approx 1 + s\,s_{12}\,. \tag{184b}$$

Bei Netzkupplungsaggregaten, die mit sehr geringer Schlüpfung arbeiten, sind s_b und s von gleicher Größenordnung, und deshalb ist $\mid s_{12}\mid$ entweder nicht viel von 1 verschieden, oder kann durch Vergrößerung des Läuferwiderstandes der Belastungsmaschine leicht auf 1 erhöht werden. Unter dieser Voraussetzung ist es nicht gleichgültig, an welches Netz die asynchrone Belastungsmaschine der Hintermaschine angeschlossen wird, sondern es muß folgende Wahl getroffen werden:

Arbeitet die Vordermaschine als Motor, so soll sie wenn möglich an das ruhigere Netz (1), die asynchrone Belastungsmaschine dagegen auf jeden Fall an das andere Netz (2) angeschlossen werden. Denn bei Motorbetrieb der Vordermaschine ist $s_{12} \approx +1$, und die Drehzahl der Hintermaschine wird proportional

$$(1-s_2)\,(1-s_b) \approx (1-s_2)\,(1+s)$$
$$= (1-s^2)\,(1-s_1)$$
$$\approx 1-s_1\,. \tag{185}$$

Arbeitet dagegen die Vordermaschine als Generator, so soll sie womöglich mitsamt der Belastungsmaschine der Hintermaschine an das unruhige Netz, jedenfalls aber an dasselbe Netz (1) angeschlossen werden. Denn unter den gemachten Voraussetzungen ist $s_{12} \approx -1$, und deshalb wird die Drehzahl der Hintermaschine proportional

$$(1-s_1)\,(1-s_b) \approx (1-s_1)\,(1-s)$$
$$= 1-s_2\,. \tag{186}$$

Trifft man die umgekehrte Wahl, so sind für die Hintermaschine weit größere Tourenschwankungen zu erwarten. Läßt man z. B. die Vordermaschine als Motor arbeiten und schaltet beide Asynchronmaschinen auf das gleiche Netz (1), so wird die Drehzahl der Hintermaschine proportional

$$(1 - s_1)\,(1 - s_b) \approx (1 - s_1)\,(1 + s)$$
$$= 1 - 2\,s_1 + s_2\,.$$

Läßt man ferner bei Generatorbetrieb der Vordermaschine beide Asynchronmaschinen von verschiedenen Netzen laufen, so wird die Drehzahl der Hintermaschine proportional

$$(1 - s_2)\,(1 - s_b) \approx (1 - s_2)\,(1 - s)$$
$$= \frac{(1 - s_2)^2}{1 - s_1}$$
$$\approx 1 + s_1 - 2\,s_2\,.$$

Haben also zu irgend einer Zeit die Frequenzfehler beider Netze verschiedenes Vorzeichen, so wird der Drehzahlfehler der Hintermaschine besonders groß, und zwar größer als die Summe $|\,s_1\,| + |\,s_2\,|$ der beiden Frequenzfehler.

c) Die Erhöhung der Regelgenauigkeit durch Hauptstromerregung der Hintermaschine.

Die Rotationsspannung $\dot{E}_2$ der Hintermaschine enthalte eine Hauptstromkomponente

$$- \dot{J}_2(d_2 + j\,c_2)\,.$$

Diese kann entweder durch eine in der Hintermaschine eingebaute Hauptstromerregerwicklung erzeugt werden oder noch besser[1] dadurch, daß man der Feldspannung der Erregermaschine die Hauptstromkomponente

$$- \dot{J}_2(d_2 + j\,c_2) \approx (\dot{E}_1 + j\,\dot{J}_1 x_1)\,\frac{c_2 - j\,d_2}{x_{21}} \qquad \text{[siehe Gleichung (3)]}$$

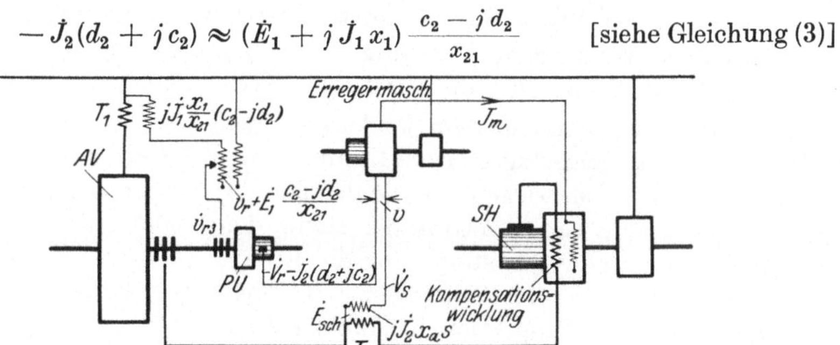

Abb. 99. Schaltung für Leistungsregelung nach Abb. 96, aber mit indirekter Hauptstromerregung der Hintermaschine durch den Stromtransformator T_1.

einverleibt. Dies führt auf eine Regelschaltung nach Abb. 99, die auch den folgenden Rechnungen zugrunde gelegt ist.

---

[1] Weil man dabei die Störungen durch die Gegeninduktivität zwischen Hauptstrom- und Nebenschlußerregerwicklung der Hintermaschine vermeidet.

Die Erregerspannung der Erregermaschine besitzt jetzt drei Komponenten:

die Regelspannung $\dot{V}_r$,

die Selbsterregungsspannung $\quad \dot{V}_s = - \dot{E}_{20}\, s + \dot{J}_2\,(r_2' + \dot{z}_{12}\, s) = \dot{E}_2 - \dot{J}_2\, r_a$
[(siehe Gleichung (163)]

und die Hauptstromspannung $\quad - \dot{J}_2\,(d_2 + j\, c_2)$.

Wird nun die Hintermaschine mit einer schwankenden Drehzahl proportional $1 - s'$ angetrieben, so erzeugt sie eine der Feldspannung der Erregermaschine proportionale Rotationsspannung:

$$\dot{E}_2 = [\dot{V}_r + \dot{E}_2 - \dot{J}_2(r_a + d_2 + j\, c_2)]\,(1 + \dot{f})\,(1 - s')\,. \tag{187a}$$

Dabei charakterisiert der Faktor $(1 + \dot{f})$ alle Fehler, die nicht auf der veränderlichen Drehzahl der Hintermaschine beruhen. Die Ausrechnung liefert für den Läuferstrom:

$$\dot{J}_2 \approx \frac{\dot{V}_r}{r_a + d_2 + j\, c_2} + \frac{\dot{E}_2}{r_a + d_2 + j\, c_2}\,(\dot{f} - s') \tag{187b}$$

oder wenn mit

$$\dot{J}_2' = \frac{\dot{V}_r}{r_a + d_2 + j\, c_2}$$

der angestrebte Läuferstrom bezeichnet wird:

$$\dot{J}_2 = \dot{J}_2'\left[1 + \frac{\dot{E}_2(\dot{f} - s')}{\dot{J}_2'(r_a + d_2 + j\, c_2)}\right]. \tag{187c}$$

Aus diesen Gleichungen können zwei wichtige Folgerungen gezogen werden:

Erstens: Die Hauptstromerregung verkleinert den prozentualen Regulierfehler, da sie den Nenner des zweiten Summanden in Gleichung (187c) vergrößert.

Zweitens: Die Phase der Hauptstromerregung bestimmt die Phase des Regulierfehlers. Wenn man mit Seiz die Hintermaschine nur kompoundiert $(c_2 = 0)$, ist das Fehlerglied in Gleichung (187b) hauptsächlich in Phase oder Gegenphase zu $\dot{E}_2$; denn in dem Fehlerkoeffizient $\dot{f}$ überwiegt gewöhnlich der reelle Anteil. Läßt man dagegen die Kompensations- oder Gegenkompensationsspannung $-j\,\dot{J}_2\,c_2$ überwiegen, so eilt der Fehlerstrom gegen $\dot{E}_2$ um nahezu 90^0 vor oder nach. Man hat es also in der Hand, den Fehler auf diejenige Seite zu legen, wo er am wenigsten stört. Für die Kompoundierung spricht jedenfalls, daß sie die Gefahr der unabhängigen Selbsterregung vermindert, soweit diese auf einem positiven Proportionalitätsfehler f beruht[1].

---

[1] Setzt man in Gleichung (187a) $\dot{E}_2 = - \dot{E}_{20}\, s + \dot{J}_2\,(r_2 + \dot{z}_{12}\, s)$ und variiert die sekundäre Schlüpfungsperiodenzahl $\nu_1 s$, so verschwindet bei einer gewissen Periodenzahl $\nu_1 s_u$ die Summe der dem Sekundärstrom proportionalen Blindspannungen. Liegt diese „Eigenfrequenz" wesentlich über den normalen Schlupffrequenzen $\nu_1 s$, so wird hierfür der Proportionalitätsfehler δ der meisten Erregermaschinen [Gleichung (176)] ziemlich groß. In Schaltungen (wie Abb. 96, 97 und 99), welche die Selbsterregungsspannung $\dot{V}_s$ aus der Schleifringspannung ableiten, werden dann durch V_s die Ohmschen Spannungsabfälle der Vordermaschine nicht nur aufgehoben, sondern überkompensiert. Ist nun die Kompoundierungs-

Es sind auch Lösungen angegeben worden, um Fehlerglieder höherer Ordnung zu eliminieren, insbesondere solche, die dem Quadrate des Schlüpfung proportional sind. Über die praktische Bedeutung solcher Kunstschaltungen läßt sich vorderhand schwer urteilen. Jedenfalls muß eine Schaltung, die ohne derartige Hilfsmittel auskommt, als überlegen angesehen werden.

XVII. Die Erregermaschinen für ständererregte Hintermaschinen.

52. Erregerverluste und Phasenfehler bei direkter Erregung der Hintermaschine über Vorschaltwiderstände.

Die Schleifringspannung E_{Sch} der Vordermaschine enthält bereits die Hauptkomponenten der Schlupfspannung, welche die Hintermaschine als Rotationsspannung erzeugen und mit entgegengesetzter Richtung der Vordermaschine aufdrücken soll. Es lag deshalb nahe, die Feldwicklung der Hintermaschine direkt von den Schleifringen der Vordermaschine zu speisen und durch Vorschaltwiderstände den Gesamtwiderstand r_m des Feldkreises auf ein Vielfaches seiner Reaktanz $x_m s$ zu erhöhen (Abb. 100).

Indessen lehrt eine einfache Überschlagsrechnung, daß diese Lösung zu ungenau und unökonomisch ist. Einerseits ist nämlich der Erregerstrom

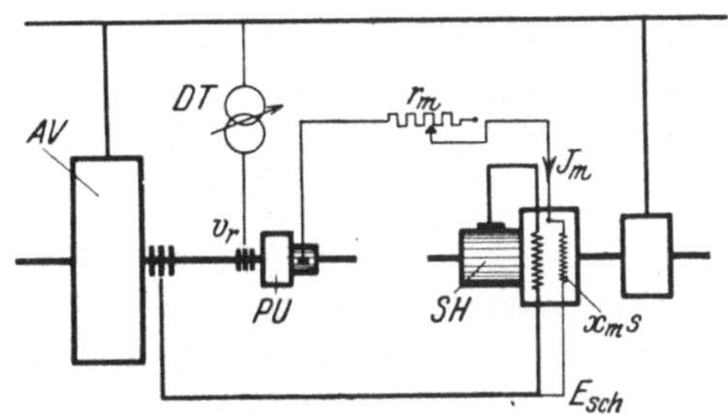

Abb. 100. Schaltung für Leistungsregelung nach dem Prinzip von Seiz ohne Erregermaschine.

$$J_m = \frac{\dot{E}_{Sch}}{r_m - j\, x_m\, s}$$

um den Winkel

$$\varphi = \text{arc tg}\, \frac{x_m\, s}{r_m} \tag{188}$$

gegen seinen Sollwert $J'_m = \dfrac{\dot{E}_{Sch}}{r_m}$ verspätet. Andererseits betragen die Erregerverluste bei größter Schlüpfung $\bar{s}$ und größter Scheinleistung $\overline{P}_2 = \overline{J_m d_m} \cdot J_2$ der Hintermaschine

$$\bar{J}_m^2\, r_m = \mu \cdot \overline{P}_2\, \frac{\bar{s}}{\text{tg}\,\overline{\varphi}}, \tag{189}$$

wobei erfahrungsgemäß

$$\mu = \frac{\bar{J}_m^2\, x_m}{\overline{P}_2} = \frac{1}{2} \sim \frac{1}{4}.$$

spannung $-\dot{J}_2 d_2$ zu gering, um diesen Fehlbetrag aufzuheben, so wird sich die Kaskade schon bei normalen Drehzahlen mit ihrer Eigenfrequenz ($\approx v_1 s_u$) erregen. Als Gegenmittel empfiehlt sich eine starke Kompoundierungsspannung $-\dot{J}_2 d_2$ oder eine 90^0 phasenverschobene Blindspannung solcher Größe und Richtung, daß die Eigenfrequenz $v_1 s_u$ möglichst gering ausfällt.

Läßt man also einen größten Phasenfehler tg $\bar{\varphi} = 0{,}05$ zu, so wird bei Netzkupplungsaggregaten mit einem Regelbereich $|\bar{s}| = 0{,}05$

$$\bar{J}_m^2 \, r_m \approx \mu \, \bar{P}_2 \,.$$

Derart hohe Erregerverluste sind natürlich ganz undenkbar. Entweder muß man größere Phasenfehler $\bar{\varphi}$ erlauben oder man muß die Vorschaltwiderstände durch einen Drehstromkommutator-Serienmotor ersetzen, in dem die „Erregerverluste" wieder als mechanische Leistung nutzbar gemacht werden. Eine dritte Möglichkeit ist die Einschaltung einer besonderen Erregermaschine zwischen Erregerquelle und Feldwicklung der Hintermaschine.

Die letzte Lösung ist die vollkommenste. Sie ist ebenfalls schon von Seiz erfolgreich versucht und später von anderen Erfindern teils vollendet, teils auf neuem Wege gefunden worden. Es ist auch zweifellos die richtige Tendenz, die große Vorder- und Hintermaschine möglichst normal auszuführen, und alle Finessen einer kleineren Spezialmaschine zu übertragen. Seit der Bekanntmachung des Seizschen Prinzipes ist deshalb die Entwicklung der Regelsätze beinahe gleichbedeutend mit der Entwicklung der Erregermaschinen gewesen, und ihre eminente praktische Bedeutung erfordert eine eingehende Darstellung ihrer Theorie.

53. Die Erregermaschine von Seiz.

a) Schaltung und Wirkungsweise.

Die Erregermaschine von Seiz in ihrer ursprünglichen Form ist nichts anderes als ein fremderregter Drehstromgenerator mit starker Gegenkompoundierung. Sie wird als normale Scherbiusmaschine ausgeführt und nach Abb. 101 geschaltet. Hierin bedeutet:

a den Arbeitsstromkreis, bestehend aus Ankerwicklung und Kompensationswicklung (Strom J_m)

h die hauptstromerregte Gegenkompoundierungswicklung;

f die fremderregte Nebenschlußfeldwicklung (Erregerspannung v, Strom i).

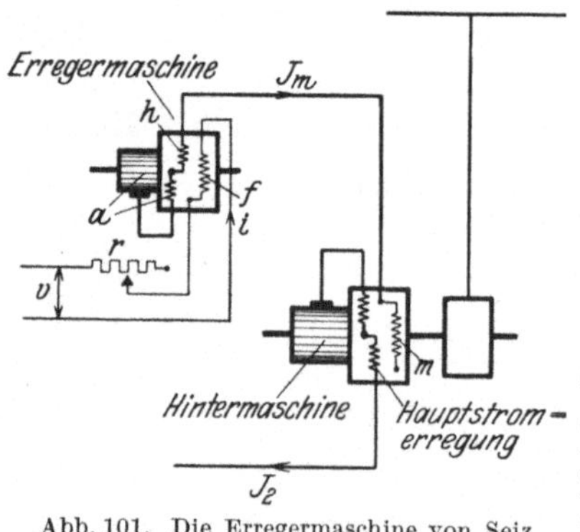

Abb. 101. Die Erregermaschine von Seiz.

Seiz läßt beide Erregerwicklungen gegeneinander arbeiten und dimensioniert sie so reichlich, daß ihre resultierenden Amperewindungen klein gegen jede der beiden Komponenten sind. Dann stimmen natürlich Haupt- und Nebenschlußamperewindungen nach Größe und Phase angenähert überein, d. h. der Haupterregerstrom J_m wird nahezu proportional und phasengleich zum Hilfserregerstrom i. Auf diese Weise ist das Erregerproblem darauf zurückgeführt, dem Feldstrom i der kleinen Erregermaschine diejenigen Gesetzmäßigkeiten zu geben, die man für den viel größeren Erregerstrom J_m der Hintermaschine erstrebt. Die Seizsche Erregermaschine arbeitet gewissermaßen als Stromtransformator, hat aber gegenüber einem normalen Stromwandler den Vorteil, daß ihre Sekundärleistung ein Vielfaches der Primärleistung beträgt. Daß auf der Primärseite die Spannung v und der Strom i im ganzen Regelbereich proportional und (nahezu) phasengleich bleiben, wird durch Vorschalten von Widerstand r vor die Nebenschlußwicklung f erzwungen. Die folgende Theorie sucht alle diese Gesetzmäßigkeiten quantitativ zu erfassen.

b) Analytische Theorie.

Es bezeichne:

$\beta = \dfrac{n_h}{n}$ das Verhältnis der Windungszahlen von Haupt- und Nebenschlußfeldwicklung der Erregermaschine,

$r,\ xs$ Widerstand und Reaktanz des Nebenschlußfeldes der Erregermaschine,

βxs die Gegenreaktanz zwischen Haupt- und Nebenschlußfeld der Erregermaschine,

$r_m,\ x_m s + \beta^2 xs$ Widerstand und Reaktanz des Feldkreises m der Hintermaschine, wovon der Beitrag $\beta^2 xs$ auf die Gegenkompoundierungswicklung der Erregermaschine entfällt,

$-\,\dot{J}_m d_h,\ id$ die Rotationsspannungen der Erregermaschine im Haupt- und Nebenschlußfeld (wobei $d_h = \beta d$).

Das Nebenschlußfeld der Erregermaschine wird an die Spannung v gelegt. Auf das Nebenschlußfeld der Hintermaschine kann außer der Rotationsspannung der Erregermaschine noch eine weitere Spannung e einwirken, die nicht eine äußere Spannung zu sein braucht. Das Nebenschlußfeld kann nämlich auch von anderen Wicklungen der Hintermaschine, z. B. von einer Kompoundierungswicklung induziert werden. Ist diese Spannung nicht vorhanden, so wird das Spannungs- und Stromdiagramm der Erregermaschine durch Abb. 102 dargestellt.

Die Amperewindungen in und $J_m n_h$ der beiden Feldwicklungen bilden die resultierenden Erregeramperewindungen

$$(i - \beta \dot{J}_m)\, n,$$

welche das gemeinsame Hauptfeld erzeugen. Dieses induziert in der Nebenschlußwicklung den Spannungsabfall[1]

$$j (i - \beta \dot{J}_m)\, xs,$$

der zusammen mit dem Ohmschen Spannungsabfall $-ir$ die Erregerspannung v kompensiert.

Auf den Feldkreis der Hintermaschine wirkt die Erregermaschine mit ihrer Rotationsspannung

$$(i - \beta \dot{J}_m)\, d$$

und der Spannung

$$j (\beta \dot{J}_m - i)\, \beta xs,$$

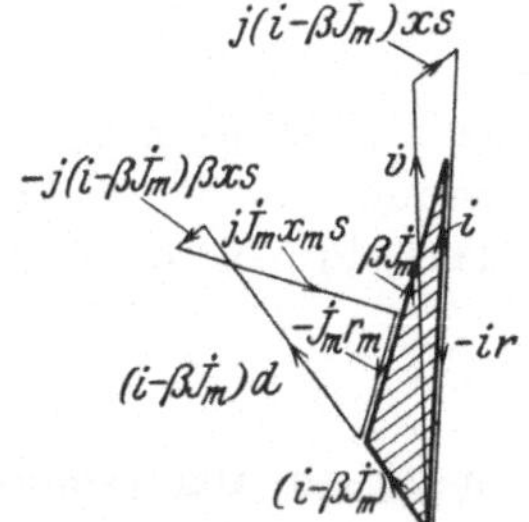

Abb. 102. Strom- und Spannungsdiagramm der Erregermaschine von Seiz. ($\dot{e} = o$.

---

[1] Die Spannungen, die das resultierende Feld der Erregermaschine in der Haupt- und Nebenschlußwicklung erzeugt, wird in Abb. 102 übertrieben groß gezeichnet. In Wirklichkeit können sie ohne großen Fehler ganz vernachlässigt werden.

welche das resultierende Feld der Gegenkompoundierungswicklung induziert. Diese beiden Spannungen überwinden den induktiven Spannungsabfall

$$j\,J_m\,x_m\,s$$

in der Hauptfeldwicklung der Hintermaschine + Anker- und Kompensationswicklung der Erregermaschine und den Ohmschen Spannungsabfall

$$-\,J_m\,r_m\,.$$

Es ergeben sich somit folgende Spannungsgleichungen für das Nebenschlußfeld der Erregermaschine

$$\dot{v} = i\,(r - j\,x\,s) + j\,\dot{J}_m\,\beta\,x\,s \tag{190}$$

und für den Erregerkreis der Hintermaschine

$$\dot{e} = i\,(-\,d + j\,\beta\,x\,s) + \dot{J}_m\,[r_m + d_h - j\,(x_m + \beta^2\,x)\,s]\,. \tag{191}$$

Hieraus folgt durch Elimination des Hilfserregerstromes:

$$\dot{J}_m = \dfrac{\dot{v}\,\dfrac{d}{r}\left(1 - j\,\dfrac{\beta^2\,x}{d_h}\,s\right) + \dot{e}\left(1 - j\,\dfrac{x}{r}\,s\right)}{(r_m + d_h)\left(1 - \dfrac{x_m\,s}{r_m + d_h}\cdot\dfrac{x\,s}{r}\right) - j\left(x_m + \beta^2\,x + r_m\,\dfrac{x}{r}\right)s}\,. \tag{192}$$

Am wichtigsten von den beiden Komponenten des Erregerstromes ist derjenige Anteil

$$\dot{J}_{m\,v} = (\dot{J}_m)_{e=0}\,,$$

welcher der Fremderregungspannung v proportional ist. Auf ihn ist die Erregermaschine abzustimmen und wir beschäftigen uns deshalb zunächst mit dieser Komponente. Denkt man sich von beiden Erregerwicklungen nur die Gegenkompoundierung Strom führend, so ist

$$\mu = \dfrac{J_m^2\,\beta^2\,x}{J_m^2\,d_h} = \dfrac{\beta^2\,x}{d_h} \tag{193}$$

das Verhältnis zwischen der für die Netzfrequenz berechneten Erregerblindleistung und der Ankerleistung der Erregermaschine. Wie wenig zur vollkommenen Proportionalität zwischen $J_{m\,v}$ und v fehlt, kennzeichnet das Verhältnis

$$\delta = \dfrac{x_m\,s}{r_m + d_h}\cdot\dfrac{x\,s}{r}\,. \tag{194}$$

Mit diesen Abkürzungen entwickeln wir

$$\left.\begin{aligned}
J_{m\,v} &= \dfrac{\dot{v}}{\beta\,r}\cdot\dfrac{1}{1 + \dfrac{r_m}{d_h}}\cdot\dfrac{1 - j\,\mu\,s}{(1 - \delta) - j\,\dfrac{x_m + d_h\,\mu + r_m\,\dfrac{x}{r}}{r_m + d_h}\,s}\\[2em]
&\approx \dfrac{\dot{v}}{\beta\,r}\cdot\dfrac{1}{1 + \dfrac{r_m}{d_h}}\cdot\dfrac{1}{(1 - \delta) - j\,\dfrac{x_m + r_m\left(\dfrac{x}{r} - \mu\right)}{r_m + d_h}\,s}
\end{aligned}\right\} \tag{195}$$

Was man erstrebt, ist Proportionalität und Phasengleichheit zwischen dem Hauptfeld der Hintermaschine und der Erregerspannung v. Wir sehen jetzt, daß

Phasengleichheit nur bei Synchronismus möglich ist; anderenfalls ist $\dot{J}_{mv}$ gegen $\dot{v}$ um einen kleinen Winkel φ verspätet, wobei

$$\operatorname{tg} \varphi = \frac{x_m\, s}{r_m + d_h} \cdot \frac{1 + \dfrac{r_m}{x_m}\left(\dfrac{x}{r} - \mu\right)}{1 - \delta}. \tag{196}$$

Dieser Phasenfehler kann nur dadurch klein gehalten werden, daß man das Verhältnis $\dfrac{x_m\, s}{r_m + d_h}$ klein macht, d. h. daß man die (fiktive) Rotationsspannung $- \dot{J}_m d_h$ im Felde der Gegenkompoundierungswicklung die Reaktanzspannung $j\, \dot{J}_m x_m s$ in der Erregerwicklung der Hintermaschine weit überwiegen läßt. Dagegen braucht der Vorschaltwiderstand r im Nebenschlußfeld der Erregermaschine nur so groß gemacht werden, daß $\dfrac{r}{x}$ wesentlich größer (z. B. 5mal so groß) wie $\dfrac{r_m}{x_m}$ wird. Bei höherem Widerstand steht die Steigerung der Erregerverluste in keinem Verhältnis zur Verminderung des Phasenfehlers.

Bei kleinem Phasenfehler gilt für das Größenverhältnis zwischen Erregerstrom und Erregerspannung

$$J_{mv} = \frac{v}{\beta\, r} \frac{1}{1 + \dfrac{r_m}{d_h}} \cdot \frac{1}{1 - \delta}. \tag{195a}$$

Der Proportionalitätsfehler δ ist immer wesentlich kleiner als der Phasenfehler und praktisch meist zu vernachlässigen. Wie wir aus Abschnitt 51a wissen, ist dies aber kein Vorteil. Im Gegenteil wäre es günstiger, wenn für δ ein größerer Wert, z. B. bei größter Schlüpfung $\overline{\delta} = 0{,}1$, erhalten werden könnte. Denn mit der Schlüpfung steigt der Erregerstrom und damit die Sättigung der Hintermaschine. Soll also das Erregerfeld der Hintermaschine, proportional der Spannung v bleiben, so muß das Verhältnis $\dfrac{J_{mv}}{v}$ mit der Schlüpfung zunehmen, und zwar sowohl bei erheblichem Untersynchronismus wie bei Übersynchronismus. Gerade das würde aber der Faktor $\dfrac{1}{1 - \delta}$ bei genügend großen Werten von δ bewirken.

Die Rücksicht auf δ und die Erregerverluste $i^2 r$ führt dazu, den Vorschaltwiderstand r so klein als möglich zu halten. Trotzdem sind die Erregerverluste im Verhältnis zur Erregerblindleistung der Hintermaschine ($J_{mv}^2 x_m s$) recht bedeutend. Nach Gleichung (195a) ist nämlich für $e = 0$

$$i^2 \approx J_{mv}^2\, \beta^2 \left(1 + \frac{r_m}{d_h}\right)^2.$$

Daraus entwickelt man leicht:

$$\frac{i^2 r}{J_{mv}^2\, x_m\, s} = \frac{\beta^2 x}{x_m} \cdot \frac{r}{x\, s} \cdot \left(1 + \frac{r_m}{d_h}\right)^2 \tag{197a}$$

$$= \frac{\mu}{\operatorname{tg}\varphi'} \cdot \frac{r}{x}\left(1 + \frac{r_m}{d_h}\right), \tag{197}$$

wobei

$$\operatorname{tg}\varphi' = \frac{x_m\, s}{r_m + d_h} \approx \operatorname{tg}\varphi \tag{196a}$$

gesetzt wurde.

Nach diesem Überblick über die wichtigsten Dimensionierungsregeln möge noch kurz auf die zweite Komponente des Erregerstromes J_m, d. i.

$$\dot{J}_{me} = (\dot{J}_m)_{v=0}$$

eingegangen werden. Zur Erzielung einer Rotationsspannung

$$- \dot{J}_2 d_2$$

versieht Seiz die Hintermaschine mit einer Hauptstromerregerwicklung. Diese induziert der Nebenschlußwicklung eine EMK

$$\dot{e} = j \dot{J}_2 y s.$$

Bezeichnet

$$- \dot{J}_m d_m$$

die Rotationsspannung der Hintermaschine im Felde der Nebenschlußwicklung, so kann die Wechselreaktanz zwischen Haupt- und Nebenschlußwicklung gleich

$$y = x_m \frac{d_2}{d_m}$$

gesetzt werden, falls kein „Entkopplungstransformator" angewendet wird.

e erzwingt im Erregerstrom die unbeabsichtigte Komponente J_{me}, und mit dieser erzeugt die Hintermaschine die gleichfalls unbeabsichtigte Rotationsspannung

$$- \dot{J}_{me} d_m.$$

Es gilt nun festzustellen, ob diese Spannung nützlich oder schädlich ist.

Aus Gleichung (192) und den anschließenden Rechnungen ergibt sich:

$$\left. \begin{aligned} \dot{J}_{me} &= \frac{\dot{e}}{r_m + d_h} \cdot \frac{1 - j\dfrac{x}{r}s}{(1 - \delta) - j\dfrac{x_m + d_h\mu + r_m\dfrac{x}{r}}{r_m + d_h}s} \\[2ex] &\approx \frac{\dot{e}}{r_m + d_h} \cdot \frac{1 - j\operatorname{tg}\psi}{1 - \delta}, \end{aligned} \right\} \qquad (198)$$

wobei

$$\operatorname{tg}\psi = \frac{\dfrac{x}{r} - \mu - \dfrac{x_m}{d_h}}{\left(1 + \dfrac{r_m}{d_h}\right)(1 - \delta)}s\,. \qquad (198\,\mathrm{a})$$

Daraus folgt für die gesuchte Rotationsspannung

$$- \dot{J}_{me} d_m = - j \dot{J}_2 d_2 \frac{x_m s}{r_m + d_h} \frac{1 - j\operatorname{tg}\psi}{1 - \delta}\,. \qquad (199)$$

Die Durchrechnung eines Zahlenbeispieles wird zeigen, daß ψ ein kleiner Winkel und δ zu vernachlässigen ist. Die Hauptkomponente der oben berechneten Spannung ist also eine Kompensationsspannung

$$- j \dot{J}_2 d_2 \frac{x_m s}{r_m + d_h}, \qquad (199\,\mathrm{a})$$

die ihrer Größenordnung nach wohl geeignet ist, den induktiven Spannungsabfall $+ j \dot{J}_2 x_a s$ in Anker-, Kompensations- und Hauptstromerregerwicklung der Hintermaschine auszugleichen. Eine solche Spannung ist nützlich. Sie ermöglicht eventuell, den in Abb. 96 eingezeichneten Stromtransformator T_2 wegzulassen, der übrigens auch in den Veröffentlichungen von Seiz nicht angegeben ist.

c) Zahlenbeispiel und Urteil.

Welche Werte für die Verhältnisse μ, $\dfrac{r}{x}$ und den Phasenfehler φ als normal gelten sollen, geht aus den Originalarbeiten von Seiz nicht hervor. Es ist also möglich, daß die Annahmen des folgenden Zahlenbeispieles den praktischen Ausführungen der BBC nicht entsprechen. Immerhin geben sie einen Begriff von der Größenordnung des Phasenfehlers und der Erregerverluste.

Ein Netzkupplungsaggregat arbeite mit der größten Schlüpfung

$$\bar{s} = 0{,}05 \,.$$

Für die Erregerwicklung der Hintermaschine setze ich:

$$\frac{r_m}{x_m} = 0{,}03 \,.$$

Da das Verhältnis $\dfrac{x_m\,s}{d_h}$ von derselben Größenordnung wie die Tangente des Phasenfehlers ist, versuchen wir

$$\frac{x_m}{d_h} = 1{,}6$$

also

$$\frac{r_m}{d_h} = 0{,}048 \,.$$

Wäre die Gegenkompoundierungswicklung der Erregermaschine nicht stärker als eine gewöhnliche Erregerwicklung, so wäre $\mu \approx \tfrac{1}{3}$. Statt dessen schätzen wir

$$\mu = \frac{\beta^2\,x}{d_h} = 0{,}8$$

und berechnen

$$\frac{\beta^2\,x}{x_m} = 0{,}5 \,.$$

Die Reaktanz der Gegenkompoundierungswicklung ist also sehr groß, in unserem Falle halb so groß wie die Feldreaktanz x_m der Hintermaschine. Das Verhältnis $\dfrac{r}{x}$ wählen wir möglichst klein, doch so, daß es den Phasenfehler nicht zu sehr erhöht, z. B.

$$\frac{r}{x} = 0{,}2 \,.$$

Damit berechnet man für den Proportionalitätsfehler [Gleichung (194)]

$$\delta = \frac{0{,}08}{1{,}048} \cdot 0{,}25 = 0{,}019$$

und für den Phasenfehler [Gleichung (196)]

$$\mathrm{tg}\,\varphi = \frac{0{,}08}{1{,}048} \cdot \frac{1{,}126}{0{,}981} = 0{,}088 \,.$$

Endlich ergibt sich für die Erregerverluste im Verhältnis zur Scheinleistung der Erregermaschine [Gleichung (197a)]:

$$\frac{i^2 r}{J_{mv}^2 \, x_m \, s} = 0{,}5 \cdot 4 \cdot 1{,}1 = 2{,}2 \;.$$

Infolge der Gegeninduktivität zwischen Haupt- und Nebenschlußfeld der Hintermaschine liefert letztere eine Kompensationsspannung von der Größenordnung [Gleichung (199a)]

$$- j \, \dot{J}_2 \, d_2 \, s \, \frac{1{,}6}{1{,}048} = - j \, \dot{J}_2 \, d_2 \, s \cdot 1{,}53$$

und einem Phasenfehler [Gleichung (198a)]

$$\mathrm{tg}\, \psi = \frac{5 - 0{,}8 - 1{,}6}{1{,}048 \cdot 0{,}98} \, s = 2{,}53 \, s \;.$$

Ergebnis.

Mit der Erregermaschine von Seiz wird eine fast vollkommene Proportionalität zwischen der Erregerspannung v und dem entsprechenden Erregerstrom J_{mv} der Hintermaschine erzielt. Aber der Phasenfehler φ ist ziemlich groß und die Erregerverluste werden niedriger gewünscht. Außerdem ist das Feldkupfer der Erregermaschine schlecht ausgenutzt; denn das Verhältnis der resultierenden Erregeramperewindungen zur Durchflutung einer der beiden Erregerwicklungen ist proportional dem Phasenfehler und muß deshalb sehr klein gehalten werden. Eine Hauptstromerregerwicklung auf der Hintermaschine kann ohne Zuhilfenahme eines Entkopplungstransformators angewendet werden.

54. Die Erregermaschine von Seiz und Handschin.

a) Schaltung und Wirkungsweise.

Die Erregermaschine von Seiz verbesserte Handschin (BBC) dadurch, daß er die fremderregte Nebenschlußwicklung (Spannung v, Strom i) durch eine auf Selbsterregung geschaltete Wicklung s (Strom i_s) unterstützte. Diese zusätzliche Erregerwicklung ist in Abb. 103 von den Klemmen der Kompensationswicklung abgenommen und in Stern geschaltet. Der Anschlußsinn ist derart,

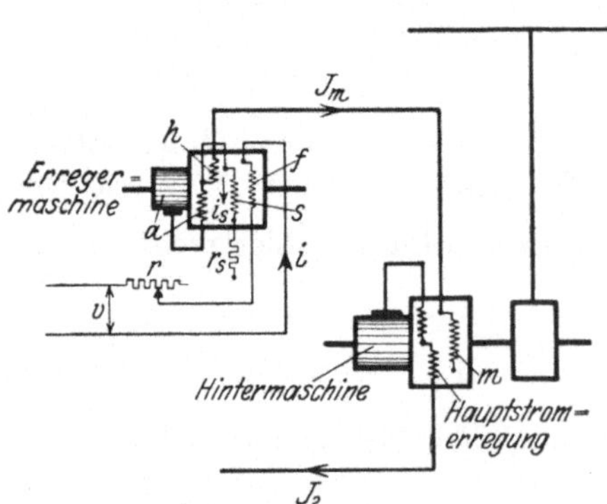

Abb. 103. Die Erregermaschine von Seiz und Handschin.

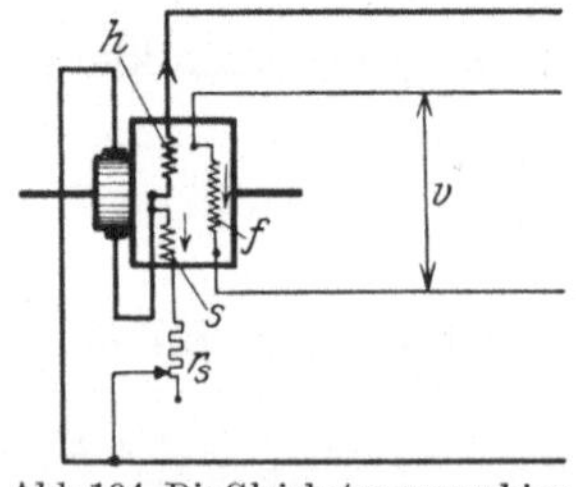

Abb. 104. Die Gleichstrommaschine von Krämer.

daß die Rotationsspannung $i_s d_s$ im Felde der Zusatzwicklung dem Ohmschen Spannungsabfall $- i_s r_s$ des Erregerstromes derselben Wicklung entgegenwirkt.

Dieselbe Schaltung ist bei Gleichstrommaschinen unter dem Namen „Krämer-Maschine" bekannt. Auch die Krämer-Maschine (Abb. 104) besitzt drei Erregerwicklungen: eine fremderregte Nebenschlußwicklung f, eine vom Hauptstrom durchflossene Gegenkompoundierungswicklung h und eine auf Selbsterregung geschaltete Wicklung s. Mittels des Vorschaltwiderstandes r_s wird die letzte Wicklung so eingestellt, daß die Maschine auf dem labilen Teil der magnetischen Charakteristik arbeitet, falls die Wicklungen f und h stromlos sind. Sie kann dann innerhalb dieses Gebietes beliebige (positive oder negative) Spannungen erzeugen, ohne daß weitere Erregeramperewindungen verbraucht werden. Wird jetzt die Wicklung f fremderregt, so steigt die Ankerspannung und der Hauptstrom so lange, bis die Amperewindungen der Gegenkompoundierung h die fremderregten Amperewindungen gerade aufheben. Da nach erreichtem Gleichgewicht die resultierenden Feldamperewindungen wieder (beinahe) vollständig von der Selbsterregungswicklung erzeugt werden, ist die Proportionalität zwischen dem Hauptstrom und dem Erregerstrom der Wicklung f viel genauer als bei der gewöhnlichen gegenkompoundierten Maschine.

Auf dieselbe Weise ist die Verbesserung zu erklären, die bei der Maschine von Seiz und Handschin durch Hinzufügung der Selbsterregungswicklung s erreicht wird. Doch ist die Analogie mit der Krämer-Maschine nicht vollkommen. Die Drehstromkommutatormaschine erregt sich zwar ebenfalls bei einer bestimmten Einstellung des Nebenschlußwiderstandes r_s von selbst, aber sie erregt sich nicht mit einem Strome der Betriebsfrequenz ($v_1 s$), sondern einer höheren Frequenz. Man muß deshalb unter der Selbsterregungsgrenze arbeiten. Ferner erstrebt man bei der Drehstromkommutatormaschine nicht Proportionalität und Phasengleichheit zwischen dem Hauptstrom J_m und dem fremderregten Strome i, sondern zwischen dem Hauptstrom J_m und der Fremderregungsspannung v. — Endlich induzieren sich bei der Drehstrommaschine die drei Erregerwicklungen gegenseitig, was eine besondere Abstimmung der Wicklungskonstanten aufeinander bedingt. Hierüber werden freilich in der Originalarbeit von Seiz (L 125) keine ausreichenden Angaben gemacht. Es ist deshalb möglich, daß die folgende Theorie mehr die Gesichtspunkte des Verfassers als der Erfinder wiedergibt.

b) Analytische Theorie.

Ich setze voraus, daß die fremderregte und selbsterregte Nebenschlußwicklung entweder streuungsfrei verkettet sind, oder daß für beide Kreise das Verhältnis Streureaktanz/Widerstand ungefähr denselben Wert $\dfrac{x_\sigma s}{r}$ besitzt. Nach

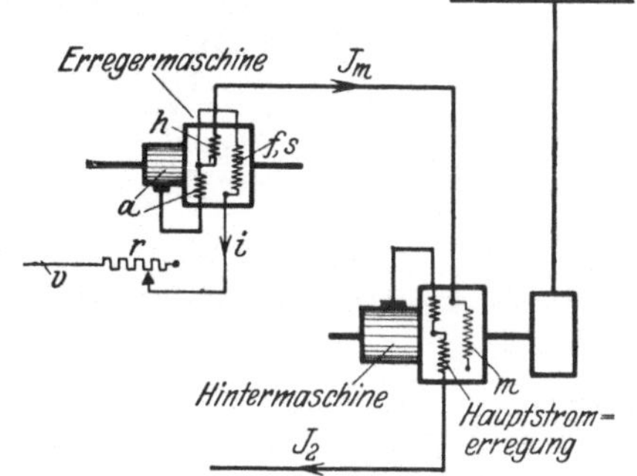

Abb. 105. Zur Theorie der Erregermaschine nach Seiz und Handschin.

Abschnitt 8 verhält sich dann die Erregermaschine so, als besäße sie nur eine einzige Nebenschlußwicklung, die wie die Selbsterregungswicklung geschaltet ist, aber außerdem noch durch eine Spannung v fremd erregt ist (Abb. 105). Bezüglich der weiteren Nebenbedingungen der Transformation sei auf die zitierte

Stelle verwiesen. Hier genügt die einfache Feststellung, daß man die Erregermaschine entweder wirklich oder in Gedanken gemäß Abb. 105 schalten und an Hand dieses einfacheren Schemas ihre Theorie entwickeln kann.

Die Bezeichnungen sind bis auf einige Erweiterungen dieselben wie im vorigen Abschnitt 53. Somit bedeutet:

$\beta = \dfrac{n_h}{n}$ das Verhältnis der Windungszahlen von Haupt- und Nebenschlußfeldwicklung der Erregermaschine,

$r,\ xs$ Widerstand und Reaktanz des Nebenschlußfeldes der Erregermaschine,

βxs die Gegenreaktanz zwischen Haupt- und Nebenschlußfeld der Erregermaschine,

$r_m,\ x_m s + \beta^2 xs$ Widerstand und Reaktanz des Feldkreises der Hintermaschine, wovon der Beitrag $\beta^2 xs$ auf die Gegenkompoundierungswicklung der Erregermaschine entfällt,

$r_\alpha,\ x_\alpha s$ Widerstand und Reaktanz von Anker- $+$ Kompensationswicklung der Erregermaschine,

$-\dot{J}_m d_h,\ i\,d$ die Rotationsspannungen der Erregermaschine im Haupt- und Nebenschlußfeld (wobei $d_h = \beta d$),

$\mu = \dfrac{\beta^2 x}{d_h}$ ein Maß für die Stärke der Gegenkompoundierungswicklung im Verhältnis zur Ankerwicklung [vgl. die Bemerkungen zu Gleichung (193)].

Läßt man auf die Nebenschlußwicklung der Erregermaschine die Spannung v, auf die Hauptfeldwicklung m der Hintermaschine nur die Klemmspannung der Erregermaschine wirken, so ergibt sich das Strom- und Spannungsdiagramm der Abb. 106. (Dabei sind die sehr kleinen Spannungsabfälle $-\dot{J}_m r_\alpha$ und $j\dot{J}_m x_\alpha s$ nicht aufgetragen.) Das Feld der resultierenden Amperewindungen

$$(i - \beta\,\dot{J}_m)\,n$$

erzeugt im Anker die Rotationsspannung

$$(i - \beta\,\dot{J}_m)\,d$$

und in der Haupt- bzw. Nebenschlußfeldwicklung die Pulsationsspannungen

$$-j\,(i - \beta\,\dot{J}_m)\,\beta\,x\,s$$

bzw.

$$j\,(i - \beta\,\dot{J}_m)\,x\,s\,.$$

Die Spannungsabfälle

$$-\dot{J}_m\,(r_m - j\,x_m\,s)$$

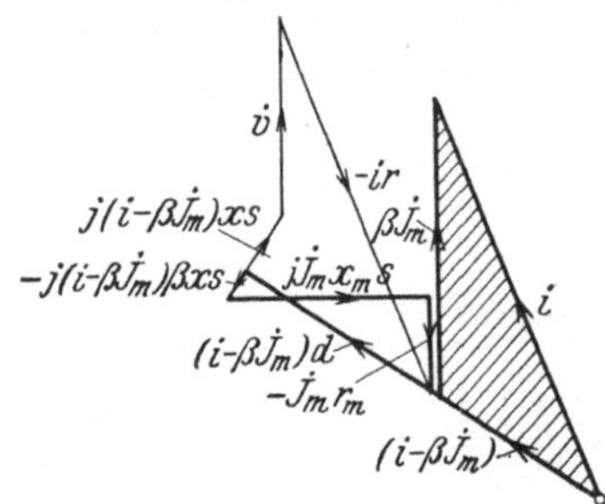

Abb. 106. Strom- und Spannungsdiagramm der Erregermaschine nach Abb. 105. $(\dot{e} = o)$.

in der Erregerwicklung der Hintermaschine vervollständigen das stark gezeichnete Spannungsdiagramm des Hauptstromkreises. Das Diagramm des Nebenschlußkreises ergänzen die Fremderregungsspannung v und der Ohmsche Spannungsabfall $-ir$. Man sieht sogleich, daß die Verhältnisse jetzt viel günstiger liegen als in Abb. 102: Indem man die Rotationsspannung der Erregermaschine auch auf ihren Nebenschlußkreis wirken läßt, erzielt man eine starke Voreilung des Hilfserregerstromes i gegen die Erregerspannung v. Dadurch wird es möglich, Phasengleichheit zwischen dem Haupterregerstrom J_m und der Spannung v zu erhalten, was mit der ursprünglichen Maschine von Seiz nicht möglich war. Außerdem ist die Maschine jetzt viel besser ausgenützt, denn ihre resultierenden Amperewindungen werden von gleicher Größenordnung wie die Durchflutungen der Haupt- und Nebenschlußwicklungen.

Eine notwendige Ergänzung und Vertiefung dieser qualitativen Erkenntnis liefert die analytische Betrachtungsweise, die wie immer von den Spannungsgleichungen der Stromkreise ausgeht. Gemäß Abb. 106 lautet die Gleichung des Nebenschlußkreises unter Berücksichtigung der Spannungsabfälle in Anker- und Kompensationswicklung:

$$\dot{v} + (i - \beta \dot{J}_m)\,(d + jxs) - (\dot{J}_m + i)\,(r_\alpha - j x_\alpha s) = i\,r. \tag{200}$$

Denkt man sich auf den Erregerkreis der Hintermaschine außer der Klemmspannung der Erregermaschine noch eine andere Spannung e wirksam, z. B. die Gegeninduktionsspannung einer Hauptstromerregerwicklung der Hintermaschine, so ergibt sich für diesen Stromkreis:

$$\dot{e} + (i - \beta \dot{J}_m)\,(d - j\beta xs) - (\dot{J}_m + i)\,(r_\alpha - j x_\alpha s) = \dot{J}_m\,(r_m - j x_m s). \tag{201}$$

Mit den Abkürzungen

$$\left.\begin{aligned} d - r_\alpha &= d' \\ r_m + r_\alpha\,(1 + \beta) &= r'_m \end{aligned}\right\} \tag{202}$$

erhalten die vorigen Gleichungen die neue Fassung:

$$\dot{v} = i\,[r - d' - j(x + x_\alpha)\,s] + \dot{J}_m\,[\beta\,d' + r'_m - r_m + j\,(\beta x - x_\alpha)\,s], \tag{200a}$$

$$\dot{e} = i\,[-d' + j\,(\beta x - x_\alpha)\,s] + \dot{J}_m\,[\beta\,d' + r'_m - j\,(x_m + x_\alpha + \beta^2 x)\,s]. \tag{201a}$$

Hieraus folgt:

$$J_m = \frac{\dot{v}\,[d' - j\,(\beta x - x_\alpha)\,s] + \dot{e}\,[r - d' - j\,(x + x_\alpha)\,s]}{\left\{\begin{array}{l} [r\,(\beta\,d' + r'_m) - d'\,r_m - s^2\,(x_m\,(x + x_\alpha) + x_\alpha\,x\,(1 + \beta)^2)] \\ - j\,s\left[\left(r\left(1 + \dfrac{x_\alpha}{x_m}\right) - d'\right)x_m + \left(r'_m\left(1 + \dfrac{x_\alpha}{x}\right) - r\beta^2\right)x + r_\alpha\,(1 + \beta)\,(\beta x - x_\alpha)\right] \end{array}\right\}}. \tag{203}$$

Bei einer gewissen Einstellung $r = r_u$ des Feldwiderstandes, die von der Stromfrequenz $v_1 s$ unabhängig ist, verschwindet der imaginäre Anteil des Nenners. Außerdem läßt sich stets eine Frequenz $v_1 s = v_1 s_u$ angeben, für welche auch der reelle Anteil des Nenners verschwindet. Das bedeutet, daß sich die Maschine bei dem kritischen Feldwiderstande r_u mit der Frequenz $v_1 s_u$ erregen würde („unabhängige Selbsterregung"). In Wirklichkeit muß diese Selbsterregung vermieden werden, und es ist wichtig, die Bedingungen hierfür kennnenzulernen.

Diese lauten gemäß den obigen Überlegungen:

$$r > r_u \tag{204a}$$

und

$$r_u = \frac{d'\,x_m - r'_m(x + x_\alpha) - r_\alpha\,(1 + \beta)\,(\beta\,x - x_\alpha)}{x_m + x_\alpha + \beta^2\,x}$$

$$\approx \frac{d - x\,\dfrac{r_m}{x_m}}{1 + \dfrac{\beta^2\,x}{x_m}}\,. \tag{204}$$

Es ist nun die Frage, ob und bei welcher Einstellung des Vorschaltwiderstandes die erstrebte Proportionalität und Phasengleichheit zwischen der Erregerspannung $\dot v$ und der entsprechenden Komponente

$$\dot J_{m\,v} = (\dot J_m)_{e=0}$$

erzielt wird, ferner, ob Proportionalität und Phasengleichheit im ganzen Regelbereich ($|s| \leqq |\bar s|$) genau genug bewahrt werden können und endlich, ob die Einstellung mit Rücksicht auf die Selbsterregungsgefahr genügend stabil ist.

Damit die zweite Forderung zutrifft, muß jedenfalls das s^2 proportionale Glied im Nenner der Gleichung (203) genügend klein sein, also:

$$\delta \equiv \frac{x_m(x + x_\alpha) + x_\alpha\,x\,(1 + \beta)^2}{r\,(\beta\,d' + r'_m) - d'\,r_m}\,s^2 \approx \frac{x_m\,s}{d_h} \cdot \frac{x\,s}{r}\,\frac{1}{1 - \dfrac{r_m}{d_h}\dfrac{d - r}{r}} \ll 1\,. \tag{205}$$

Ferner verlangt die Phasengleichheit zwischen $\dot v$ und $\dot J_{mv}$ die Verhältnisgleichheit der reellen und imaginären Komponenten in Zähler und Nenner, die für jede Schlüpfung nur bei einem bestimmten Feldwiderstand r_0 erreicht wird. Am besten erfolgt die Abgleichung für eine mittlere Schlüpfung, z. B.

$$|s_0| = \frac{\sqrt{3}}{2}\,|\bar s| \tag{206}$$

und einen entsprechenden Wert von δ_0. Hierfür lautet die Abstimmungsgleichung:

$$\frac{d'}{[r_0\,(\beta\,d' + r'_m) - d'\,r_m]\,(1 - \delta_0)}$$

$$= \frac{\beta\,x - x_\alpha}{r_0(x_m + x_\alpha) - d'\,x_m + r'_m\,(x + x_\alpha) + r_0\,\beta^2\,x + r_\alpha\,(1 + \beta)\,(\beta\,x - x_\alpha)}$$

bzw. ausgerechnet

$$r_0 = \frac{d'\,x_m - r'_m\,x\,(1 + \beta\,(1 - \delta_0)) - r_\alpha\,(1 + \beta)\,(\beta\,x - x_\alpha)\,\delta_0}{x_m + x_\alpha\,(1 + \beta\,(1 - \delta_0)) - \dfrac{r'_m}{d'}\,(\beta\,x - x_\alpha)\,(1 - \delta_0)} \approx \frac{d - x\,\dfrac{r_m}{x_m}\,(1 + \beta)}{1 - \dfrac{r_m}{d_h}\,\dfrac{\beta^2\,x}{x_m}}\,. \tag{207}$$

Der kleine Phasenfehler, der dann für $|s| \leqq |s_0|$ noch übrigbleibt, ist zu vernachlässigen.

Vergleicht man die Werte von r_0 und r_u nach Gleichungen (207) und (204), so scheint es tatsächlich möglich, die Bedingung $r_0 > r_u$ einzuhalten, d. h. die Phasenabgleichung zwischen der Erregerspannung v und dem Hauptfeld der Hintermaschine ohne Störung durch Selbsterregungserscheinungen durchzuführen. Doch ist es immerhin ratsam, die Erregermaschine reichlich auszulegen und insbesondere mit starker

Gegenkompoundierung zu versehen. Denn in erster Annäherung ist

$$\frac{r_0}{r_u} \approx 1 + \frac{\beta^2 x}{x_m}. \tag{208}$$

Je größer also das Verhältnis zwischen der Selbstreaktanz $\beta^2 x$ der Gegenkompoundierungswicklung und der Fedlreaktanz x_m der Hintermaschine gemacht werden kann, desto weiter entfernt man sich von dem Gebiete der Selbsterregung.

Bei Phasengleichheit zwischen J_{mv} und $\dot{v}$ beträgt das Größenverhältnis

$$\frac{J_{mv}}{v} = \frac{1}{r\,\beta\left(1 + \dfrac{r'_m}{\beta\,d'}\right) - r_m} \cdot \frac{1}{1 - \delta}, \tag{209}$$

d. h. die vollkommene Proportionalität wird nur durch das Fehlerglied δ gestört, das mit dem Quadrate der Schlüpfung zunimmt. Wie ich indessen schon in Abschnitt 51 bei der Besprechung der Fehlerquellen ausführte, hat man im allgemeinen kein Interesse daran, den Proportionalitätsfehler δ besonders klein zu halten. Es ist im Gegenteil richtiger, durch mäßige Werte von δ $\left(\text{z. B. } \delta = 0{,}1\left(\dfrac{s}{\bar s}\right)^2\right)$ dem Einfluß der Eisensättigung in der Hintermaschine entgegen zu arbeiten. Denn nicht der Erregerstrom, sondern das Erregerfeld der Hintermaschine soll der Erregerspannung v proportional werden.

Nach Gleichung (205) erreicht man durch größere Werte von δ den weiteren Vorteil, mit einem größeren Verhältnis

$$\frac{x\,s}{r}$$

und daher mit kleineren Erregerverlusten arbeiten zu können. Die Berechnung dieser Verluste kann man auf Gleichung (201a) oder auf Abb. 106 stützen. In beiden Fällen ergibt sich bei Vernachlässigung der kleinen Impedanz $r_a - jx_a s$ und der eventuellen Zusatzspannung e:

$$i^2\left[d^2 + (\beta x s)^2\right] = J_{mv}^2\left[(d_h + r_m)^2 + (x_m + \beta^2 x)^2 s^2\right]$$

oder

$$i^2 = J_m^2 \beta^2 \frac{\left(1 + \dfrac{r_m}{d_h}\right)^2 + \left(\dfrac{x_m + \beta^2 x}{d_h}\,s\right)^2}{1 + \mu^2 s^2}. \tag{210}$$

Daraus folgt für das Verhältnis der Erregerverluste zur Scheinleistung der Erregermaschine ($\mu^2 s^2$ vernachlässigt)

$$\frac{i^2 r}{J_{mv}^2\,x_m\,s} = \frac{\beta^2 x}{x_m} \cdot \frac{r}{x\,s} \cdot \left[\left(1 + \frac{r_m}{d_h}\right)^2 + \left(\frac{x_m + \beta^2 x}{d_h}\,s\right)^2\right]. \tag{211}$$

Wir haben bisher nur die Hauptkomponente J_{mv} des Erregerstromes behandelt, die, wie wir sahen, den ganzen Entwurf und die Abgleichung der Erregermaschine bestimmt. Wirkt nun auf das Nebenschlußfeld der Hintermaschine außer der Spannung der Erregermaschine noch eine andere, meist unbeabsichtigte Spannung e, so besitzt auch der Erregerstrom noch eine zweite Komponente

$$\dot{J}_{me} = (\dot{J}_m)_{v=0},$$

die in Gleichung (203) bereits formuliert ist. Wir wollen jetzt diese Gleichung weiter entwickeln, um den Einfluß einer derartigen Spannung auf die Leistungsregelung abschätzen zu können.

Vernachlässigt man r_α und $x_\alpha s$ und denkt sich die Erregermaschine auf Phasengleichheit zwischen v und J_{mv} abgeglichen, so kann für den Nenner der Gleichung (203) auch

$$N = [r_0 d_h - r_m (d - r_0)] \cdot (1 - \delta) \cdot (1 - j\mu s)$$

geschrieben werden, oder wegen $d - r_0 \approx x \dfrac{r_m}{x_m}$ [Gleichung (207)]:

$$N \approx r_0 d_h \left(1 - \frac{x}{r_0} \cdot \frac{r_m}{x_m} \cdot \frac{r_m}{d_h}\right)(1 - \delta)(1 - j\mu s)$$

$$\approx r_0 d_h (1 - \delta) .$$

Daraus folgt für die zweite Komponente des Erregerstromes

$$J_{me} = -e\frac{d - r_0 + jxs}{r_0 d_h (1 - \delta)}$$

$$= -\frac{e}{d_h} \cdot \frac{x}{r_0} \cdot \frac{\dfrac{r_m}{x_m} + js}{1 - \delta} . \tag{212}$$

Meist bedeutet e eine Spannung der Gegeninduktion, die von einer Hauptstromerregerwicklung der Hintermaschine herrührt. Erzeugt diese eine Rotationsspannung

$$- J_2 (d_2 + jc_2) ,$$

deren Phase wir unbestimmt lassen, die Nebenschlußwicklung dagegen die Rotationsspannung

$$- J_m d_m ,$$

so beträgt:

$$e = j J_2 x_m s \cdot \frac{d_2 + jc_2}{d_m} .$$

Demgemäß erzeugt die Erregerkomponente J_{me} eine Rotationsspannung:

$$- J_{me} d_m = - J_2 (d_2 + jc_2)\frac{xs}{r_0} \cdot \frac{x_m s}{d_h} \cdot \frac{1 - j\dfrac{r_m}{x_m s}}{1 - \delta}$$

$$\approx - J_2 (d_2 + jc_2)\left[\frac{\delta}{1 - \delta} - j\frac{\dfrac{r_m}{d_h} \cdot \dfrac{xs}{r_0}}{1 - \delta}\right] . \tag{213}$$

Diese Spannung wird erst an den Grenzen des Regelbereiches von Bedeutung. Da hier von den beiden Gliedern in der eckigen Klammer das Glied $\dfrac{\delta}{1 - \delta}$ überwiegt, wird die Rotationsspannung der Hauptstromerregerwicklung durch J_{me} verstärkt. Dies hat ein Sinken des Hauptstromes J_2 zur Folge. Die Gegeninduktivität zwischen Haupt- und Nebenschlußwicklung der Hintermaschine stört also die Leistungsregelung. Doch bleibt die Störung bei kleinen Werten des Proportionalitätsfehlers δ so gering, daß man noch nicht zu Gegenmaßregeln (Entkopplungstransformator) gezwungen wird.

c) Zahlenbeispiel und Urteil.

Ein Ilgner-Umformer arbeite mit einer größten Schlüpfung

$$|\bar{s}| = 0{,}10\,.$$

Für die Erregerwicklung der Hintermaschine wird ein normales Verhältnis

$$\frac{r_m}{x_m} = 0{,}03$$

vorausgesetzt. Um die Selbsterregung der Erregermaschine zu verhindern, machen wir die Gegenkompoundierungswicklung recht stark, z. B.:

$$\frac{\beta^2 x}{x_m} = 0{,}25\,.$$

Sie ist damit noch immer viel schwächer als für das Zahlenbeispiel des vorigen Abschnittes (53c). Um ferner die Erregermaschine günstig auszunützen, ver- suchen wir

$$\mu = \frac{\beta^2 x}{d_h} = 0{,}40\,.$$

Hieraus folgt:

$$\frac{x_m\, s}{d_h} = \frac{0{,}40 \cdot 0{,}10}{0{,}25} = 0{,}16$$

und

$$\frac{r_m}{d_h} = 0{,}03 \cdot 1{,}6 = 0{,}05\,.$$

Da nun der Proportionalitätsfehler angenähert

$$\delta \approx \frac{x\,s}{r} \cdot \frac{x_m\, s}{d_h}$$

beträgt und die Größenordnung $\delta \approx 0{,}1$ erwünscht ist, kann man versuchsweise

$$\frac{x}{r_0} = 6$$

annehmen.

Auf Grund dieser Wahl ist jetzt das Übersetzungsverhältnis β der Windungs-zahlen von Haupt- und Nebenschlußfeld so zu bestimmen, daß Phasengleichheit zwischen $J_{m\,v}$ und $\dot{v}$ erhalten wird. Wir entwickeln aus Gleichung (207)

$$\beta = \frac{\dfrac{r_0}{x}\left(1 - \dfrac{r_m}{x_m}\mu\right) + \dfrac{r_m}{x_m}}{\dfrac{1}{\mu} - \dfrac{r_m}{x_m}} \tag{214}$$

und finden mit den obigen Zahlenwerten

$$\beta = \frac{\dfrac{1}{6}(1 - 0{,}03 \cdot 0{,}4) + 0{,}03}{2{,}5 - 0{,}03} = \frac{0{,}195}{2{,}47} = 0{,}079\,,$$

also

$$\frac{r_0}{x_m} = \frac{r_0}{x} \cdot \frac{\beta^2 x}{x_m} \cdot \frac{1}{\beta^2} = \frac{1}{6} \cdot 0{,}25\,\frac{1}{0{,}079^2} = 6{,}68\,.$$

Dagegen erwartet man den Beginn der Selbsterregung erst bei einer Verminderung des Feldwiderstandes auf den kritischen Wert [Gleichung (204)]

$$\frac{r_u}{x_m} = \frac{1}{\beta} \cdot \frac{\dfrac{d_h}{x_m} - \dfrac{1}{\beta} \cdot \dfrac{\beta^2 x}{x_m} \cdot \dfrac{r_m}{x_m}}{1 + \dfrac{\beta^2 x}{x_m}}$$

$$= \frac{1}{0,079} \cdot \frac{0,625 - \dfrac{1}{0,079} \cdot 0,25 \cdot 0,03}{1,25} = 5,35 \,.$$

Man arbeitet also nicht in allzu großer Nähe des Selbsterregungsgebietes. Dabei betragen die Erregerverluste im Verhältnis zur Blindleistung der Erregermaschine [Gleichung (211)]:

$$\frac{i^2 r_0}{J_{mv}^2 x_m s} = 0{,}25 \cdot \frac{1}{0{,}6} \cdot [(1 + 0{,}05)^2 + (0{,}16 + 0{,}04)^2] = 0{,}475 \,.$$

Ergebnis.

Verglichen mit der ursprünglichen Erregermaschine von Seiz braucht die Erregermaschine von Seiz und Handschin nur ungefähr halb so viel Erregerkupfer. Sie erreicht ferner eine vollständige Phasengleichheit zwischen Fremderregerspannung (v) und Hauptfeld der Hintermaschine mit einem Bruchteil der für die Seizsche Maschine aufzuwendenden Erregerverluste. Endlich gestattet sie größere Abweichungen δ von der Proportionalität zwischen Erregerspannung (v) und Erregerstrom der Hintermaschine, und ermöglicht dadurch, das Eisen der Hintermaschine höher zu sättigen.

55. Die Erregermaschine von Dreyfus.

a) Schaltung und Wirkungsweise.

Bei der Maschine von Seiz und Handschin liegt in der Möglichkeit der Selbsterregung eine Gefahr, die man gerne vermeidet. Dies gelingt mit der im folgenden behandelten Maschine, die wie die ursprüngliche Maschine von Seiz nur mit Fremderregung arbeitet, die aber trotzdem Phasengleichheit und angenäherte Proportionalität zwischen einer Fremderregungsspannung und dem Hauptfeld der Hintermaschine erzielt. Man versteht die Wirkungsweise dieser Maschine am besten, wenn man sie zuerst als Kombination zweier, unabhängig voneinander arbeitender Kommutatormaschinen auffaßt. Die eine dieser Maschinen ist dann ein Phasenkompensator besonderer Schaltung, die andere ein normaler Nebenschlußgenerator.

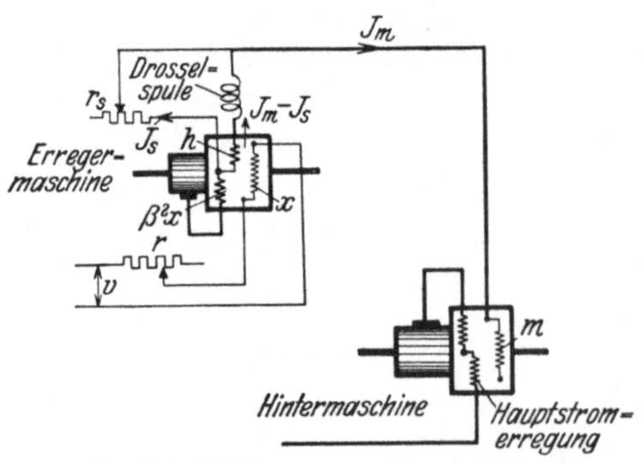

Abb. 107. Die Erregermaschine von Dreyfus.

Der in der neuen Erregermaschine enthaltene Phasenkompensator wurde bereits in Abschnitt 43 ausführlich behandelt. Nach Abb. 77 und **107** besteht er aus einem Serienmotor der Scherbiusbauart, der mit der Feldwicklung der Hintermaschine (Strom J_m) in Reihe geschaltet ist. Wird seine Erregerwicklung h über einen Widerstand r_s geshuntet (Shuntstrom $\dot{J}_s$), so bleibt das Erregerfeld (Strom $\dot{J}_m - \dot{J}_s$) hinter dem Ankerstrom zurück (Abb. 78). Da aber bei Motorbetrieb der Feldstrom $\dot{J}_m - \dot{J}_s$ die entgegengesetzte Richtung hat, wie die Rotationsspannung $- (\dot{J}_m - \dot{J}_s)d_h$ in diesem Felde, so erhält die Rotationsspannung eine Komponente, die dem Ankerstrom um 90^0 voreilt. Diese wird dazu benutzt, um den induktiven Spannungsabfall in der Feldwicklung der Hintermaschine auszugleichen.

Der eben besprochene Phasenschieber wird zur Erregermaschine, indem man eine normale, fremderregte Ständerwicklung hinzufügt. Da der ursprüngliche Phasenschieber als Motor, die Erregermaschine dagegen als Generator arbeiten soll, muß das Nebenschlußfeld dem Reihenschlußfeld entgegenwirken. Das resultierende Feld und die Leistung der Erregermaschine sind also kleiner als Feld und Leistung des ursprünglichen Phasenschiebers.

Es muß jedoch vermieden werden, daß das Nebenschlußfeld die Wirkungsweise des aus Shunt- und Hauptstromerregerwicklung gebildeten Stromkreises stört. Denn auf seiner Abstimmung beruht die Kompensation der Feldreaktanz der Hintermaschine. Diese gegenseitige Beeinflussung kann auf verschiedene Weise vermindert oder sogar aufgehoben werden. Am einfachsten ist der Einbau einer Drosselspule in Reihe zur Hauptstromerregerwicklung (Abb. 107).

b) Analytische Theorie.

In Anlehnung an Abb. 107 und frühere Festsetzungen bezeichne:

$\beta = \dfrac{n_h}{n}$ das Verhältnis der Windungszahlen von Haupt- und Nebenschlußfeld der Erregermaschine,

$\beta^2 x s,\ x s$ die Selbstreaktanzen von Haupt- und Nebenschlußfeldwicklung der Erregermaschine,

$\beta x s$ die Gegenreaktanz zwischen obigen Wicklungen,

$x_d s$ die Selbstreaktanz der Drosselspule,

$r_s,\ r_h$ den Shuntwiderstand und Widerstand des parallelen Hauptstromzweiges,

r den Widerstand des Nebenschlußkreises,

$r_m - j x_m s$ die Feldimpedanz der Hintermaschine einschließlich der Impedanz von Anker- und Kompensationswicklung der Erregermaschine,

$- \dot{J}_h d_h,\ id$ die Rotationsspannungen der Erregermaschine in Haupt- und Nebenschlußfeld, wobei $d_h = \beta d$,

$\mu = \dfrac{\beta^2 x}{d_h}$ ein Maß für die Stärke der Gegenkompoundierungswicklung im Verhältnis zur Ankerwicklung [siehe die Bemerkungen zur Gleichung (193)].

Der Untersuchung wird wie gewöhnlich die Annahme zugrunde gelegt, daß auf den Feldkreis der Hintermaschine außer der Spannung der Erregermaschine noch irgend eine Spannung e einwirkt, die gewöhnlich von einer Hauptstromerregerwicklung der Hintermaschine herrührt. Ist diese Spannung nicht vorhanden, so werden die Ströme und Spannungen durch das Vektordiagramm der Abb. 108 ausgedrückt:

Durch die Shuntung der Hauptstromerregerwicklung wird der Feldstrom $\dot{J}_m$ der Hintermaschine in den Shuntstrom $\dot{J}_s$ und den Reststrom

$$\dot{J}_h = \dot{J}_m - \dot{J}_s$$

geteilt, der den Erregerstrom des „Phasenschiebers" bildet. Das resultierende Feld der Erregermaschine ist proportional den Amperewindungen

$$n_h\left(\frac{i}{\beta} - \dot{J}_h\right).$$

Es erzeugt im Anker die Rotationsspannung

$$\dot{E}_d = [i - \beta\,\dot{J}_h]\,d,$$

in der Reihenschlußerregerwicklung die Pulsationsspannung

$$\dot{E}_g = j\,\beta^2\,x\,s\left[\dot{J}_h - \frac{i}{\beta}\right]$$

und analog in der Nebenschlußerregerwicklung:

$$\dot{e}_g = j\,x\,s\,[i - \beta\,\dot{J}_h] = -\frac{\dot{E}_g}{\beta}.$$

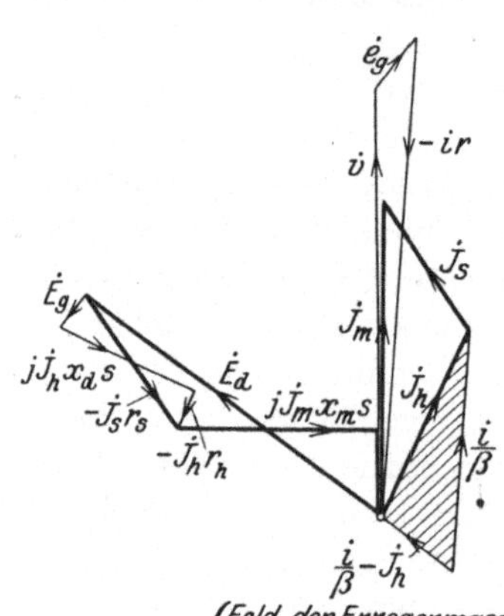

Abb. 108. Strom- und Spannungsdiagramm der Erregermaschine nach Abb. 107 ($i = 0$).

Nach diesen Erläuterungen können die Spannungsgleichungen der drei Stromkreise direkt aus Abb. 108 abgelesen werden:

Spannungsdiagramm des Nebenschlußkreises:

$$\dot{v} = i\,r - \dot{e}_g = i\,r - j\,(i - \beta\,\dot{J}_h)\,x\,s. \tag{215}$$

Shunt und Reihenschlußfeld:

$$0 = -\,\dot{J}_s\,r_s + \dot{J}_h\,(r_h - j\,x_d\,s) - \dot{E}_g$$
$$= -\,\dot{J}_m\,r_s + \dot{J}_h\,(r_s + r_h - j\,x_d\,s) + j\,(i - \beta\,\dot{J}_h)\,\beta\,x\,s. \tag{216}$$

Arbeitsstromkreis der Erregermaschine und Feldkreis der Hintermaschine:

$$\dot{e} + \dot{E}_d = \dot{J}_s\,r_s + \dot{J}_m\,(r_m - j\,x_m\,s) = -\,\dot{J}_h\,r_s + \dot{J}_m\,(r_s + r_m - j\,x_m\,s). \tag{217}$$

Diese drei Gleichungen lauten in Determinantenform:

	$\dot{J}_m$	$\dot{J}_h$	$-\,i$	
$\dot{v}$	0	$j\,\beta\,x\,s$	$-\,(r - j\,x\,s)$	(218)
0	$-\,r_s$	$r_s + r_h - j\,(x_d + \beta^2\,x)\,s$	$-\,j\,\beta\,x\,s$	
$\dot{e}$	$r_s + r_m - j\,x_m\,s$	$d_h - r_s$	d	

Beschränken wir uns zunächst auf die $\dot{v}$ proportionale Komponente $\dot{J}_{mv}$ des Erregerstromes, so liefert die Ausrechnung (mit $p(r) = r_s r_h + r_h r_m + r_m r_s$)

$$\dot{J}_{mv} = \frac{\dot{v}}{r}\,d\cdot\frac{r_s + r_h - j\,s\left[x_d + \beta^2\,x\,\dfrac{r_s}{d_h}\right]}{\left\{\left[r_s\,d_h + p(r) - s^2\left\{x_m\left(\beta^2\,x + x_d + (r_s + r_h)\,\dfrac{x}{r}\right) + x_d\,(r_s + r_m)\,\dfrac{x}{r}\right\}\right]\\ -j\,s\left[x_m\,(r_s + r_h) + p(r)\,\dfrac{x}{r} + (\beta^2\,x + x_d)\,(r_s + r_m) - s^2\,x_m\,x_d\,\dfrac{x}{r}\right]\right\}}. \tag{219}$$

Auch wenn die Typengröße der Erregermaschine schon festliegt, sind manche der in dieser Gleichung auftretenden Größen, wie x_d, r_s, r noch wählbar. Es gilt nun diese Wahl so zu treffen, daß Proportionalität und Phasengleichheit zwischen der Erregerspannung v und dem Hauptfeld der Hintermaschine mit mäßigen Erregerverlusten erreicht wird.

Zunächst muß dafür gesorgt werden, daß das s^2 proportionale, reelle Nennerglied im ganzen Regelbereich genügend klein bleibt, daß also:

$$\delta = s^2 \frac{\dfrac{x_m^2}{r_s d_h}}{1 + \dfrac{p(r)}{r_s d_h}} \left[\frac{x_d + \beta^2 x}{x_m} + \frac{x}{r}\left(\frac{x_d}{x_m} \cdot \frac{r_s + r_m}{x_m} + \frac{r_s + r_h}{x_m} \right) \right] \ll 1. \tag{220}$$

Vernachlässigt man in erster Annäherung r_m und r_h gegen r_s, so wird einfacher

$$\delta = s^2 \cdot \frac{x_m^2}{r_s d_h}\left[\frac{x_d + \beta^2 x}{x_m} + \frac{x}{r} \cdot \frac{r_s}{x_m}\left(\frac{x_d}{x_m} + 1 \right) \right]. \tag{220a}$$

Sodann sollte eigentlich für eine **mittlere** Schlüpfung die Bedingung für Phasengleichheit zwischen J_{mv} und $\dot v$ aufgestellt werden. Der Einfachheit halber führe ich jedoch diese Untersuchung unter Vernachlässigung der Glieder mit s^2 und s^3, d. h. für sehr kleine Schlüpfung, durch. Indem man hierfür die Verhältnisse des reellen zum imaginären Gliede in Zähler und Nenner einander gleichsetzt, ergibt sich:

$$\frac{d_h + r_h}{r_s + r_h} = 1 + \frac{x_m(r_s + r_h) + p(r)\dfrac{x}{r}}{x_d r_s - p(r)\mu} \tag{221}$$

oder angenähert (r_s groß gegen r_m und r_h):

$$\frac{d_h}{r_s} \approx 1 + \frac{x_m}{x_d}\left[1 + \frac{x}{r} \cdot \frac{r_m + r_h}{x_m} \right]. \tag{221a}$$

Will man daraus die Drosselreaktanz x_d berechnen, benützt man die Schreibweise

$$\frac{x_d}{x_m} = \frac{(r_s + r_h)^2}{r_s(d_h - r_s)} + \frac{p(r)}{r_s d_h}\left[\frac{\beta^2 x}{x_m} + \frac{d_h}{x_m} \cdot \frac{r_s + r_h}{d_h - r_s} \cdot \frac{x}{r} \right]. \tag{221b}$$

Bei dieser Abgleichung bleibt nur ein kleiner, s^3 proportionaler Phasenfehler übrig, für den man leicht folgende Gleichung herleitet:

$$J_{mv} = \frac{\dot v}{\beta r} \cdot \frac{d_h(r_s + r_h)}{r_s d_h + p(r)} \cdot \frac{1}{1 - \delta} \cdot (1 + j \operatorname{tg} \varphi) \tag{222a}$$

mit

$$\operatorname{tg}\varphi = s\frac{\delta}{1 - \delta} \cdot \frac{x_d + \mu r_s}{r_s + r_h}. \tag{222}$$

Aus Gleichung (221) folgt bereits, daß man die Abstimmung des Shuntkreises (r_s) mit allen möglichen Verhältnissen $\dfrac{x_d}{x_m}$ durchführen kann. Dabei hat eine beträchtliche Variation der Drosselreaktanz keinen großen Einfluß auf die Erregerverluste ($i^2 r$) und den Proportionalitätsfehler δ.

Für die Erregerverluste ist dieser Nachweis leicht zu erbringen. Aus dem Gleichungssystem (218) folgt nämlich als gute Näherungslösung:

$$i = \frac{v}{r} \cdot \frac{1}{1 - \delta}$$

und mit Rücksicht auf Gleichung (222a):

$$ i = J_{mv}\,\beta \cdot \frac{r_s\,d_h + p(r)}{d_h\,(r_s + r_h)}. \tag{223} $$

Daraus entwickelt man für das Verhältnis der Erregerverluste zur Blindleistung der Erregermaschine:

$$ \frac{i^2\,r}{J_{mv}^2\,x_m\,s} = \frac{\beta^2\,x}{x_m} \cdot \frac{r}{x\,s} \left[\frac{1 + \dfrac{p(r)}{r_s\,d_h}}{1 + \dfrac{r_h}{r_s}}\right]^2 \approx \frac{\beta^2\,x}{x_m} \cdot \frac{r}{x\,s}. \tag{224} $$

Die Erregerverluste werden also in erster Linie durch die Stärke der Reihenschlußwicklung $(\beta^2 x)$ und das Widerstandsverhältnis $\dfrac{r}{x}$ des Nebenschlußkreises bestimmt.

Daß auch der Proportionalitätsfaktor δ in einem gewissen Bereiche von der Einstellung der Drosselspule unabhängig ist, erklärt sich daraus, daß die Funktion $\delta = f\left(\dfrac{x_d}{x_m}\right)$ bei praktisch brauchbaren Werten des Verhältnisses $\dfrac{x_d}{x_m}$ ein Minimum besitzt. Seine Berechnung erfolgt in der Weise, daß man mit Hilfe von Gleichung (221a) r_s aus Gleichung (220) eliminiert und hierauf δ nach x_d differentiiert. Dabei ergibt sich mit geringfügigen Vernachlässigungen:

$$ \delta_{\min} = s^2\,\frac{\left(\dfrac{x_m}{d_h}\right)^2}{1 + \dfrac{r_m + r_h}{d_h}} \cdot \left\{\sqrt{\frac{\beta^2\,x + r_h\,\dfrac{x}{r}}{x_m}} + \sqrt{\left(1 + \frac{x}{r}\cdot\frac{r_m + r_h}{x_m}\right)\left(1 + \frac{x}{r}\cdot\frac{r_m + d_h}{x_m}\right)}\right\}^2 \tag{225} $$

für

$$ \frac{x_d}{x_m} = \sqrt{\frac{\beta^2\,x + r_h\,\dfrac{x}{r}}{x_m} \cdot \frac{1 + \dfrac{x}{r}\cdot\dfrac{r_m + r_h}{x_m}}{1 + \dfrac{x}{r}\cdot\dfrac{r_m + d_h}{x_m}}} \tag{225a} $$

und

$$ \frac{d_h}{r_s} = 1 + \sqrt{\frac{\left(1 + \dfrac{x}{r}\cdot\dfrac{r_m + r_h}{x_m}\right)\left(1 + \dfrac{x}{r}\cdot\dfrac{r_m + d_h}{x_m}\right)}{\dfrac{\beta^2\,x + r_h\,\dfrac{x}{r}}{x_m}}}. \tag{225b} $$

Zum Schlusse möge noch die zweite Komponente J_{me} des Erregerstromes angegeben werden, die gewöhnlich nur dann vorhanden ist, wenn man die Hintermaschine aus bekannten Gründen mit Nebenschluß- und Reihenschlußerregung versieht. Hierfür entwickelt man aus dem Gleichungssystem (218) und den anschließenden Entwicklungen:

$$ J_{me} = \frac{\dot{e}}{r}\,\frac{[(r_s + r_h)\,r - x\,x_d\,s^2] - j\,s\,[(r_s + r_h)\,x + r\,(\beta^2\,x + x_d)]}{[r_s\,d_h + p(r)]\,(1 - \delta)\cdot\left[1 - j\,s\left(\dfrac{x_d}{r_s + r_h} + \dfrac{r_s}{r_s + r_h}\cdot\dfrac{\beta^2\,x}{d_h}\right)\right]} $$

$$ \approx \frac{\dot{e}}{d_h}\cdot\frac{\left[1 - \dfrac{x\,s}{r}\cdot\dfrac{x_d\,s}{r_s + r_h}\right] - j\,s\left[\dfrac{x}{r} + \mu\cdot\dfrac{d_h - r_s}{r_s + r_h}\right]}{\dfrac{r_s\,d_h + p(r)}{(r_s + r_h)\,d_h}\cdot(1 - \delta)} \tag{226} $$

oder wenn man r_m im r_h gegen r_s vernachlässigt:

$$\dot{J}_{me} \approx \frac{\dot{e}}{d_h\,(1-\delta)}\left[1 - j\,s\left(\frac{x}{r} + \mu\,\frac{d_h - r_s}{r_s}\right)\right].\qquad (226\,\mathrm{a})$$

Hierin fassen wir e als Gegeninduktionsspannung einer Hauptstromerregerwicklung der Hintermaschine auf, und setzen wie früher (vgl. S. 180):

$$\dot{e} = j\,\dot{J}_2\,x_m\,s\,\frac{d_2 + j\,c_2}{d_m}\,,$$

wobei $-\dot{J}_2\,(d_2 + j c_2)$ und $-\dot{J}_m d_m$ die Rotationsspannungen im Reihen- und Nebenschlußfeld der Hintermaschine bedeuten. Zu letzterer liefert der Zusatzstrom J_{me} den Beitrag:

$$-\dot{J}_{me}\,d_m = -\dot{J}_2(d_2 + j c_2)\,\frac{x_m\,s}{d_h\,(1-\delta)}\left[j + s\left(\frac{x}{r} + \mu\,\frac{d_h' - r_s}{r_s}\right)\right].\qquad (227)$$

Für $c_2 = 0$ ist diese Spannung zum größten Teil eine Kompensationsspannung und insofern nützlich, als sie der (eventuell sonst unkompensierten) Reaktanzspannung $j\,\dot{J}_2\,x_a\,s$ der Hintermaschine entgegenwirkt.

c) Zahlenbeispiel und Urteil.

Bei der Erregermaschine von Seiz und Handschin erzwang die Rücksicht auf die Selbsterregungsgefahr eine große Reaktanz der Gegenkompoundierungswicklung $\left(\dfrac{\beta^2\,x}{x_m} \approx 0{,}25\right)$. Nachdem jetzt diese Gefahr beseitigt ist, wählen wir für gleichen Regelbereich

$$\bar{s} = 0{,}1$$

eine schnellaufende Maschine mit

$$\frac{\beta^2\,x}{x_m} = 0{,}125$$

und

$$\mu = \frac{\beta^2\,x}{d_h} = 0{,}2\,.$$

Wir erhalten damit

$$\frac{x_m\,\bar{s}}{d_h} = 0{,}16$$

bzw.

$$\frac{d_h}{x_m} = 0{,}625\,,$$

also denselben Wert wie für das Zahlenbeispiel des vorigen Abschnittes. Außerdem sei:

$$\frac{r_m}{x_m} = 0{,}03$$

und

$$\frac{r_h}{\beta^2\,x} = 0{,}08$$

also

$$\frac{r_h}{x_m} = 0{,}01\,.$$

Um die Eisensättigung der Hintermaschine nicht zu klein halten zu müssen (vgl. Abschnitt 51), wird ein Proportionalitätsfehler von der Größenordnung

$\delta \approx 0{,}1$ gewünscht und durch die Wahl des Widerstandsverhältnisses

$$\frac{x}{r} = 3$$

auch erreicht. Hierfür ergibt sich nämlich angenähert:

Gleichung (225):

$$\delta_{\mathrm{min}} = 0{,}01 \cdot \frac{2{,}56}{1{,}064}\left[\sqrt{0{,}125 + 0{,}03} + \sqrt{1{,}12 \cdot (1 + 1{,}965)}\right]^2 = 0{,}118 \,.$$

$\dfrac{r_s}{x_m}$	0,12	0,10	0,08
$\dfrac{(r_s + r_h)^2}{r_s(d_h - r_s)}$	0,279	0,230	0,186
$\dfrac{p(r)}{r_s d_h}$	0,0680	0,0688	0,070
$\dfrac{d_h}{x_m} \cdot \dfrac{r_s + r_h}{d_h - r_s} \cdot \dfrac{x}{r}$	0,482	0,393	0,310
$\dfrac{x_d}{x_m}$	0,320	0,266	0,216
$\dfrac{x_m^2}{r_s d_h}$	13,33	16,0	20,0
$\dfrac{x_d + \beta^2 x}{x_m}$	0,445	0,391	0,341
$\dfrac{x}{r} \cdot \dfrac{x_d}{x_m} \cdot \dfrac{r_s + r_m}{x_m}$	0,144	0,104	0,071
$\dfrac{x}{r} \cdot \dfrac{r_s + r_h}{x_m}$	0,390	0,330	0,270
$\bar{\delta} = (\delta)_{s=\bar{s}}$	0,122	0,123	0,127
$\dfrac{x_d + \mu r_s}{r_s + r_h}$	2,64	2,60	2,58
$\mathrm{tg}\,\bar{\varphi} = (\mathrm{tg}\,\varphi)_{s=\bar{s}}$	0,0368	0,0365	0,0375
$\dfrac{i^2 r}{J_{mv}^2 x_m \bar{s}}$	0,405	0,393	0,377

Gleichung (225a):

$$\frac{x_d}{x_m} = \sqrt{0{,}155 \cdot \frac{1{,}12}{2{,}965}} = 0{,}242 \,.$$

Gleichung (225b):

$$\frac{d_h}{r_s} = 1 + \sqrt{\frac{1{,}12 \cdot 2{,}965}{0{,}155}} = 5{,}62$$

bzw.

$$\frac{r_s}{x_m} = \frac{0{,}625}{5{,}62} = 0{,}111 \,.$$

Nachdem so die Größenordnung des Shuntwiderstandes festliegt, wählt man einige naheliegende Werte, z. B. $\dfrac{r_s}{x_m} = 0{,}12$, 0,10, 0,08, und berechnet nach den genauen Gleichungen (221b), (220), (222) und (224) die zugehörigen Werte der Drosselspule, des Proportionalitätsfaktors, des Phasenfehlers und der Erregerverluste. Über Rechnungsgang und Resultate gibt nebenstehende Tabelle Aufschluß.

Ergebnis.

Die obigen Resultate bestätigen die frühere Behauptung, daß es auf eine genaue Einstellung der Drosselspule (x_d) nicht ankommt. Der Phasenfehler läßt sich durch Nachregeln des Shuntwiderstandes (r_s) immer beseitigen, und zwar ohne daß sich der Proportionalitätsfehler (δ) merklich ändert. Die Erregerverluste sind in unserem Beispiel ebenso gering wie für die Erregermaschine von Seiz und Handschin. Kleinere Werte des Widerstandsverhältnisses $\dfrac{x}{r}$ geben kleinere Proportionalitätsfehler, aber größere Erregerverluste.

56. Die Erregerschaltung von Liwschitz.

Auch auf dem Gebiete der Erregermaschinen wird die Entwickelung von dem Streben nach größter Einfachheit geleitet. In den behandelten Schaltungen, die — abgesehen von der Erzeugung der Fremderregungsspannung v_r — alle

Aufgaben in einer einzigen Maschine lösen, ist diese Entwicklung bereits zu
großer Vollkommenheit gelangt. Nicht ganz so hoch steht eine Erregerschaltung
von Liwschitz (SSW), die in der Literatur der letzten Jahre häufig beschrieben
ist und deshalb auch an dieser
Stelle besprochen werden muß
(Abb. 109).

a) Schaltung und Wirkungsweise.

Den Kern der Erreger-
schaltung von Liwschitz
bildet ein Phasenschieberaggregat nach Abb. 110,
das in den Feldkreis der
Hintermaschine (Strom J_m)
eingeschaltet wird, um die

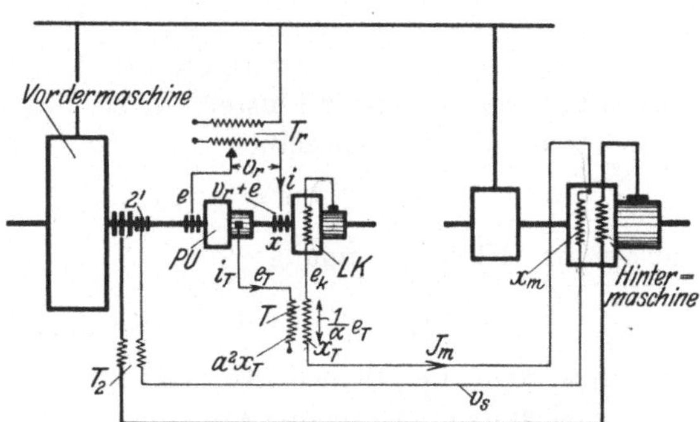

Abb. 109. Die Erregerschaltung von Liwschitz.

Blindspannung dieses Stromkreises zu kompensieren. Dieses Aggregat besteht aus zwei Maschinen: einer läufererregten kompensierten Kommutatormaschine LK, und einem gewöhnlichen Periodenumformer PU vom Übersetzungsverhältnis 1:1. Beide sind mit der Vordermaschine für relativen Synchronismus starr gekuppelt und führen somit auf der Schleifringseite die Netzfrequenz, auf der Kommutatorseite die Schlüpfungsfrequenz. Zu diesen Maschinen
kommt noch der Transformator T, der in den Veröffentlichungen gewöhnlich
als „rückwirkungslos" bezeichnet wird. Bei seiner Dimensionierung ist also das
Hauptgewicht darauf zu legen, die Induktionswirkungen des Sekundärstromes i_T
möglichst klein zu halten.

Der Grundgedanke der Erregerschaltung ist folgender: Die LK-
Maschine soll als Phasenschieber
den induktiven Spannungsabfall
im Feldkreis der Hintermaschine
($j\,J_m x_m s$), in der Primärwicklung des Stromtransformators
($j\,J_m x_T s$) und in ihren eigenen
Wicklungen (einbegriffen in
$j\,J_m x_m s$) kompensieren. Sie soll
also die Klemmspannung

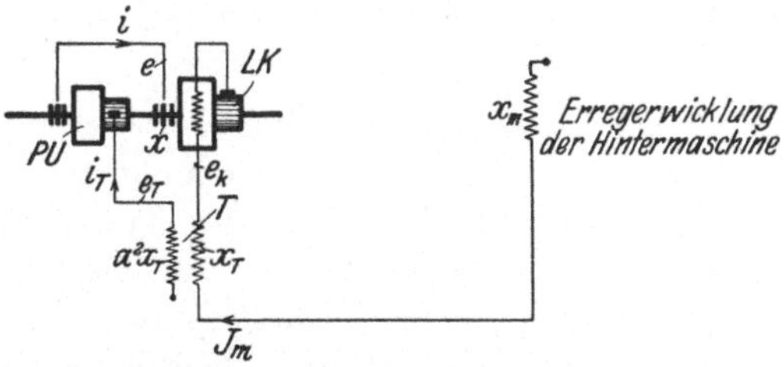

Abb. 110. Das Phasenschieberaggregat in der Erregerschaltung
von Liwschitz.

$$\dot{e}_k = -\,j\,\dot{J}_m\,(x_m + x_T)\,s \qquad (228)$$

erzeugen. Damit dies möglich ist, muß sie mit einer Schleifringspannung

$$\dot{e} = \frac{\dot{e}_k}{1-s} = -\,j\,\dot{J}_m\,(x_m + x_T)\,\frac{s}{1-s} \qquad (228a)$$

erregt werden, denn ihre Klemmspannung ist um den Spannungsabfall es in
der Kompensationswicklung kleiner als die Schleifringspannung.

Nun wird der Sekundärwicklung des Transformators (Übersetzungsverhältnis α)
durch den Primärstrom J_m eine Spannung

$$\dot{e}_T = j\,\dot{J}_m\,\alpha\,x_T\,s \qquad (229)$$

induziert. Ferner ist die Schleifringspannung e der LK-Maschine numerisch gleich der Transformatorspannung e_T. Macht man also

$$\alpha = 1 + \frac{x_m}{x_T} \tag{230}$$

und vernachlässigt die Rückwirkung des sekundären Transformatorstromes i_T, so kann bei entsprechender Einstellung der Bürsten beider Maschinen als Schleifringspannung der LK-Maschine

$$\dot{e} = -j\dot{J}_m(x_m + x_T)\,s \tag{231}$$

und als ihre Klemmspannung

$$\dot{e}_k = \dot{e}(1 - s) = -j\dot{J}_m(x_m + x_T)\,s\,(1 - s) \tag{231a}$$

erhalten werden. Bei kleinem Regelbereich kommt dies der angestrebten Spannung [Gleichung (228)] recht nahe. Der Fehler rührt von dem Spannungsabfall in der Kompensationswicklung her und könnte nur durch weitere Hilfsmaschinen oder -Apparate beseitigt werden.

Das eben beschriebene Phasenschieberaggregat benützt Liwschitz gleichzeitig als Erregeraggregat, indem er mit Hilfe eines Spannungstransformators T_r zur oben berechneten Spannung e eine regelbare Spannung v_r hinzufügt (Abb. 109). Mit einer zweiten Erregerspannung v_s zur Erzeugung der Selbsterregungsspannung V_s wird die Feldwicklung der Hintermaschine **direkt** gespeist. In Abb. 109, wie in mehreren Veröffentlichungen des Siemenskonzerns, wird die Hauptkomponente dieser Erregerspannung einer Hilfswicklung $2'$ im Läufer der Vordermaschine entnommen und mittels des „rückwirkungslosen" Stromtransformators T_2 zur Spannung

$$\dot{v}_s = \text{konst} \cdot (\dot{E}_{20} - \dot{J}_2 \dot{z}_{12})\,s \tag{164}$$

ergänzt. Über die Zweckmäßigkeit einer solchen Maßnahme, welche die Einfachheit der Vordermaschine verletzt, dürften die Meinungen auseinandergehen.

b) Analytische Theorie.

Den oben vorgetragenen Gedankengang soll die analytische Theorie unter Beachtung der Rückwirkung des Transformators T kontrollieren[1]. Um diese Rückwirkung nach Möglichkeit zu beschränken, muß der Erregerstrom i der LK-Maschine klein im Verhältnis zu ihrem Arbeitsstrom J_m gemacht werden. Mit einer normalen Ausführung würde man bei größter Schlüpfung $\bar{s}$ der Vordermaschine etwa

$$\bar{i} \approx \tfrac{1}{3}\bar{J}_m$$

erwarten. Im vorliegenden Falle muß aber der Erregerstrom viel kleiner sein, weshalb allgemein

$$\bar{i} = \mu\,\bar{J}_m \tag{232}$$

gesetzt wird.

Mit μ ist zugleich die Reaktanz x der Schleifringwicklung der LK-Maschine wenigstens der Größenordnung nach bekannt. Denn nach Gleichung (231) soll

---

[1] Dieser Einfluß wird von Liwschitz (L 132) nicht untersucht.

bei größter Schlüpfung $\bar{s}$ mittels eines „rückwirkungslosen" Transformators T

$$e = J_m(x_m + x_T)\,\bar{s}$$

gemacht werden. Außerdem ist

$$|\dot{v}_r + \dot{e}| = i x.$$

Daraus folgt

$$\frac{x}{x_m + x_T} = \frac{\bar{s}}{\mu} \cdot \frac{|\dot{v}_r + \dot{e}|}{e} = \frac{\bar{s}}{\mu'}. \tag{233}$$

Nun soll e den gesamten induktiven Spannungsabfall des Erregerkreises decken, v_r dagegen nur einen Teil des Ohmschen Spannungsabfalles, der zum größeren Teil von v_s bestritten wird. Verwendet man daher keinen Vorschaltwiderstand im Erregerkreis der Hintermaschine, so ist v_r klein gegen e, und μ' und μ nicht viel voneinander verschieden. Doch sind bei größerem Regelbereich (Ilgner-

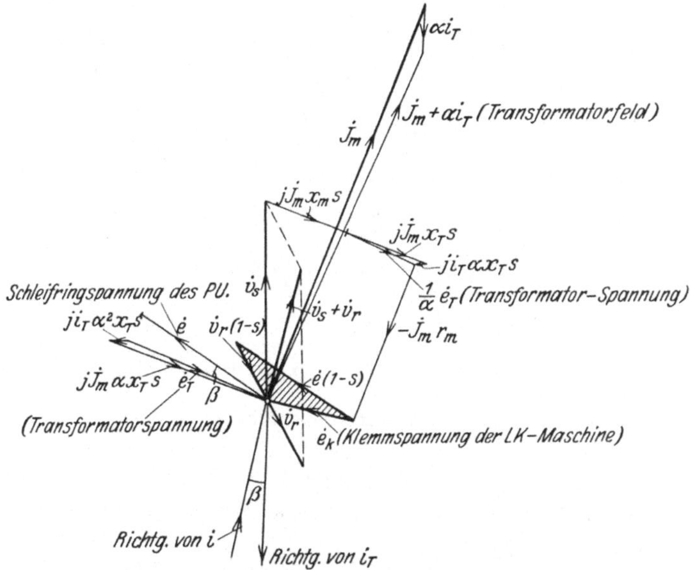

Abb. 111. Strom- und Spannungsdiagramm der Erregerschaltung von Liwschitz $\left(\dfrac{r_m}{x_m} = 0{,}2,\ x_T = x_m,\ x = 2x_m,\ s = 0{,}1,\ \alpha = 2,\ \beta = 11^{\circ}40',\ \mu' = 0{,}1,\ \mu = 0{,}055\right)$.

Umformer) Vorschaltwiderstände kaum zu umgehen, da anderenfalls der Phasenfehler der Erregerschaltung zu groß würde.

Nach diesen Vorbemerkungen gehe ich zur Beschreibung des Spannungsdiagrammes (Abb. 111) und zur Aufstellung der Spannungsgleichungen über. Der Primärstrom J_m des Transformators T induziert in der Sekundärwicklung die Spannung

$$j\,J_m\,\alpha\,x_T\,s.$$

Hierzu addiert sich der induktive Spannungsabfall des Sekundärstromes i_T:

$$j\,i_T\,\alpha^2\,x_T\,s.$$

Der Periodenumformer erhält also eine Kommutatorspannung

$$\dot{e}_T = j\,J_m\,\alpha\,x_T\,s + j\,i_T\,\alpha^2\,x_T\,s.$$

Er transformiert diese Spannung der Schlupffrequenz auf die Spannung e der Netzfrequenz und drückt sie dem Feldkreis der LK-Maschine auf, die außerdem über den Transformator T_r mit der Spannung $\dot v_r$ gespeist wird. Verschiebt man die Umformerbürsten in der Drehrichtung um einen kleinen Winkel β aus der Nullage[1] und kompensiert oder vernachlässigt den Erregerstrom des Umformers, so gilt:

$$i_T = - i \cdot e^{-j\beta} = - i(\cos\beta - j\sin\beta)$$

und

$$\dot e = - \dot e_T e^{j\beta} = - j e^{j\beta} J_m \alpha x_T s + j i \alpha^2 x_T s.$$

Rückwirkend induziert i_T in der Primärwicklung des Transformators die Gegenreaktanzspannung

$$j i_T \alpha x_T s = - j e^{-j\beta} i \alpha x_T s.$$

Alle diese Spannungen sind in dem Vektordiagramm der Abb. 111 aufgetragen.

Wird nun außerdem noch die Feldwicklung der Hintermaschine an die Spannung v_s gelegt, so gilt für den Arbeitsstromkreis der Erregermaschine:

$$\dot v_s + (\dot e + \dot v_r)(1 - s) = J_m[r_m - j(x_m + x_T)\,s] + j e^{-j\beta} i \alpha x_T s$$

oder mit $\dot e + \dot v_r = - j i x$

$$\dot v_s = J_m[r_m - j(x_m + x_T)\,s] + j i [x(1 - s) + e^{-j\beta} \alpha x_T s]. \tag{234}$$

Andererseits gilt für den Feldkreis der Erregermaschine

$$\dot v_r = - \dot e - j i x$$
$$= j e^{j\beta} J_m \alpha x_T s - j i (x + \alpha^2 x_T s). \tag{235}$$

Hieraus folgt durch Elimination des Feldstromes i:

$$J_m = \frac{\dot v_s[x + \alpha^2 x_T s] + \dot v_r[x(1 - s) + e^{-j\beta} \alpha x_T s]}{[r_m - j(x_m + x_T)\,s][x + \alpha^2 x_T s] + j e^{j\beta} \alpha x_T s[x(1 - s) + e^{-j\beta} \alpha x_T s]}$$

$$= \frac{\dfrac{\dot v_s}{r_m}\left[1 + s\,\dfrac{\alpha^2 x_T}{x}\right] + \dfrac{\dot v_r}{r_m}\left[1 - s\left(1 - \cos\beta\,\dfrac{\alpha x_T}{x} + j\sin\beta\,\dfrac{\alpha x_T}{x}\right)\right]}{\left\{1 + s\left[\left(\dfrac{\alpha^2 x_T}{x} - \sin\beta\,\dfrac{\alpha x_T}{r_m}\right) - j\left(\dfrac{x_m + x_T}{r_m} - \cos\beta\,\dfrac{\alpha x_T}{r_m}\right)\right]\right. } \cdot \tag{236}$$

Es ist für die Genauigkeit der Regelung nicht günstig, daß die Spannungen v_r und $\dot v_s$ an verschiedenen Stellen aufgedrückt werden. Denn wenn man an der Phasenschieberschaltung nichts ändert, so kann die Abgleichung nur für eine der beiden Spannungen erfolgen. Nach Liwschitz soll das Übersetzungsverhältnis α und der Bürstenwinkel β auf diejenige Komponente abgestimmt werden, die der Regelspannung v_r proportional ist. Es sollen also im Nenner und dem

---

[1] Als Nullage wird diejenige Bürstenstellung bezeichnet, bei der ein Spannungsabfall $\dfrac{1}{\alpha}\dot e_T$ auf der Primärseite des Transformators T eine entgegengesetzt gerichtete Komponente $- \dot e_T(1 - s)$ in der Klemmspannung der LK-Maschine hervorbringt.

v_r proportionalen Teile des Zählers diejenigen Glieder übereinstimmen, welche s in der ersten Potenz enthalten[1]. Die Bedingungen hierfür lauten:

$$\alpha\left(\cos\beta + \sin\beta\,\frac{r_m}{x}\right) = 1 + \frac{x_m}{x_T}, \qquad \left.\begin{array}{c}\\ \\ \end{array}\right\}$$
$$\alpha\left(\sin\beta + \cos\beta\,\frac{r_m}{x}\right) = \frac{r_m}{x_T} + \alpha^2\,\frac{r_m}{x}. \qquad (237)$$

Ist dabei $\dfrac{r_m}{x_m}$ genügend klein, so ist β ein kleiner Winkel und die obigen Gleichungen geben folgende Näherungslösung [vgl. (233)]

$$\alpha = 1 + \frac{x_m}{x_T} = \frac{\mu'}{s}\cdot\frac{x}{x_T}, \qquad (230)$$

$$\sin\beta = \frac{r_m}{\alpha\,x_T}\left(1 + \frac{\alpha\,x_m}{x}\right). \qquad (238)$$

Hierfür setzen wir die Entwickelung fort und erhalten:

$$J_m \approx \frac{\dfrac{\dot{v}_s}{r_m}\left[1 + s\sin\beta\,\dfrac{\alpha\,x_T}{r_m}\left(1 + j\,\dfrac{r_m}{x}\right)\right] + \dfrac{\dot{v}_r}{r_m}}{1 - j\,s^2\,\dfrac{\alpha\,x_T}{r_m}\left[1 + \dfrac{\alpha\,x_m}{x} + j\sin\beta\right]}$$

$$\approx \frac{\dfrac{\dot{v}_s}{r_m}\left[1 + s\left(1 + \dfrac{\alpha\,x_m}{x}\right)\right] + \dfrac{\dot{v}_r}{r_m}}{1 - j\,s^2\,\dfrac{x_m}{r_m}\cdot\dfrac{\alpha\,x_T}{x_m}\left(1 + \dfrac{\alpha\,x_m}{x}\right)} \qquad (239\,\mathrm{a})$$

oder mit Rücksicht auf die Gleichung (230)

$$J_m \approx \frac{\dfrac{\dot{v}_s}{r_m}\left[1 + s\left(1 + \dfrac{\mu'}{s}\,\dfrac{x_m}{x_T}\right)\right] + \dfrac{\dot{v}_r}{r_m}}{1 - j\,s^2\,\dfrac{x_m}{r_m}\left(1 + \dfrac{x_T}{x_m}\right)\left(1 + \dfrac{\mu'}{s}\,\dfrac{x_m}{x_T}\right)}. \qquad (239)$$

Am kleinsten wird das s^2 proportionale Glied im Nenner, falls man den „rückwirkungslosen Transformator" nach den Gleichungen

$$\frac{x_m}{x_T} = \sqrt{\frac{s}{\mu'}} \qquad (240\,\mathrm{a})$$

bzw.

$$\alpha = 1 + \sqrt{\frac{s}{\mu'}} \qquad (240\,\mathrm{b})$$

dimensioniert. Hierfür ergibt sich endgültig:

$$J_m \approx \frac{\dfrac{\dot{v}_s}{r_m}\left[1 + s\left(1 + \sqrt{\dfrac{\mu'}{s}}\right)\right] + \dfrac{\dot{v}_r}{r_m}}{1 - j\,s^2\,\dfrac{x_m}{r_m}\left(1 + \sqrt{\dfrac{\mu'}{s}}\right)^2}. \qquad (241)$$

Bei dieser denkbar günstigen Abstimmung ist also die v_s proportionale Strom-

---

[1] Dabei ist vorausgesetzt, daß sich der Regelbereich zu etwa gleichen Teilen auf Unter- und Übersynchronismus verteilt. Sonst könnte man nämlich die s und s^2 proportionalen Glieder für kleinsten Phasenfehler aufeinander abstimmen.

komponente ungefähr im Verhältnis $\left[1 + s\left(1 + \sqrt{\dfrac{\mu'}{s}}\right)\right]$ * zu groß. Außerdem sind beide Stromkomponenten mit einem bedeutenden Phasenfehler (Nacheilung) behaftet, dessen Tangente

$$\operatorname{tg}\varphi = \frac{x_m s^2}{r_m}\left(1 + \sqrt{\frac{\mu'}{s}}\right)^2 \qquad\qquad (241\,\text{a}*)$$

beträgt.

c) Zahlenbeispiel und Urteil.

Ein Ilgner-Umformer arbeite mit einer größten Schlüpfung

$$\bar{s} = 0{,}1\,.$$

Wie groß muß das Verhältnis $\dfrac{r_m}{x_m}$ gemacht werden, damit der Phasenfehler nicht größer als

$$\operatorname{tg}\bar{\varphi} = (\operatorname{tg}\varphi)_{s\,=\,\bar{s}} = 0{,}2$$

wird?

Wir wählen

$$\mu' = 0{,}1\,,$$

verwenden also eine schlecht ausgenutzte Erregermaschine, deren Feldstrom $\bar{i}$ bei größter Schlüpfung $\bar{s}$ sehr klein gegen den Vollaststrom J_m ist. Hierfür wird

$$\frac{\mu'}{\bar{s}} = 1$$

und demgemäß

$$x_T = x_m\,,$$
$$\alpha = 2\,,$$
$$\beta = 11^0\,40'\,,$$
$$x = \frac{\bar{s}}{\mu'}\alpha\,x_T = 2\,x_m\,,$$
$$\frac{r_m}{x_m} = \frac{\bar{s}^2\left(1 + \sqrt{\dfrac{\mu'}{\bar{s}}}\right)^2}{\operatorname{tg}\bar{\varphi}} = 0{,}2\,.$$

Hiervon entfällt nur ungefähr

$$\frac{r_m'}{x_m} = 0{,}04$$

auf die Erregerwicklung der Hintermaschine. Der Widerstand dieses Kreises muß also durch Vorschaltwiderstände ungefähr verfünffacht werden, was entsprechend große Erregerverluste verursacht. Diese betragen im Verhältnis zur Erregerblindleistung

$$\frac{J_m^2\,r_m}{J_m^2\,x_m\,s} = 2\,.$$

Weitere Aufschlüsse gibt das Strom- und Spannungsdiagramm der Abb. 111, das für die obigen Daten und eine wahrscheinliche Annahme der Spannungen v_s und v_r entworfen ist.

Ergebnis.

Zusammenfassend ist zu sagen, daß die Erregerschaltung bei der von Liwschitz empfohlenen Abstimmung mit einem bedeutenden Proportionalitätsfehler für die Selbsterregungsspannung V_s und einem erheblichen Phasenfehler für V_s und die Regelspannung V_r behaftet ist. Sie bedingt ferner große Erregerverluste und der vorgeschaltete Kompensationstransformator verdoppelt (in unserem Zahlenbeispiel) die Leistung der ohnehin schlecht ausgenützten Erregermaschine.

Das beste Gegenmittel wäre die Parallelschaltung eines negativen Blindwiderstandes x_c (Kondensatorbatterie oder Blindstrommaschine) zu den Schleifringen der LK-Maschine, wobei

$$\frac{1}{x_c} = - \left(\frac{1}{x} + \frac{1}{\alpha\, x_m} \right) \tag{242}$$

zu machen wäre. Dann träte nämlich in unseren Ableitungen an die Stelle der Reaktanz x der Widerstand

$$x_p = \frac{1}{\dfrac{1}{x} + \dfrac{1}{x_c}} = -\,\alpha\, x_m$$

der Parallelschaltung, und alle Fehlerglieder im Zähler und Nenner von Gleichung (239a) würden verschwinden. Möglicherweise erreicht man etwas Ähnliches durch den Einbau einer Erregerwicklung im Ständer, die zu dem Arbeitsstromkreis oder Kommutator der LK-Maschine über Widerstand parallel geschaltet ist und zur Übererregung angewendet wird.

XVIII. Einige Schaltungen für Leistungsregelung nach dem Prinzip von Seiz.

Bei Kaskadenschaltungen für Leistungsregelung, insbesondere Netzkupplungsaggregaten, handelt es sich gewöhnlich um Maschinensätze von großer Leistung. Trotz des geringen Regelbereiches ist auch die Leistung der Hintermaschine meistens so groß, daß von den kompensierten Drehstromkommutatormaschinen die am besten kommutierenden Typen, das sind Maschinen mit Ständererregung und ausgeprägten Polen, vorgezogen werden. Bei besonders großen Leistungen ist man sogar noch einen Schritt weiter gegangen (SSW), und hat die Drehstromkommutatormaschine durch zwei Einphasenkommutatormaschinen ersetzt, was natürlich eine zweiphasige Ausführung des Sekundärkreises der Vordermaschine voraussetzt. In der Tat ist die Stromwendung einer kompensierten Einphasenkommutatormaschine leichter zu beherrschen als die der gewöhnlichen Scherbiusmaschine mit Sehnenwicklung und drei ausgeprägten Polen pro 360 elektrische Grade. Von anderer Seite (AEG) ist zwar die Drehstrommaschine mit ausgeprägten Polen beibehalten worden; man verwendet aber Durchmesserwicklung mit sechs ausgeprägten Polen pro 360^0 in der ausgesprochenen Absicht, durch diese Komplikation leichter zu beherrschende Kommutierungsverhältnisse zu erkaufen. Alles dies deutet darauf hin, daß bei Leistungsregelungsaggregaten die läufererregte Hintermaschine mit ihren ungünstigeren

Kommutierungsverhältnissen keine Zukunft hat. Ich kann deshalb für die diesbezüglichen Schaltungen auf die Literatur (L 124) verweisen.

Die Hauptschaltungen für ständererregte Hintermaschinen erhält man, indem man in die Prinzipschaltungen nach Abb. 95 bis 97 die im vorigen Kapitel behandelten Erregermaschinen einbaut. Für alle diese Kombinationen vollständige Schaltungsschemen anzugeben, dürfte überflüssig sein. Ein Beispiel genügt, für das ich eine von Seiz selbst veröffentlichte (L 125) Schaltung eines Netzkupplungsaggregates wähle (Abschnitt 57). Außerdem sind für motorische Antriebe noch einige schaltungstechnische Einzelheiten nachzuholen, die am besten in diesem Zusammenhang besprochen werden (Abschnitt 58).

57. Vollständige Erregerschaltung eines Netzkupplungsaggregates nach Seiz und Handschin (BBC).

Als Beispiel eines erprobten Netzkupplungsaggregates diene die Kommutatorkaskade nach Abb. 112. Die Hintermaschine ist eine normale Scherbiusmaschine mit zwei Erregerwicklungen, einer Nebenschlußwicklung m und einer Hauptstromwicklung h. Letztere wird wie bei allen Schaltungen der BBC dazu verwendet, um den Ohmschen Spannungsabfall der Hintermaschine durch eine

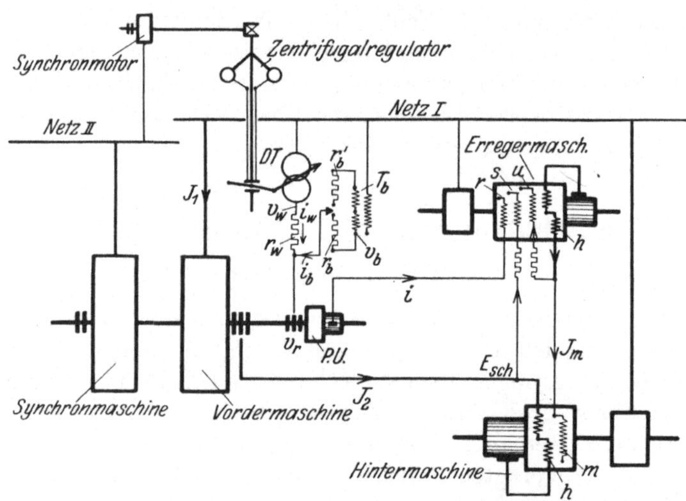

Abb. 112. Erregerschaltung eines Netzkupplungsaggregates nach Seiz und Handschin.

gleichgerichtete Rotationsspannung $- J_2 d_2$ zu unterstützen. Die Nebenschlußwicklung, in deren Feld die Selbsterregungsspannung V_s und die Regelspannung V_r erzeugt werden müssen, wird durch die Erregermaschine von Seiz und Handschin gespeist.

In Abb. 112 ist die Bauart dieser Maschine nicht ganz so einfach wie jene Grundform nach Abb. 105, auf welche ich sie für die analytische Untersuchung reduziert hatte. Anstatt einer Nebenschlußwicklung verwenden Seiz und Handschin deren drei, nämlich die Wicklung u, mit der die Maschine auf „unvollkommene Selbsterregung" eingestellt wird, und die beiden Wicklungen s und r, die mit Spannungen proportional zu V_s und V_r erregt werden. Diese

Aufteilung der Erregerwicklungen hat den Vorteil, daß man für den Periodenumformer PU eine bequeme Spannung wählen, und die Spannungskomponenten V_s und V_r der Hintermaschine (beinahe) unabhängig voneinander durch Widerstandsregelung in den zugeordneten Feldkreisen der Erregermaschine einstellen kann. Auf der anderen Seite wächst mit der Häufung von Nebenschlußwicklungen, — insbesondere, wenn diese teilweise gegeneinander arbeiten, — das wirksame Verhältnis $\sum \dfrac{x\,s}{r}$ von Selbstreaktanz zu Widerstand und damit der Phasenfehler der Erregermaschine. Ich bin auf diese Verhältnisse in Abschnitt 8 ausführlich eingegangen und kann mich hier auf diesen Hinweis beschränken.

Die Erregerwicklung s wird über einen großen Vorschaltwiderstand von der Schleifringspannung E_{Sch} der Vordermaschine gespeist. Sie drückt infolgedessen dem Erregerstrom der Hintermaschine eine Komponente auf, die ebenfalls der Schleifringspannung der Hauptmaschine proportional ist. Mit dem Felde dieser Komponente soll die Hintermaschine die Selbsterregungsspannung $\dot{V}_s = - \dot{E}_{Sch}$ erzeugen.

Die Erregerwicklung r liegt ohne Vorschaltwiderstand an der Kommutatorspannung eines kleinen Periodenumformers PU, der mit der Vordermaschine für relativen Synchronismus starr gekuppelt ist, und auf der Schleifringseite von zwei phasenverschobenen Spannungen erregt wird: Die erste Spannung v_w möge als „Wirkspannung" bezeichnet werden, weil sie die Wirkkomponente des Hauptstromes J_2 bestimmen soll. Sie wird in Abb. 112 durch einen Doppeldrehtransformator DT erzeugt, der ihre Größe ohne Änderung ihrer Phase zu regeln gestattet. — Die zweite Spannung v_b steht auf der vorigen senkrecht und wird im folgenden als Blindspannung bezeichnet, da mit ihrer Hilfe die Blindkomponente des Hauptstromes J_2 eingestellt werden soll. In Abb. 112 wird diese Spannung von einem gewöhnlichen Drehstromtransformator T_b abgenommen, dessen Sekundärseite sechsphasig geschaltet ist, um das Vorzeichen von v_b wechseln zu können. Je nachdem man den Frequenzumformer über die Widerstandshälfte r_b oder r_b' erregt, wird die Blindkomponente des Läuferstromes J_2 voreilend oder nacheilend.

Es bedeute:

$$v_w,\ v_b \quad \text{die eben definierten Erregerspannungen,}$$
$$i_w,\ i_b \quad \text{die entsprechenden Komponenten des Schleifringstromes}$$
$$i_w + i_b \ \text{des Frequenzumformers,}$$
$$r_w,\ r_b \quad \text{die zugeordneten Vorschaltwiderstände,}$$
$$\dot{v}_r = - j i_\mu x_\mu \quad \text{die Schleifring- und Kommutatorspannung des Frequenz-}$$
$$\text{umformers,}$$
$$i_\mu,\ x_\mu \quad \text{Erregerstrom und Ankerreaktanz des Frequenzumformers,}$$
$$i = i_w + i_b - i_\mu,\ r \quad \text{Strom und Widerstand der Feldwicklung „}r\text{" der Erreger-}$$
$$\text{maschine.}$$

Dann ist:
$$\dot{v}_w = i_w r_w + \dot{v}_r,$$
$$\dot{v}_b = i_b r_b + \dot{v}_r$$

und bei Synchronismus der Vordermaschine:
$$\dot{v}_r = i\,r = (i_w + i_b - i_\mu)\,r.$$

Daraus entwickelt man:

$$\frac{\dot{v}_w}{r_w} + \frac{\dot{v}_b}{r_b} - j\frac{\dot{v}_r}{x_\mu} = i_w + i_b - i_\mu + \frac{\dot{v}_r}{r_w} + \frac{\dot{v}_r}{r_b}$$

oder:

$$i = \frac{\dfrac{\dot{v}_w}{r_w} + \dfrac{\dot{v}_b}{r_b}}{1 + \dfrac{r}{r_w} + \dfrac{r}{r_b} + j\dfrac{r}{x_\mu}}.\tag{243}$$

Der Erregerstrom i setzt sich also wie gewünscht aus zwei Komponenten zusammen, die den Regelspannungen v_w und v_b proportional sind und die unabhängig voneinander geregelt werden können, wenn die Vorschaltwiderstände r_w und r_b sehr groß im Verhältnis zum Wicklungswiderstand r gewählt werden. Das Gesetz des Summenstromes i drückt die Erregermaschine einer proportionalen Komponente des Feldstromes der Hintermaschine auf. Damit geht dieses Gesetz auch in die Regelspannung V_r über, die ja als Rotationsspannung im Felde dieses Stromes erzeugt wird.

Mit obiger Erregerschaltung verbindet BBC gern eine Einrichtung zur Pufferung, die nur auf die Frequenzschwankungen eines der beiden Netze anspricht. Diese werden am einfachsten durch einen gewöhnlichen Zentrifugalregler erfaßt, der durch einen vom gleichen Netz gespeisten Synchronmotor angetrieben wird. Das Sinken der Periodenzahl löst dann eine Verstellkraft aus, durch die man die Regelspannung V_r steuern, z. B. in Abb. 112 den Doppeldrehtransformator im Sinne einer Pufferung in das überlastete Netz verdrehen kann. — Eine unvollkommene Kompensierung der Schlupfspannung $E_{20}s$ (Abschnitt 49c) hat nicht ganz dieselbe Wirkung, weil in der Schlüpfung $s = \dfrac{s_2 - s_1}{1 - s_1}$ die Differenz der gleichsinnigen Periodenschwankungen beider Netze zum Ausdruck kommt.

58. Begrenzung der höchsten Drehzahl bei Ilgner-Umformern und Walzenstraßenantrieben nach Seiz.

Bei Kaskadenschaltungen zum Antrieb von Ilgner-Umformern oder mit schweren Schwungrädern gekuppelten Walzenstraßen soll der Vordermotor die rotierenden Massen so lange mit konstantem Moment aufladen, bis eine vorgeschriebene Höchstdrehzahl erreicht ist. Dann aber soll sich die Kaskadenschaltung selbsttätig auf Leerlauf einstellen. Die Wirkkomponente der Regelspannung V_r soll also bei einer bestimmten Drehzahl von selbst verschwinden. Diese Aufgabe läßt sich unter anderem nach dem im Abschnitt 50 erläuterten Regelprinzip lösen, das eine Weiterentwicklung und Verallgemeinerung des Seizschen Prinzipes darstellt (L 130). Im folgenden sollen einige Lösungen besprochen werden, die von Seiz selbst vorgeschlagen (L 125) und zum mindesten teilweise auch ausgeführt worden sind.

a) Kommutatorkaskade für konstante Leistung bis zur synchronen Höchsttourenzahl.

Die einfachsten Erregerschaltungen ergeben sich, wenn die Kaskade nur bei Untersynchronismus arbeiten soll, wie dies bei Modernisierung älterer Betriebe oft der Fall ist. Dann kann man nämlich die Wirkleistung auf dem Umwege über Transformatoren oder Drosselspulen steuern, die mit Strömen der Schlupffrequenz erregt werden und deshalb bei Synchronismus nicht mehr funktionieren. Eine derartige Erregerschaltung wird durch Abb. 113 angedeutet. Als Erregermaschine ist die ursprüngliche Erregermaschine von Seiz ohne Selbsterregungswicklung gezeichnet. Die Feldwicklung „s" zur Erzeugung der Selbsterregungsspannung V_s ist wie in Abb. 112 über Widerstand an die Schleifringe der Vordermaschine angeschlossen. Die Feldwicklung „r" zur Erzeugung der Regelspannung V_r ist in zwei Wicklungen r_w und r_b geteilt, von denen die erste den Wirkstrom, die zweite den Blindstrom der Vordermaschine bestimmt. Beide werden von dem Frequenzumformer über Vorschaltwiderstände mit zwei aufeinander senkrecht stehenden Spannungen $\dot{v}_w$ und $\dot{v}_b$ erregt, die von zwei entsprechend

verschobenen Bürstensätzen abgenommen werden. Außerdem ist aber in den Erregerkreis r_w ein Transformator T_w eingeschaltet, der bei Synchronismus oder sehr geringer Schlüpfung die Erregerspannung v_w nicht mehr transformiert. Infolgedessen sinkt kurz vor Erreichung des Synchronismus die Wirkkomponente der Regelspannung V_r sehr schnell gegen Null, und der Vordermotor kann aus eigener Kraft diese Drehzahl nicht überschreiten. Sollte ausnahmsweise eine solche Überschreitung dadurch zustande

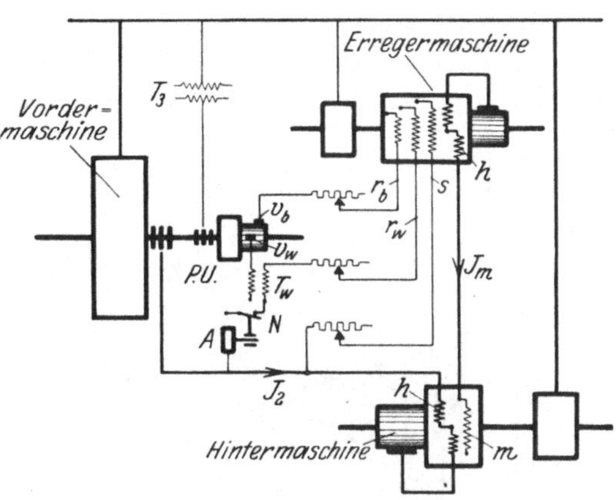

Abb. 113. Erregerschaltung nach Seiz für Ilgner-Umformer mit untersynchroner Leistungsregelung.

kommen, daß bei höchster Drehzahl der Kaskade die Netzperiodenzahl plötzlich sinkt, so wird die dabei auftretende Umkehrung des Drehsinnes aller Spannungen und Ströme der Schlupffrequenz dazu benützt, um den Erregerkreis r_w durch einen Notschalter N zeitweise zu unterbrechen oder sogar seinen Strom umzukehren[1]. Im letzten Fall wird der Motor vorübergehend zum Generator und bremst sich so lange, bis der Notschalter die ursprüngliche Stromrichtung wiederherstellt.

Mit der obigen Schaltung wird die Blindkomponente des Läuferstromes auch bei Synchronismus noch in voller Größe erzeugt. Denn der zugeordnete Feldkreis „r_b" der Erregermaschine verliert niemals seine Erregerspannung v_b. Oft würde es aber nichts schaden, wenn bei höchster Drehzahl auch die Blindkomponente des Läuferstromes J_2 verschwände, vorausgesetzt, daß man sie im übrigen Regelbereich in gewünschter Größe erzeugen kann. Wo die Verhältnisse so liegen, kann man sich mit Vorteil der einfacheren Schaltung nach Abb. 114 bedienen, die ebenfalls von Seiz (L 119, 125) angegeben wurde.

Die neue Schaltung spart den Frequenzumformer dadurch, daß sie die Feldwicklung „r" — also diejenige Wicklung, welche die Regelspannung V_r und

---

[1] Der Notschalter wird am einfachsten durch einen kleinen Asynchronmotor A mit Kurzschlußanker betätigt, der parallel zu den Schleifringen der Vordermaschine angeschlossen ist und beim Durchgang durch den Synchronismus die Richtung seines Drehmoments wechselt.

damit den Hauptstrom J_2 bestimmt — von den Schleifringen der Vordermaschine über eine regelbare, dreiphasige Drosselspule speist. Man erhält so im Drosselkreis bei nicht zu kleiner Schlüpfung einen praktisch konstanten Strom i_r. Denn bei erheblichem Untersynchronismus ist sowohl die Schleifringspannung E_{Sch} als auch die Impedanz $r - jxs$ des Drosselkreises der Schlüpfung angenähert proportional. In der Nähe des Synchronismus ändern sich diese Verhältnisse von Grund auf, und beim Durchgang durch den Synchronismus wird der ganze Sekundärkreis einschließlich Hinter- und Erregermaschine stromlos. Eine Überschreitung des Synchronismus ist deshalb nur bei plötzlichem Abfall der Netzperiodenzahl denkbar und wird durch den Notschalter N in gleicher Weise wie bei der vorigen Schaltung verhindert. Soll durch den Erregerstrom i_r des Drosselkreises nicht nur die Größe, sondern auch die Phase des Hauptstromes der Vordermaschine geregelt werden, so muß es möglich sein, neben der Größe auch die räumliche Achse α der Feldamperewindungen $i_r n_r$ der Erregermaschine willkürlich zu ändern. Über dazu verwendbare Schaltungen, deren es mehrere gibt, macht Seiz keine weiteren Angaben.

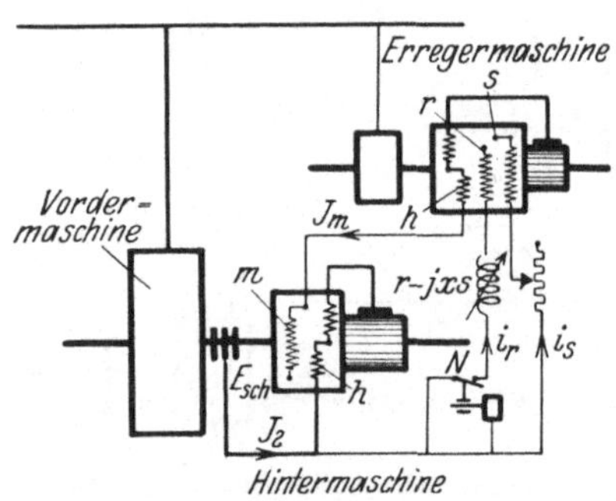

Abb. 114. Vereinfachte Erregerschaltung nach Seiz für Ilgner-Umformer mit untersynchroner Leistungsregelung.

Als man diese Kaskade zuerst ausführte, versuchte man wahrscheinlich, den Widerstand r des Drosselkreises möglichst klein gegen die Drosselreaktanz xs zu machen. Es zeigte sich indessen, daß bei zu kleinem Widerstand lästige Selbsterregungserscheinungen auftreten. Dieser Umstand veranlaßt mich, die Theorie obiger Schaltung wenigstens so weit zu entwickeln, als es zur Vorbeugung der Selbsterregungstendenz notwendig ist.

Um die Rechnung zu vereinfachen, vernachlässige ich den Proportionalitäts- und Phasenfehler der Erregermaschine. Ich nehme also an, daß die über Widerstand von der Schleifringspannung E_{Sch} erregte Feldwicklung s dem Erregerstrom der Hintermaschine eine proportionale Komponente aufdrückt, in deren Feld die Selbsterregungsspannung

$$\dot{V}_s = - \dot{E}_{Sch}$$

gerade in richtiger Größe und Phase erzeugt wird. Ebenso möge der Erregerstrom

$$i_r = \frac{\dot{E}_{Sch}}{r - j\,x\,s} \tag{244a}$$

des Drosselkreises auf dem Umwege über die Erregermaschine in der Hintermaschine eine proportionale Rotationsspannung

$$\dot{V}_r = - j\,e^{-j\alpha}\,i_r\,d$$
$$= - i_r\,d\,(\sin\alpha + j\cos\alpha) \tag{244}$$

erzeugen, wobei der Winkel α die Raumachse der Erregerwicklung r angibt. Die obige Schreibweise für die Regelspannung V_r ist so gewählt, daß der Läuferstrom J_2 für $\alpha = 0$ in der Hauptsache ein Wirkstrom, für $\alpha = \frac{\pi}{2}$ in der Hauptsache ein die Vordermaschine erregender Blindstrom wird. — Außer den Rotationsspannungen V_r und V_s erzeugt die Hintermaschine mit ihrer Hauptstromwicklung h eine Kompoundierungsspannung $-\dot{J}_2 d_2$. Die resultierende Rotationsspannung beträgt somit:

$$\dot{E}_2 = -\dot{E}_{Sch}\left[1 + \frac{j\,e^{-ja}\,d}{r - j\,x\,s}\right] - \dot{J}_2 d_2\,. \tag{245}$$

Andererseits ist nach der zweiten Hauptgleichung (7) (163) der Vordermaschine:

$$\dot{E}_2 = -\dot{E}_{20}\,s + \dot{J}_2(r_2 + r_{12}\,s - j\,x_{12\,\sigma}\,s)$$
$$= -\dot{E}_{Sch} + \dot{J}_2(r_a - j\,x_a\,s)\,.$$

Dabei bedeutet $r_2 - j\,x_{12\,\sigma}s$ die gesamte Impedanz des Läuferkreises inklusive der Impedanz $r_a - j\,x_a s$ der Hauptstromwicklungen der Hintermaschine. Aus beiden Gleichungen folgt:

$$\dot{J}_2(r_a + d_2 - j\,x_a\,s) = \dot{E}_{Sch}\,\frac{d\,e^{-ja}}{x\,s + j\,r}\,. \tag{246}$$

In der letzten Gleichung braucht $x_a s$ nicht berücksichtigt zu werden, ja es ist sogar richtiger, die Streuspannung $j\dot{J}_2 x_a s$ zu streichen. Denn in Wirklichkeit enthält die Rotationsspannung der Hintermaschine infolge der Gegeninduktivität zwischen Haupt- und Nebenschlußwicklung eine der Streuspannung entgegengesetzte Spannungskomponente [siehe Abschnitt 53 b, Gleichung (199 a)]. Bedenkt man ferner, daß bei erheblicher Schlüpfung der Widerstand r klein gegen die Drosselreaktanz ist, und daß in der Schleifringspannung die Komponente $E_{20}s$ überwiegt, so ergibt sich als erste Näherungslösung:

$$\dot{J}_2' = \frac{\dot{E}_{20}\,e^{-ja}}{\dfrac{x}{d}\,(r_a + d_2)}\,. \tag{247}$$

Die genauere Lösung erhält man, indem man in der vorletzten Gleichung der Schleifringspannung ihren wirklichen Wert

$$\dot{E}_{Sch} = \dot{E}_{20}\,s - \dot{J}_2\left[(r_2 - r_a) + r_{12}\,s - j\,x_{12\,\sigma}\,s\right]$$

gibt. Hierfür wird:

$$\dot{J}_2 = \frac{\dot{E}_{20}\,e^{-ja}}{\dfrac{x}{d}\,(r_a + d_2)\left(1 + j\,\dfrac{r}{x\,s}\right) + \left(\dfrac{r_2 - r_a}{s} + r_{12} - j\,x_{12\,\sigma}\right)e^{-ja}}\,. \tag{248}$$

Das Kennzeichen für die Möglichkeit der unabhängigen Selbsterregung besteht darin, daß der Nenner obiger Stromgleichung für einen bestimmten Wert s_u der Schlüpfung s verschwindet. Dabei bedeutet allerdings s_u nicht länger die Schlüpfung des Läufers gegen ein mit der Kreisfrequenz ω_1 des Netzes rotierendes Drehfeld, sondern die Schlüpfung gegen ein selbsterregtes Drehfeld, das ebensogut schneller (s_u positiv) oder langsamer (s_u negativ) als der Läufer rotieren kann. Aus demselben Grunde sind die Reaktanzen x nicht länger für die Kreisfrequenz ω_1 des Netzes, sondern für die Winkelgeschwindigkeit des selbsterregten Drehfeldes zu berechnen[1]. Da nun der Nenner der letzten Gleichung sowohl einen reellen, wie auch einen imaginären Anteil enthält, deren

---

[1] Diese weicht jedoch nur sehr wenig von ω_1 ab.

jeder für sich allein verschwinden muß, so müssen im Falle der Selbsterregung zwei Gleichungen erfüllt sein, nämlich:

$$0 = x\,\frac{r_a + d_2}{d} + \left(\frac{r_2 - r_a}{s_u} + r_{12}\right)\cos\alpha - x_{12\sigma}\sin\alpha \qquad (249\,\mathrm{a})$$

und

$$0 = \frac{r}{s_u}\cdot\frac{r_a + d_2}{d} - \left(\frac{r_2 - r_a}{s_u} + r_{12}\right)\sin\alpha - x_{12\sigma}\cos\alpha, \qquad (249\,\mathrm{b})$$

Hierin setzen wir gemäß der Näherungslösung (247):

$$x\cdot\frac{r_a + d_2}{d} = \frac{E_{20}}{J_2'}$$

und zur Ergänzung:

$$x_{12\sigma} \approx \frac{E_{20}}{J_{2\infty}}.$$

Dann ergibt sich

$$\frac{x}{x_{12\sigma}}\cdot\frac{r_a + d_2}{d} = \frac{J_{2\infty}}{J_2'}, \qquad (250)$$

wobei jedoch J_2' nicht die wirkliche Größe, sondern nur einen Näherungswert des Läuferstromes angibt. Eliminiert man schließlich aus den beiden Selbsterregungsbedingungen die Schlüpfung s_u, so ergibt sich endgültig:

$$\frac{r}{x} = \frac{r_2 - r_a}{x_{12\sigma}}\cdot\frac{J_2'}{J_{2\infty}}\cdot\frac{J_{2\infty}\sin\alpha - J_2'}{J_{2\infty} - J_2'\left(\sin\alpha - \dfrac{r_{12}}{x_{12\sigma}}\cos\alpha\right)}. \qquad (251)$$

Diese Gleichung bestimmt das kleinste zulässige Widerstandsverhältnis des Drosselkreises. Sobald r/x unter seinen kritischen Wert sinkt, beginnt die unabhängige Selbsterregung. Sie steigert sich dann bei ungesättigter Hintermaschine so lange, bis das Widerstandsverhältnis infolge der Sättigung des Drosseleisens wieder auf den berechneten Grenzwert gestiegen ist. Da nun für $\frac{r}{x}$ nur positive Verhältniszahlen möglich sind, kann die Selbsterregung überhaupt nur für

$$\sin\alpha > \frac{J_2'}{J_{2\infty}} \qquad (251\,\mathrm{a})$$

auftreten. Je größer ferner der Winkel α bzw. die Blindkomponente des Läuferstromes im Verhältnis zur Wirkkomponente, desto größer muß das Widerstandsverhältnis des Drosselkreises gemacht werden. Doch bleibt es selbst für $\alpha = \frac{\pi}{2}$ noch immer so klein, daß nennenswerte Erregerverluste nicht zu befürchten sind.

Die Periodenzahl der Selbsterregung im Läufer ist sehr niedrig. Man berechnet für seine Schlüpfung gegen das selbsterregte Drehfeld

$$s_u = -\frac{r_2 - r_a}{x_{12\sigma}}\cdot\frac{J_2'\cos\alpha}{J_{2\infty} - J_2'\left(\sin\alpha - \dfrac{r_{12}}{x_{12\sigma}}\cos\alpha\right)}. \qquad (252)$$

Diese Gleichung wird aus den beiden Selbsterregungsbedingungen (249) durch Elimination des Widerstandsverhältnisses $\frac{r}{x}$ gewonnen.

b) Kommutatorkaskade für konstante Leistung bis zu einer übersynchronen Höchsttourenzahl.

Bei Neuanlagen wird man immer versuchen, den Regelbereich zu gleichen Teilen auf Unter- und Übersynchronismus zu verteilen. Denn hierbei wird die Hintermaschine mit ihrer Hilfsmaschinerie am kleinsten und der Wirkungsgrad der Anlage am höchsten. Um nach denselben Grundsätzen wie früher das Überschreiten der nunmehr übersynchronen Höchstdrehzahl zu verhindern, hat Seiz die in Abb. 115 gezeichnete Schaltung angegeben (L 125)

Der Periodenumformer PU ist nicht mehr mit der Hauptmaschine für relativen Synchronismus starr gekuppelt, sondern läuft im Verhältnis $\ddot{u}_p$ langsamer. Seine Winkelgeschwindigkeit beträgt also:

$$\omega_1\,\ddot{u}_p\,(1-s),$$

falls ω_1 die Kreisfrequenz des Netzspannungsvektors bezeichnet. — Sodann wird dieser Umformer nicht mehr vom Netz gespeist, sondern vom Läufer einer asynchronen Hilfsmaschine HA, die ebenfalls mit der Vordermaschine starr

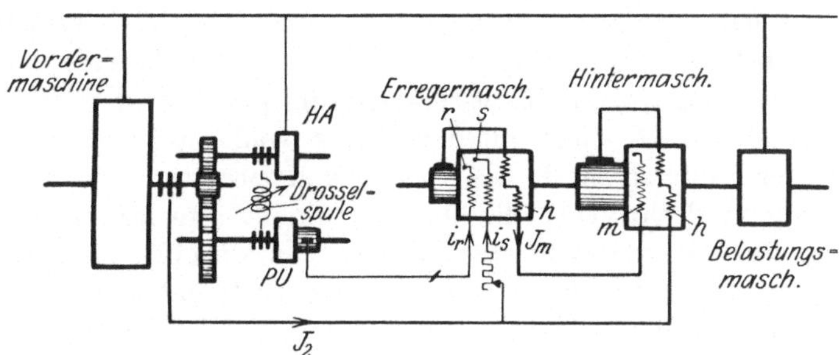

Abb. 115. Erregerschaltung nach Seiz für Ilgner-Umformer mit unter- und übersynchroner Leistungsregelung.

gekuppelt ist, jedoch so, daß sie im Verhältnis $\ddot{u}_a$ langsamer läuft, als der Kupplung für relativen Synchronismus entspräche. Da der Ständer dieser Maschine mit der Netzfrequenz ω_1 erregt wird, beträgt ihre Läuferfrequenz:

$$\omega_3 = \omega_1\left(1 - \ddot{u}_a(1-s)\right). \tag{253}$$

Dies ist also auch die Frequenz der Schleifringspannung des Periodenumformers. Demgemäß beträgt die Frequenz der Kommutatorspannung

$$\begin{aligned}
\omega_4 &= \omega_3 - \omega_1\,\ddot{u}_p\,(1-s)\\
&= \omega_1\left[1 - (\ddot{u}_a + \ddot{u}_p)\,(1-s)\right]\\
&= \omega_1\,(1 - \ddot{u}_a - \ddot{u}_p) + \omega_1\,(\ddot{u}_a + \ddot{u}_p)\,s\,. \tag{254}
\end{aligned}$$

In Wirklichkeit muß ω_4 gleich der Schlupffrequenz $\omega_1 s$ der Vordermaschine sein. Das Übersetzungsverhältnis der Kupplungen muß also die Formel

$$\ddot{u}_a + \ddot{u}_p = 1 \tag{255}$$

erfüllen. Dazu kommt als zweite Bedingung, daß die Schleifringfrequenz des Periodenumformers gerade bei der verlangten Höchsttourenzahl der Vordermaschine, d. h. bei einer gewissen negativen Schlüpfung $s = -\bar{s}$, durch Null gehen soll; also

$$0 = 1 - \ddot{u}_a\,(1 + \bar{s})\,. \tag{256}$$

Aus beiden Notwendigkeiten folgt

$$\left.\begin{aligned} \ddot{u}_a &= \frac{1}{1 + \bar{s}} \\[2mm] \ddot{u}_p &= \frac{\bar{s}}{1 + \bar{s}} \end{aligned}\right\} \tag{257}$$

und

$$\omega_3 = \omega_1 \frac{\bar{s} + s}{1 + \bar{s}} \, .$$

Im übrigen hat die letzte Schaltung mit der vorhergehenden das gemeinsam, daß der Strom der Erregerwicklung r — also derjenigen Wicklung, welche die Regelspannung V_r und den Hauptstrom J_2 des Vordermotors beherrscht — mittels einer regelbaren Drosselspule (auf der Schleifringseite des Umformers) eingestellt wird. Da diese Drosselspule durch den Läufer der asynchronen Hilfsmaschine mit einer Spannung erregt wird, die ihrer Frequenz (ω_3) proportional ist, kann sie den Strom des Periodenumformers und der Erregerwicklung r so lange konstant halten, als ihre Reaktanz ein Vielfaches vom Widerstande des Erregerkreises beträgt. Dies ist beinahe im ganzen Regelbereich der Fall. Erst wenn bei Annäherung an die Höchsttourenzahl $(s = - \bar{s})$ der Widerstand des Erregerkreises überwiegt, sinkt mit dem Drosselspulenstrom auch der Erregerstrom i_r und der Läuferstrom J_2, während sich gleichzeitig seine Phase im Sinne einer Voreilung verdreht. Die Blindleistung nimmt also langsamer ab als die Wirkleistung. Bei der vorgeschriebenen Höchsttourenzahl geht mit der Regelspannung V_r auch der Läuferstrom auf Null zurück, falls die Feldwicklung s der Erregermaschine die Selbsterregungsspannung V_s in richtiger Größe und Phase hervorbringt.

Literaturverzeichnis.

Nr.	Kapitel	
		Erster Teil.
1	I 2	Rüdenberg: Über Vektordiagramme von Drehfeldinduktionsmaschinen. ETZ 1910, S. 1087.
2	II 9	Görges: Die Berechnung der EMK von Mehr- und Einphasenwicklungen auf Grund eines Vektordiagrammes der Feldstärke. ETZ 1907, S. 1.
		Zweiter Teil.
3	III	Rüdenberg: Die Kommutierung in Drehstromkollektormaschinen. El. u. Maschinenb. 1911, S. 467.
4		Arnold, la Cour, Fraenkel: Die asynchronen Wechselstrommaschinen. II. Die Wechselstromkommutatormaschinen. Berlin: Julius Springer 1912.
5		Rüdenberg: Die Bemessung von Drehstromkollektormotoren. ETZ 1920, S. 265.
6		Schenkel: Die Kommutatormaschinen für ein- und mehrphasigen Wechselstrom. Berlin u. Leipzig: Walter de Gruyter 1924.
7		Seiz: Wechselstrom-Kommutatormaschinen, Starkstromtechnik I. Berlin: Ernst & Sohn 1930.
8	III 11	Scherbius: Eine neue Maschine zur Kompensation der Phasenverschiebung von Ein- und Mehrphasenindutionsmotoren. ETZ 1912, S. 1079.
9		Seiz-Kozisek: Drehstromerregermaschine mit Fremderregung. Briefwechsel. ETZ 1925, S. 905.
10		Schmitz: Die Kommutierung der Kollektorphasenschieber. ETZ 1925, S. 519.
11		— Drehmoment eines Phasenkompensators mit Kommutierungsnuten. ETZ 1924, S. 238.
12	III 12	Hillebrand: Das Spannungsdiagramm des Drehstromkollektornebenschlußmotors und seine Konstanten. Arch. Elektrot. Bd. 1, S. 179. 1912.
13		Heyland: Neues Verfahren zum Regeln von Asynchronmaschinen mit Mehrphasenkollektormaschinen. ETZ 1928, S. 385.
14		Dreyfus: Der Kompoundierungstransformator. El. u. Maschinenb. 1915, S. 241.
15	III 13	Niethammer u. Siegel: Kompensierte Drehfeld-Kommutatormaschinen mit Nebenschlußcharakteristik (Scherbius-Nebenschlußmaschinen). El. u. Maschinenb. 1911, S. 871.
16		— — Der kompensierte Drehfeld-Kommutatormotor mit Seriencharakteristik (Scherbius Serienmotor). El. u. Maschinenb. 1911, S. 922.
17		Scherbius: Mehrphasenkollektormotoren zur Regelung von Drehstrommotoren. ETZ 1911, S. 931. Rüdenberg-Scherbius: Briefwechsel. ETZ 1911, S. 1067, 1170
18		Dreyfus: Die Stromwendung großer Gleichstrommaschinen, S. 25. Berlin: Julius Springer 1929.
19	III 14	Seiz: Der asynchrone Einankerumformer (Frequenzumformer). Arbeiten aus dem ETI Karlsruhe III, S. 187.
20		Weiler: Die Ankerkupferverluste der vom Netz erregten Drehstromerregermaschine. ETZ 1924, S. 1080.
21		Schmitz: Die Kommutierung der Kollektorphasenschieber. ETZ 1925, S. 519.
22		Weiler: Die Verwendung der Drehstromerregermaschinen. AEG-Mitt. 1926, S. 285.
23	III 15	Kozisek: Drehstromerregermaschine mit Fremderregung. ETZ 1925, S. 142, 715.

Nr.	Kapitel	
		Dritter Teil.
24	IV	Rüdenberg: Über Phasenschieber und ihre Anwendung zur Verbesserung des Leistungsfaktors von Drehstrommotoren. El. Kraftbetr. 1914, S. 425.
25		— Blindstrom, seine Ursachen und Wirkungen in Wechselstromanlagen. El. Kraftbetr. 1922, S. 101; Siemens-Z. 1922, S. 1.
26		Baudisch: Der Leistungsfaktor in Drehstromnetzen und die Mittel zu seiner Verbesserung. El. u. Maschinenb. 1924, S. 289.
27		Preß: Theorie der Phasenkompensation des Induktionsmotors. Arch. Elektrot. Bd. 12, S. 434, Bd. 13, S. 214. 1923.
28		Hemmeter: Das genaue Diagramm der kompensierten, asynchronen Induktionsmaschine. Arch. Elektrot. Bd. 18, S. 349, 652. 1927.
29		Seiz: Phasenschieber, Starkstromtechnik I. S. 621. Berlin: Ernst & Sohn 1930.
30	IV 21	Liwschitz: Anordnungen zur Erhöhung der Überlastungsfähigkeit von Asynchronmaschinen. Wiss. Veröff. a. d. Siemens-Konzern Bd. VII, 1, S. 120. 1928.
31	V 23	Scherbius: Eine neue Maschine zur Kompensation der Phasenverschiebung von Ein- u. Mehrphaseninduktionsmotoren. ETZ 1912, S. 1079.
32		Niethammer u. Siegel: Über den Phasenkompensator, Bauart Brown, Boveri. El. u. Maschinenb. 1913, S. 1089.
33		Fischer-Hinnen: Die Vorausberechnung von Phasenkompensatoren. El. u. Maschinenb. 1916, S. 341.
34		Kozisek: Über Kommutatorphasenschieber. ETZ 1920, S. 52.
35		Seiz: Der Phasenkompensator, Bauart Brown Boveri. BBC (B) 1923, S. 119.
36		Schmitz: Das Kreisdiagramm des Asynchronmotors mit Phasenschieber. El. u. Maschinenb. 1923, S. 745.
37		Preß: Der Einfluß des Phasenkompensators auf die Schlüpfung und die Überlastungsfähigkeit des Induktionsmotors. Arch. Elektrot. Bd. 13, S. 403. 1924.
38		Belfils: Moteurs asynchrones compensés de grande puissance. RG 1925, S. 409.
39		Liwschitz: Der Asynchronmotor in Verbindung mit eigenerregter Erregermaschine. El. u. Maschinenb. 1926, S. 309.
40		Harz: Die eigenerregte Drehstrommaschine und ihr Anwendungsgebiet. Siemens-Z. 1927, S. 489.
41		Walz: Über die Ortskurven der Primärstromes einer Induktionsmaschine mit eigenerregter Drehstromerregermaschine. El. u. Maschinenb. 1927, S. 701.
42		Cramp: Phase advancers of Scherbius-type. JIEE Bd. 67, S. 756. 1929.
43		Bindler: Über die Phasenkompensation von Asynchronmotoren. Bull. SEV 1930, S. 429.
44	V 24	Siegel: Kaskadenschaltungen von Induktionsmotoren und Drehfeldkommutatormotoren mit Seriencharakteristik. El. u. Maschienb. 1912, S. 557.
45		Scherer: Der Krämer-Drehstromregelsatz in besonderer Ausführung für den Antrieb von Walzenstraßen und Grubenventilatoren. El. u. Maschinenb. 1920, S. 129.
46		Galmiche: Application des machines série à courant polyphasé et à collecteur au réglage de la vitesse der moteurs d'induction. RG Bd. 20, S. 175. 1926.
47	VI 25	Nehlsen: Die Kompensation der Phasenverschiebung von Induktionsmaschinen durch selbsterregte Hauptstromdrehfeld-Erregermaschinen. ETZ 1917, S. 584.
48		Guidée: Exicatrice polyphasé à collecteur pour la compensation des moteurs d'induction. RG 1923, S. 969.
49		Heyland: Neues Verfahren zum Regeln von Asynchronmaschinen mit Mehrphasenkollektormaschinen. ETZ 1928, S. 385.
50		Heyland-Schmitz: Kompensationswicklung in Mehrphasenerregermaschinen. Briefwechsel. ETZ 1929, S. 409, 953.
51	VI 26	Brüderlin u. Stumpp: Selbständige Asynchrongeneratoren. ETZ 1925, S. 1688.
52		Brüderlin: Drehstromerregermaschine als selbständiger Generator von Schwingungen kleiner Frequenz. Arch. Elektrot. Bd. 15, S. 263. 1925.

Nr.	Kapitel	
53		**Leonhard:** Die selbsterregte Drehstromerregermaschine mit kurzgeschlossener Ständerwicklung. Arch. Elektrot. Bd. 22, S. 129. 1928.
54	VII 27	**Dreyfus:** Verlustlose Kompoundierung und Kompensierung großer Drehstrommotore. El. u. Maschinenb. 1927, S. 221; vgl. ETZ 1927, S. 1080.
55	VII 28	**Seiz:** Phasenschieber für verlustlosen Schlupf. ETZ 1926, S. 888.
56		— Neue Schaltungen zur Phasenkompensation und Drehzahlregelung von Induktionsmotoren. BBC (B) 1926, S. 121.
57	VII 29	**Scherbius:** Phasenkompensator mit Nebenschlußerregung. ETZ 1915, S. 299.
58		— Nebenschlußphasenkompensator. ETZ 1921, S. 969; vgl. ETZ 1922, S. 415, 829.
59		**Seiz:** Der Nebenschlußphasenkompensator. BBC (B) 1927, S. 305.
60		**Schmitz:** Der selbsterregte Nebenschlußphasenschieber. ETZ 1927, S. 1800.
61		**Garrard:** Phase advencing, with particular reference to the Scherbius shuntwound advancer. JIEE Bd. 67, S. 681. 1929.
62	VIII 30	**Schmitz:** Der Nebenschlußphasenschieber mit Überkompensation. ETZ 1928, S. 1739.
63		**Schmitz, Heyland:** Kompensationswicklung in Mehrphasenerregermaschinen. Briefwechsel. ETZ 1929, S. 409, 953.
64	IX	**Osnos:** Ein neues Verfahren zum Kompensieren der Phasenverschiebung in asynchronen Wechselstrommaschinen. ETZ 1902, S. 919.
65		**Schmitz:** Das Kreisdiagramm des Asynchronmotors mit Phasenschieber. El. u. Maschinenb. 1923, S. 745.
66		**Dreyfus:** Die Anwendung des mehrphasigen Frequenzumformers zur Kompensierung von Drehstromasynchronmotoren. Arch. Elektrot. Bd. 13, S. 507. 1924.
67		**Schenkel:** Neuere Fortschritte auf dem Gebiete der Asynchrongeneratoren und Asynchron-Blindleistungsmaschinen. ETZ 1924, S. 1265.
68		**Schenkel-Punga-Landesberg:** Briefwechsel. ETZ 1925, S. 283, 399. **Weiler:** Selbsterregte Asynchrongeneratoren. El. u. Maschinenb. 1925, S. 609.
69		**Landesberg:** Selbsterregung von Drehstromasynchronmotoren. ETZ 1925, S. 1651.
70		**Schenkel:** Über große asynchrone Blindleistungsmaschinen und selbsterregte Asynchrongeneratoren. Fachberichte der 31. Jahresversammlung der VDE Wiesbaden, S. 17. El. Wirtsch. Bd. 25 S. 457. 1926.
71		**Kozisek:** Die Einphaseninduktionsmaschine mit fremderregter Drehstromerregermaschine. Siemens-Z. 1926, S. 533.
72		**Liwschitz:** Die Asynchronmaschine in Verbindung mit fremderregter Drehstrom-Erregermaschine. Wiss. Veröff. a. d. Siemens-Konzern Bd. V, 3, S. 62; Bd. VI, 1, S. 51. 1927.
73		— Der selbständige Asynchrongenerator. Wiss. Veröff. a. d. Siemens-Konzern Bd. VI, 1, S. 32.
74		**Liwschitz u. Kozisek:** Aus der Praxis der asynchronen Blindleistungsmaschinen. Siemens-Z. 1927, S. 509.
75		**Stark:** Betriebserfahrungen mit einer asynchronen Blindleistungsmaschine. Siemens-Z. 1929, S. 339.
76		**Landesberg:** Phasenkompensation und Kompoundierung von Drehstromasynchronmotoren. El. u. Maschinenb. 1929, S. 393.
77		**Leukert u. Schunk:** Die asynchrone Einphasenmaschine als Blindleistungsregler im Bahnbetrieb. Siemens-Z. 1929, S. 306.
78		**Irion:** Der asynchrone Betrieb im Dienste der Leistungsverteilung. Siemens-Z. 1930, S. 347.
		Vierter Teil.
79	X	**Meyer:** Die Verwendung verlustlos regelbarer Drehstrommotore. El. Kraftbetr. 1911, S. 461.
80		**Blau:** Verlustlose Regelung der Umlaufzahl großer Drehstrom-Antriebsmotore in Berg- und Hüttenwerksanlagen. El. u. Maschinenb. 1914, S. 593.
81		**Seiz:** Regelsätze mit Wechselstromkommutatormaschinen. Starkstromtechnik I. 1930, S. 641.

Nr.	Kapitel	
82	X 34	Kozisek: Über die Wahl der synchronen Drehzahl bei Drehstromregelsätzen. ETZ 1926, S. 1385.
83	X 35	Dreyfus: Die Anwendung des mehrphasigen Frequenzumformers zur Tourenregelung von Drehstrommotoren unter gleichzeitiger Kompensierung der Phasenverschiebung. Arch. Elektrot. Bd. 15, S. 2. 1925.
84		— Die veränderliche Hauptstrom-Phasenkompensierung bei Kaskadenschaltungen von Asynchronmotoren mit Mehrphasen-Kommutatornebenschlußmaschinen. El. u. Maschinenb. 1927, S. 669.
	X 36	Siehe Nr. 44, 45, 46.
85	X 39	Meyer-Delius: Kreisdiagramme für Kaskadenschaltungen von Mehrphaseninduktionsmotoren mit Kollektormaschinen. ETZ 1913, S. 496.
86		Dreyfus: Mathematische Grundlagen der verlustlosen Tourenregelung, Kompoundierung und Kompensierung von Drehstromasynchronmotoren unter besonderer Berücksichtigung der Kaskadenschaltungen mit Drehstrom-Kommutatormaschinen. Bull. SEV 1927, S. 744.
87	XI	Heyland: Periodenumformer. El. Kraftbetr. 1908. S. 9, 29.
88		— Regelung großer Drehstrommotoren durch Frequenzwandler. ETZ 1911, S. 1054.
89		Seiz: Der asynchrone Einankerumformer (Frequenzumformer). Arbeiten aus dem ETI Karlsruhe III, S. 187.
90		Dreyfus: Die Anwendung des mehrphasigen Frequenzumformers zur Tourenregelung von Drehstrommotoren unter gleichzeitiger Kompensierung der Phasenverschiebung. Arch. Elektrot. Bd. 15, S. 1. 1925.
91		Rohde: Die Entwicklung der elektrischen Walzwerksantriebe. ETZ 1925, S. 217.
92		Baudisch: Regelbare Drehstromantriebe für Maschinen mit quadratisch ansteigendem Moment. Siemens-Z. 1925, S. 184.
93		Weiler: Die Verwendung der Drehstromerregermaschinen. AEG-Mitt. 1926, S. 285.
94		Kozisek: Drehstromregelsätze mit Läuferfremderregung. ETZ 1926, S. 989.
95		Pagenstecher: Die Verwendung der Drehstrom-Kommutatormaschine als Erreger- und Hintermaschine im Walzwerksbetrieb. Siemens-Z. 1926, S. 113.
96		Baudisch: Drehzahlregelung und Erregung asynchroner Drehfeldmaschinen. El. u. Maschinenb. 1927, S. 31.
97		Bolz: Drehzahl- und Phasenregelung von Asynchronmotoren mittels Frequenzumformer. Arch. Elektrot. Bd. 19, S. 275. 1928.
98	XII 42	Dreyfus: Varvtalsreglering, kompoundering, och faskompensation av trefasasynkronmotorer. Teknisk tidskrift. Elektroteknik S. 4. Stockholm 1927.
99	XIV 47	Krämer: Neue Methoden zur Regelung von Asynchronmotoren und ihre Anwendung für verschiedene Zwecke. ETZ 1908, S. 734.
100		Scherbius: Ein neues System regelbarer Drehstrommotoren. El. Kraftbetr. 1910, S. 101, 131.
101		Jonas: Über Mehrphasenkollektormaschinen. ETZ 1910, S. 390.
102		Crosby: Motor drive for steel mills. GER 1916, S. 282.
103		Smith and Stack: Industrial control. GER 1916, S. 834.
104		Wright: Speed control of induction motors for steel mill drive. GER. 1917, S. 104.
105		Hull: Theory of speed and powerfactor control of large induction motors by neutralized polyphase alternating current commutator machines. GER 1920, S. 630; AIEE (J) 1920, S. 458.
106		Pauly: Electrice drive for stell mill main rolls. GER 1919, S. 309.
107		— Some methodes of obtaining adjustable speed with electrically driven rolling mills. GER 1921, S. 422.
108		Bushman: Adjustable speed main roll drives. GER 1923, S. 681.
109		Seiz: Die Regelung der Drehzahl von Induktionsmotoren im unter- und übersynchronen Gebiet nach dem System Brown Boveri-Scherbius. El. u. Maschinenb. 1924, S. 109, 128.
110		Hartmann: Der elektrische Antrieb von Walzenstraßen. BBC (B) 1924, S. 127.
111		Seiz: Drehzahlregelung von Induktionsmotoren nach dem System Brown Boveri-Scherbius. BBC (B) 1925, S. 29; ETZ 1926, S. 1412.

Nr.	Kapitel	
		Fünfter Teil.
112	XV 48	**Dodge:** Frequency converter ties between large power systems. GER 1923, S. 435.
113		**Green:** Scherbius controlled induction-synchronous frequency converter, S. 258. Power 1925.
114		**Schaar:** Ein Frequenzumformer von bemerkenswerten Abmessungen für die norwegischen Staatsbahnen. Siemens-Z. 1927, S. 75.
115		**Encke:** Interconnection of power and railroad traction systems by means of frequency changers. AIEE (J) Bd. 47, S. 507. 1928.
116		**Burnham:** Application of large frequency converters to power systems. AIEE (J) Bd. 47, S. 744. 1928.
117		**Liwschitz:** Netzkupplung. ETZ 1929, S. 1323.
118		**Bundy, Niekerk, Rodgers:** A 40000 kW variable ratio frequency converter installation. AIEE (J) Bd. 49, S. 120. 1930.
119	XVI 49	**Seiz:** Neue Schaltungen zur Phasenkompensation und Drehzahlregelung von Induktionsmotoren. BBC (BuM) 1926, S. 150.
120		— Ein neuer Regelsatz für Motorgeneratoren zur elektrischen Kupplung zwischen Kraftübertragungsnetzen. VDE Fachber. der 31. Jahresvers. Wiesbaden 1926; BBC (M) 1927, S. 31.
121		**Kummer:** Kompoundierte Asynchronmaschinen für den elektromotorischen Antrieb und die Netzkupplung. Schweiz. Bauzg. 1927, II, S. 41.
122		**Schenkel:** Neue Anwendungsmöglichkeiten asynchroner Großmaschinen. ETZ 1927, S. 563.
123		**Seiz-Schenkel:** Briefwechsel. ETZ 1927, S. 1204, 1823.
124		**Liwschitz:** Asynchronmaschinen mit vom Schlupf unabhängiger Wirk- und Blindleistung. Arch. Elektrot. Bd. 19, S. 235. 1928.
125		**Seiz:** Die Kommutatorkaskade für konstante Leistung. Arch. Elektrot. Bd. 20, S. 228. 1928.
126		**Liwschitz:** Netzkupplung. ETZ 1929, S. 1323, 1407.
127		**Dreyfus:** Ein neues Regulierprinzip für Kaskadenschaltungen von Drehstromasynchronmotoren mit Drehstromkommutatormaschinen. Arch. Elektrot. Bd. 23, S. 66. 1929.
128		**Seiz:** Regelsätze mit Wechselstrom-Kommutatormaschinen. Starkstromtechnik I. 1930, S. 641.
129		**Ossanna:** Über die Regelung der Asynchronmaschine. El. u. Maschinenb. 1930, S. 281.
130	XVI 50	**Dreyfus:** Verfahren zur Netzkupplung und zur Schlupfregelung von Ilgner-Umformern und Walzenstraßenantrieben. El. u. Maschinenb. 1931.
131	XVII 53	**Seiz:** Die Kommutatorkaskade für konstante Leistung. Arch. Elektrot. Bd. 20, S. 228. 1928.
132	XVII 56	**Liwschitz:** Regulierung in Stromkreisen mit veränderlicher Frequenz. Arch. Elektrot. Bd. 22, S. 583. 1929.
	XVIII	Wie XVI außerdem:
133		**Schenkel:** Asynchrone Generatoren mit Antrieb von Kraftmaschinen schwankenden Drehmomentes. ETZ 1927, S. 1209.
134		**Weiler-Schenkel:** Briefwechsel. ETZ 1927, S. 1924.
135		**Seiz:** 2000 kW-Ilgner-Umformer mit neuartiger Schlupfregelung. BBC (B) 1927, S. 318.
136		— Regelsätze und Netzkopplung. El. u. Maschinenb. 1928, S. 873, 895, 909.
137		**Grieb:** Leistungsaustausch zwischen unabhängigen Leistungsnetzen. (Schlupfumformer.) Bull. SEV 1929, S. 282.
138		**Sidler:** Frequenzumformergruppe für 4000 kVA. BBC (B) 1929, S. 188.
139		**Liwschitz:** Regelsätze. Arch. Elektrot. Bd. 22, S. 577. 1929.
140		**Santuari:** Di un gruppo convertitore di frequenza di nuovo tipo e dei convertitori i genere a rapporto di frequenza variabile. Fachbericht, I. Congresso Trento-Bolzano 1929.
141		— Particolari e messa en tensione di un sistema ad altissima tensione. L. Energia Elettrica 1929, Vol. 6, fasc. VIII, XII.

Die Stromwendung großer Gleichstrommaschinen. Von Dr.-Ing. Ludwig Dreyfus, Vorstand des Versuchsfeldes der Allmänna Svenska Elektriska Aktiebolaget (ASEA) in Västerås, Schweden. Mit 101 Textabbildungen. XII, 191 Seiten. 1929.　　　　　　　　　　　RM 16.—; gebunden RM 17.50

Der Drehstrommotor. Ein Handbuch für Studium und Praxis. Von Professor Julius Heubach, Direktor der Elektromotorenwerke Heidenau G. m. b. H. Zweite, verbesserte Auflage. Mit 222 Abbildungen. XII, 599 Seiten. 1923.
　　　　　　　　　　　Gebunden RM 20.—

Drehstrommotoren mit Doppelkäfiganker und verwandte Konstruktionen. Von Franklin Punga, o. Professor an der Technischen Hochschule Darmstadt und Otto Raydt, Oberingenieur, Aachen. Mit 197 Textabbildungen. VII, 165 Seiten. 1931.　　　　　　　　RM 14.50; gebunden RM 16.—

Die asynchronen Drehstrommaschinen mit und ohne Stromwender. Darstellung ihrer Wirkungsweise und Verwendungsmöglichkeiten. Von Professor Dipl.-Ing. Franz Sallinger, Eßlingen. Mit 159 Textabbildungen. VI, 197 Seiten. 1928.　　　　　　　　　　RM 8.—; gebunden RM 9.20

Die asynchronen Drehstrommotoren und ihre Verwendungsmöglichkeiten. Von Betriebsingenieur Jakob Ippen. Mit 67 Textabbildungen. VII, 90 Seiten. 1924.　　　　　　　　　　　RM 3.60

Der Drehstrom-Induktionsregler. Von Professor Dr. sc. techn. H. F. Schait, Winterthur. Mit 165 Textabbildungen. VIII, 356 Seiten. 1927.
　　　　　　　　　　　Gebunden RM 25.50

Die wirtschaftliche Regelung von Drehstrommotoren durch Drehstrom-Gleichstrom-Kaskaden. Von Dr.-Ing. H. Zabransky. Mit 105 Textabbildungen. IV, 112 Seiten. 1927.　　　　　　　RM 9.—

Berechnung von Drehstrom-Kraftübertragungen. Von Obering. Oswald Burger. Mit 36 Textabbildungen. V, 115 Seiten. 1927.　　　RM 7.50

Elektrische Maschinen. Von Professor Dr.-Ing. Rudolf Richter, Direktor des Elektrotechnischen Instituts, Karlsruhe.

Erster Band: Allgemeine Berechnungselemente. Die Gleichstrommaschinen. Mit 453 Textabbildungen. X, 630 Seiten. 1924. Gebunden RM 32.—

Zweiter Band: Synchronmaschinen und Einankerumformer. Mit Beiträgen von Professor Dr.-Ing. Robert Brüderlink, Karlsruhe. Mit 519 Textabbildungen. XIV, 707 Seiten. 1930. Gebunden RM 39.—

Wirkungsweise elektrischer Maschinen. Von Dr. techn. Milan Vidmar, ord. Professor an der jugoslavischen Universität Ljubljana. Mit 203 Abbildungen im Text. VI, 223 Seiten. 1928. RM 12.—; gebunden RM 13.50

Der wirtschaftliche Aufbau der elektrischen Maschine. Von Dr. techn. Milan Vidmar, ord. Professor an der jugoslavischen Universität Ljubljana. Mit 7 Textabbildungen. V, 113 Seiten. 1918. RM 5.60

Elektromaschinenbau. Berechnung elektrischer Maschinen in Theorie und Praxis. Von Privatdozent Dr.-Ing. P. B. Arthur Linker, Hannover. Mit 128 Textfiguren und 14 Anlagen. VIII, 304 Seiten. 1925. Gebunden RM 24.—

Die Elektromotoren in ihrer Wirkungsweise und Anwendung. Ein Hilfsbuch für die Auswahl und Durchbildung elektromotorischer Antriebe. Von Oberingenieur Karl Meller. Zweite, vermehrte und verbesserte Auflage. Mit 153 Textabbildungen. VII, 160 Seiten. 1923. RM 4.60; gebunden RM 6.—

Die Transformatoren. Von Professor Dr. techn. Milan Vidmar, Ljubljana. Zweite, verbesserte und vermehrte Auflage. Mit 320 Abbildungen im Text und auf einer Tafel. XVIII, 751 Seiten. 1925. Gebunden RM 36.—

Der Transformator im Betrieb. Von Professor Dr. techn. Milan Vidmar, Ljubljana. Mit 126 Abbildungen im Text. VIII, 310 Seiten. 1927. Gebunden RM 19.—

Der Transformator. Von Dipl.-Ing. Conrad Aron, Berlin. Mit 47 Abbildungen im Text und 115 Aufgaben nebst Lösungen. (Technische Fachbücher, Band 13.) IV, 117 Seiten. 1926. RM 2.25

Entwurf und Bau von Schaltanlagen für Drehstrom-Kraftwerke. Von Oberingenieur Johann Waltjen. Mit 373 Abbildungen im Text. XVI, 268 Seiten. 1929. Gebunden RM 39.—

Relais und Schutzschaltungen in elektrischen Kraftwerken und Netzen. Vorträge von Oberbaurat Direktor A. Rachel, Dresden; Professor Dr.-Ing. R. Rüdenberg, Berlin; Oberingenieur Dr.-Ing. M. Schleicher, Berlin; Oberingenieur Dr.-Ing. E. Sommer, Dresden; Oberingenieur O. Mayr, Berlin; Chefelektriker Dr.-Ing. E. Rühle, Berlin; Direktor M. Neustätter, Berlin. Veranstaltet durch den Elektrotechnischen Verein E. V. zu Berlin, in Gemeinschaft mit dem Außeninstitut der Technischen Hochschule zu Berlin. Herausgegeben von Reinhold Rüdenberg, Dr.-Ing. und Dr.-Ing. e. h., Chefelektriker, Honorarprofessor an der Technischen Hochschule zu Berlin. Mit 336 Textabbildungen. VIII, 281 Seiten. 1929.

Gebunden RM 25.50

Schaltungsbuch für Gleich- und Wechselstromanlagen. Dynamomaschinen, Motoren und Transformatoren, Lichtanlagen, Kraftwerke und Umformerstationen. Unter Berücksichtigung der neuen, vom VDE festgesetzten Schaltzeichen. Ein Lehr- und Hilfsbuch von Oberstudienrat Dipl.-Ing. Emil Kosack, Magdeburg. Zweite, erweiterte Auflage. Mit 257 Abbildungen im Text und auf 2 Tafeln. X, 198 Seiten. 1926. RM 8.40

Anleitung zur Entwicklung elektrischer Starkstromschaltungen. Von Dr.-Ing. Georg I. Meyer, Beratender Ingenieur für Elektrotechnik. Mit 167 Textabbildungen. VI, 160 Seiten. 1926. Gebunden RM 12.—

Meßgeräte und Schaltungen zum Parallelschalten von Wechselstrom-Maschinen. Von Oberingenieur Werner Skirl. Zweite, umgearbeitete und erweiterte Auflage. Mit 30 Tafeln, 30 ganzseitigen Schaltbildern und 14 Textbildern. VIII, 140 Seiten. 1923. Gebunden RM 5.—

Elektrische Gleichrichter und Ventile. Von Professor Dr.-Ing. A. Güntherschulze. Zweite, erweiterte und verbesserte Auflage. Mit 305 Textabbildungen. IV, 330 Seiten. 1929. Gebunden RM 29.—

Die geschichtliche Entwicklung der Hochspannungs-Schalttechnik. Von Dr.-Ing. e. h. Max Vogelsang. (Geschichtliche Einzeldarstellungen aus der Elektrotechnik, Zweiter Band.) Mit 252 Textabbildungen. VII, 176 Seiten. 1929. RM 21.—; gebunden RM 22.20